高等工科院校教材

塑料模具设计指导

主　编　伍先明　潘平盛
副主编　王　群　陈志钢
　　　　张　利　杨晶晶
主　审　李应明

机械工业出版社

本书共分3篇。第1篇为塑料模具课程设计和毕业设计指导，以单分型面模、多分型面模为例，着重介绍了一般模具设计的内容、方法和步骤，在所举实例中对机动抽芯、液压气动抽芯、机动推出、气动推出、普通流道和热流道等进行了介绍；第2篇主要介绍了2006年发布的模架国家标准、模具专用零件国家标准及一些模具行业自用零件标准，所选图例全是真实模具的图样，具有一定参考价值；第3篇介绍塑料模具设计常用资料及设计题选。全书采用现行国家标准和行业标准。

本书可供高等工科院校材料成型及控制工程、机械类模具方向及高分子材料工程等专业的本科学生进行塑料模具设计时使用，也可作为相关专业的高职、高专学生进行课程设计、毕业设计的参考书，还可供相关工程技术人员参考。

图书在版编目（CIP）数据

塑料模具设计指导/伍先明，潘平盛主编．—北京：机械工业出版社，2020.1（2024.1重印）
高等工科院校教材
ISBN 978-7-111-64462-0

Ⅰ.①塑…　Ⅱ.①伍…②潘…　Ⅲ.①塑料模具-设计-高等学校-教材
Ⅳ.①TQ320.5

中国版本图书馆CIP数据核字（2020）第005062号

机械工业出版社（北京市百万庄大街22号　邮政编码100037）
策划编辑：冯春生　责任编辑：冯春生　张亚捷
责任校对：张晓蓉　封面设计：张　静
责任印制：李　昂
北京捷迅佳彩印刷有限公司印刷
2024年1月第1版第5次印刷
184mm×260mm·17.25印张·427千字
标准书号：ISBN 978-7-111-64462-0
定价：48.00元

电话服务	网络服务
客服电话：010-88361066	机　工　官　网：www.cmpbook.com
010-88379833	机　工　官　博：weibo.com/cmp1952
010-68326294	金　　书　　网：www.golden-book.com
封底无防伪标均为盗版	机工教育服务网：www.cmpedu.com

前　　言

改革开放后，随着制造业的快速发展，我国模具工业经历了从20世纪90年代到21世纪初二十多年的高速发展。与此相应，模具设计与制造行业的从业人员急剧增长，各类模具培训机构和高校的模具设计制造专业也应运而生，各种模具设计教材和教辅材料相继出版发行以满足教学需求，为模具工业的发展提供了强有力的理论和实践知识的支持。

模具技术发展非常迅速，尤其是热流道模具的设计和制造已相当普遍，理论教材限于篇幅不可能详细介绍，即使普通模具的设计在近年来也出现了许多的新结构。另外国家对模架标准和模具专用零件的标准也进行了修订和发布。为使实践教学能够跟上模具技术发展的步伐，特编写了这本实践指导教材供学生设计时参考。

模具设计制造是一个实践性很强的专业，学习理论课程之后，一定要做一个课程设计或毕业设计来加深理解和巩固已学的理论知识。通过对设计题目的理论分析和计算、画图和设计、学生对理论知识的应用和分析问题、解决问题的能力会得到大幅提升，这样才能更好地与工程实践接轨。

本书正是基于这一理念而编写的。全书共分3篇。第1篇内容为塑料模具课程设计和毕业设计指导，本篇分为6章，其中第3章、第6章是重点。第2篇内容为2章，第8章是重点。第3篇是塑料模具设计常用资料及设计题选，是一些基础性的资料，供学生参考。本书编写了3个设计实例，第一个可作为课程设计参考，第二、三个可作为毕业设计的参考。

本书具有如下几个方面的特点：

1）收录了2006年模架的新标准，同时还收录了模具厂用得较多而目前尚未收入国家标准的模具专用零件相关参数，便于学生设计时查找和选用。

2）对所收录的螺钉、弹簧类标准件内容进行了适当的综合和充实，例如选用时的说明。

3）设计实例全部来源于工程实际，所选模具结构具有典型性和代表性，包括热流道模具的设计实例，引入了三维设计及模具的分模过程说明，加强了设计过程中的应力应变的理论分析和计算，使所设计的模具能成型出更精密的塑件并具有更高的寿命。

4）实例中的AutoCAD零件图均按现行国家标准要求进行标注，装配图的标注采用两个样式，一个是完全按国家标准，另一个是按目前大多数工厂的标准（采用成组技术），便于学生对照参考。

5）除了机械传动中的轴承、齿轮、键及密封圈等未编入外，本书收录资料基本齐全和完整。所选编的30个设计题目，难易搭配，可供指导教师选用和参考。

本书由广东理工学院伍先明和潘平盛任主编，湖南大学王群，湖南科技大学陈志钢，广东理工学院张利、杨晶晶任副主编。参加编写的人员还有：长沙大学李国锋，南华大学欧阳八生，长沙理工大学龙春光，湖南工学院刘先蓝，湖南理工职业技术学院刘立薇，邵阳学院罗玉梅，黄石理工学院余冬蓉，广东理工学院黄永程、王凌浩和梁银禧等。另外，湖南科技大学2012年毕业的校友陈维炫模具设计工程师参与了部分CAD图的绘制。本书由湖南省模具设计与制造学会副理事长、湘潭大学模具教研室主任李应明任主审，并提出了许多建设性的意见和建议，在此一并表示感谢！

由于编者水平有限，书中谬误之处在所难免，恳请读者批评指正。

编　者

目　　录

第1篇　塑料模具课程设计和毕业设计指导

第1章　概　　述

1.1　塑料模具课程设计与毕业设计的目的

在设计之前，学生已具备机械制图、公差与技术测量、机械原理及零件、模具材料及热处理、模具制造工艺、塑料成型工艺及模具设计等方面必要的基础知识和专业知识，并已经过金工实习和生产实习，做过注射成型试验、注射模结构拆装试验。在初步了解模具结构和注射成型工艺和生产过程的情况下进行的。

1.1.1　塑料模具课程设计的目的

课程设计是塑料模具设计课程重要的综合性与实践性教学环节。课程设计的基本目的是：

1）综合运用塑料模具设计、机械制图、公差与技术测量、机械原理及零件、模具材料及热处理、模具制造工艺等先修课程的知识，分析和解决塑料模具设计问题，进一步巩固、加深和拓宽所学的知识。

2）通过设计实践，逐步树立正确的设计思想，增强创新意识和竞争意识，基本掌握塑料模具设计的一般规律，培养分析问题和解决问题的能力。

3）通过计算、绘图和运用技术标准、规范、设计手册等有关设计资料，进行塑料模具设计全面的基本技能训练，为毕业设计打下一个良好的实践基础。

1.1.2　塑料模具毕业设计的目的

塑料模具毕业设计是在课程设计的基础上，通过了毕业实习，在毕业之前进行的最后一个实践教学的训练环节。其目的是：

1）提高学生技术资料的收集、整理、编译和运用能力，加强技术文件的撰写能力，使其语言文字在技术文件上的运用、梳理、归纳和总结得到一个全面的训练。

2）综合运用所学过的理论知识、生产实践和设计实践知识，进行难度较大的塑料模具设计的实践训练，从而全面培养学生独立分析问题和解决问题的能力，初步培养学生的创新意识和创新能力。

3）初步掌握三维造型（绘图）软件、熟练掌握二维绘图软件在模具设计中的应用。进一步熟悉塑料模具设计中的各种专业零件标准，并能合理地运用于模具设计之中，能有效地简化模具结构和加快设计进程。

1.2 塑料模具课程设计与毕业设计的内容

1.2.1 塑料模具课程设计与毕业设计的课题

1. 塑料模具课程设计

课程设计的题目按一人一题，老师给定形状比较简单或带有侧向凸、凹和孔的筒形、方形或异形塑件，要求学生根据批量、生产率和精度等要求，通过分析确定设计成单分型面或采用点浇口的多分型面、单型腔或多型腔的注射模一副。

2. 塑料模具毕业设计

毕业设计是在课程设计基础上进行的，所以要求形状比较复杂，且需要二次分型、推出或抽芯的注射模，根据塑件的复杂程度可以设计成单型腔和多型腔；其流道形式根据塑件批量和塑料种类可以设计成普通流道或热流道。要求模具结构合理，理论分析计算充分和正确。

1.2.2 塑料模具课程设计与毕业设计的内容

塑料模具课程设计与毕业设计的内容大致相同，主要包括：塑件结构工艺性分析，成型工艺参数的确定，分型面设计，模具型腔数量的确定，型腔的排列和布局，注射成型机的选择，浇口位置的选择和流道的布置，模具工作零件的结构设计及理论计算，侧向分型与抽芯机构的设计，推出装置的设计，排气方式设计，模具总体尺寸的确定，选择模架，模具安装尺寸的校核，绘制模具装配图和零件图，编写和整理设计说明书等。

1.2.3 塑料模具设计的要求

1）合理地选择模具结构，正确地确定模具成型零件的结构形状、尺寸及其技术要求。使所设计的模具制造工艺性良好，造价较低。

2）充分利用塑料成型优良的特点，尽量减少后续加工。

3）设计的模具应当能高效、优质、安全可靠地生产，且模具使用寿命长。

1.2.4 塑料模具设计工作量的要求

设计工作量应该根据每个学校自己制定的教学大纲来安排，其课程设计与毕业设计的时间不同，工作量也不相同。塑料模具课程设计与毕业设计的工作量见表 1-1。

表 1-1　塑料模具课程设计与毕业设计的工作量

设计内容	课程设计	毕业设计
文献综述	—	1 份(2~5 页)
外文翻译(塑料模具原文 1 篇)	—	1 篇(≥3000 汉字)
塑件图	1 张	1 张
装配图	1 张	1 张(A0 图)
模具零件图	成型零件 2~3 张	所有加工零件(包括改制零件)
零件加工工艺过程卡	1 份	成型零件(2~4 份)
成型零件加工数控程序设计	—	1 份
设计说明书	1 份(18~25 页)	1 份(正文≥40 页)

1.3　塑料模具课程设计与毕业设计的步骤

塑料模具课程设计与毕业设计的步骤见表 1-2。

表 1-2　塑料模具课程设计与毕业设计的步骤

步骤	内　容
设计准备	阅读设计任务书,明确设计任务,现场参观,实验室装拆模具,熟悉了解与设计相关的模具结构,阅读塑料模具设计指导书,准备设计资料、绘图用具或计算机
模具总体结构设计、理论分析与计算	塑件在模具中的成型位置,分型面和型腔数量的确定,浇注系统形式和浇口的位置选择和设计,成型零件的设计,脱模推出机构的设计,侧向分型与抽芯机构设计,合模导向机构的设计,排气系统和温度调节系统的设计,模架选择等
装配图的结构设计	初绘模具装配草图,各部分的结构设计,协调好各零部件之间的装配关系,最后完成装配图
成型零件图设计	绘制成型零件图
编写设计说明书	整理和编写设计计算说明书
设计总结及答辩	进行设计总结,完成答辩准备工作

1.4　设计中应注意的问题

1）塑料模具（课程、毕业）设计是在老师（或现场工程技术人员）指导下由学生独立完成的，也是对学生进行的一次较全面的工装设计训练。学生应明确设计任务，掌握设计进度，认真设计。每个阶段完成后要认真检查，提倡独立思考，有错误要认真修改，精益求精。

2）塑料模具设计进程的各阶段是相互联系的。设计时，零部件的结构尺寸不是完全由计算确定的，还要考虑结构、工艺性、经济性及标准化等要求。由于影响零部件结构尺寸的因素很多（如加热或冷却系统的设计和布置），随着设计的进展，考虑的问题会更全面、合理，故后阶段设计要对前阶段设计中的不合理结构尺寸进行必要的修改。所以设计要边计算、边绘图，反复修改，计算、设计和绘图交替进行。

3）学习和善于利用前人所积累的宝贵设计经验和资料，可以加快设计进程，避免不必要的重复劳动，是提高设计质量的重要保证，也是创新的基础。然而，任何一项设计任务均可能有多种决策方案，应从具体情况出发，认真分析，既要合理地吸取，又不可盲目地照搬、照抄。

4）在设计中贯彻标准化、系列化与通用化，可以保证互换性、降低成本、缩短设计周期，是模具设计中应遵循的原则之一，也是设计质量的一项评价指标。在设计中应熟悉和正确采用各种有关技术标准与规范，尽量采用标准件，并应注意一些尺寸需圆整为标准尺寸。同时，设计中应减少材料的品种和标准件的规格。

第2章　塑料模具设计的内容

塑料模具设计的内容是从接受设计任务后，就需对塑件图样进行分析和消化，根据塑件的结构形状、使用性能、批量大小和精度高低，确定模具的分型面、型腔数量和排列方式，初步确定注射机型号和规格；选择浇注系统的形式和浇口的位置，并进行设计计算；对成型零件、合模导向机构、脱模推出机构、侧向分型与抽芯机构和温度调节系统进行理论计算和设计，为各个部分的零件设计、模架型号及尺寸的选择和装配图设计及绘制做准备。

2.1　模具结构形式及注射机的初步确定

2.1.1　塑件成型工艺的可行性分析

1）接受设计任务（塑件零件图，若是实物零件，应绘制成二维工程图），在塑件零件图上应注明所用塑料的品种、批量大小、尺寸精度与技术条件，以及产品的功用及工作条件。

2）对塑件图样或提供的样品进行详细的分析和消化，注意检查以下项目：

① 塑件尺寸精度及其图样尺寸的正确性。

② 脱模斜度是否合理。

③ 塑件壁厚及其均匀性。

④ 塑料种类及其收缩率。

⑤ 表面颜色及表面质量要求。

3）了解该塑件材料的力学性能和物理性能，以及与注射成型工艺有关的参数。

4）审核塑件的成型工艺性，讨论塑件的结构形状、壁厚、肋板、圆角、表面粗糙度、尺寸精度、表面修饰、脱模斜度和嵌件安放的可行性。如果塑件结构设计得成型工艺性不佳，可与设计者商榷，在不影响产品性能的前提下，由设计者对产品结构进行修改，以满足注射成型工艺的需要。

5）计算出塑件的体积和质量。

2.1.2　拟订模具结构形式

当塑件的结构和所用材料满足成型工艺的要求后，就需要考虑塑件的分型面位置，确定采用单型腔模还是多型腔模来进行生产，考虑采用何种流道系统，这样就可以初步确定模具的结构形式，为后续的设计计算提供依据。

1. 分型面位置确定

模具上用来取出塑件和（或）浇注系统凝料可分离的接触表面称为分型面。在模具设计的初始阶段，首先应确定分型面的位置，然后才能确定模具的结构形式。分型面设计得是否合理，对塑件质量、工艺操作难易程度和模具复杂程度具有很大影响。分型面的形状一般为平直分型面，有时由于塑件的结构形状较为特殊，需采用倾斜分型面、曲面分型面、阶梯分型面和瓣合分型面等。有多个分型面时，为了便于看清模具的工作过程，应标出模具分型的先后顺序，如“PL1”“PL2”“PL3”或“Ⅰ”“Ⅱ”“Ⅲ”或“A”“B”“C”等。分型面的选择应注意以下几点：

1）分型面应选在塑件的最大截面处。

2）不影响塑件外观质量，尤其是对外观有明确要求的塑件，更应注意分型面对外观的影响。

3）有利于保证塑件的精度要求。

4）有利于模具加工，特别是型腔的加工。

5）有利于浇注系统、排气系统、冷却系统的设置。

6）便于塑件的脱模，尽量使塑件开模时留在动模一边（有的塑件需要定模推出的例外）。

7）尽量减小塑件在合模平面上的投影面积，以减小锁模力。

8）便于嵌件的安装。

9）长型芯应置于开模方向。

2. 型腔数量的确定

与多型腔模具相比，单型腔模具有以下优点：

1）塑件的形状和尺寸精度始终一致。

2）工艺参数易于控制。

3）模具结构简单、紧凑，设计制造、维修大为简化。

因此，精度要求高的小型塑件和中大型塑件优先采用一模一腔的结构；对于精度要求不高的小型塑件（没有配合精度要求），形状简单，又是大批量生产时，若采用多型腔模具可使生产效率大为提高。

但随着模具制造设备的数字化控制和电加工设备的普及，模具型腔的制造精度越来越高，在仪器仪表和各种家用电器中的机械传动塑料齿轮和一些比较精密的塑件中，也在广泛采用一模多腔注射成型，但一般不超过 4 腔。

总之，型腔数量的确定主要是根据塑件的质量、投影面积、几何形状（有无抽芯）、塑件精度、批量大小及经济效益来确定。以上这些因素有时是互相制约的，在确定设计方案时，须进行协调，以保证满足其主要条件。

3. 型腔排列方式

型腔数量确定之后，就可进行型腔的排列。型腔排列应满足或基本满足在分型面上的压力平衡（型腔可采用对称布置或对角布置）。型腔的排列涉及模具尺寸、浇注系统的设计、浇注系统的平衡、抽芯机构的设计、镶件及型芯的设计以及温度调节系统的设计。以上这些问题又与分型面及浇口的位置选择有关，所以在具体设计过程中，要进行必要的调整，以达到比较完善的设计结构。

4. 模具结构形式的确定

在型腔数量、排列布局确定以后，在流道系统、抽芯方式（动模抽芯还是定模抽芯）和脱模推出方式（一级推出还是二级推出，是脱模板推出还是简单推出）等初步确定之后，模具的结构形式就基本确定了。模具结构有如下几种形式：

（1）单型腔单分型面模具　中大型塑件或带有侧向分型与抽芯（几个方向分型或抽芯）且抽芯滑块在动模的各类塑件和小型精密塑件采用此类结构。

（2）单型腔多分型面模具　塑件外观质量、尺寸精度要求高而采用点浇口时，或带有抽芯且滑块在定模时可采用此结构。动模型芯需要强制脱模（先脱松）的二次推出时，动模有内侧抽芯或斜抽芯时也用此结构。

（3）多型腔单分型面模具或多型腔多分型面模具　尺寸精度要求一般的、生产批量较大的中小型塑件，可采用此类结构。

总之，在拟订模具结构形式时，要边计算、边绘草图来拟订模具的设计方案，至少要有两个方案进行分析比较，然后选择一个最佳的方案。

2.1.3　注射机型号的确定

注射机型号主要是根据塑件的外形尺寸或型腔的数量和排列方式、质量大小来确定。在确定模具结构形式及初步估算外形尺寸的前提下，设计人员应对模具所需塑料注射量、塑件在分型面上的投影面积、成型时所需的锁模力进行计算，然后初步确定注射机的型号。模具设计完以后的外形尺寸和开模距离要与注射机安装尺寸及开模行程相适应，如果两者不匹配，则模具无法安装使用。因此，必须对两者之间的有关参数进行校核，并通过校核来最终确定注射机的型号或对模具做一定的修改。

1. 按预选型腔数来选择注射机（学校做设计）

（1）模具所需塑料熔体注射量、注射压力

$$m=nm_1+m_2 \tag{2-1}$$

式中　m——模具成型时所需塑料的质量或体积（g 或 cm^3）；

n——初步选定的型腔数量；

m_1——单个塑件的质量或体积（g 或 cm^3）；

m_2——浇注系统的质量或体积（g 或 cm^3）。

首先 m_2 是个未知值，若是流动性好的普通精度塑件，浇注系统凝料为塑件质量或体积的 15%~20%（多浇口多型腔时，按注塑厂的统计资料）。若是流动性不太好，或者是精密塑件，据统计数据每个塑件所需浇注系统的质量或体积是塑件的 0.2~1 倍。当塑料熔体黏度高，塑件越小、壁越薄，型腔越多又做平衡式布置时，浇注系统的质量或体积甚至还要大，而大型塑件采用直接浇口时（塑料盆、桶、盒、箱），浇注系统质量相对很小，可忽略不计。在学校做设计时以（0.2~0.6）nm_1 作为预测估算，则模具所需塑料熔注射量分

$$m=(1.2\sim1.6)nm_1 \tag{2-2}$$

（2）塑件和流道凝料（包括浇口）在分型面上的投影面积及所需锁模力

$$A=nA_1+A_2 \tag{2-3}$$

$$F_m=(nA_1+A_2)p_{型} \tag{2-4}$$

式中　A——塑件及流道凝料在分型面上的投影面积（mm^2）；

A_1——单个塑件在分型面上的投影面积（mm^2）；

A_2——流道凝料（包括浇口）在分型面上的投影面积（mm^2）；

F_m——模具所需的锁模力（N）；

$p_{型}$——塑料熔体对型腔的平均压力（MPa）。

流道凝料（包括浇口）在分型面上的投影面积 A_2，在模具设计前是未知值。根据多型腔模具的统计分析，大致是每个塑件在分型面上投影面积 A_1 的 0.2~0.5 倍，因此可用 0.35 nA_1 来估算。成型时塑料熔体对型腔的平均压力，其大小一般是注射压力的 30%~65%。部分塑料所需的注射压力 p_0 见表 2-1。设计中常按表 2-2 中型腔压力进行估算。

表 2-1　部分塑料所需的注射压力 p_0　（单位：MPa）

塑料	注射条件		
	厚壁件(易流动)	中等壁厚件	难流动的薄壁窄浇口件
聚乙烯	70~100	100~120	120~150
聚氯乙烯	100~120	120~150	>150
聚苯乙烯	80~100	100~120	120~150
ABS	80~110	100~130	130~150
聚甲醛	85~100	100~120	120~150
聚酰胺	90~101	101~140	>140
聚碳酸酯	100~120	120~150	>150
有机玻璃	100~120	110~150	>150

表 2-2　常用塑料注射成型时型腔平均压力　（单位：MPa）

塑件特点	$p_{型}$	举　例
容易成型塑件	25	PE、PP、PS 等壁厚均匀的日用品、容器类
一般塑件	30	在模温较高的情况下，成型薄壁容器类
中等黏度塑件及有精度要求的塑件	35	ABS、POM 等有精度要求的零件，如壳体类等
高黏度塑件及高精度、难充模塑件	40	高精度的机械零件，如齿轮、凸轮等

（3）选择注射机型号　根据上面计算得到的 m 和 F_m 值来选择注射机，注射机的最大注射量（额定注射量 G）和额定锁模力 F 应满足

$$G \geqslant \frac{m}{\alpha} \tag{2-5}$$

式中　α——注射系数，无定型塑料取 0.85，结晶型塑料取 0.75。

$$F > F_m \tag{2-6}$$

2. 按预选注射机来确定型腔数量（工厂做设计）

在工程实际中先应根据本厂的设备条件，再根据注射机的性能参数（注射机的塑化速率、最大注射量及锁模力）、塑件精度等级（在模具中每增加一个型腔，塑件精度要降低 4%）来确定模具的型腔数量，有如下几种方法：

（1）由注射机料筒塑化速率确定模具的型腔数量 n

$$n \leqslant \frac{\dfrac{KMt}{3600} - m_2}{m_1} \tag{2-7}$$

式中　K——注射机最大注射量的利用系数，一般取 0.8；

M——注射机的额定塑化量（g/h 或 cm^3/h）；

t——成型周期（s）；

m_2——浇注系统凝料所需塑料质量或体积（g 或 cm^3）；

m_1——单个塑件的质量或体积（g 或 cm^3）。

（2）按注射机的最大注射量确定型腔数量 n

$$n \leqslant \frac{KG-m_2}{m_1} \tag{2-8}$$

式中　G——注射机允许的最大注射量（g 或 cm^3）；

其他符号意义同前。

（3）按注射机的最大锁模力确定型腔数量 n

$$n \leqslant \frac{F-p_{型} A_2}{p_{型} A_1} \tag{2-9}$$

所有符号意义同前。

在工厂做设计时还应根据模具制造费用和塑件成型费用来确定型腔数量，还要根据塑件精度确定型腔数量等。但在学校做设计时上述费用为未知数，精度为普通精度，所以这两项可以不予考虑。

按上述三种计算方法得到型腔数，取三个数值中的最小值作为模具设计的型腔数。

3. 校核注射机技术参数

在模具设计之初和选择注射机之后，这种注射机是否合适，还要对该机型的其他技术参数进行校核。

（1）注射压力的校核　该项工作是校核所选注射机的额定压力 p 能否满足塑件成型时所需要的注射力 p_0。塑件成型时所需要的压力一般由塑料流动性、塑件结构和壁厚以及浇注系统类型等因素所决定，在生产实践中其值一般为 70～150MPa。设计中要求

$$p \geqslant k' p_0 \tag{2-10}$$

式中　k'——注射压力安全系数，常取 $k'=1.25 \sim 1.4$。

（2）锁模力的校核　锁模力是指注射机的锁模机构对模具所施加的最大夹紧力。当高压的塑料熔体充满型腔时，会沿锁模方向产生一个很大的胀型力。因此，注射机的锁模力必须大于该模的胀型力，即

$$F \geqslant K_0 A p_{型} \tag{2-11}$$

式中　$p_{型}$——型腔的平均计算压力，选用参看表 2-2；

K_0——锁模力安全系数，通常取 $K_0=1.1 \sim 1.2$。

（3）注射机安装模具部分相关尺寸的校核　不同型号的注射机其安装部位的形状和尺寸各不相同，由不同厂家生产的同一型号注射机的某些安装尺寸也不完全相同，设计模具时应对所选注射机相关尺寸加以校核，以保证模具能顺利安装。需校核的主要内容有喷嘴尺寸（喷嘴尺寸根据需要也可以更换）、定位圈尺寸、模具的最大与最小厚度及安装螺钉孔等。

1）喷嘴尺寸。注射机喷嘴头一般为球面，模具主流道始端凹球面半径 SR 应与喷嘴球面半径 SR_0 相适应，即 $SR=SR_0+(1 \sim 2)$mm。喷嘴孔径 d 与主流道孔径相适应，即主流道孔径 $=d+(0.5 \sim 1)$mm。

2）定位圈尺寸。模具安装在注射机上必须使模具中心线与料筒、喷嘴的中心线相重合，定位圈与注射机固定模板上的定位孔呈间隙配合（H8/e8）。定位圈的高度，对小型模具为 8～10mm，对大型模具为 10～15mm。此外，中小型模具一般只在定模座板上设置定位圈，大型模具可在动、定模座板上同时设置定位圈，即定位圈与定位孔相适应。

3）模具厚度 H_m。也称模具闭合高度，必须满足

$$H_{min}<H_m<H_{max} \tag{2-12}$$

式中　H_{min}——注射机允许的最小模具厚度，即动定模之间的最小开距；

H_{max}——注射机允许的最大模具厚度。

4）模具长、宽尺寸与注射机拉杆间距离的关系。模具安装有两种方式，即从注射机上方直接吊入机内进行安装，或者先吊到侧面再由侧面推入机内安装。为安装方便，应使注射机拉杆内间距为模具尺寸+10mm。

5）模具与注射机的安装关系。模具的安装固定形式有压板式与螺钉式两种。压板式安装灵活，被广泛采用；螺钉式安装需模座上孔和模板上孔完全吻合，安装比较麻烦，但对于大型模具，这种安装安全可靠。

（4）开模行程校核与推出机构的校核　开模行程是指从模具中取出塑件所需的最小开合距离，用 H 表示，它必须小于注射机移动模板的最大行程 S。由于注射机的锁模机构不同，开模行程可按以下两种情况进行校核：

1）开模行程与模具厚度无关。这种情况主要是指锁模机构为液压-机械联合作用的注射机，其模板行程是由连杆机构的最大行程所决定的，而与模具厚度无关。

① 对于单分型面注射模，所需开模行程 H 为

$$H=H_1+H_2+(5\sim10)\text{mm}\leqslant S \tag{2-13}$$

式中　H_1——推出距离（脱模距离）（mm）；

H_2——包括浇注系统凝料在内的塑件高度（mm）。

② 对双分型面注射模，所需开模行程 H 为

$$H=H_1+H_2+a+(5\sim10)\text{mm}\leqslant S \tag{2-14}$$

式中　a——取出浇注系统凝料所需的长度（mm）。

2）开模行程与模具厚度有关。这种情况主要是全液压式锁模机构的注射机（如 XS-ZY-250）和机械锁模机构的直角式注射机（如 SYS-45、SYS-60 等）。其开模行程 H 应小于移动模板与固定模板之间的最大距离 S 减去模具厚度 H_m，即

$$H\leqslant S-H_m \tag{2-15}$$

① 对于单分型面注射模

$$H_m\leqslant S-[H_1+H_2+(5\sim10)\text{mm}] \tag{2-16}$$

② 对于双分型面注射模

$$H_m\leqslant S-[H_1+H_2+a+(5\sim10)\text{mm}] \tag{2-17}$$

3）模具有侧向抽芯时的开模行程校核。此时应考虑抽芯距离所增加的开模行程，为完成侧向抽芯距离 s 所需开模行程为 $H_{侧}$，当 $H_{侧}\leqslant H_1+H_2$ 时，仍按式（2-13）~式（2-17）计算开模行程 H；当 $H_{侧}>H_1+H_2$ 时，其开模行程 H 为

$$H=H_{侧}+(5\sim10)\text{mm}\leqslant S \tag{2-18}$$

4）推出行程的校核。各种型号注射机的推出装置和最大推出行程各不相同，设计模具时，塑件推出距离应与注射机推出行程相适应（应小于注射机最大推出行程）。

对所选注射机进行精确校核，要待模具的各个设计参数、结构尺寸全部确定之后才可进行。

2.2　浇注系统的设计

2.2.1　浇注系统设计的基本要点

浇注系统的作用，是将塑料熔体顺利地充满到型腔各处，以便获得外形轮廓清晰、内在质量优良的塑件。因此，要求充模速度快而有序，压力损失小，热量散失少，排气条件好，浇注系统凝料易于与塑件分离或切除，且在塑件上留下浇口痕迹小。浇注系统一般由主流道、分流道、浇口和冷料穴组成。

在设计浇注系统时，首先是选择浇口的位置，浇口位置的选择恰当与否，将直接关系到塑件的成型质量及注射过程是否能顺利进行。浇注系统的选择应遵循以下原则：

1）设计浇注系统时，流道应尽量少弯折，表面粗糙度 Ra 为 0.8~1.6μm。

2）应考虑到模具是一模一腔还是一模多腔，浇注系统应按型腔布局设计，尽量与模具中心线对称。

3）单型腔塑件投影面积较大时，在设计浇注系统时，应避免在模具的单面开设浇口，否则会造成注射时模具受力不均。

4）设计浇注系统时，应考虑去除浇口方便，修正浇口时在塑件上不留痕迹。

5）一模多腔时，应避免将大小悬殊的塑件放在同一副模具内。

6）在设计浇口时，避免塑料熔体直接冲击小直径型芯及嵌件，以免产生弯曲、折断或移位。

7）在满足成型排气良好的前提下，要选取最短的流程，这样可缩短填充时间。

8）能顺利地引导熔融的塑料填充各个部位，并在填充过程中不致产生熔体涡流、湍流现象，使型腔内的气体顺利排出模外。

9）成批生产塑件时，在保证产品质量的前提下，要缩短冷却时间及成型周期。

10）因主流道处有收缩现象，若塑件在这个部位要求精度较高时，主流道应留有加工余量或修正余量。

11）浇口的位置应保证塑料熔体顺利流入型腔，即对着型腔中宽畅、厚壁部位。

12）尽量避免使塑件产生熔接痕，或使其熔接痕产生在塑件不重要的部位。

2.2.2　主流道设计

主流道是指连接注射机喷嘴与分流道的塑料熔体通道，是熔体注入模具最先经过的一段流道，其形状、大小会直接影响熔体的流动速度和注射时间。

1. 垂直式主流道的设计

1）主流道是一端与注射机喷嘴相接触，另一端与分流道相连的一段带有锥度的圆形流动通道，如图 2-1 所示。主流道小端尺寸 d 应与所选注射机喷嘴尺寸相适应，喷嘴尺寸要查阅所选注射机的使用说明书或设计手册。

① 主流道小端尺寸 d。d=注射机喷嘴尺寸+(0.5~1)mm。

② 主流道长度 L。一般情况下 $L \leq 60$mm，在主流道过长时，可在浇口套挖出深凹坑，让喷嘴伸入模具内。

③ 主流道锥角 α。一般 α 在 2°~4°范围内选取，对黏度大的塑料，α 可取 3°~6°。

2）主流道衬套的形式。主流道小端入口处与注射机喷嘴反复接触，属易损件，对材料要求较严，因而模具主流道部分常设计成可拆卸更换的主流道衬套形式（俗称浇口套），以便有效选用优质钢材单独进行加工和热处理，一般采用 45 钢，进行局部热处理，球面硬度可达 38~45HRC。对于玻璃纤维增强或加有填料的塑料，衬套材料可采用 H13 或 Cr12MoV，热处理后硬度为 60~62HRC。主流道衬套和定位圈设计成整体式用于小型模具，中大型模具则设计成分体式。定位圈尺寸与注射机固定模板中定位孔尺寸相适应，在设计中应选用标准件。

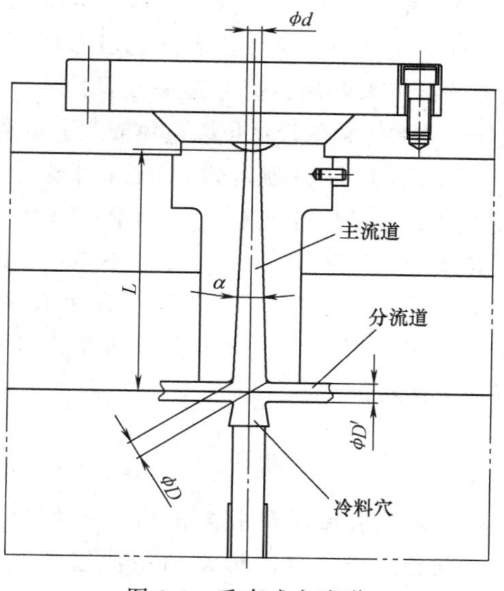

图 2-1　垂直式主流道

3）主流道衬套的固定。请参考教材及设计手册，图 2-1 可作为参考。

4）主流道的剪切速率

$$\dot{\gamma}=\frac{3.3q_V}{\pi R_n^3} \tag{2-19}$$

式中　$\dot{\gamma}$——主流道剪切速率，可在 $\dot{\gamma}=5\times10^2\sim5\times10^3\text{s}^{-1}$ 范围内取较大值；

R_n——主流道平均半径（cm）；

q_V——模具的体积流量（cm^3/s），$q_V=V/t$，V 为通过主流道熔体体积（cm^3），t 为最短注射时间（s），t 应大于或等于由表 2-3 查得的数值。

表 2-3　注射机公称注射量与注射时间的关系

公称注射量 $V_{公}/\text{cm}^3$	注射时间 t/s	公称注射量 $V_{公}/\text{cm}^3$	注射时间 t/s	公称注射量 $V_{公}/\text{cm}^3$	注射时间 t/s
30	0.86	1000	3.1	12000	8.0
60	1.0	2000	4.0	16000	9.0
125	1.6	3000	4.6	24000	10.0
250	2.0	4000	5.0	32000	10.7
350	2.2	6000	5.7	48000	12.6
500	2.5	8000	6.4	64000	12.8

2. 倾斜式主流道的设计

在模具设计时，往往由于受塑件及模具结构的影响，或者由于浇注系统及型腔数的限制，使主流道偏离模具中心，有时这一距离较大，会造成模具在使用时出现很多问题，因此这种情况下应使用倾斜式主流道，如图 2-2 所示。

1）在顶出塑件时，由于塑件脱模力的合力不在模具中心，推板及推杆固定板容易顶偏，造成推杆折断，塑件变形或损坏。

2）由于主流道不在模具中心，会造成单面间隙过大而产生溢料飞边。这个问题虽然可以采用三板式模的结构来解决，但会提高模具成本。因此，采用倾斜式主流道的设计可以避免或改进不足。

图 2-2 是有关倾斜式主流道的设计参数，倾斜角主要与塑料性能有关，如 PE、PP、PA 等塑料其倾斜角最大可达 30°；HIPS、ABS、PC、POM、SAN、PMMA 等塑料，最大倾斜角可达 20°。倾斜式主流道的其他设计参数与垂直式主流道的设计相同。

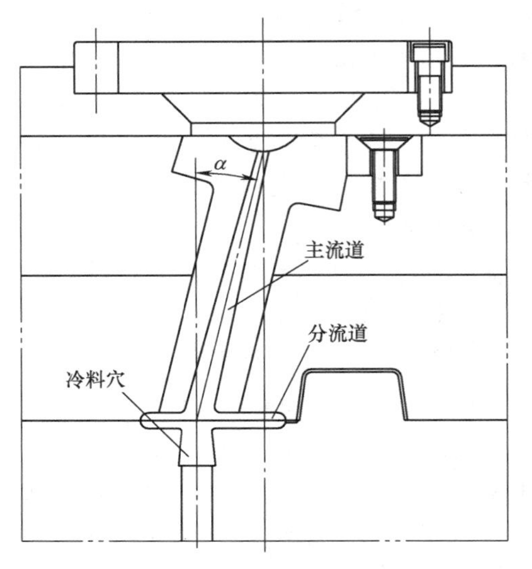

图 2-2　倾斜式主流道

2.2.3　分流道设计

在多型腔或单型腔多浇口（塑件尺寸大）时应设置分流道，分流道是指主流道末端与浇口之间这一段塑料熔体的流动通道。它是浇注系统中熔融状态的塑料由主流道流入型腔前，通过截面积的变化及流向变换以获得平稳流态的过渡段。因此，分流道设计应满足良好的压力传递和保持理想的充填状态，并在流动过程中压力损失尽可能小，能将塑料熔体均衡地分配到各个型腔。

1. 分流道的形状及尺寸

为了便于加工及凝料脱模，分流道大多设置在分型面上，分流道截面形状一般为圆形、梯形、U 形、半圆形及矩形等，可见理论教材。工程实践中圆形分流道、梯形分流道比较常用。

（1）圆形分流道　该分流道比表面积（即单位体积所具有的表面积，约等于断面周长与断面面积之比）小，热量损失和流动阻力较小，但流道应分别开设在动、定模两个部分，对机械加工精度要求比较高。对于流动性不太好的塑料或薄壁塑件，通常采用圆形分流道，这样可减小熔体的流动阻力和热量损失。

一般分流道直径在 3～10mm 范围内，高黏度物料的分流道直径可达 13～16mm。分流道的截面尺寸可根据塑件所用塑料的品种、质量、壁厚及分流道长度由图 2-3～图 2-5 所示的经验曲线来选定。

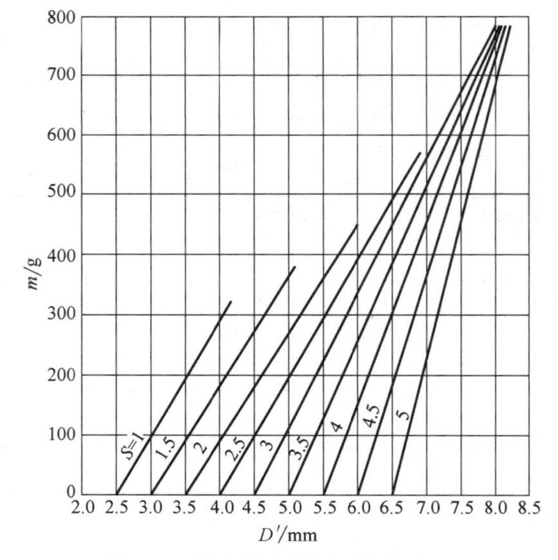

图 2-3　分流道直径尺寸曲线之一

对于 PS、ABS、SAN、BS 等塑料制品，其分流道直径可根据塑件质量和壁厚由图 2-3 所示的经验曲线来选定。

对于 PE、PP、PA、PC、POM 等塑料制品，其分流道直径可根据塑件质量和壁厚由图

2-4 中查得。

从图中查出分流道直径 D'以后，再根据分流道长度 L 从图 2-5 中查出修正系数 f_L，则分流道直径经修正后为 $D=D'f_L$。

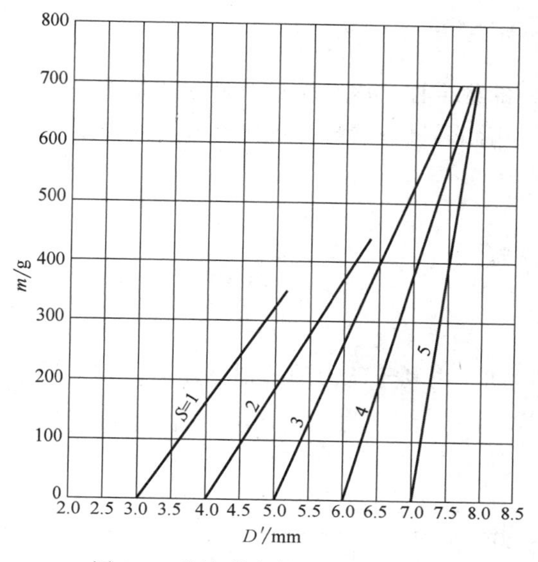

图 2-4　分流道直径尺寸曲线之二

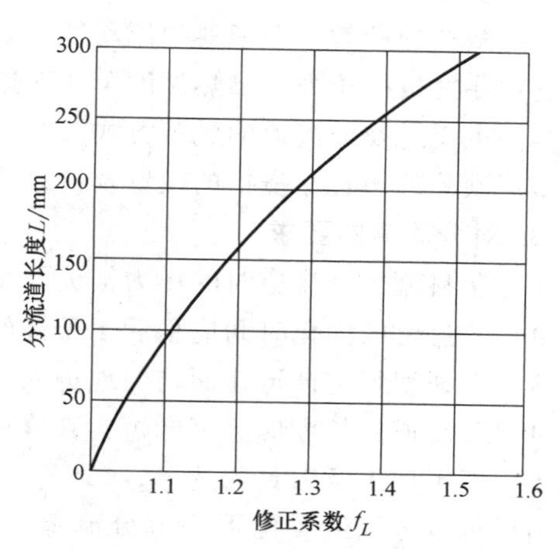

图 2-5　分流道直径尺寸的修正系数

对壁厚在 3mm 以下、质量小于 200g 的塑件，一般采用下面的经验公式可确定分流道的直径

$$D=0.2654\sqrt{m}\sqrt[4]{L} \tag{2-20}$$

式中　D——分流道直径（mm）；

m——塑件的质量（g）；

L——分流道的长度（mm）。

对于高黏度物料，如 PVC 和丙烯酸等塑料，适当扩大 25%。部分塑料常用分流道推荐尺寸见表 2-4。

表 2-4　部分塑料常用分流道推荐尺寸　（单位：mm）

塑料名称	分流道断面直径	塑料名称	分流道断面直径
ABS、AS	4.8~9.5	聚苯乙烯	3.5~10
聚乙烯	1.6~9.5	软聚氯乙烯	3.5~10
尼龙类	1.6~9.5	硬聚氯乙烯	6.5~16
聚甲醛	3.5~10	聚氨酯	6.5~8.0
丙烯酸塑料	8~10	热塑性聚酯	3.5~8.0
抗冲击丙烯酸塑料	8~12.5	聚苯醚	6.5~10
醋酸纤维素	5~10	聚砜	6.5~10
聚丙烯	5~10	离子聚合物	2.4~10
异质同晶体	8~10	聚苯硫醚	6.5~13

注：本表所列数据，对于非圆形分流道，可作为当量半径，并乘以比 1 稍大的系数。

（2）梯形分流道　工程设计中常采用此分流道，这种流道加工工艺性好，且塑料熔体的热量散失和流动阻力均较小。根据计算可得出主流道大端尺寸 D，梯形分流道底边 B（长边）尺寸可等于或略大于主流道大端尺寸。梯形的侧面斜角 α 常取 5°~10°，梯形高度 h 与梯形长边取值范围是

$$h=\left(\frac{2}{3}\sim\frac{3}{4}\right)B \tag{2-21}$$

2. 影响分流道设计的因素

1）塑件的几何形状、壁厚、尺寸大小及尺寸的稳定性，内在质量及外观质量的要求。

2）塑料的种类，即塑料的流动性、收缩率、熔融温度、熔融温度区间和固化温度。

3）注射机的压力、加热温度及注射速度。

4）主流道及分流道的脱落方式。

5）型腔的布置、浇口的位置及浇口的形式选择。

3. 对分流道的要求

1）塑料流经分流道时的压力损失要小。

2）分流道的固化时间应稍后于塑件的固化时间，以利于压力的传递及保压。

3）保证塑料熔体迅速而均匀地进入各个型腔。

4）分流道的长度应尽可能短，其容积小。

5）便于加工及刀具的选择。

6）每节分流道要比下一节分流道大 10%~20%，如图 2-6 所示，$D=(1.1\sim1.2)d$。

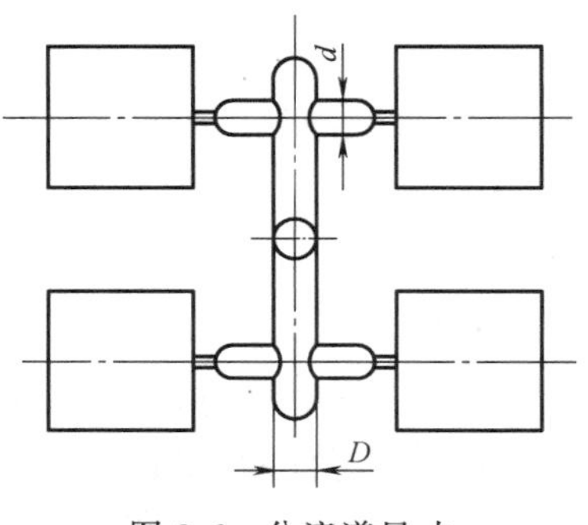

图 2-6　分流道尺寸

4. 分流道长度

分流道长度应尽量短，且少弯折。

5. 分流道表面粗糙度

分流道的表面粗糙度 Ra 一般取 0.63~1.6μm 即可。然而对于一些特殊的塑料，流道必须经过高度抛光，甚至需要在表面镀硬铬，以避免在塑件上产生划痕。这些比较特殊的塑料有 PVC、PC 和 POM。

6. 分流道布置形式

分流道在分型面上的布置与前面所述型腔排列密切相关，有多种不同的布置形式，但应遵循两方面原则：一方面排列紧凑、缩小模具板面尺寸；另一方面流程尽量短、锁模力力求平衡。

7. 分流道的修正

在同一副模具上成型两种大小不同的塑件时，为了保证在注射时熔体能同时充满大小不同的型腔，仅使用修正浇口大小不一定能达到均衡充模的效果，因此，必要时要对分流道进行修正才能达到预期效果。

8. 分流道剪切速率的校核

剪切速率一般为

$$\dot{\gamma}=\frac{3.3q_V}{\pi R_n^3}=5\times10^2\sim5\times10^3\,\mathrm{s}^{-1} \tag{2-22}$$

式中　$\dot{\gamma}$——分流道剪切速率，可在 $5\times10^2\sim5\times10^3\,\mathrm{s}^{-1}$ 范围内取较小值；

q_V——分流道的体积流量（cm^3/s），工程中常采用上式（经验公式）来计算；

R_n——分流道截面的当量半径（cm）。

$$R_n = \sqrt[3]{\frac{2A^2}{\pi L}} \tag{2-23}$$

式中　A——实际流道的截面面积（cm^2）；

L——实际流道截面的周边长度（cm）。

2.2.4　浇口的设计

1. 浇口的作用

浇口亦称进料口，是连接分流道与型腔的通道，除直接浇口外，它是浇注系统中截面最小的部分，但却是浇注系统的关键部分。浇口的位置、形状及尺寸对塑件性能和质量的影响很大。浇口的作用是使从流道来的熔融塑料以较快的速度进入并充满型腔，型腔充满塑料以后，浇口应按要求迅速冷却封闭，防止预塑时（螺杆后退）型腔内还未凝固的熔体回流。

浇口的设计与塑件的形状大小、模具结构、注射工艺参数（温度、压力和速度）及塑料性能等因素有关。浇口的截面要小、长度要短，这样才能增大料流速度，快速冷却封闭。浇口要便于与塑件分离或切除，且浇口的痕迹要不明显。

塑件的质量缺陷，如憋（困）气、收缩、银丝（夹水纹）、分解、波纹（冲纹）、变形等，往往都是由浇口设计不合理所造成的。

2. 影响浇口设计的因素

浇口设计包括浇口截面形状及浇口截面尺寸的确定，浇口位置的选择。

影响浇口截面形状及其尺寸的因素，就塑件而言，包括塑件的形状、大小、壁厚、尺寸精度、外观质量及力学性能等。塑件所用塑料的特性对浇口设计的影响因素，包括塑料成型温度、流动性、收缩率及有无填充物等。此外，在进行浇口设计时，还应考虑浇口的加工、脱模及清除浇口的难易程度。

3. 浇口截面的大小

一般来说，浇口的截面尺寸宜小不宜大，先确定小一些，然后在试模时，根据充模情况再进行修正。特别是一模多腔时，通过修正可使各个型腔同时均匀充填。

小浇口可以增加熔料流速，并且熔料经过小浇口时产生很大摩擦热而使熔料温度升高，其表观黏度下降，有利于充填。另外，由于小浇口的固化较快，不会产生过量补缩而降低塑件的内应力，同时可以缩短注射成型周期，便于浇口的去除。

但有的塑件浇口不宜过小，如一些厚壁塑件，在注射过程中必须进行两次以上的补缩，才能满足塑件的要求，浇口过小会造成浇口处过早固化，使补料困难而造成塑件缺陷。

具体浇口截面尺寸的确定，可按不同的浇口形式和塑件大小根据经验公式和经验数据来确定。

4. 浇口的选用

中大型、深型腔塑件，宜采用直接浇口（瓢、盆、桶、盒、箱、电视机后盖、显示器后壳等）；表面质量和力学性能要求高的圆筒形塑件，宜采用盘形、轮辐和爪形浇口；对普通塑件广泛采用侧浇口或者潜伏式浇口（电视机前框、显示器前框等）；对于特大型塑件（如汽车上的塑件）因成型面积很大需采用多点进料（热流道）而采用侧浇口或点浇口；对外表面质量要求高的中小型塑件，可采用点浇口、潜伏式浇口和侧浇口（化妆品盒、仪器仪表和各种家用电器的外壳等），有的点浇口周围还设计一点花纹来掩盖浇口。此外，浇口形式还要和塑料品种、塑件用途相适应。浇口截面的大小要进行计算，剪切速率基本要满足要求。常见浇口形式及特点见表 2-5。

表 2-5　常见浇口形式及特点

名称	浇口形式简图	特　点	应用范围及适用塑料
直接浇口	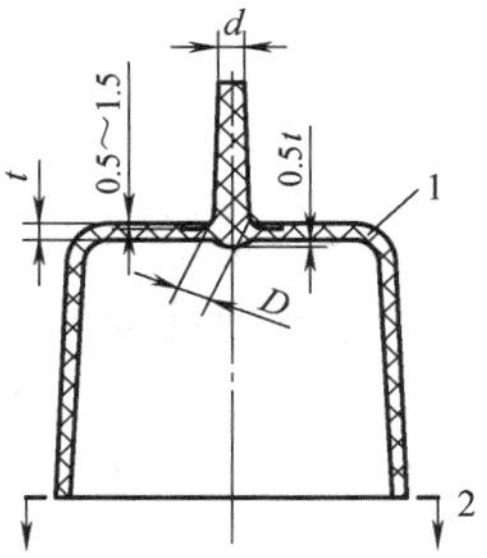 1—塑件　2—分型面	又称主流道型浇口，在单型腔模中，塑料熔体直接流入型腔，因而压力损失小，进料速度快，成型比较容易。另外，它传递压力好，保压补缩作用强，模具结构简单紧凑，制造方便，但去除浇口困难	适合各种塑料成型，尤其适合加工热敏性及高黏度材料或加玻纤增强的塑料，成型高质量的大型或深腔壳体、箱形塑件
侧浇口	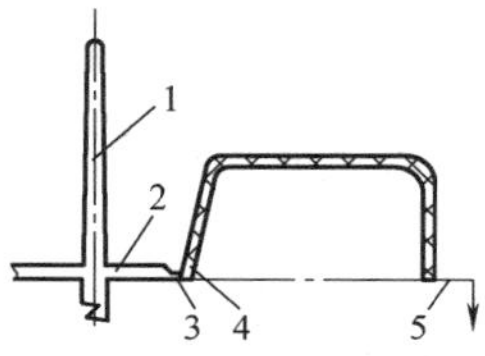 1—主流道　2—分流道　3—浇口　4—塑件　5—分型面	又称边缘浇口，一般开在分型面上，从塑件的外侧进料。侧浇口是典型的矩形截面浇口，能方便地调整充模时的剪切速率和封闭时间，故也称标准浇口。它截面形状简单，加工方便；浇口位置选择灵活，去除浇口方便、痕迹小。但塑件容易形成熔接纹、缩孔、凹陷等缺陷，注射压力损失较大，对壳体件排气不良	广泛用于两板式多型腔模具以及截面尺寸较小的塑件 适用塑料有：硬质 PVC、PE、PP、PC、PS、PA、POM、AS、ABS、PMMA
中心浇口	盘形浇口 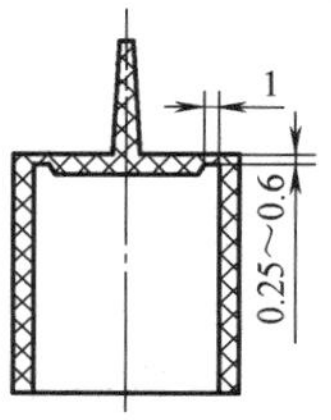	又称薄板浇口，是直接浇口的变异形式，熔体从中心的环形四周进料，压力损失小。塑件不会产生熔接纹，型芯受力均匀，空气能够顺利排出。缺点是浇口去除困难	广泛用于内孔较大的圆筒形塑件 适用塑料有：PS、PA、AS、ABS
	轮辐式浇口 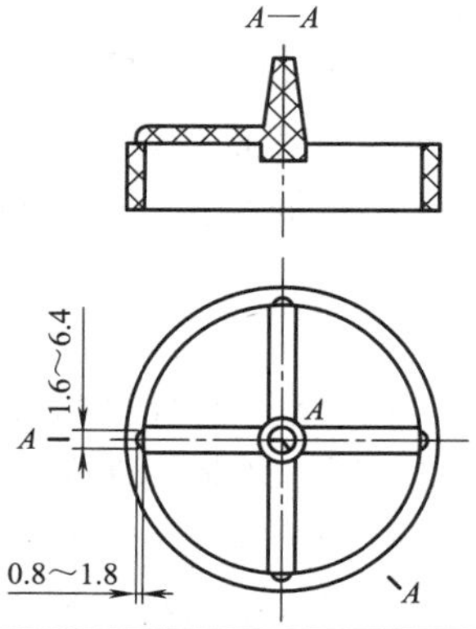	轮辐式浇口是盘形浇口的改进型，是将圆周进料改成几小股浇口进料，这样去除浇口较方便，浇注系统凝料也较少	主要用于圆形、扁平和浅杯形塑件的成型 适用塑料有：硬质 PVC、PE、PP、PC、PS、PA、POM、AS、ABS、PMMA

（续）

名称	浇口形式简图	特　　点	应用范围及适用塑料
中心浇口	爪形浇口 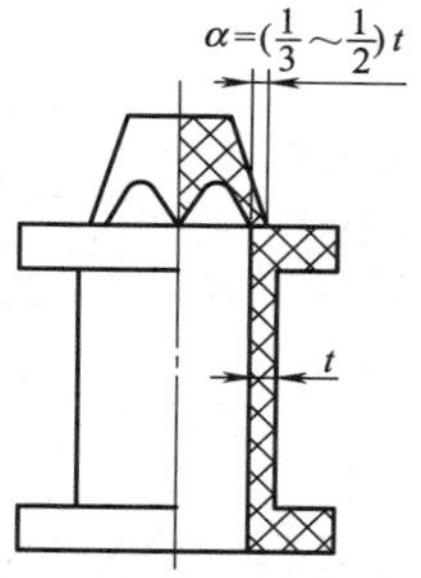 $\alpha=(\frac{1}{3}\sim\frac{1}{2})t$ t	爪形浇口是盘形浇口的改进型，是将圆周进料改成几小股浇口进料，这样去除浇口较方便，浇注系统凝料也较少	主要用于成型高管形或同轴度要求较高的塑件 适用塑料有：POM、ABS
	环形浇口 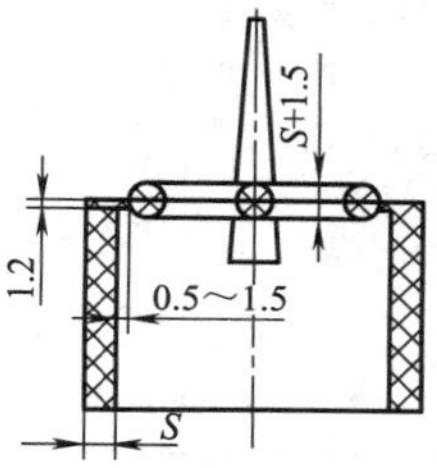 $S+1.5$ 1.2 0.5～1.5 S	此种浇口分外环形和内环形两种。熔料可从圆筒状塑件底部或上部四周均匀进入，没有流痕及熔接痕，排气顺畅，但浇口切除较困难	用于型芯两端定位的管状塑件 适用塑料有：POM、ABS
扇形浇口	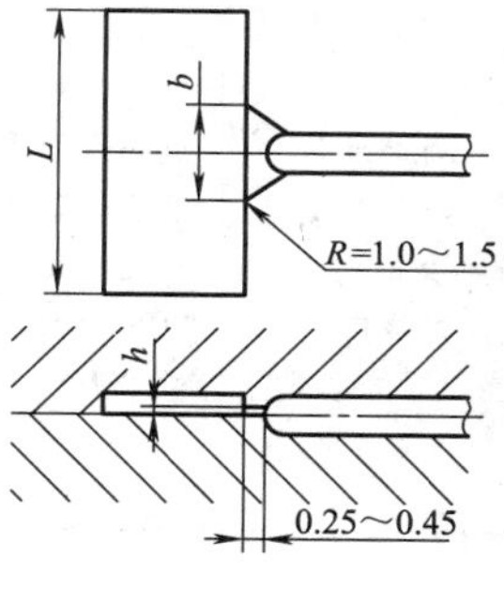 b L R=1.0～1.5 h 0.25～0.45	扇形浇口是逐渐展开的浇口，是侧浇口的变异形式。当使用侧浇口成型大型平板状塑件浇口宽度太小时，则改用扇形浇口。扇形浇口沿进料方向逐渐变宽，厚度逐渐减至最薄。塑料熔体可在宽度方向得到均匀分配，没有流痕及熔接痕，排气良好，可降低塑件内应力，减小翘曲变形	常用于多型腔模具，用来成型宽度较大的板状类塑件，浅的壳形及盒形塑件以及流动性较差的透明塑件 适用塑料有：PP、PC、POM、ABS、PMMA 不适用于硬质 PVC
薄片浇口	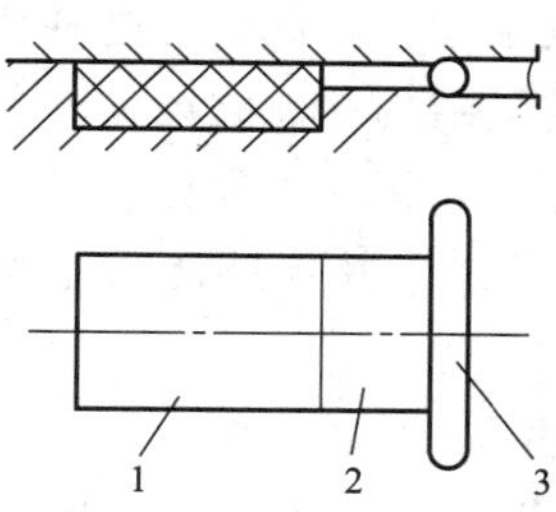 1　2　3 1—塑件　2—浇口　3—分流道	薄片浇口是侧浇口的变异形式之一，薄片浇口的浇道与塑件平行，其长度则等于或小于塑件的宽度。它能以较低的速度均匀平稳地进入型腔，其料流呈平行流动，可避免平板塑件变形，减小内应力，得到良好外观的塑件。对有透明度和平直度要求，表面不允许有流痕的片状塑件尤为适宜	应用于大面积扁平塑件。浇口切除困难，必须用专用工具 适用塑料有：PP、PC、POM、ABS、PMMA

（续）

名称	浇口形式简图	特　点	应用范围及适用塑料
潜伏式浇口	1—主流道　2—推杆　3—浇口 4—推切杆　5—塑件　6—动模	又称隧道式浇口，由点浇口演变而来，并吸收了点浇口的优点，也克服了由点浇口带给模具的复杂性，但流道转弯多，压力损失大	在多型腔模具以及塑件外表面不允许有任何痕迹时采用 适用塑料有：PA、PP、POM、ABS、PVC
护耳浇口	1—护耳　2—主流道 3—分流道　4—浇口	又称分接式浇口或调整式浇口。它在型腔侧面开设耳槽，塑料熔体通过浇口冲击在耳槽侧面上，经调整方向和速度后再进入型腔，因此可以防止喷射现象 此种浇口应设在塑件的厚壁处。缺点是去除困难，痕迹大	用于流动性差的塑料，如 PC、硬 PVC、PMMA、AS、ABS、POM
点浇口	a)　b)　c)	又称橄榄形浇口或菱形浇口，是种截面尺寸特小的圆形浇口，要用三板式模具才能取出浇道凝料，模具结构比较复杂 图 a 是最初采用形式，L_1 为主流道长度 图 b 是改进形式，应用很广。特别是对于纤维增强的塑料，浇口断开时不会损伤塑件表面，图 a、b 适用于一模一腔的点浇口 图 c 是一模多腔或单腔多浇口时的形式	常用于成型中、小型塑件的一模多腔模具中，也可用于单型腔模具或表面不允许有较大痕迹的塑件 适用塑料有：PE、PP、PC、PS、PA、POM、AS、ABS

5. 浇口位置的选择

模具设计时，浇口的位置及尺寸要求比较严格，初步试模后还需进一步修改浇口尺寸，无论采用何种浇口，其开设位置对塑件成型性能及质量影响很大，因此合理选择浇口的开设位置是提高质量的重要环节，同时浇口位置的不同还影响模具结构。总之要使塑件具有良好的性能与外表，一定要认真考虑浇口位置的选择，通常要考虑以下几项原则：

1）浇口应开设在塑件壁厚最大处，使熔体从厚壁流向薄壁，并保持浇口至型腔各处的流程基本一致。

2）避免浇口处产生喷射和蠕动，防止在充填过程中产生波（冲）纹。

3）考虑分子的取向影响，浇口位置应设在塑件的主要受力方向上，因为顺着流动方向的力学性能要高于其他方向，特别是带填料的增强塑料，这种特性更加明显。

4）在选择浇口位置时应考虑到塑件尺寸的要求，因为塑料经浇口充填型腔时，在流动方向与垂直于流动方向上的收缩不尽相同，所以要考虑到变形和收缩的方向性。

5）须尽量减少熔接痕，应有利于型腔中气体的排出。

6）注意对外观质量的影响。

7）在浇口位置选定后，应经指导教师认可，或用计算机模拟塑料熔体的充模情况，再确认浇口的位置是否正确。

6. 各种浇口尺寸的计算

各种浇口尺寸的经验数据及计算公式见表 2-6。

表 2-6　各种浇口尺寸的经验数据及计算公式

浇口形式		经验数据	经验计算公式	备　注
直浇口	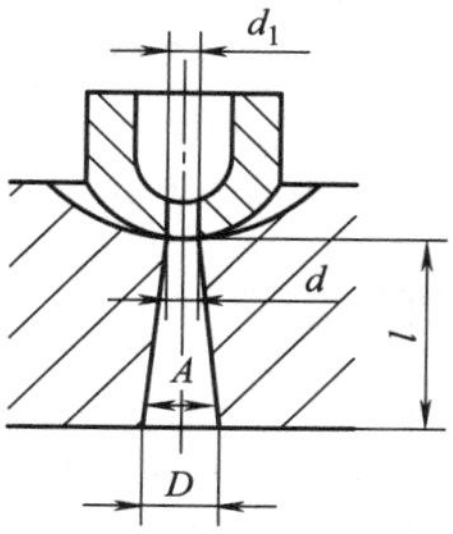 d_1, d, l, A, D	$d=d_1+(0.5+1.0)$mm $\alpha=2°\sim4°$ $D\leqslant2t$ $l<60$mm 为佳		d_1—注射机喷嘴孔径 α—流动性差的塑料取 3°~6° t—塑件壁厚
盘形浇口	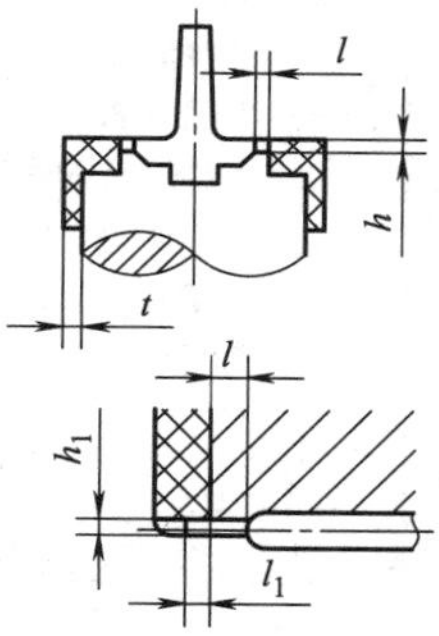 l, h, t, h_1, l_1	$l=(0.75\sim1.0)$mm $h=(0.25\sim1.6)$mm	$h=0.7nt$ $h_1=nt$ $l_1\geqslant h_1$	n—塑料成型系数，见表注
护耳浇口	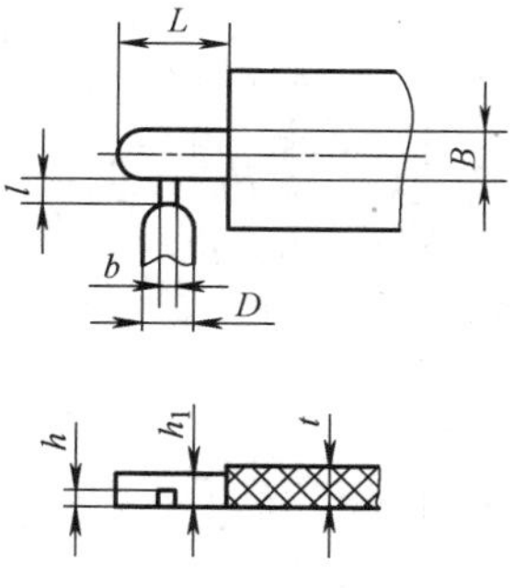 L, B, l, b, D, h, h_1, t	$L\geqslant1.5D$ $B=D$ $B=(1.5\sim2)h_1$ $h_1=0.9t$ $h=0.7t$ $l\geqslant1.5$	$h=nt$ $b=\frac{n\sqrt{A}}{30}$	A—型腔表面积(mm^2) n—塑料成型系数，见表注

（续）

浇口形式	经验数据	经验计算公式	备　注
潜伏式浇口	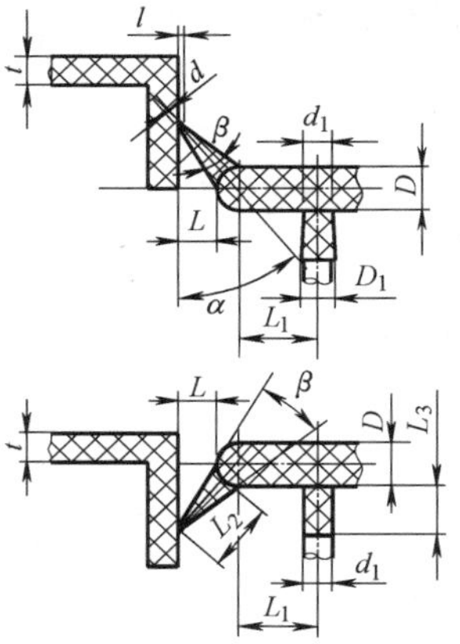 $l=0.7\sim1.3\text{mm}$ $L=2\sim3\text{mm}$ $\alpha=25°\sim45°$ $\beta=15°\sim25°$ $d=0.3\sim2\text{mm}$ $d_1=5\sim8\text{mm}$ $L_1\geqslant2D$ $L_3=L_2+(2\sim3)\text{mm}$	$d=nk\sqrt[4]{A}$ $(d\geqslant t/2)$	软质塑料 $\alpha=30°\sim45°$ 硬质塑料 $\alpha=25°\sim30°$ L—允许条件下尽量取最大值，当 $L<2$ 时采用二次浇口 n—塑料系数 A—型腔表面积（mm^2） 浇口上潜应设置拉料穴，拉料穴锥度应与塑料伸长率相适应 浇口下潜拉料穴不需要锥度
点浇口	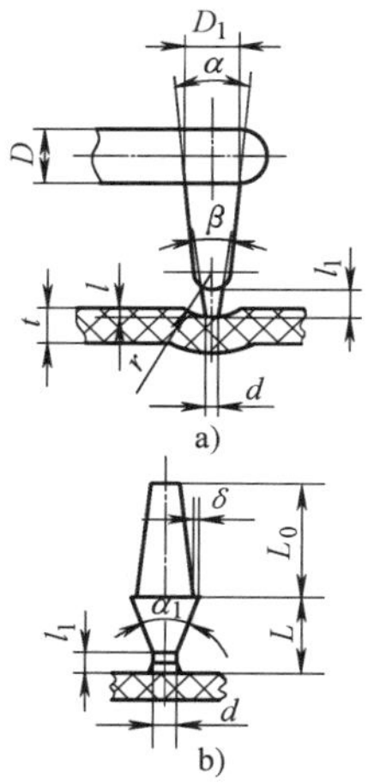 $l=0.5\sim1.5\text{mm}$ $l_1=1.5\sim2.5\text{mm}$ $r=1.5\sim2.5\text{mm}$ $d=0.5\sim2\text{mm}$ $\alpha=2°\sim5°$ $\alpha_1=6°\sim15°$ $\delta=0.3\text{mm}$ $\beta=10°\sim20°$ $L<2L_0/3$ $D_1\leqslant D$	$d=nk\sqrt[4]{A}$	n—塑料系数 k—系数，为塑件壁厚的函数，见表注 A—型腔表面积（mm^2） 图 a—用于一模多腔或一腔多点进料的点浇口 图 b—用于一模一腔单点进料，浇口拉断后在表面留下凸起的痕迹，不然浇口也应如图 a 所示沉下去 l 长一段距离
侧浇口	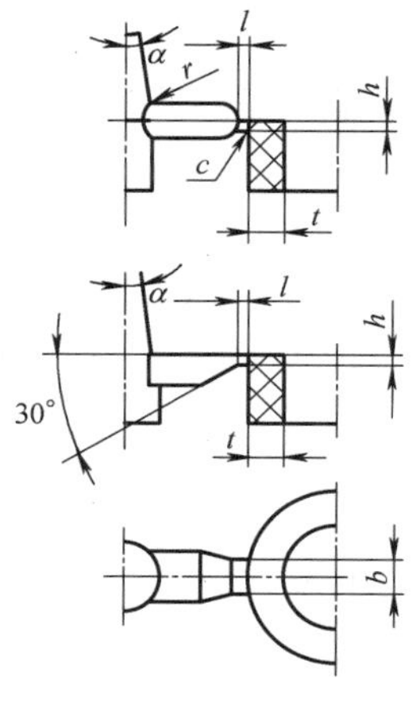 $\alpha=2°\sim6°$ $b=1.5\sim5\text{mm}$ $h=0.5\sim2\text{mm}$ $l=0.5\sim0.75\text{mm}$ $r=1\sim3\text{mm}$ $c=R0.3$ 或 $C0.3$	$h=nl$ $b=\dfrac{n\sqrt{A}}{30}$	n—塑料系数，由塑料性质决定，见表注 l—为了去除浇口方便，也可取 $l=0.7\sim2.5\text{mm}$ A—型腔表面积（mm^2）

（续）

浇口形式	经验数据	经验计算公式	备注
薄片浇口	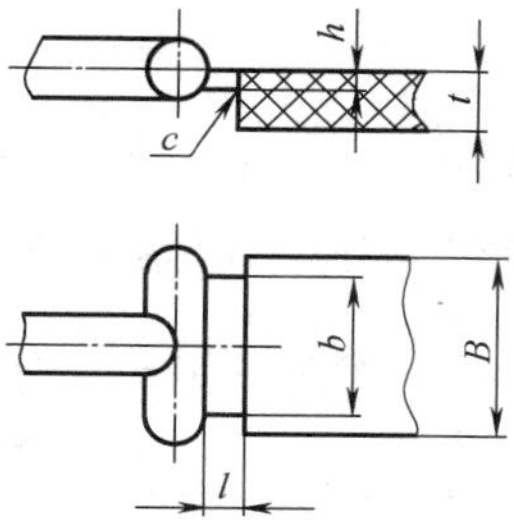 $b=(0.75\sim1.0)B$ $h=0.25\sim0.65\text{mm}$ $l=0.65\sim1.5\text{mm}$ $c=R0.3$ 或 $C0.3$	$h=0.7nt$	n—塑料系数
扇形浇口	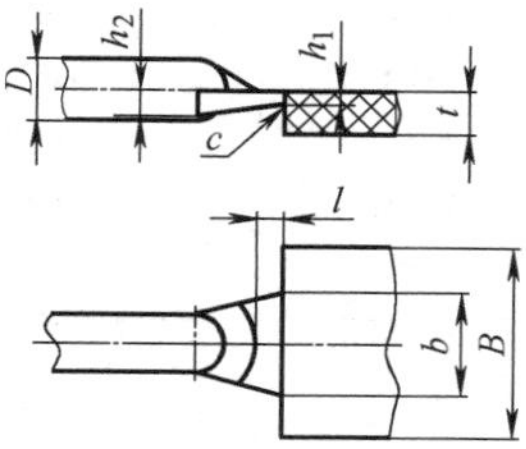 $b=6\sim B/4$ $h=0.25\sim1.6\text{mm}$ $l=2\sim4\text{mm}$ $c=R0.3$ 或 $C0.3$	$h_1=nt$ $b=\frac{n\sqrt{A}}{30}$ $b=\frac{n\sqrt{A}}{30}$	n—塑料系数 A—型腔表面积（mm^2） 浇口截面积不能大于流道截面积 当流道为 $\phi3\text{mm}$、$\phi4\text{mm}$ 时，$l=2\text{mm}$ 流道为 $\phi5\text{mm}$、$\phi6\text{mm}$ 时，$l=3\text{mm}$ 流道为 $\phi8\text{mm}\sim\phi12\text{mm}$ 时，$l=4\text{mm}$
环形浇口	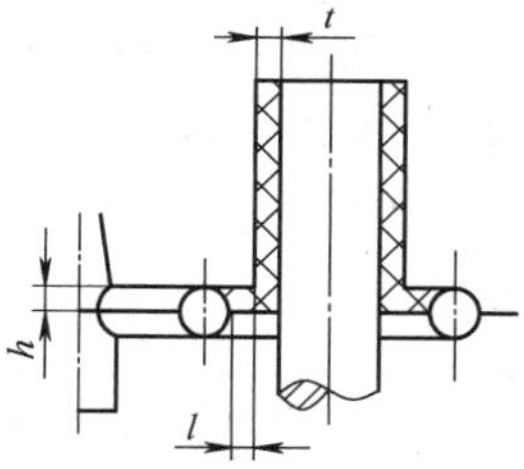 $l=0.75\sim1.0\text{mm}$	$h=0.7nt$	n—塑料系数

注：1. 塑料系数由塑料性质决定，通常 PE、PS、HIPS、SAN：$n=0.6$；PA、PP、ABS：$n=0.7$；CA、POM、PMMA：$n=0.8$；PVC、PC：$n=0.9$。

2. k—系数，塑件壁厚的函数，$k=0.206\sqrt{t}$，k 值适用于 $t=0.75\sim2.5\text{mm}$。

此外，侧浇口和点浇口的推荐值见表 2-7。

表 2-7 侧浇口和点浇口的推荐值 （单位：mm）

塑件壁厚	侧浇口截面积		点浇口直径 d	浇口长度 l
	深度 h	宽度 B		
<0.8	<0.5	<1.0	0.8~1.3	1.0
0.8~2.4	0.5~1.5	0.8~2.4		
2.4~3.2	1.5~2.2	2.4~3.3		
3.2~6.4	2.2~2.4	3.3~6.4	1.0~3.0	

7. 浇口剪切速率的校核

点浇口

$$\dot{\gamma}=\frac{4q}{\pi R^3} \tag{2-24}$$

其他类型浇口

$$\dot{\gamma}=\frac{3.3q}{\pi R_{n}^{3}} \tag{2-25}$$

式中　q——单位时间注射量（注射量/注射时间，cm^3/s）；

R——点浇口半径（cm）；

R_n——其他类型浇口的当量半径（cm），计算方法见式（2-23）。

表 2-8 列出了部分塑料最大剪切速率值，设计时校核浇口剪切速率时应小于或等于此值。

表 2-8　部分塑料最大剪切速率值　　（单位：s）

材料	最大剪切速率	材料	最大剪切速率	材料	最大剪切速率
PP	100000	HIPS	40000	尼龙	60000
HDPE	40000	SAN	40000	PET	6000
LDPE	40000	PC	40000	PUR	40000
PS	40000	ABS	50000	PBT	50000
PMMA	40000	PPS	50000	EVA	30000
PES	50000	PSU	50000	PVC	20000

8. 最大流动距离比的校核

在确定大型塑件的浇口位置时，还应考虑塑料熔体所允许的最大流动距离比（简称流动比）。最大流动比是指熔体在型腔内流动的最大长度与相应的型腔厚度之比。也就是说，当型腔厚度增大时，熔体所能够达到的流动距离也会长一些。表 2-9 列出了常用塑料流动比 L/t 的经验数据，供设计浇注系统时参考。若计算得到的流动比大于此值，这时就需要改变浇口位置，或者增加塑件的壁厚，或者采用多浇口方式来减小流动比。

表 2-9　常用塑料的允许流动比范围

塑料名称	注射压力/MPa	L/t	塑料名称	注射压力/MPa	L/t
聚乙烯	150	250～280	硬聚氯乙烯	130	130～170
聚乙烯	60	100～140	硬聚氯乙烯	90	100～140
聚丙烯	120	240～280	硬聚氯乙烯	70	70～110
聚丙烯	70	200～240	软聚氯乙烯	90	200～280
聚苯乙烯	90	260～300	软聚氯乙烯	70	100～240
聚酰胺	90	200～360	聚碳酸酯	130	120～180
聚甲醛	100	110～210	聚碳酸酯	90	90～130

2.2.5　浇注系统的平衡

（1）平衡式布置　对于中小型塑件的注射模已广泛使用一模多腔的形式，设计时应尽量保证所有的型腔同时得到均一的充填和成型。一般在塑件形状及模具结构允许的情况下，应将从主流道末端到各个型腔的分流道设计成长度相等、形状及截面尺寸相同的形式，其分布图可见教材有关章节。但对于型腔数多的模具，由多级分流道组成，流道长且弯折多，对熔体阻力大，浇注系统凝料多。

（2）非平衡式布置　在多型腔模中，采用非平衡式流道布置，虽然流道短了，但从主流道末端到各分流道长度各不相等，为达到均衡充模，需将末级分流道及浇口尺寸按距主流道远近进行修正。此种布置，流程虽短但塑件质量一致性很难保证。

通过调节末级分流道及浇口尺寸使各浇口的流量及成型工艺条件达到一致，这就是浇注系统的平衡。

2.2.6 冷料穴的设计

在完成一次注射循环的间隔，考虑到注射机喷嘴和主流道入口这一小段熔体因辐射散热而低于所要求的塑料熔体的温度，从喷嘴端部到注射机料筒以内 10~25mm 的深度有个温度逐渐升高的区域，这时才达到正常的塑料熔体温度。位于这一区域内的塑料的流动性能及成型性能不佳，如果这里温度相对较低的冷料进入型腔，便会产生次品。为克服这一现象的影响，用一个井穴将主流道延长以接收冷料，防止冷料进入浇注系统的流道和型腔，把这一用来容纳注射间隔所产生的冷料的井穴称为冷料穴（冷料井）。

冷料穴一般开设在主流道对面的动模板上（也即塑料流动的转向处），其标称直径与主流道大端直径相同或略大一些，深度为直径的 1~1.5 倍，最终要保证冷料的体积小于冷料穴的体积。冷料穴有六种形式，常用的是端部为 Z 字形拉料杆（用推杆推出）和球头形拉料杆（用脱模板推出）的形式，具体要根据塑料性能和模具结构形式合理选用。

对于热塑性塑料注射模来说，模具温度对塑料熔体都是冷却，在分流道中流动的前锋料熔体温度都不太高，这股前锋冷料若进入型腔，对塑件质量一定会产生影响，特别是对于薄壁型塑件、精密塑件，因此，在各分流道的转折处，都应设有相应的分流道冷料穴，如图 2-7 所示。

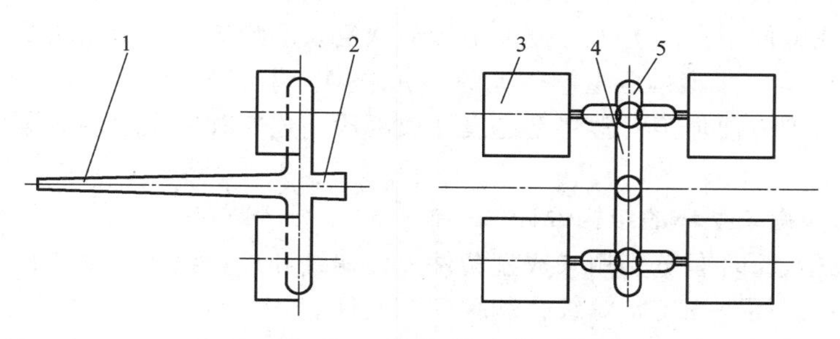

图 2-7 主流道和分流道冷料穴

1—主流道 2—主流道冷料穴 3—塑件 4—分流道 5—分流道冷料穴

2.3 成型零件的设计

模具中确定塑件几何形状和尺寸精度的零件称为成型零件，成型零件包括凹模、型芯、镶块、成型杆和成型环等。成型过程中成型零件受到熔体的高压作用，料流的冲刷，脱模时与塑件间发生摩擦。因此，成型零件要求有正确的几何形状，较高的尺寸精度和较低的表面粗糙度值。此外，还要求成型零件具有合理的结构和良好的加工工艺性，具有足够的强度、刚度和表面硬度。

设计成型零件时，应根据塑料的特性和塑件的结构及精度要求，确定型腔的总体结构，选择分型面和浇口位置，确定脱模方式、排气部位和冷却或加热（管道）的布置等；然后根据成型零件加工、热处理、装配等要求进行成型零件的结构设计，计算成型零件的工作尺寸，对重要的成型零件进行刚度和强度的校核。

2.3.1　成型零件的结构设计

1. 凹模

凹模是成型塑件外表面的重要零件，按其结构不同，可分为整体式和组合式两大类。

（1）整体式凹模　凹模由整块材料制成，成型的塑件尺寸精度高，没有拼合缝，外形美观，适合于成型外形简单的中小型塑件，如各类化妆品器皿和带有装饰性的各种塑件。

（2）组合式凹模　指凹模由两个或两个以上零件组合而成。按其组合结构不同，可分为整体嵌入式、局部镶嵌式、底部镶拼式、侧壁镶拼式和四壁拼合式等形式。在设计中采用何种形式，要视塑件的尺寸大小和复杂程度来合理选用。例如：各类化妆品器皿和带有装饰性的小型日用品可采用整体嵌入式；日常用瓢、盆和桶之类的塑件可采用局部镶嵌式；电视机、显示器后罩以及各类周转箱等复杂塑件均采用四壁拼合式等形式。无论采用何种形式，其总的原则就是要简化凹模的加工工艺，减少热处理变形，便于模具的维修和节约贵重的模具钢材。

2. 凸模和型芯

凸模和型芯都是成型塑件内表面的零件。凸模一般是指成型塑件中较大的、主要内腔的零件，因此又称主型芯；型芯一般是指成型塑件中较小孔、槽的零件，也称小型芯。

（1）主型芯结构　主型芯按结构可分为整体式和组合式两种，整体式主要用于小型模具上的简单型芯。一般模具的型芯都采用单独加工，然后镶入模板中。采用一定结构或方式对型芯进行周向或轴向定位。为了方便加工，形状复杂的型芯大多采用镶拼式组合结构。

（2）小型芯结构　小型芯成型塑件上的小孔或槽。小型芯单独制造，然后嵌入模板中。对于异形型芯，为了方便加工，常将型芯设计成两段，连接和固定段制成圆形，并用凸肩和模板连接。

3. 螺纹型芯和螺纹型环的结构设计

螺纹型芯和螺纹型环是分别用来成型塑件上内螺纹和外螺纹的活动镶件。另外，螺纹型芯和螺纹型环还可以用来固定带螺纹孔和螺杆的嵌件。

（1）螺纹型芯结构　螺纹型芯按用途可分为直接成型塑件上螺纹孔和固定螺母嵌件两种。两种型芯在结构上没有原则区别，用来成型塑件螺纹孔的螺纹型芯在设计时必须考虑塑料收缩率，表面粗糙度值要小（$Ra<0.4\mu m$），螺纹的始端、末端要按塑料螺纹的结构要求进行设计。而固定螺母的螺纹型芯不必考虑收缩率，按普通螺纹制造即可。

螺纹型芯安装在模具内，成型时要定位可靠，不能因合模振动或料流的冲击而产生移动；开模时能与塑件一起取出并便于装拆。螺纹型芯和模板连接的配合形式和种类可参看教材有关章节。

（2）螺纹型环结构　螺纹型环常见的结构有整体式和组合式两种：整体式螺纹精度高，但装拆稍费时间；组合式由两半瓣螺纹拼合而成，两半瓣中间用导向销定位。成型后塑件外螺纹上会留下难以修整的拼合缝，仅用于螺纹精度要求不高的场合。

2.3.2　成型零件工作尺寸的计算

成型零件工作尺寸是指成型零件上直接用来构成塑件的尺寸，主要有型腔和型芯的径向尺寸（包括矩形和异形零件的长和宽），型腔的深度尺寸和型芯的高度尺寸，型芯和型芯之间的位置尺寸等。任何塑件都有一定的几何形状和尺寸精度的要求，如有配合要求的尺寸，则精度要求较高。在模具设计时，应根据塑件的尺寸精度等级确定模具成型零件的工作尺寸及精度等级。影响塑件尺寸精度的因素相当复杂，这些因素应作为确定成型零件工作尺寸的依据。影响塑件尺寸精度的主要因素有如下几个方面：

（1）塑件收缩率波动所引起的尺寸误差 δ_s　塑件成型后的收缩率与塑料的品种，塑件的形状、尺寸、壁厚、模具的结构，成型工艺条件等因素有关。在模具设计时，要准确地确定收缩率是很困难的，因为成型后实际收缩率与计算收缩率有差异，生产中工艺条件变化，塑料批次的改变也会造成塑件收缩率的波动，这些都会引起塑件尺寸的变化。

（2）模具成型零件的制造误差 δ_z　模具成型零件的制造精度是影响塑件尺寸精度的重要因素之一。成型零件加工精度越低，成型塑件的尺寸精度也越低。

（3）模具成型零件的磨损误差 δ_c　模具在使用过程中，由于塑料熔体流动的冲刷、脱模时塑件的摩擦、成型过程中可能产生的腐蚀性气体的锈蚀，以及由于上述原因造成的成型零件表面粗糙度提高而重新进行打磨抛光等，均会造成成型零件尺寸的变化。磨损结果使型腔尺寸变大，型芯尺寸变小。

（4）模具安装配合的误差 δ_j　模具成型零件装配误差以及在成型过程中成型零件配合间隙的变化，都会引起塑件尺寸的变化。

一般情况下，收缩率的波动、模具制造误差和成型零件的磨损是影响塑件尺寸精度的主要原因。而收缩率的波动引起的塑件尺寸误差随塑件尺寸的增大而增大。因此生产大型塑件时，若单靠提高模具制造精度等级来提高塑件精度是比较困难和不经济的，应稳定成型工艺条件和选择收缩率波动较小的塑料。生产小型塑件时，模具制造误差和成型零件的磨损，是影响塑件尺寸精度的主要因素，因此应提高模具精度等级和减少磨损。

模具成型零件尺寸的计算，现介绍一种常用的按平均收缩率、平均磨损量和模具平均制造公差为基准的计算方法。

1. 型腔和型芯工作尺寸的计算

（1）成型零件工作尺寸计算　在型腔和型芯工作尺寸计算之前，对塑件各重要尺寸应按机械设计中最大实体原则进行转换，即塑件外形尺寸 L_s 和高度尺寸 H_s（公称尺寸）为最大尺寸，其偏差 Δ 为负值，制造公差 δ_z 为正值；塑件的内腔尺寸 l_s 及深度尺寸 h_s（公称尺寸）为最小尺寸，其偏差 Δ 为正值，制造公差 δ_z 为负值；模具中心距 C_M 和塑件中心距 C_s 均为公称尺寸，其偏差为 $\pm\delta_z/2$。S_{max}、S_{min} 和 S_{cp} 分别为塑料的最大收缩率、最小收缩率和平均收缩率。

1）型腔径向尺寸

$$L_M=[(1+S_{cp})L_s-x\Delta]^{+\delta_z}_{0} \tag{2-26}$$

2）型芯径向尺寸

$$l_M=[(1+S_{cp})l_s+x\Delta]^{0}_{-\delta_z} \tag{2-27}$$

3）型腔深度尺寸和型芯高度尺寸

$$H_M=[(1+S_{cp})H_s-x\Delta]^{+\delta_z}_{0} \tag{2-28}$$

$$h_M=[(1+S_{cp})h_s+x\Delta]^{0}_{-\delta_z} \tag{2-29}$$

式（2-26）~式（2-29）的修正系数 x，按塑件公差值的大小来查取，见表 2-10。

表 2-10　按平均收缩率计算模具尺寸的修正系数 x 值

塑件尺寸公差 Δ/mm 大于	至	凹模和型芯径向工作尺寸计算的 x 值	凹模深度和型芯高度工作尺寸计算的 x 值	塑件尺寸公差 Δ/mm 大于	至	凹模和型芯径向工作尺寸计算的 x 值	凹模深度和型芯高度工作尺寸计算的 x 值
0	0. 1	0. 8	0. 65	0. 5	0. 7	0. 58	0. 55
0. 1	0. 2	0. 75	0. 63	0. 7	1. 0	0. 56	0. 54
0. 2	0. 3	0. 70	0. 60	1. 0	2. 0	0. 54	0. 53
0. 3	0. 4	0. 65	0. 58	2. 0	—	0. 53	0. 52
0. 4	0. 5	0. 60	0. 56				

模具制造公差 δ_z 是与塑件精度等级相对应的，而塑件精度按新国标（GB/T 14486—2008）分为 7 级，而模具制造公差目前尚无国家标准，各模具制造企业都有自己的企业标准，推荐按 GB/T 1800. 1—2009 相应精度等级进行标注。注射模成型零件的标准公差数值见表 2-11。

表 2-11　注射模成型零件的标准公差数值　（单位：μm）

塑件精度 GB/T 14486—2008	1	2	3	4	5	6	7
模具精度 GB/T 1800. 1—2009 及塑件公称尺寸/mm	IT7	IT8	IT9	IT9	IT10	IT10	IT11
~3	10	14	25		40		60
3~6	12	18	30		48		75
6~10	15	22	36		58		90
10~18	18	27	43		70		110
18~30	21	33	52		84		130
30~50	25	39	62		100		160
50~80	30	46	74		120		190
80~120	35	54	87		140		220
120~180	40	63	100		160		250
180~250	46	72	115		185		290
250~315	52	81	130		210		320
315~400	57	89	140		230		360
400~500	63	97	155		250		400
500~630	70	110	175		280		440
630~800	80	125	200		320		500
800~1000	90	140	230		360		560
1000~1250	105	165	260		420		660
1250~1600	125	195	310		500		780
1600~2000	150	230	370		600		920
2000~2500	175	280	440		700		1100
2500~3150	210	330	540		860		1350

4）中心距尺寸

$$C_M = (1+S_{cp})C_s \pm \delta_z/2 \tag{2-30}$$

5）型芯（或型孔）中心到成型面距离尺寸。

① 凹模内的型芯或孔中心到侧壁的距离尺寸

$$L_M=\left[(1+S_{cp})L_s-\frac{\Delta}{24}\right]\pm\frac{\delta_z}{2} \tag{2-31}$$

② 型芯上的小型芯或孔的中心到型芯侧面的距离尺寸

$$l_M=\left[(1+S_{cp})l_s+\frac{\Delta}{24}\right]\pm\frac{\delta_z}{2} \tag{2-32}$$

（2）成型零件尺寸校核　按平均收缩率、平均制造公差和平均磨损量计算型腔、型芯的尺寸有一定的误差，这是因为上述公式中的系数多凭经验决定。为了保证塑件实际尺寸在规定的公差范围内，尤其对于尺寸较大且收缩率波动范围较大的塑件，需要对成型尺寸进行校核。校核合格的条件是，由成型收缩率波动、成型零件制造公差、成型零件磨损量应小于塑件的尺寸公差。

型腔或型芯的径向尺寸

$$(S_{max}-S_{min})L_s(\text{或 } l_s)+\delta_z+\delta_c<\Delta \tag{2-33}$$

型腔深度尺寸和型芯高度尺寸

$$(S_{max}-S_{min})H_s(\text{或 } h_s)+\delta_z<\Delta \tag{2-34}$$

塑件中心距尺寸

$$(S_{max}-S_{min})C_s<\Delta \tag{2-35}$$

校核后左边的值与右边的值相比越小，所设计的成型零件尺寸越可靠；否则，应采取措施来满足塑件尺寸精度的要求。

2. 螺纹型环和螺纹型芯工作尺寸的计算

螺纹型环、螺纹型芯及螺距工作尺寸的计算见专业教科书有关内容。

2.3.3 模具型腔侧壁和底板厚度的计算

塑料模具型腔在成型过程中受到熔体的高压作用，应具有足够的强度和刚度。如果型腔侧壁和底板厚度过小，可能因强度不够而产生塑性变形甚至破坏；也可能因刚度不足而产生挠曲变形，导致溢料飞边，降低塑件尺寸精度并影响顺利脱模。因此，应通过强度和刚度计算来确定型腔壁厚和支承板的厚度。尤其对于重要的、精度要求高的或大型模具的型腔，更不能单纯凭经验来确定型腔壁厚和底板厚度。

模具型腔壁厚的计算，应以型腔最大压力为准。理论分析和生产实践表明，大尺寸的模具型腔，刚度不足是主要矛盾，型腔壁厚应以满足刚度条件为准；而对于小尺寸的模具型腔，强度不足是主要矛盾，设计型腔壁厚应以强度条件为准。以强度计算所需要的壁厚和以刚度计算所需要的壁厚相等时的型腔内尺寸即为强度计算和刚度计算的分界值。在不知道分界值的情况下，应分别按强度条件和刚度条件算出壁厚，取其中较大值作为模具型腔的壁厚。

由于型腔的形状、结构形式是多种多样的，同时在成型过程中模具受力状态也很复杂，一些参数难以确定，因此传统的计算方法对型腔壁厚做精确的力学计算几乎是不可能的。因此，只能从实用观点出发，对具体情况做具体分析，建立接近的力学模型，确定较为接近实际的计算参数，采用工程上常用的近似计算方法，以满足设计上的需要。采用现代计算机分析软件可对型腔进行精确分析和计算。对于不规则的型腔，可简化为规则型腔进行近似计算。常用的刚度和强度计算公式见教材有关章节。在工程设计实践中，各工厂常按经验公式来确定壁厚。

2.4 脱模推出机构的设计

2.4.1 概述

在注射成型的每一个循环中，都必须使塑件从模具型腔中或型芯上脱出，模具中这种脱出塑件的机构称为脱模机构（或称推出机构、顶出机构）。推出是注射成型过程中的最后一个环节，推出质量的好坏将决定塑件的质量，因此塑件的推出是不可忽视的。在设计脱模推出机构时应遵循下列原则：

（1）推出机构应尽量设置在动模一侧　由于推出机构的动作是通过装在注射机移动模板上的推出液压缸的顶杆（或活塞）来驱动的，所以一般情况下，推出机构设在动模一侧。正因如此，在分型面设计时应尽量注意，开模后使塑件留在动模一侧。

（2）保证塑件不因推出而变形损坏　为了保证塑件在推出过程中不变形、不损坏，设计时应仔细分析塑件对模具的包紧力和黏附力的大小，合理选择推出方式及推出位置。推力点应作用在塑件刚性好的部位，如肋部、凸缘、壳体形塑件的壁缘处，尽量避免推力点作用在塑件的薄平面上，防止塑件破裂、穿孔。例如壳体形塑件及筒形塑件多采用推板推出，从而使塑件受力均匀、不变形、不损坏。用推杆推出时，推杆作用在塑件表面的面积要进行计算，以防推出力过大而使塑件发白或使塑件变形报废。

（3）机构简单、动作可靠　推出机构应使推出动作可靠、灵活，制造方便，机构本身要有足够的强度、刚度和硬度，以承受推出过程中的各种力的作用，确保塑件顺利脱模。

（4）良好的塑件外观　推出塑件的位置应尽量设在塑件内部或隐蔽面和非装饰面，对于透明塑件尤其要注意顶出位置和顶出形式的选择，以免推出痕迹影响塑件的外观质量。

（5）合模时的正确复位　设计推出机构时，还必须考虑合模时推出机构的正确复位，并保证不与其他模具零件相干涉。

推出机构的种类按动力来源可分为手动推出、机动推出、液压或气动推出机构。请详细参看教材内容。

2.4.2 脱模力的计算

脱模力是指将塑件从型芯上脱出时所需克服的阻力，是设计脱模机构的重要依据之一。但脱模力的计算与测量十分复杂，对于工程实践中任意形状的壳类塑件的脱模力，只能将其简化为圆筒形或矩形进行近似计算。

1. 薄壁塑件脱模力的计算

在脱模力的计算中，圆筒塑件将 $\lambda=\dfrac{r}{t}\geqslant 10$、矩形塑件 $\lambda=\dfrac{l+b}{\pi t}\geqslant 10$ 视为薄壁塑件；反之，则视为厚壁塑件。

（1）当塑件横截面形状为圆形时，它的脱模力计算公式为

$$F=\frac{2\pi tES_{\mathrm{cp}}L\cos\phi(f-\tan\phi)}{(1-\mu)K_2}+0.1A \tag{2-36}$$

（2）当塑件横截面形状为矩形时，它的脱模力计算公式为

$$F=\frac{8tES_{cp}L\cos\phi(f-\tan\phi)}{(1-\mu)K_2}+0.1A \tag{2-37}$$

2. 厚壁塑件脱模力的计算

当塑件的内孔半径与壁厚之比大于 $\lambda=\frac{r}{t}<10$（矩形塑件 $\lambda=\frac{a+b}{\pi t}<10$）时，此时塑件称为厚壁塑件。

（1）当塑件横截面形状为圆形时，它的脱模力计算公式为

$$F=\frac{2\pi rES_{cp}L(f-\tan\phi)}{(1+\mu+K_1)K_2}+0.1A \tag{2-38}$$

（2）当塑件横截面形状为矩形时，它的脱模力计算公式为

$$F=\frac{2(a+b)ES_{cp}L(f-\tan\phi)}{(1+\mu+K_1)K_2}+0.1A \tag{2-39}$$

式中　f——脱模系数，即在脱模温度下塑件与型芯表面之间的静摩擦因数，它受高分子熔体经高压在钢表面固化中黏附的影响；

E——在脱模温度下塑料的抗拉弹性模量（MPa）；

L——被包紧型芯的长度（mm）；

ϕ——脱模斜度（°）；

μ——塑料的泊松比；

r——型芯的平均半径（mm）；

a——矩形型芯短边长度（mm）；

b——矩形型芯长边长度（mm）；

A——塑件在与脱模方向垂直的平面上的投影面积（mm^2），当塑件底部有通孔时，A 项视为 0；

K_2——由 f 和 ϕ 决定的无因次数，$K_2=1+f\sin\phi\cos\phi$；

K_1——由 λ 和 ϕ 决定的无因次数

$$K_1=\frac{2\lambda^2}{\cos\phi+2\lambda\cos\phi}$$

式中　λ——由塑件的横截面形状和相关尺寸计算得出：

① 当塑件为圆形时：　$\lambda=\frac{r}{t}$

② 当塑件为矩形时：　$\lambda=\frac{a+b}{\pi t}$

常用热塑性塑料与脱模力计算有关的参量见表 2-12。

表 2-12　常用热塑性塑料与脱模力计算有关的参量

塑料名称		拉伸弹性模量 E/MPa	成型收缩率 S_{cp}(%)	与钢的摩擦因数 f	接触许用应力 $[\sigma]$/MPa	泊松比 μ
聚乙烯	HDPE	840~950	1.5~3.0	0.23	7~13	0.38
	LDPE		1.5~3.6	0.3~0.5		

（续）

塑料名称		拉伸弹性模量 E/MPa	成型收缩率 S_{cp}(%)	与钢的摩擦因数 f	接触许用应力 [σ]/MPa	泊松比 μ
聚丙烯	PP GFR(20%～30%)	1100～1600	1.0～3.0 0.4～0.8	0.49～0.51 —	12	0.33
有机玻璃	PMMA 与苯乙烯共聚	3160 3500	0.5～0.7	— —	25	0.35
聚氯乙烯	硬 PVC 软 PVC	2400～4200	0.2～0.4 1.5～3.0	0.45～0.6 —	12～16	
聚苯乙烯	GPS HIPS GFR(20%～30%)	2800～3500 1400～3100 3200	0.2～0.8 0.2～0.8 0.3～0.6	— 0.5 —	8.2～18.6 5～10	0.32 0.32
ABS	ABS 抗冲型 耐热型 GFR(30%)	2900 1800 1800	0.5～0.7 0.4～0.5 0.1～0.14	0.45 — —	11.7～16.7	
聚甲醛	POM F-4 填充	2800	2.0～3.5 2.0～2.5	0.29～0.33	23	
聚碳酸酯	PC GFR(20%～30%)	1440 3120～4000	1.0～2.5 0.3～0.6	0.31	26 28～40	0.38
尼龙-1010	PA1010 GFR(30%)	1800 8700	1.0～2.5 0.3～0.6	0.64	20	0.33
尼龙-6	PA6 GFR(30%)	2600	0.7～1.5 0.35～0.45	0.26	23	
尼龙-66	PA66 GFR(30%)	1250～2800 1260～6020	1.0～2.5 0.4～0.55	0.58	29	
聚砜	PSF	2500		0.7～0.9	28	
聚苯醚	PPO	2500		0.65～0.75	29	

注：1. [σ]——推杆作用在塑件表面上的接触许用应力，大致是该种塑料常温下拉伸屈服应力的 1/3。
2. μ——塑件脱模温度下塑料的泊松比，未注明的可按 0.35 估算。

脱模力的准确计算是很困难的，和塑料的拉伸弹性模量、热膨胀系数、模具温度、保压压力、冷却时间、开模时型腔压力，以及推出速度等工艺条件有关。还和模具型芯表面粗糙度及抛光是否沿脱模方向有关。

总之为了可靠地推出，增加推出装置作用在塑件上的面积，在模具结构设计允许的情况下，对于简单塑件应尽量多布置一些推杆，对于复杂塑件应采用一些综合性的多元推出机构。

2.5　侧向分型与抽芯机构的设计

当注射成型侧壁带有孔、凹穴、凸台等的塑件时，模具上成型该处的零件就必须制成可侧向移动的机构，以便在脱模之前先抽掉侧向成型零件，否则就无法脱模。带动侧向成型零件做侧向移动（抽拔与复位）的整个机构称为侧向分型与抽芯机构。

2.5.1　侧向分型与抽芯机构的分类

根据动力来源的不同，侧向分型与抽芯机构一般可分为机动、液压或气动以及手动三大类型。根据塑件结构尺寸和抽芯力大小进行合理选用。

2.5.2　抽芯距确定与抽芯力计算

侧向型芯或侧向成型模腔从成型位置到不妨碍塑件的脱模推出位置所移动的距离称为抽芯距，用 s 表示。为了安全起见，侧向抽芯距离通常比塑件上的侧孔、侧凹的深度或侧向凸台的高度大 2~3mm，但某些特殊零件（如绕线骨架），就不能简单地使用这种方法，必须作图计算来确定抽芯距离。也可参考教材的有关计算公式。抽芯力的计算同脱模力计算相同。

2.5.3　斜导柱侧向分型与抽芯机构

斜导柱侧向分型与抽芯机构是利用斜导柱等零件把开模力传递给侧型芯或侧向成型块，使其产生侧向运动完成抽芯与分型动作。这类侧向分型抽芯机构的特点是结构紧凑、动作安全可靠、加工制造方便，是设计和制造注射模抽芯时最常用的机构，但它的抽芯力和抽芯距受到模具结构的限制，一般用于抽芯力不大及抽芯距小于 80mm 的场合。

斜导柱侧向分型与抽芯机构主要由与开模方向成一定角度的斜导柱、侧型腔或型芯滑块、导滑槽、楔紧块和侧滑块定距限位装置等组成。斜导柱侧向分型与抽芯机构的设计计算见教材有关章节。

2.5.4　弯销侧向分型与抽芯机构

弯销侧向分型与抽芯机构的工作原理与斜导柱侧向与抽芯机构相似，所不同的是在结构上以矩形截面的弯销代替了斜导柱。因此，弯销侧向分型与抽芯机构仍然离不开滑块的导滑、注射时侧型芯的锁紧和侧抽芯结束时滑块定位这三大要素。

弯销在模具上的安装分模内安装和模外安装，可根据抽芯距来选用，即抽芯距大用模外安装，小则用模内安装。

2.5.5　斜导槽侧向分型与抽芯机构

斜导槽侧向分型与抽芯机构是由固定于模外的斜导槽板与固定于侧型芯滑块上的圆柱销连接所形成的，它同时具有滑块驱动的导滑、注射时锁紧和抽芯结束时的定位三大要素，用于抽芯力比较小的场合。

2.5.6　斜滑块侧向分型与抽芯机构

当塑件的侧凹较浅，所需的抽芯距不大，但侧凹的成型面积较大，因而需较大的抽芯力时，可采用斜滑块机构进行侧向分型与抽芯。斜滑块侧向分型与抽芯的特点是利用推出机构的推力驱动斜滑块斜向运动，在塑件被推出脱模的同时由斜滑块完成侧向分型与抽芯动作。通常，斜滑块侧向分型与抽芯机构要比斜导柱侧向分型与抽芯机构简单得多，一般可分为外侧分型、抽芯和内侧抽芯两种。可根据塑件结构进行选用。

斜滑块的组合与导滑形式和侧向分型抽芯机构设计要点请参看教材和设计手册。

2.5.7　齿轮齿条侧向抽芯机构

当塑件上的侧抽芯距较长时，尤其是斜向侧抽芯时，可采用齿轮齿条侧抽芯，这种机构的侧抽芯可以获得较长的抽芯距和较大的抽芯力。齿轮齿条侧抽芯根据传动齿条固定位置的不同，抽芯的结构也不同。传动齿条有固定于定模一侧，也有固定于动模一侧；抽芯的方向有正侧方向和斜侧方向，也有圆弧方向；塑件上的成型孔可以是光孔，也可以是螺纹孔。要根据塑件结构进行选用，请参看教材的有关章节。

2.5.8　其他侧向分型与抽芯机构

1. 弹性元件侧抽芯机构

当塑件上的侧凹很浅或者侧壁处有个别小的凸起，侧向成型零件所需的抽芯力和抽芯距都不大时，可以采用弹性元件侧向抽芯机构，如弹簧、橡胶弹性体等。

2. 液压或气动侧抽芯机构

当塑件侧向有很深的孔，侧向抽芯力和抽芯距很大，用斜导柱、斜滑块等侧抽芯机构无法解决时，往往优先考虑采用液压或气动侧向抽芯（液压最佳）。

3. 手动侧向分型与抽芯机构

在塑件处于试制状态或批量很小的情况下，或者在采用机动抽芯十分复杂或根本无法实现的情况下，塑件上某些部位的侧向分型与抽芯常常采用手动形式进行。手动分型分为模内手动抽芯和模外手动抽芯两类。

2.6　模架的确定和标准件的选用

2.6.1　模架的选定

以上设计内容确定之后，模具的基本结构形式已经确定，于是根据所定内容确定模架，选定标准模架的形式、规格及标准代号。

2.6.2　标准件的选用

标准件包括通用标准件及模具专用标准件两大类。通用标准件如紧固件等。模具专用标准件如定位圈、浇口套、推杆、推管、导柱、导套、模具专用弹簧、冷却及加热元件、顺序分型机构及精密定位用标准组件等。

在设计模具时，应尽可能地选用标准模架和标准件，因为标准件都已经商品化，随时可在市场上买到，这对缩短制造周期、降低制造成本是极其有利的。

模架尺寸确定之后，对模具有关零件要进行必要的强度或刚度计算，以校核所选模架是否适当，尤其是对大型模具，这一点尤为重要。

2.7　合模导向机构的设计

一般导向分为动、定模之间的导向，推板的导向，推件板的导向。一般导向装置由于受加工精度的限制或使用一段时间之后，其配合精度降低，会直接影响塑件的精度，因此对精度要求较高的塑件必须另行设计精密导向定位装置。

当采用标准模架时，因模架本身带有导向装置，一般情况下，设计人员只要按模架规格选用即可。若需采用精密导向定位装置，则须由设计人员根据模具结构进行具体设计，如采用圆锥定位元件定位，对于矩形型腔采用锥面定位块、标准矩形定位元件或自带的锥面定位机构等。

2.8　排气系统的设计

排气系统对确保塑件成型质量起着重要的作用，排气方式有以下几种：

1）利用排气槽排气。

2）利用型芯、镶件、推杆等的配合间隙排气；利用分型面上的间隙排气。

3）利用烧结合金塞排气。

4）利用负压及真空抽气。

对于大中型、深型腔塑件为了防止塑件在顶出时造成真空而变形，还需设置进气装置。

选择排气槽的位置是很重要的，一般在塑料熔体填充型腔的同时，必须把气体排出模外。否则空气被压缩而产生高温，会引起塑件局部炭化烧焦，或使塑件产生气泡，或使熔接线强度降低而引起缺陷。尤其对于精密、大型模具，开设合理的排气槽显得更加重要。

开设排气槽应注意以下几点：

1）根据进料口的位置，排气槽应开设在型腔最后充满的地方，如图 2-8a 所示。

2）尽量将排气槽开设在模具的分型面上，如直接浇口排气槽的位置，如图 2-8b 所示。

3）对于流速较小的塑料，可利用模具的分型面及零件配合的间隙进行排气，如图 2-8c 所示。

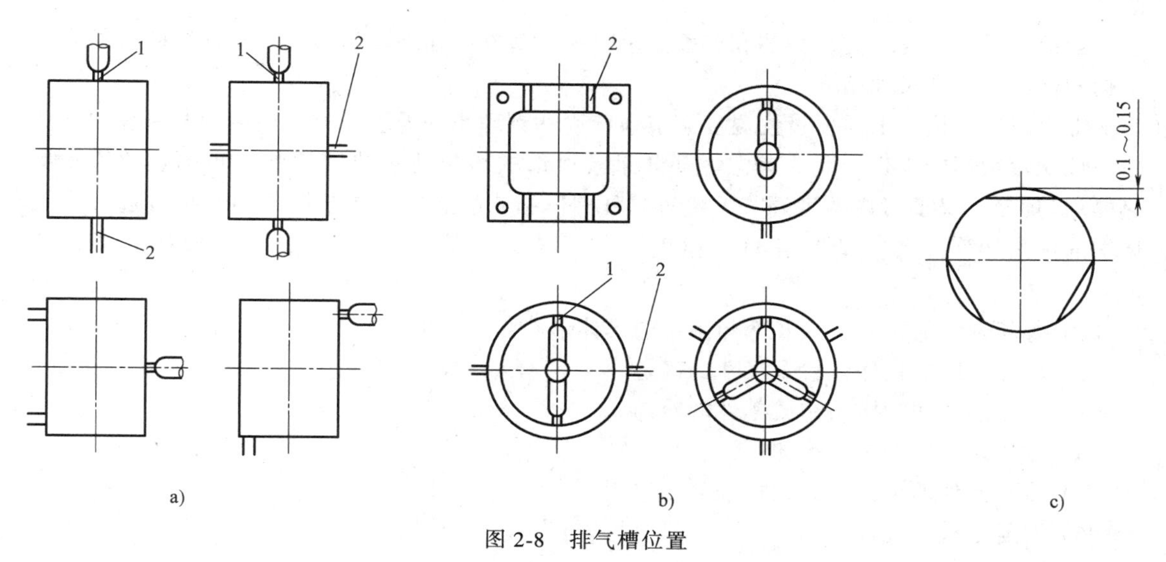

图 2-8　排气槽位置

1—浇口　2—排气槽

4）排气槽的尺寸，要视塑料种类而定，深度 H 通常为 0.01～0.03mm，宽度为 5～8mm。

图 2-9 中尺寸 H，一般情况下，ABS、HIPS、PC、PMMA、SAN 为 0.025mm；而高流动性的塑料如 PP、PE、PA 若没有加填充剂则为 0.015mm。

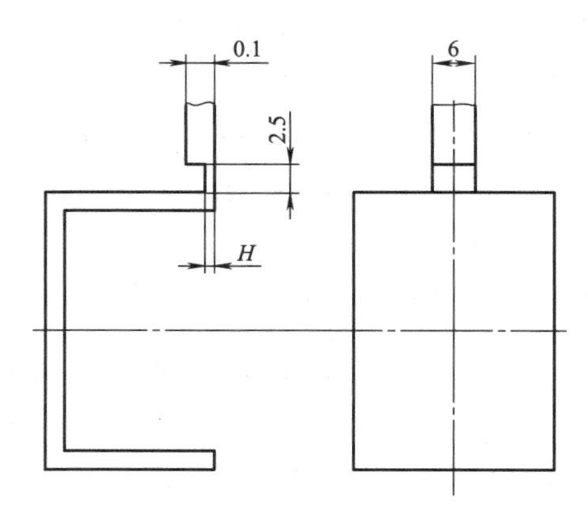

图 2-9 排气槽尺寸

5）当型腔最后充填部位不在分型面上，其附近又无可供排气的推杆或可活动的型芯时，可在型腔相应部位镶嵌经烧结的金属块（多孔合金块）以供排气。

2.9 温度调节系统的设计

模具成型过程中，模具温度会直接影响到塑料熔体的充模、定型、成型周期和塑件质量。

模具温度过高，成型收缩大，脱模后塑件变形大，而且还容易造成溢料和粘模。

模具温度过低，则熔体流动性差，塑件轮廓不清晰，表面会产生明显的银丝或流纹等缺陷。

当模具温度不均匀时，型芯和型腔温差过大，塑件收缩不均匀，导致塑件翘曲变形，会影响塑件的形状和尺寸精度。

综上所述，模具上需要设置温度调节系统以达到理想的温度要求。温度调节系统的设计是一项比较烦琐的工作，既要考虑冷却效果及冷却的均匀性（热固性塑料是加热效果及加热的均匀性），又要考虑温度调节系统对模具整体结构的影响。热塑模冷却系统应进行比较详细的理论计算（具体请参看模具温度调节系统设计的有关章节），具体包括以下设计内容：

1）冷却系统的排列方式及冷却系统的具体形式。

2）冷却系统的具体位置及尺寸的确定。

3）重点部位如动模型芯或镶件的冷却。

4）侧滑块及侧型芯的冷却。

5）冷却元件的设计及冷却标准件的选用。

6）密封结构的设计。

第3章　模具装配图的设计

3.1　概述

装配图是用来表达模具的整体结构、外形尺寸、各零件的结构及相互位置关系，也是用来指导装配、检验、安装及维修工作的技术文件。

装配图设计所涉及的内容比较多，设计过程比较复杂，往往要边计算、边画图、边修改直至最后完成装配图。模具装配图的设计过程一般有以下几个阶段：

1）装配图设计的准备。

2）画出塑件的主剖视图（最能反映塑件内外结构特征的剖视图）。

3）根据确定的分型面、型腔数量、流道系统的截面尺寸及成型零件的计算尺寸，初步绘制装配草图的核心部分（包括塑件的型腔和型芯视图）。

4）根据型腔数量和流道系统，绘图确定定模各板之间的导向或连接的关系。

5）根据已确定的抽芯和脱模方式，绘制出抽芯机构和脱模机构以及动模部分的连接和导向的关系。

6）根据计算结果绘制出冷却水道或加热的孔道，以及模具的相关附件，并协调好和各零件的关系。

7）完成装配图，并标注模具的外形尺寸和注射机的安装配合尺寸。

装配图设计的各个阶段不是绝对分开的，需要交叉和反复。在进行某些零件设计时，有可能对前面已进行的设计做必要的修改。

开始绘制装配图时，应做好必要的准备工作，主要有以下几个方面：

1）装拆有关模具或观看注射机及注射工艺过程，阅读有关资料，了解和熟悉模具在注射机上的安装情况。

2）根据已进行的设计计算，汇总和检查绘制装配图时所必需的技术资料和数据。

3）确定分型面的个数、抽芯和推出方式等。

4）选定图幅及绘制比例，装配图应用A0或A1图纸绘制，手工绘图时尽量采用1∶1或1∶2的比例绘图。计算机绘图时一定采用1∶1的比例，在打印时再根据图幅大小按比例进行适当的缩放。装配图应按机械制图国家标准的要求进行绘制。

本章先阐述简单塑件模具装配图的设计步骤和方法，然后再讨论结构稍复杂的塑件模具装配图的设计特点。

3.2　简单模具装配图的设计步骤和方法

3.2.1　初步绘制模具结构草图（第一阶段）

初步绘制结构草图是设计模具装配图的第一阶段，基本内容是根据塑件所用塑料的品种、塑件的尺寸大小、复杂程度、精度高低、批量大小来确定模具的结构形式，即单型腔还是多型腔，单分型面还是多分型面。选定型腔数量，并通过计算选择注射机，确定流道长度及截面尺寸之后，就可以开始绘制草图了。

模具装配图通常用三个视图并辅以必要的局部视图来表达。绘制装配图时，应根据塑件的外形和流道的分布，确定型腔在模板上的布置，然后配置上各相应机构，大体可确定模具在主分型面（推出塑件的分型面）上的平面尺寸（长×宽）。再根据分型面个数，就可以按标准选择模架，其中型腔板的厚度需设计者根据本设计的型腔深度来确定，这样就可以大体上确定模具的外形尺寸了。合理布置三个主要视图，同时还要考虑标题栏、明细栏、技术要求、尺寸标注等需要的图面位置。

下面以塑料盖注射模为例进行说明（塑料盖注射模的理论设计计算见第 6 章）。

1）根据初步计算所确定的型腔数量，在图纸上定出主、俯视图所占的中心位置，在主、俯视图上画出主流道中心线，在俯视图上画出分流道或各型腔的中心位置；在主视图对应的型腔中心位置上，画出塑件的主剖视图和型腔嵌件图，在俯视图上画出塑件的周边轮廓线（型腔全在定模，周边轮廓线为双点画线），或型腔嵌件的周边轮廓线。这样从作图上确定了塑件或型腔嵌件在模板上所占的几何尺寸，定为一模四腔，仅画出一半。该模具还是小型模具，型腔嵌件的大小按分型面上承压面宽度≥10mm 来考虑（中型模具≥25mm，大型模具≥50mm），该模具型腔嵌件直径取 100mm（圆环承压面宽度为 15mm），型腔布置如图 3-1 所示。在工程设计中排位时要保证型腔图的基准相对于模架基准的距离是整数，这样有利于机械加工时进行对刀。

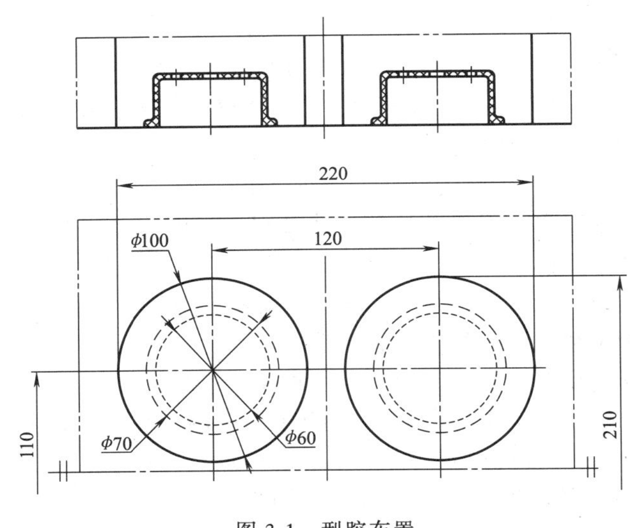

图 3-1　型腔布置

2）确定塑件的主分型面（开模取出塑件的分型面），绘制出分流道和浇口的主、俯视图。分型面及流道布置如图 3-2 所示。流道可直接开设在嵌件（模仁）上。该模具是圆形嵌件，为了加工和装配方便，流道边与嵌件之间距离≥5mm，分流道与型腔边距离≥10mm，以满足封胶要求。

3）根据分型面个数（此例是单分型面，推件板分开面通常不称分型面），脱模推出方式（推件板推出）、型芯的固定方式，型腔或型腔嵌件所占的有效几何尺寸，考虑到其他机

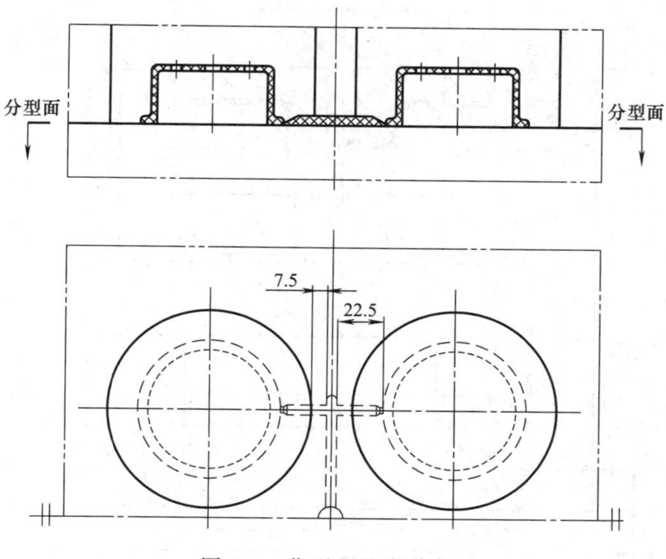

图 3-2　分型面及流道布置

构的安装和冷却系统的布置之后，就可初步选择模架的具体型号。通过查阅模架标准（第 7 章），选用 $W\times L=300\text{mm}\times350\text{mm}$、直浇口 B 型模架，其初选尺寸如图 3-3 所示。

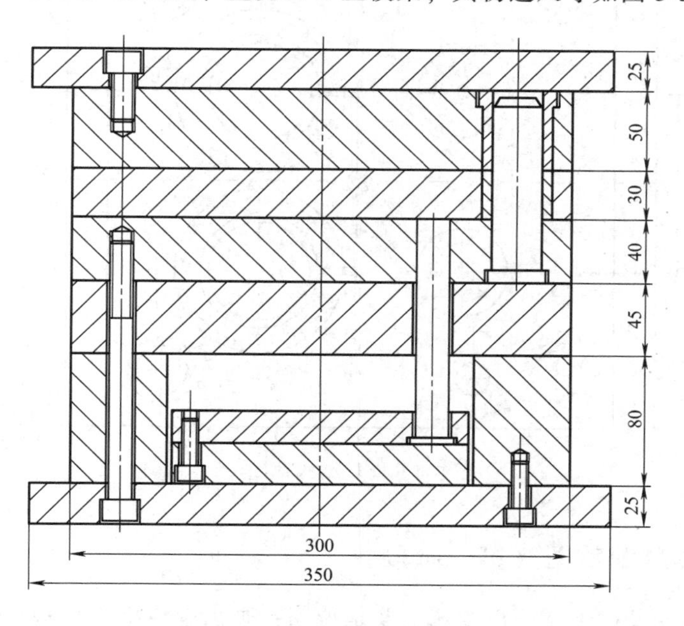

图 3-3　直浇口 B 型模架

4）在图 3-2 主、俯视图基础上，根据选定的模架形式，按各模板的结构尺寸，分别添加到图 3-2 的主、俯视图上，画出模具的结构草图（含导向机构、联接螺钉的平面布置及剖切位置等），主视图为全剖视图，俯视图取分型面上的半剖视图，即中心线以左看动模部分型芯的水平投影和推杆的布置及其数量，中心线以右看型腔的投影（相当于从分型面仰视），这样一个视图把型腔和型芯（对称结构的情况下）都表达出来了，如图 3-4 所示。

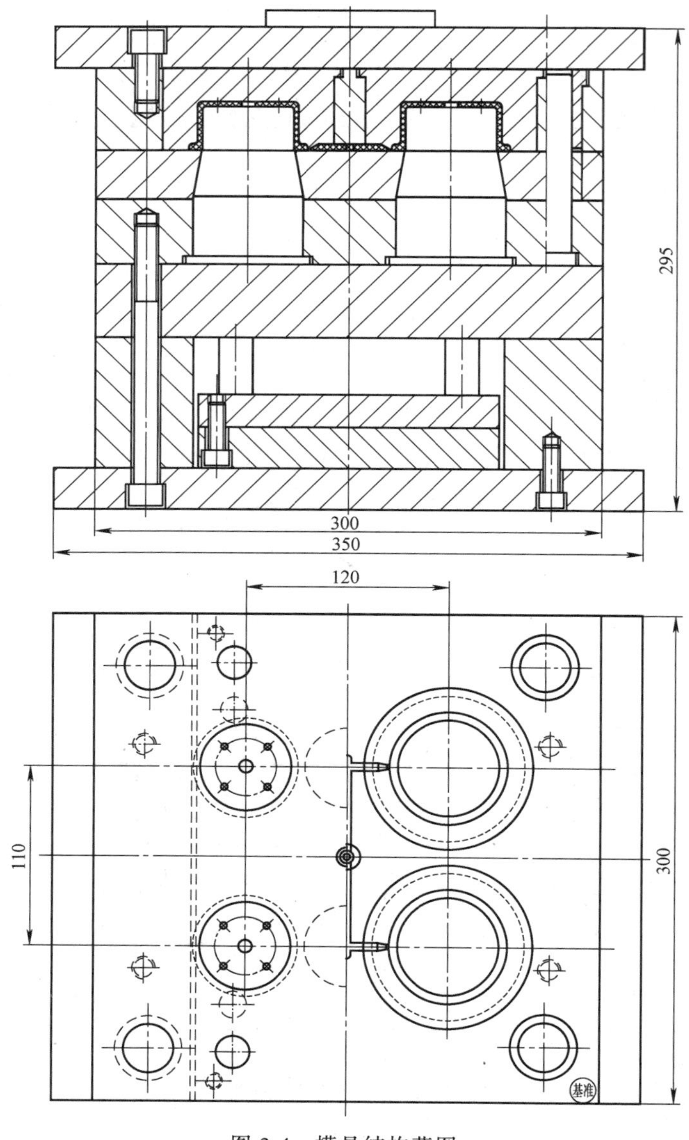

图 3-4　模具结构草图

3.2.2　绘制模具装配草图（第二阶段）

1）在结构草图的基础上，画出主流道及定位圈；画出脱模推出机构、抽芯机构（该设计不需抽芯）、导向定位及复位机构；画出温度调节系统（该设计为冷却水道）等。一定要按比例绘制，仔细检查各零件间是否有干涉现象，如推杆与水道、推杆与滑块、滑块与螺钉等各个方面是否存在问题，在这个过程中，可能会根据实际情况调整原先选定的模架。

2）根据各零件的装配关系是否表达清楚，调整各视图的剖切位置，增加一个全剖左视图，擦除或删除一些不必要的线段，标出视图的剖切位置，得如图 3-5 所示的模具装配草图。主视图表达了型腔型芯的装配关系、分流道和浇口、冷却水道、推出方式和动定模的连

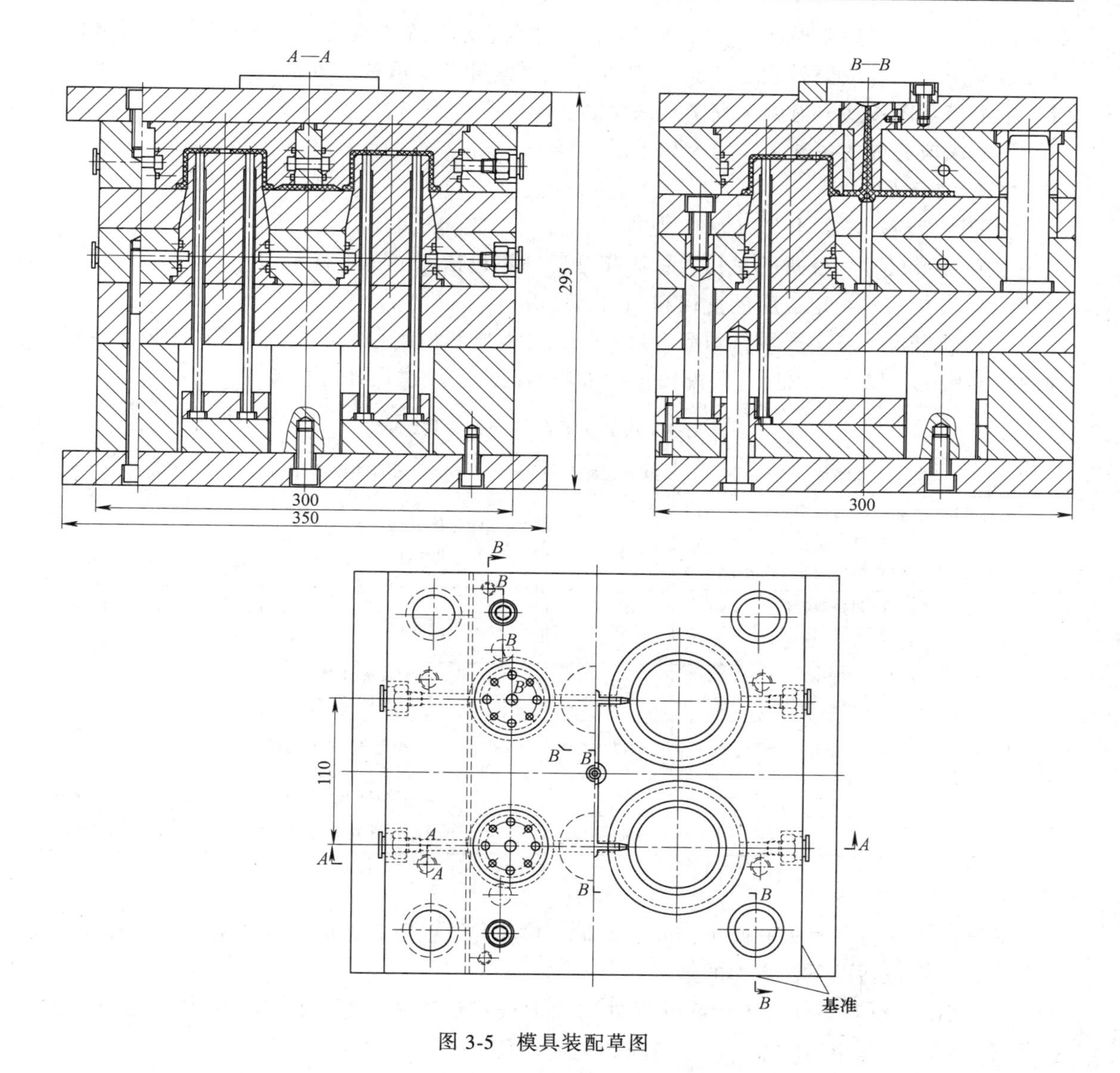

图 3-5　模具装配草图

接关系等。左视图表达了主视图没有表达清楚的模具导向关系及推件板的连接方式。俯视图中心线以左的部分从分型面看型芯（去掉塑件的投影）的形状及推杆的布置，中心线以右部分看型腔（去掉塑件的投影）和流道的布置，这样把俯视图和仰视图合二为一，达到了节约图幅的目的。这样做对于完全对称的多型腔模是可行的，否则应单独画出俯视图和定模型腔的投影图（模具制造企业是这样做的）。

3.2.3　完成模具装配图（第三阶段）

完整的装配图应包括表达模具结构的各个视图、主要尺寸和配合、技术要求、零件编号、零件明细栏和标题栏等。

表达模具结构的各个视图应在已绘制的装配草图上进行修改、补充，使视图完整、清晰并符合制图国家标准，装配图上应尽量避免用虚线表示零件结构。必须表达的内部结构或某些附件的结构，可采用局部视图或局部剖视图加以表示。在工程实践中俯视图和型腔视图中的虚线应用较多，主要是表达水道、螺钉、复位弹簧、支承柱、推板导柱等零件的平面布置。本书模具图按适当兼顾工程实际来绘制。

该阶段应完成的各项工作内容如下。

1. 标注尺寸

装配图上应标注以下几方面的尺寸：

（1）外形尺寸　模具的总长、总宽和总高（不包括定位圈的高度）。

（2）安装尺寸　定位圈的直径和凸出高度。

（3）配合尺寸　主要零件的配合尺寸、配合性质和精度等级。表 3-1 所列为模具主要零件的推荐用配合以及本书所有装配图上所采用的配合，可供设计时参考。

表 3-1　模具主要零件的推荐用配合

模具主要零件	推荐用配合
内外螺纹嵌件与模板定位孔 螺纹型环与模板定位孔 带弹性连接的活动镶件与模板定位孔	H8/f8
主流道衬套与模板孔	H7/m6
定位圈与主流道衬套	H9/f9
小型芯与模板孔 斜导柱与模板孔	H7/m6
导柱与模板孔、导套与模板孔	H7/m6
导柱与导套孔	H7/f6
斜导柱与滑块斜导孔	H11/b11

模具主要零件		推荐用配合
推杆与模板孔 推管与模板孔	当直径较小时	H8/f8
	当直径较大时	H7/f7
滑块与斜导槽	一般情况	H8/f8
	与塑料熔体接触	H8/f7
斜滑块内外侧抽芯时 斜导杆与模板孔		H8/f7
一般齿轮、链轮与轴		H7/m6 或 H7/k6
滚动轴承内圈与型芯		H7/k6
滚动轴承外圈与模板孔		K7/h6

2. 编写技术要求

装配图上应写明有关装配、调整、密封、检验和试模等方面的技术要求。一般模具的技术要求，通常包括以下几方面的内容：

1）装配前所有零件均应清除铁屑并用煤油或汽油清洗，型腔内不应有任何杂物存在，模板各表面不应有碰伤现象，模板各条边均应倒角。

2）检查各运动机构配合是否恰当，保证没有松动和咬死现象；检查各推杆（块）端面是否和型腔表面吻合，不符合要求的应进行修磨调整；检查各活动型芯（侧抽芯）和固定型芯接触是否密合，不符合要求的应修磨达到设计要求。

3）分型面涂上红丹油进行对撞研合整修，检查分型面的密合情况。

4）装配调试后进行试模验收，脱模机构不得有干涉现象，塑件质量应达到设计要求，如有不妥，修模再试。

5）试模合格后的模具，若暂时不用，型腔内、分型面和各运动表面应涂上防锈油，模具外周应喷上灰色防锈漆进行防锈。

6）对开模距离、推出行程和所用注射机的规格型号也应注明。

3. 零件编号

在装配图上应对所有零件进行编号，不能遗漏，也不能重复，图中完全相同的零件只能编一个序号。对零件进行编号时，可按顺时针或逆时针依次排列引出指引线，各序号应排列整齐，稀疏合适，各指引线不应相交，也不应穿过尺寸线。对螺栓、螺母和垫圈这样一组紧固件，可用一条公共指引线分别编号。独立的组件、部件（如开闭器）可作为一个零件编号，零件编号可按两种方式来编号。第一种是按机械制图国家标准来编，一般不分标准件和非标准件进行统一编号；第二种是模具设计制造行业按模具零件分类来编号，为使学生熟悉和掌握两种编号方式，本书推荐课程设计按第一种方式来编号，毕业设计按第二种方式来编号。

第二种方式编号的原理是这样的，按模具中各零件所起的作用不同，可以将零件分为 4 类，即模板类、成型零件类、结构零件类和标准件类。其中模板构成模具的基体，成型零件是模具的核心，结构件和标准件是模具的辅助零件。零件的编码即以此为基础，采用 3 位阿拉伯数字表示。为了应用方便，应使零件图号与零件的编号采用同一体系。编号在装配图上按顺序顺时针或逆时针排列。

1）模架类零件模板从定模固定板到动模固定板以 101、102 等顺序排列。

2）成型零件由动模到定模（或定模到动模）以 201、202 等顺序排列。

3）模具结构类零件以定位圈为起点，按 301、302 等顺序排列。

4）标准件和外购件以定位圈固定螺钉为起点，按 401、402 等顺序排列。

装配图上零件序号（编号）的字体应大于标注尺寸的字体。标题栏中的图号应统一用塑件名称的汉语拼音来命名。

如塑料盖注射模，装配图图号用 SGM01-00 表示（S 代表塑的拼音，G 代表盖的拼音，M 代表模的拼音，01 代表这种类型的第一副模具，若还有类似的多副模具，则用 02、03 等表示，00 代表总装图），明细栏中的零件用 SGM01-01、-02、-03 等表示，零件图中的图号应和明细栏中图号完全对应一致。标准件应标注代号，外购件应在备注栏中注明。

4. 编写零件明细栏、标题栏

明细栏列出了模具装配图中表达的所有零件。对于每一个编号的零件，在明细栏上都要按顺序列出序号（编号）、图号（标准号）、名称、数量、材料及规格等。

标题栏用来注明模具成型所用的塑料名称（如 ABS、PE、PP 等）、模具名称（塑料盖注射模、弧形盖板注射模等）、比例、图号、单位（工厂、公司或学校）名称、设计、审核、批准人姓名等。

标题栏和明细栏的格式按国家标准绘制，用计算机绘图时各种图框可从计算机中调出。

5. 检查装配图

完成装配图后，应再仔细地进行一次检查。检查的内容主要有：

1）视图的数量是否足够，模具的工作原理、结构和装配关系是否表达清楚。

2）尺寸标注是否正确，各处配合与精度的选择是否适当。

3）技术要求是否正确合理，有无遗漏。

4）零件编号有无遗漏或重复，标题栏和明细栏是否合乎要求。

装配图检查修改之后，待零件图完成后，再次校对装配关系和尺寸后，再加深描粗，且若用 CAD 绘图，应参照零件图来修改总装图。图上的文字和数字应按制图要求输入和设置，图面要保持整洁。

5）在标题栏上方空白处绘制塑料零件简图和零件三维图做参考。

完成以上工作后即可得到完整的装配图。图 3-6 所示为塑料盖注射模装配图。

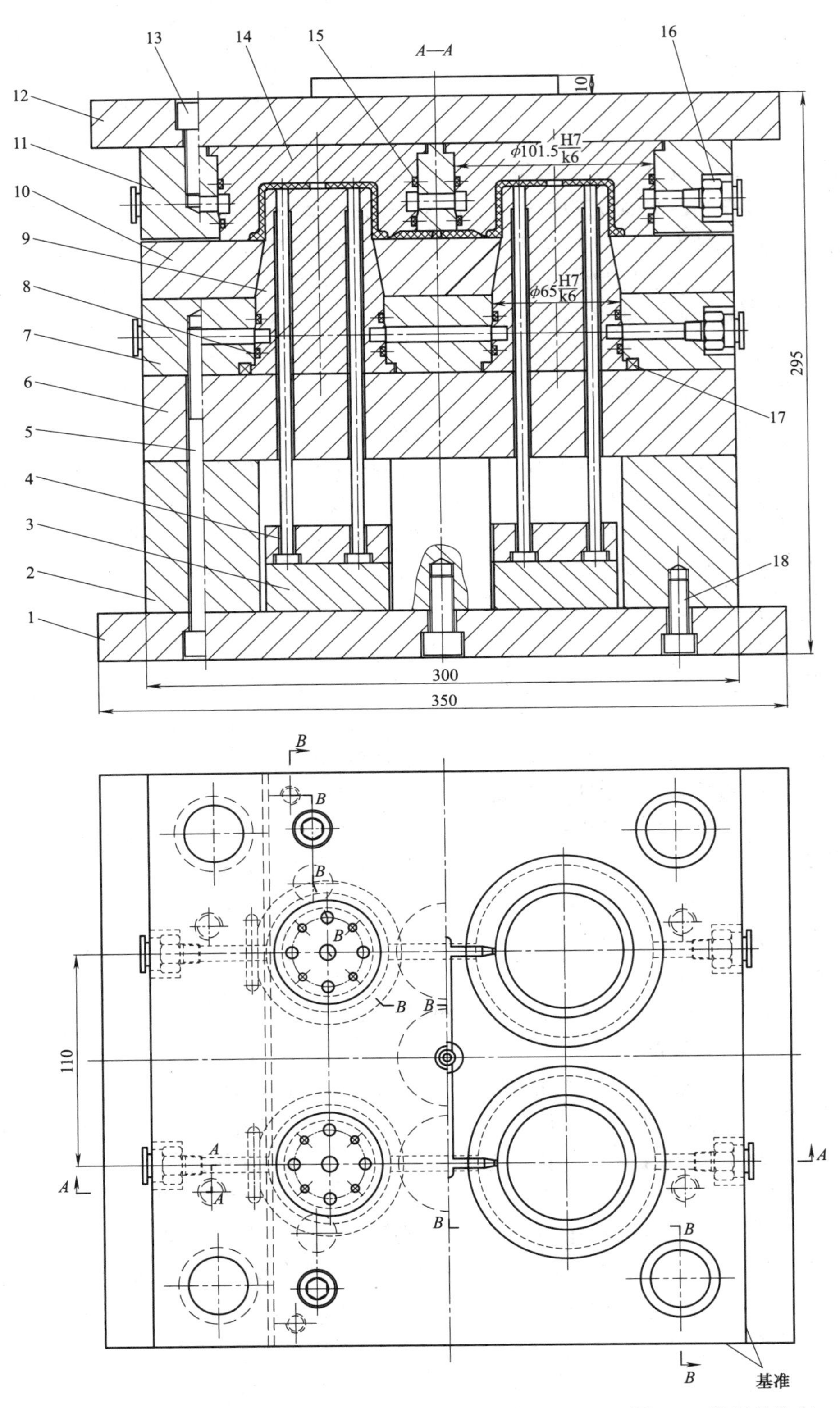

A—A
1
2
3
4
5
6
7
8
9
10
11
12
13
14
15
16
17
18
10
ϕ101.5 H7/k6
ϕ65 H7/k6
295
300
350
110
A
B
基准

图 3-6　塑料盖注射

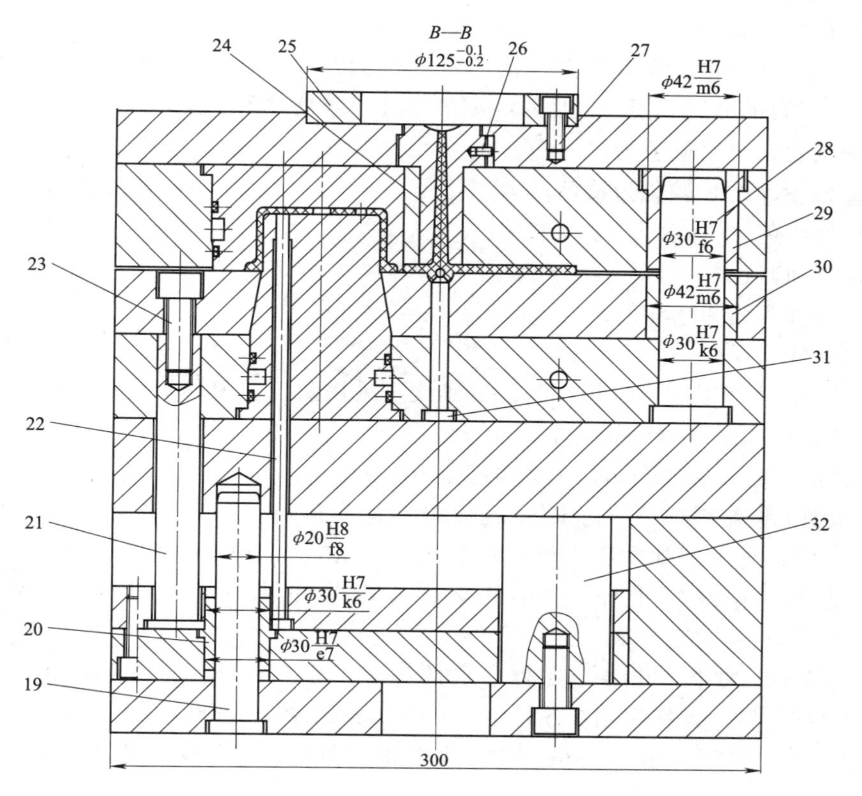

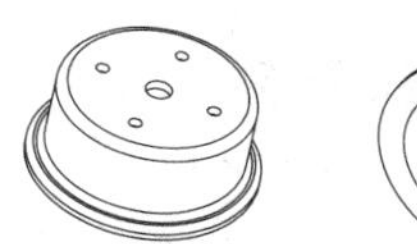
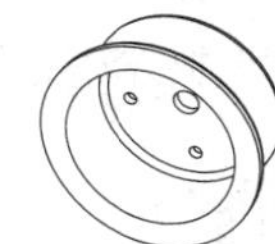

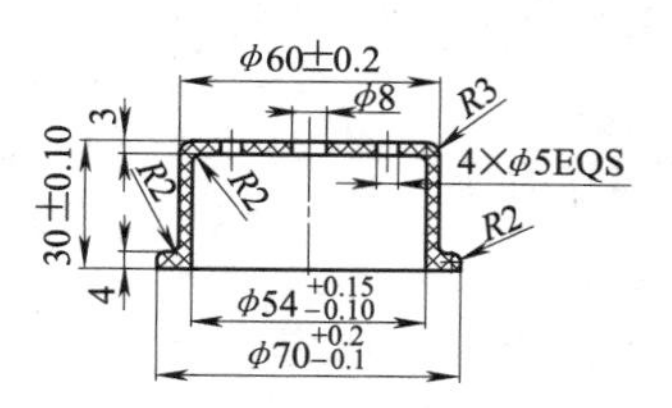

技术要求

1.装配时要以分型面较平整的或者不易修整的一侧作为基准。
2.各个水口处的密封圈要保持良好的密封性。
3.动定模水平分型面要进行研合。
4.导柱和导套要保持一定的配合,并且对动定模的垂直度要好。
5.装配后进行试模验收,脱模机构不得有干涉现象。

32	SGM01-17	支承柱	4	45	28～32HRC	自制
31	SGM01-16	拉料杆	1	3Cr2W8V	58～62HRC	外购改制
30	GB/T 4169.2—2006	直导套	4	T10A	56～60HRC	随模架
29	GB/T 4169.3—2006	带头导套	4	T10A	56～60HRC	随模架
28	GB/T 4169.4—2006	带头导柱	4	GCr15	56～60HRC	随模架
27	GB/T 70.1—2008	内六角圆柱头螺钉M8×20	2	8.8级		外购件
26	GB/T 119.1—2000	销3m6×8	1	35		外购件
25	SGM01-15	定位圈	1	45	28～32HRC	自制
24	SGM01-14	浇口套	1	45	38～45HRC	外购改制
23	GB/T 70.1—2008	内六角圆柱头螺钉M10×35	4	8.8级		外购件
22	SGM01-13	推杆	16	3Cr2W8V	58～62HRC	外购改制
21	SGM01-12	连接推杆	4	T8A	56～60HRC	外购改制
20	GB/T 4169.4—2006	带头导柱	4	GCr15	56～60HRC	外购件
19	GB/T 4169.12—2006	推板导套	4	T10A	56～60HRC	外购件
18	GB/T 70.1—2008	内六角圆柱头螺钉M10×30	12	8.8级		外购件
17	GB/T 1096—2003	圆头普通平键6×28	4	45		外购件
16		快换接头G1/4	8			外购件
15	GB/T 3452.1—2008	O形密封圈95×3.55	8	耐油橡胶		外购件
14	SGM01-11	定模模仁	4	P20	36～38HRC	自制
13	GB/T 70.1—2008	内六角圆柱头螺钉M14×35	4	12.9级		外购件
12	SGM01-10	定模座板	1	45	28～32HRC	改制
11	SGM01-09	定模板	1	45	28～32HRC	改制
10	SGM01-08	推件板	1	45	28～32HRC	改制
9	SGM01-07	型芯	4	P20	36～38HRC	自制
8	GB 3452.1—2008	O形密封圈60×3.55	8	耐油橡胶		外购件
7	SGM01-06	型芯固定板	1	45	28～32HRC	改制
6	SGM01-05	支承板	1	45	28～32HRC	改制
5	GB/T 70.1—2008	内六角圆柱头螺钉M14×160	4	12.9级		随模架
4	SGM01-04	推杆固定板	1	45	28～32HRC	改制
3	SGM01-03	推板	1	45	28～32HRC	改制
2	SGM01-02	垫块	2	45	28～32HRC	改制
1	SGM01-01	动模座板	1	45	28～32HRC	改制
序号	代号	名称	数量	材料	硬度	备注

标记	处数	分区	更改文件号	签名	年月日	HIPS			(单位名称)
设计			标准化			阶段标记	重量	比例	塑料盖注射模
制图								1:1	
审核									SGM01-00
工艺			审核			共　张　第　张			

模装配图

6. 计算机绘图要求

1）绘图之前对该图用到的线型设置各自的图层（包括各种线型的颜色和线宽），绘图时每一条线都要归到各自的图层，便于以后对线型的修改。颜色设置建议为：

① 粗实线（模具轮廓线）颜色为黑（白）色。

② 粗实线（塑件轮廓线）颜色为黄色。

③ 中心线颜色为红色。

④ 尺寸及标注线为蓝色。

⑤ 剖面线及其他细实线为洋红色。

⑥ 冷却水线、虚线为绿色。

2）若图形简单，粗实线线宽可采用 0.7mm，细线可采用默认；图形复杂的，粗实线线宽可采用 0.5mm，细线可采用 0.18mm 左右。

3）图层不能设置在定义层 Defpoints（这样打印不出来）。

4）图样字体原则上按制图标准用仿宋体（正体），宽：高＝0.7：1，字高 3.5 号以上，视图幅大小而定，汉字以外的其他文字采用国标斜体。在 AutoCAD 的矢量字库中，中、西文字库是分开的，为了防止图样在打印过程中出现？号，数字和中、西文字体建议按如下要求进行设置，这样标注方便快捷。

① 标题栏中小汉字、明细栏中各个零件名称的汉字，为 3.5 号字，gbcbig.shx 字体，如：姓名等所有的汉字、数字及字母用 3.5 号字，gbeitc.shx 字体。

② 标题栏大文字为 7 号字，gbcbig.shx 字体，如校名、材料名称、设计课题名称（如模具名称）。

③ 标题栏图号为 7 号字，gbeitc.shx 字体，如塑料盖注射模装配图的图号为“SGM01-00”。

④“技术要求”四个字为 7 号字，技术要求的内容为 5 号字，gbcbig.shx 字体。

⑤ 尺寸标注，视图幅大小和复杂程度而定，一般为 3.5 号字、5 号字，gbeitc.shx 字体，尺寸太密时可用 2.5 号字。

⑥ 图上标注的零件序号，比尺寸数字及标注代号大 1~2 号字。

⑦ 各配合处应标注配合代号。

5）图样打印之前，图面上不能有任何彩色文字和线条，应全部选黑。

3.3　多分型面模具装配图的设计特点

多分型面模具装配图设计的内容和绘图步骤与单分型面模具大体相同，在设计时应仔细阅读上节简单模具装配图的设计内容，现以一个双联斜齿轮塑料模具装配图设计为例，介绍这种模具的设计特点。

1. 根据塑件的外部形状确定分型面

如图 3-7 所示塑料双联斜齿轮，分型面应选在最大截面处，究竟选在 *A* 截面还是 *B* 截面，要进行综合分析。

1）如果选在 *A* 截面，两个齿轮型腔分别在定模和动模两部分，在成型时对塑件的精度不利。在塑件推出时，塑件对大小型芯的包紧力，再加上大齿轮对型腔的黏附力，塑件会留在动模。

2）如果选在 B 截面，两个齿轮均在定模部分或动模部分，在推出塑件时因塑件是斜齿轮，一个齿轮要左转，另一个齿轮要右转，这样在运动上会有干涉现象，同时脱模力太大，会把塑件顶白而不利于推出。

根据分析只能采用 A 截面作为分型面，为了保证两齿轮的同轴度，只能提高模具制造精度和在分型面上设置精定位装置。

2. 根据尺寸大小及精度要求确定型腔数量

该塑件尺寸不大，精度要求较高，若考虑一模一腔，则加工制造费用太高，所以可按一模两腔来考虑。因为塑件脱模时型腔要旋转，为使型腔旋转灵活一点、精度高一点，型腔应固定在滚动轴承上，因此型腔布置如图 3-8 所示。

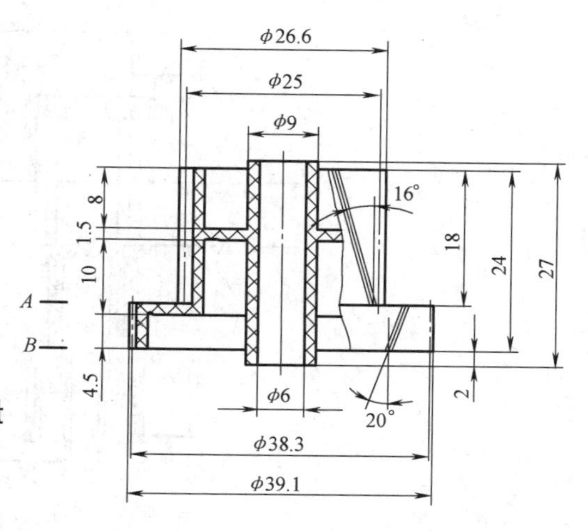

图 3-7　塑料双联斜齿轮

3. 确定浇注系统（流道系统）

浇口和流道系统对塑件质量有重大影响，既要进行精确的理论分析和计算，又要参考别人的设计经验，对每个具体塑件要进行详细的分析。

1）塑件周边全是齿形，浇口不可能设计成侧面进料的浇口。为使塑料熔体均匀进入型腔，减小塑件的内应力，一般采用点浇口，浇口个数视塑件大小而定（一般≥3 个）。点浇口一般开设在塑件的辐板上，开模时为了拉断点浇口，一般针对每个浇口在定模相应位置布置拉料杆，如图 3-9 所示。

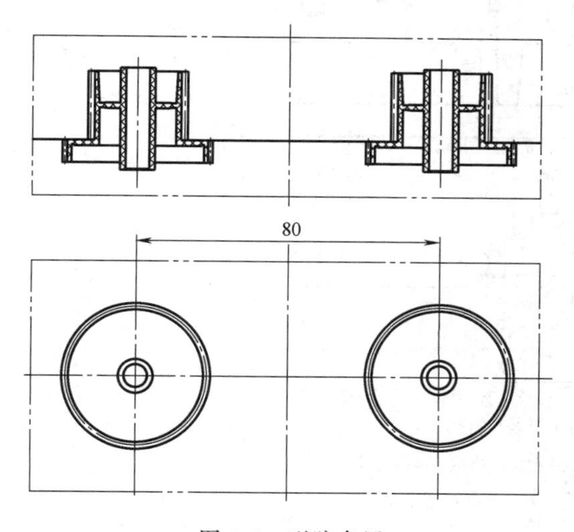

图 3-8　型腔布置

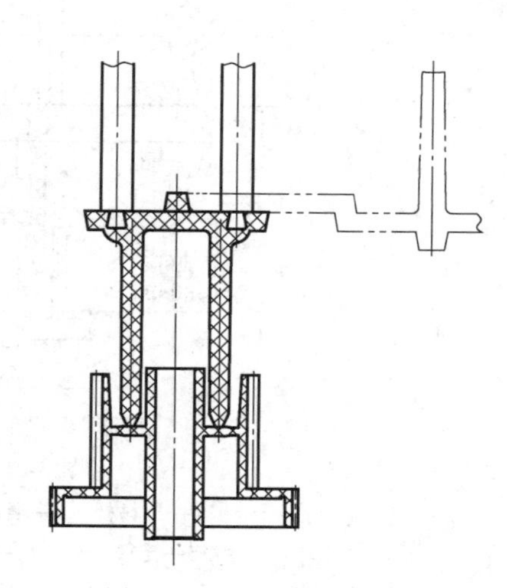

图 3-9　流道及拉料杆形式

2）为拉断点浇口，在拉料杆端部应设置一个分型面。为把流道凝料从主流道和拉料杆上打下，还应设置一块推（凝）料板，再增加一个分型面。定模分型面及分型面个数如图 3-10 所示。

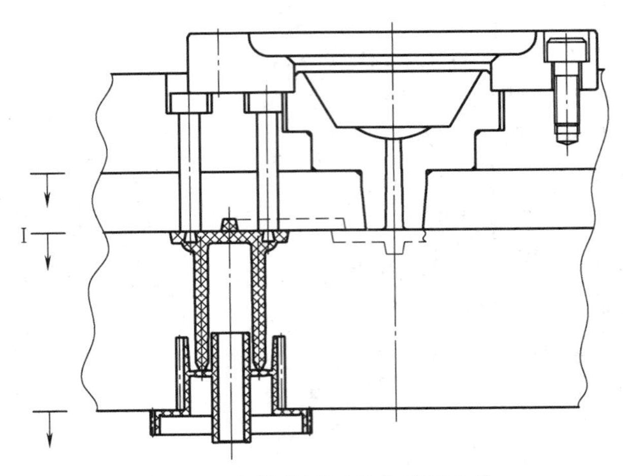

图 3-10　定模分型面及分型面个数

4. 定模型腔、型芯设计

定模部分有一个斜齿轮，考虑到型腔（内齿圈）的加工工艺性，小齿轮型腔应设计成可旋转式。小齿轮上的环型芯若用数控铣削，和定模板做成一个整体，抛光维修很不方便，因此单独做成一个镶件，和小齿轮型腔装配成一个整体，并且在这个镶件上加工出分流道和浇口（先用大小不同的钻头进行孔的粗加工，然后用电极进行精加工）。通过装配作图，基本上可以确定定模型腔的大小，如图 3-11 所示。

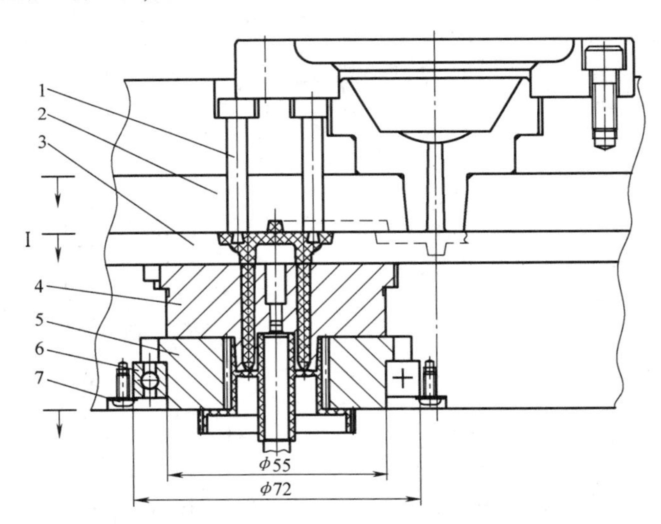

图 3-11　定模型腔及嵌件

1—拉料杆　2—凝料推板　3—型芯压板　4—型芯
5—定模型腔　6—滚动轴承　7—十字槽盘头螺钉

5. 动模型腔、型芯设计

动模齿轮型腔也采用可旋转式，型芯固定在动模板上，中间小型芯上端应插入小齿轮环型芯的中心孔内（保证动、定部分的齿轮和中心轴孔同心）。塑件对小型芯的包紧长度较大，包紧力较大，小型芯的下端固定方式还应和推出装置综合考虑。根据动、定模型腔及嵌件的结构设计，就可大体确定动、定模各板的厚度，如图 3-12 所示。

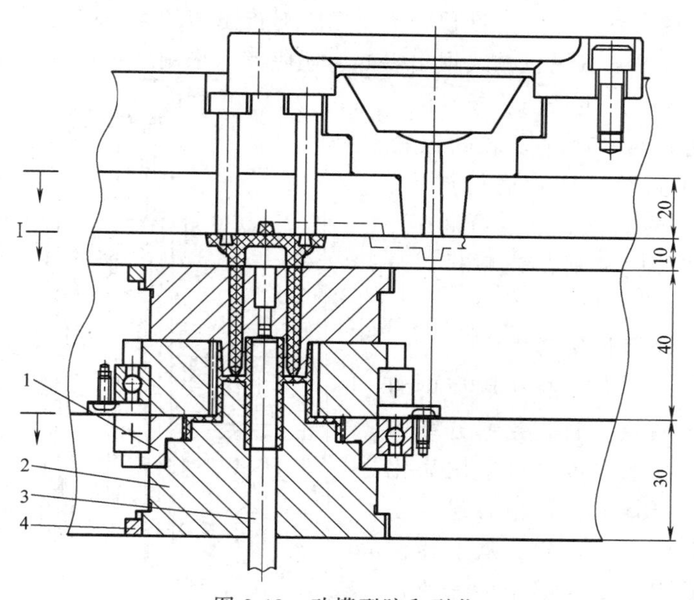

图 3-12　动模型腔和型芯

1—大齿轮型腔嵌件　2—动模型芯　3—中心型芯　4—定位键

6. 分型顺序及其确定

每个塑件有 3 个点浇口对应有 3 根拉料杆，该模具设计成弹簧分型、拉杆定距，见装配草图，因此开模时Ⅰ分型面打开，拉断点浇口，凝料从定模型芯中脱出。继续开模，定距拉杆拉住定模板，由于该模具在主分型面上没有设置拉模扣（开闭器），这样塑件就会克服定模部分阻力从主分型面Ⅱ打开，小齿轮从定模型腔中脱出。最后在开模结束之前通过模外的定距拉板强制拉推（凝）料板，推（凝）料板从Ⅲ处分开，凝料从拉料杆上脱出，如图 3-13 所示。

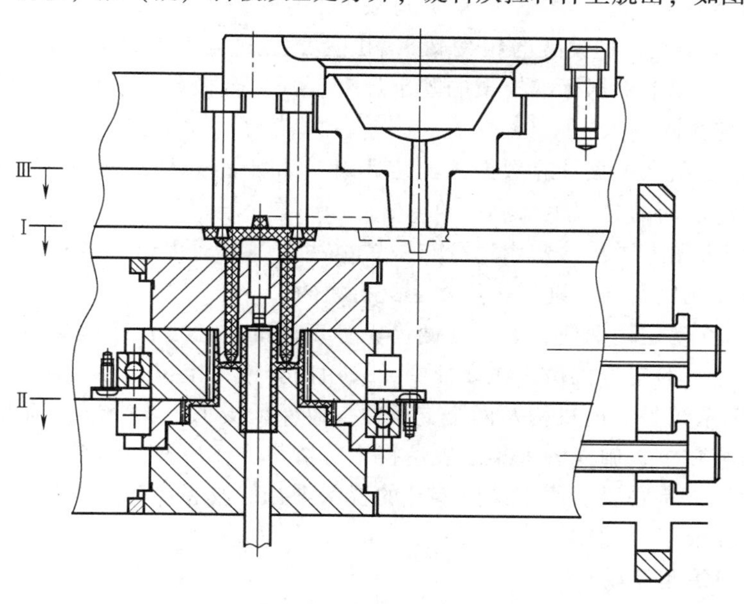

图 3-13　分型面及分型顺序

7. 推出机构设计

为保证塑件在推出时不变形，推顶处不发白，对推出力的大小应进行理论计算，尤其对于深、大型腔塑件，除了采用机械式推出以外，还应考虑采用气体（压缩空气）辅助推出，从而确保推出过程中不产生任何质量缺陷。

在设计中，塑件对中心小型芯的包紧力比较大，在此处应设置推管进行推出。在齿轮辐板上设置两圈推杆，这样推管、推杆联合推出，塑件脱模则比较顺利，如图3-14所示。

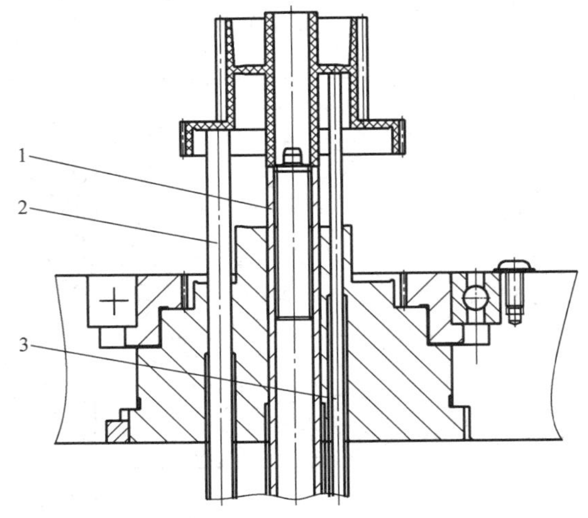

图3-14　推出系统布置
1—推管　2—大推杆　3—小推杆

8. 选定模架大小及结构形式

根据事先确定的一模两腔和点浇口的模具形式，再根据型腔、型芯各部分结构设计中所确定的各板的厚度，可采用简化点浇口模架JA1823-50×30，其他各尺寸在总装图的绘制过程中一一确定。从上述设计和绘图中可以看出，定模部分由三块板组成，即定模型腔板、推凝料板和定模座板；动模部分也由三块板组成，即动模板（型腔固定板）、支承板和动模座板；另加两垫块以保证推出空间。因塑件的中心轮毂是用推管推出，所以中心型芯一般都要安装固定到动模座板上，这样就确定了模架的主体结构。

通过查阅中小型模架标准表，选用JA1823的相关尺寸可知：$W=180\text{mm}$、$L=230\text{mm}$，定模座板厚度30mm，推凝料板厚20mm，A板厚50mm，B板厚30mm，支承板厚40mm，垫块厚80mm，动模座板厚20mm，模架总高270mm，如图3-15左视图所示。

9. 完成装配草图

在图3-12的基础上，把模架的相关尺寸添加上去，这样就构成了模具的主、俯视图。

1）在主、俯视图上根据标准模架的既定尺寸，画出合模导向机构、各联接螺钉、复位机构的相应位置和视图。

2）在主、俯视图上根据计算数据画出定距螺钉和定距导柱的长度、大小和分布位置，从而确定各分型面之间的分型距离。

3）在主、俯视图上画出冷却水道分布位置。注意，冷却水道不能有和上述各元件相干涉的现象，如确实无法避开，则应采用水套进行密封。

4）齿轮分布在动定模两侧，要保证两齿轮分度圆的同心度，除模架本身自带的导向装置外，还应设置精密的定位机构。在设计中，采用四套锥销定位。

5）画出推出系统的导向机构及两个支承柱，以保证支承板少变形，确保塑件精度。

以上所述内容在主、俯视图上难以表达得十分清楚，还应配置一个侧视图，并注意各零件装配的剖切位置，有必要对原来某些零件的视图进行修改和调整。到此为止，这幅模具的装配草图就绘制完成了，如图3-15所示。

10. 装配图的绘制完成

可参看前述3.2.3完成模具装配图，在此不再赘述。

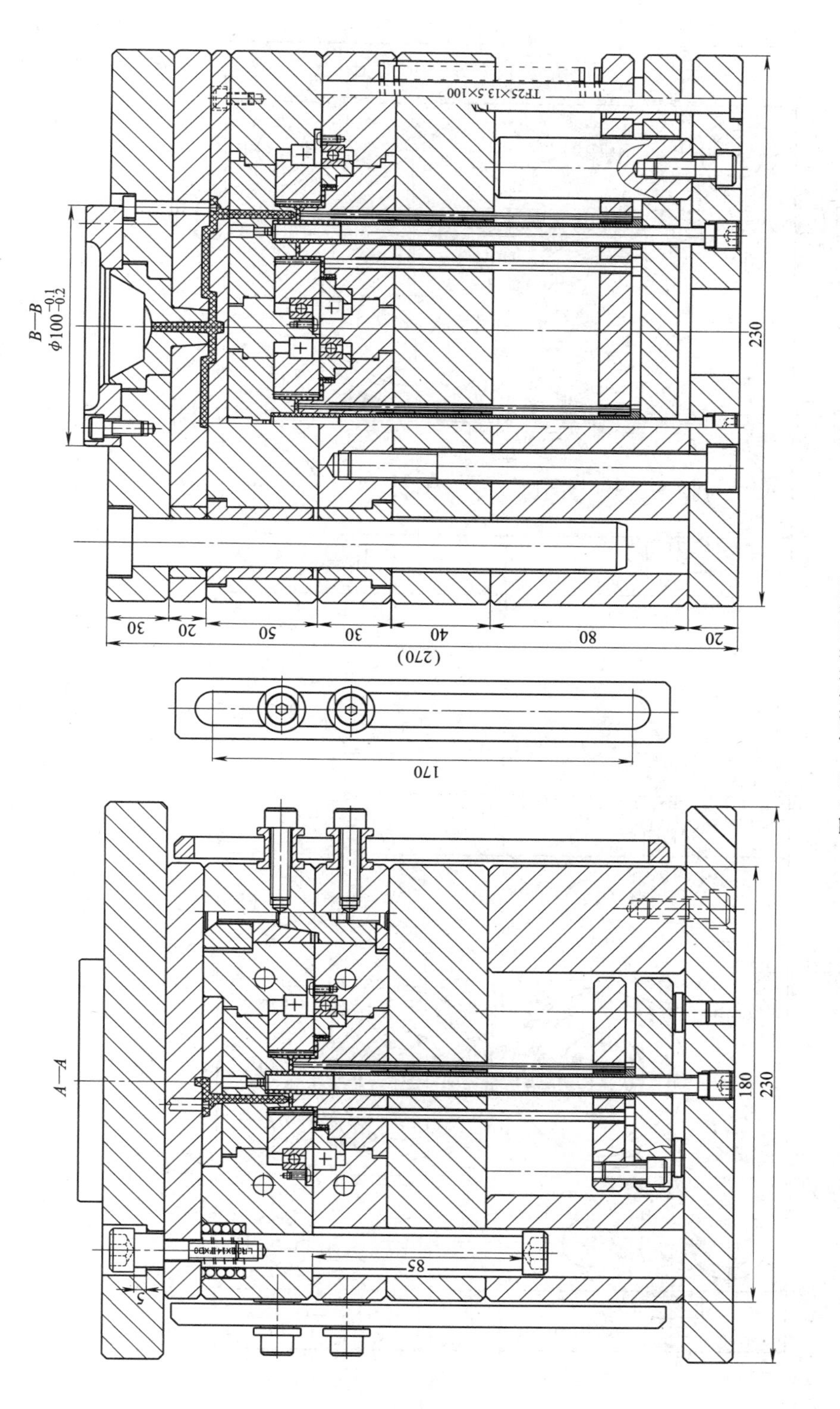

图 3-15　多联齿轮装配草图

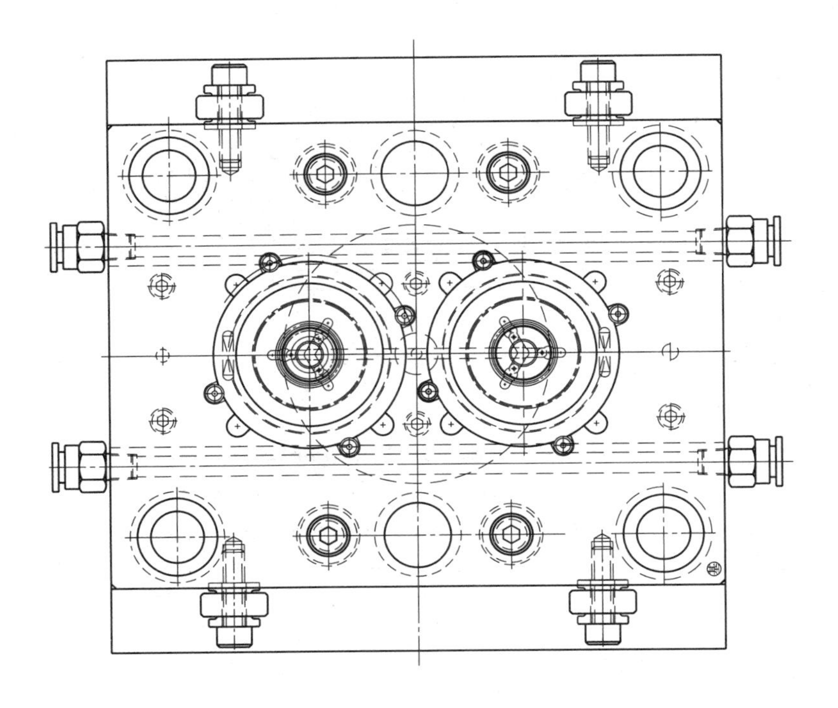

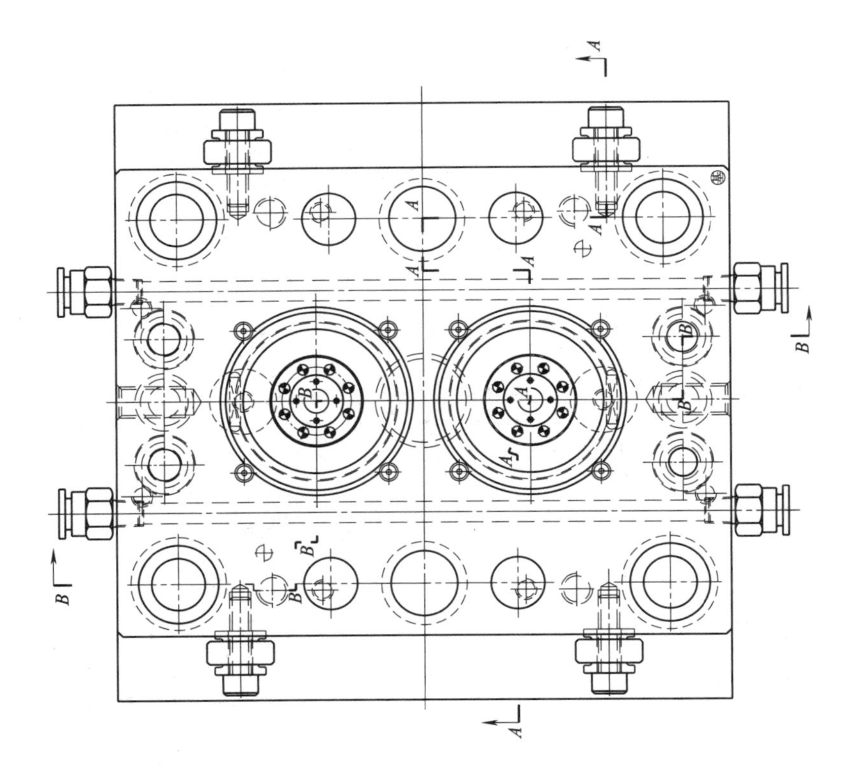

图 3-15　多联齿轮装配草图（续）

3.4　带有侧抽芯模具装配图的设计特点

带有侧分型与抽芯模具装配图设计的内容与绘图步骤与前述装配图的设计大体相同，只是多了一套分型或抽芯机构。现以“电动机绝缘胶架”塑料模具装配图设计为例，介绍这种模具的设计特点。

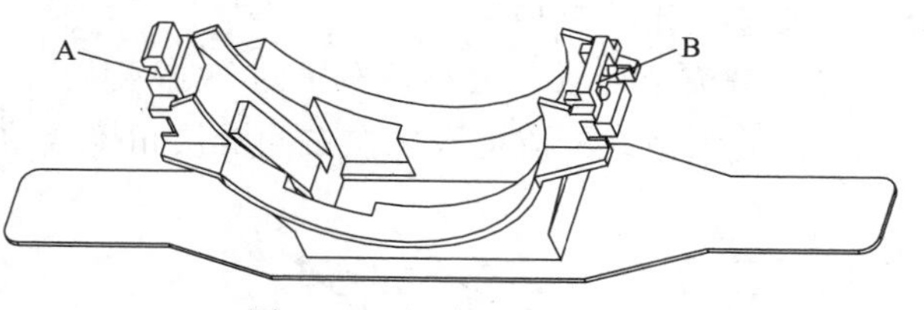

图 3-16　电动机绝缘胶架

图 3-16 所示塑件为一电动机绝缘胶架，该塑件的 A、B 两处造型比较复杂，结构细小，侧向凸凹多，对模具的设计和制造带来了一定的困难。A 处有一扣钩，B 处有一方孔，安装时两件对合，正好扣钩扣到孔中，塑件中心构成一个整圆。塑件上的细小复杂尺寸从略，仅借此说明模具结构的设计过程。

1. 确定塑件的分型面

对于图 3-16 所示塑件，根据分型面选择的原则，在长薄片处应取一个 *A—A* 分型面，在左右侧向凸凹处，在 *R*21.5mm 的圆弧处应左右各取一个分型面，分别为 *B—B* 和 *C—C* 分型面，如图 3-17 所示。

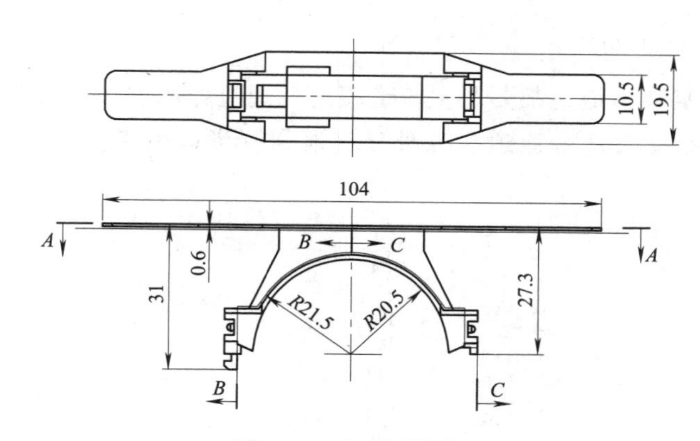

图 3-17　分型面及位置

B—B 和 *C—C* 分型面构成了塑件的左右两个侧面，因此只能采用左右两个成型滑块来成型。

2. 根据塑件批量大小、尺寸及精度要求确定型腔数量

该塑件生产批量很大，外形尺寸不太大，精度要求一般（除了几个尺寸需按要求计算外，其他均只需考虑塑料的收缩率），塑件壁厚薄，质量小，可按一模四腔来设计。型腔平面布置如图 3-18 所示。

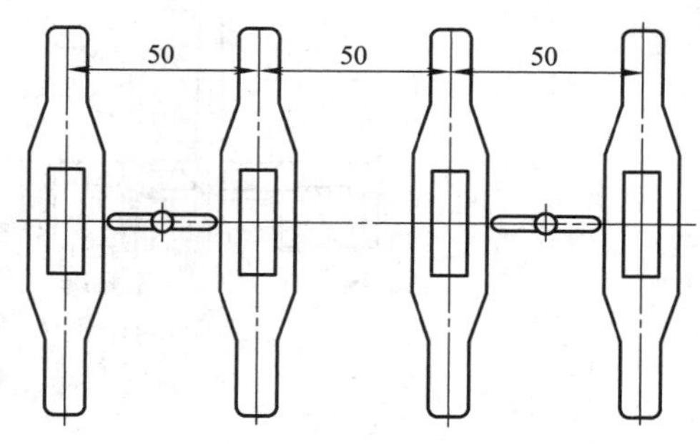

图 3-18　型腔平面布置

3. 浇注系统的设计

（1）浇口位置的确定　该塑件在 *A—A* 分型

面的薄片只有 0.6mm，且长度有 104mm，这一部分是薄壁型腔，下面圆弧及扣钩部分壁厚在 0.5~2.4mm 之间，有些细小结构要成型得轮廓清晰，浇口设计（位置、数量和大小）得是否合理则至关重要。为了快速充模，确定采用侧浇口两点进料，若采用点浇口两点进料，会在 0.6mm 的薄片上留下浇口痕迹，有碍塑件的美观，而在侧面进料，去除浇口方便，不会留下痕迹，如图 3-19 所示。

（2）分流道形状、大小及布置的确定　从图 3-18 可以看出，设置为一模四腔的模具结构，流道分为两组，流道开在左右侧滑块相接合的分型面上，如图 3-20 所示。

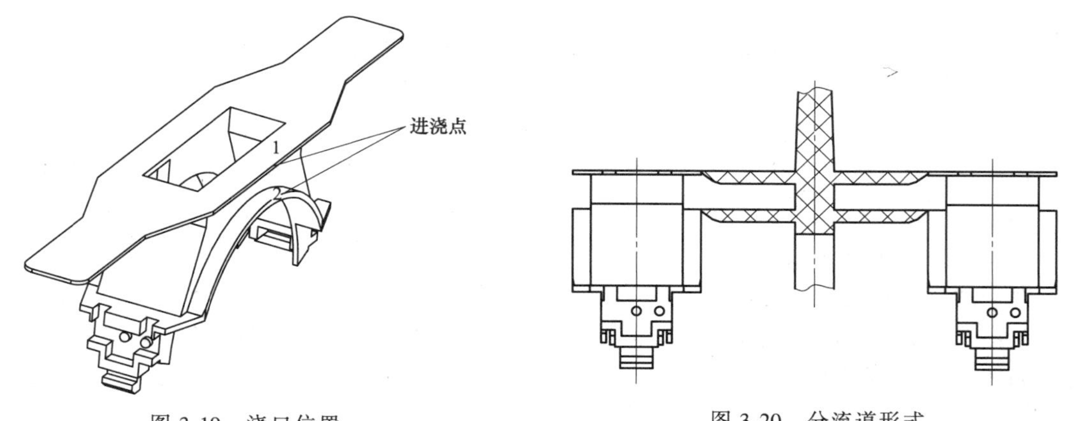

图 3-19　浇口位置　　　图 3-20　分流道形式

分流道无论怎样复杂，最终都要和主流道相连，通过作图即可看出，该模的流道系统是由主流道、一级分流道、二级分流道、三级分流道和侧浇口组成的。图 3-21 所示为流道系统图。

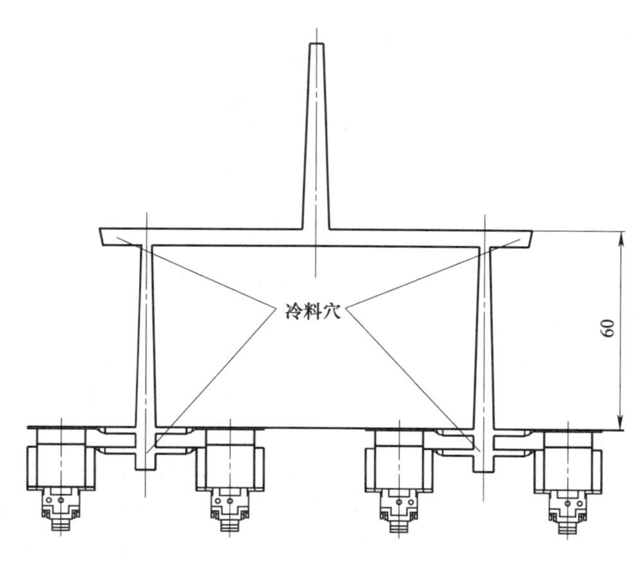

图 3-21　流道系统

4. 模具分型面的设计

从图 3-21 所示流道系统即可看出，要使流道凝料从模具中取下，在一级分流道处一定要设置一个分型面，要使主流道凝料从模具中取下，还应设置一块推凝料板，也就是一个分型面。

在开模时，要能取出凝料，一级分流道与二级分流道一定要分离（拉断），因此在定模板上还应设置拉断凝料杆。尼龙的强韧性比较好，因此在一、二级分流道接合处面积要小一点，以便流道分离。分型面及分型顺序如图 3-22 所示。

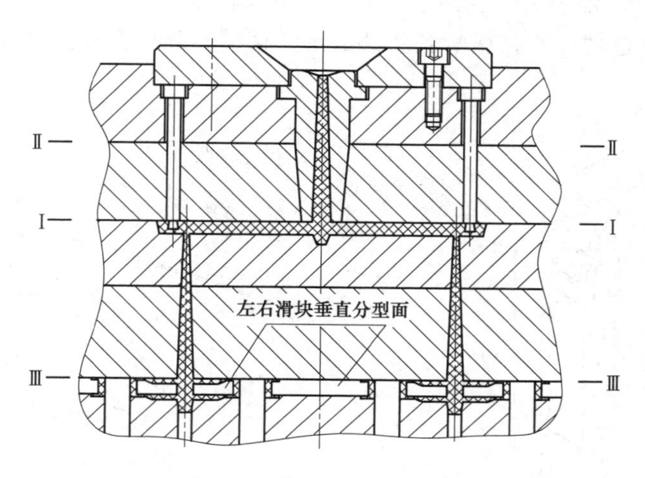

图 3-22　分型面及分型顺序

5. 动模型腔、型芯设计

从图 3-22 可知，定模板仅构成塑件薄片的上平面，塑件的型腔和型芯全在动模部分，所以塑件质量的优劣全取决于动模部分的设计和制造。

（1）动模嵌件　动模嵌件成型了塑件 $R20.5$mm 的半圆弧面，塑件内腔是一个带有一定锥度的长方形（异形）型芯。考虑到加工工艺性，将 $R20.5$mm 的四个半圆弧面制成一个整体，构成动模嵌件，把长方形（异形）型芯制成型芯嵌件，再镶入动模嵌件中。动模嵌件如图 3-23 所示。

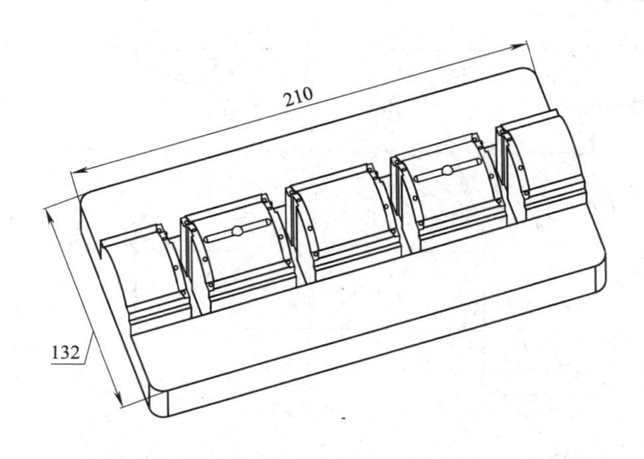

图 3-23　动模嵌件

嵌件制造可用数控铣铣出整个型面（能达到较高的精度和较低的表面粗糙度值）。型芯孔可用线切割加工成型。推杆孔可用线切割加工或用数控铣加工出来。嵌件型面部分可由模具钳工打磨抛光达到设计要求。

（2）动模型芯　动模长方异形型芯成型绝缘胶架的内表面。成型部分用数控铣铣出，热处理后用线切割切割外形，然后用电极对成型面进行精加工，如图 3-24 所示。

（3）动模型腔　塑件的周边各面是由左右两滑块构成的，滑块采用 T 形槽导滑的形式，滑块的合模精度、制造精度直接影响到塑件的尺寸精度。部分滑块如图 3-25 所示。

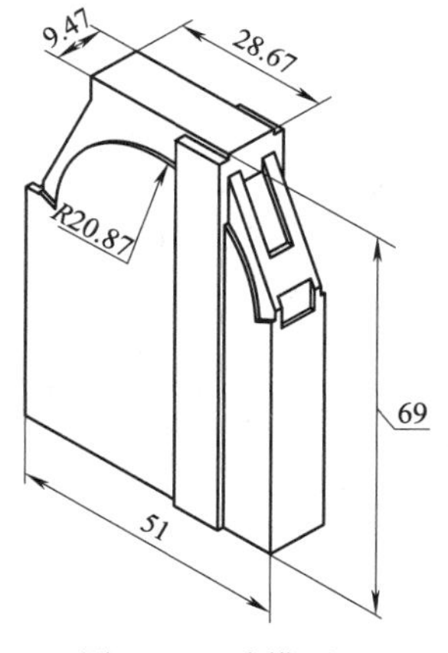

图 3-24　动模型芯

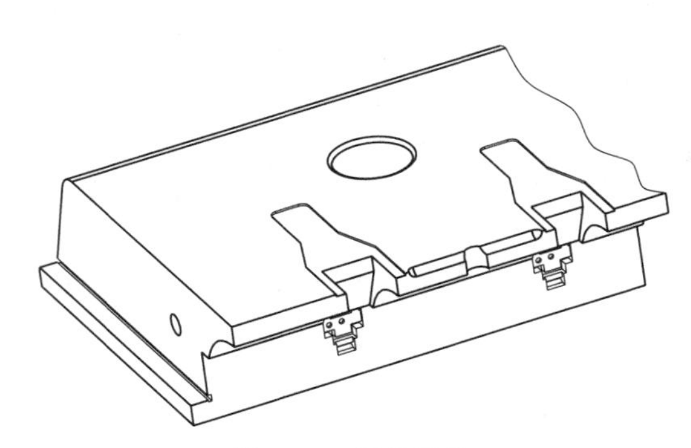

图 3-25　部分滑块

滑块成型面制造可采用数控铣雕刻出侧面型面（作为粗加工），然后用电极（电火花）对型面进行精加工，这样能使型面达到较高的精度。

6. 滑块合模导向及锁紧机构设计

左右两滑块各分布着四个型腔，因此滑块宽度比较大，为了使开合模抽芯力大而均匀，每个滑块采用双斜导柱进行驱动。合模后采用嵌入式楔紧块锁紧。开模后滑块采用钢珠定位，这样简化了模具结构，但在模具安装时，左右滑块宜水平安装，以保证定位可靠，如图 3-26 所示。

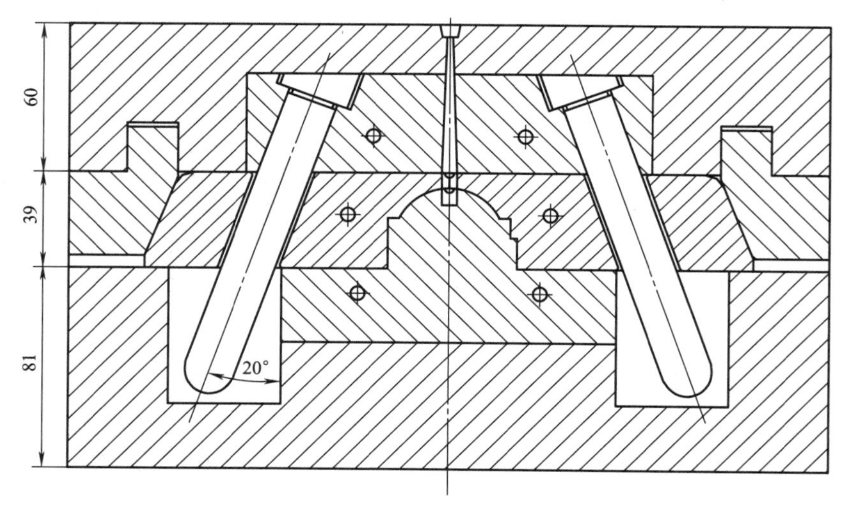

图 3-26　滑块驱动及锁紧

7. 选定模架大小及结构形式

从上述设计图 3-22 中已确定该模具有三个分型面，动模嵌件的平面尺寸是 210mm×132mm，考虑到滑块的移动行程、斜导柱的安装固定、斜导柱的倾斜角度及其长度等因素，就可以确定模架的大小和结构形式。

查阅模架标准选用中小型模架 JC3050—60×120×90 简化点浇口（又称简化细水口）：W=300mm、L=500mm，定模座板厚度 45mm，推凝料板厚 30mm，A 板厚 60mm，B 板厚 120mm（支承板厚度 80mm 合并到一起了），垫块厚 90mm，动模座板厚 30mm，模架总高 375mm，如图 3-27 所示。

8. 在前述设计的基础上，把模架的相关尺寸添加上去，这样就构成了模具的主、俯视图

1）在主、俯视图上根据标准模架的既定尺寸，画出合模导向机构、各联接螺钉、复位机构的相应位置和视图。

2）在主、俯视图上根据计算数据画出定距螺钉和定距拉杆的长度、大小和分布位置，从而确定各分型面之间的分型距离。在主分型面侧面的模具宽度方向对称安装两套弹簧式开闭器，此开闭器拉模力大，以确保开模时主分型面不打开而保证既定的分型顺序，省去了Ⅰ—Ⅰ分型面的一组弹簧。

3）在主、俯视图上画出冷却水道分布位置，除了动、定模嵌件要通冷却水以外，左右滑块是构成塑件型腔的主要部分，也应通水冷却。

4）俯视图在视图表达上采用了一个滑块合上，另一个滑块打开，这样能够看到动模嵌件、型芯和推杆的布置。

5）画出推出系统的导向和复位机构。该模具虽然设置了四根复位杆，但在斜导柱驱动滑块合模过程中，为了防止滑块型面和推杆端面发生干涉现象，在推板上设置弹簧先行复位装置。该模具动模板较厚而塑件投影面积不大，不设支承柱，也能确保塑件精度。

以上所述内容在主、俯视图上难以表达得十分清楚，还应配置一个侧视图，并注意各零件装配的剖切位置，有必要对原来某些零件的视图进行修改和调整。到此为止，这幅模具的装配草图就绘制完成了，如图 3-27 所示。

在模具装配图设计过程中，在充分考虑了型腔数量、嵌件大小、抽芯滑块机构布置、推出机构、水道布置等各方面的因素之后（即对模具结构非常清晰的前提下），就可以选定模架的大小和结构形式。设计者可以通过模具设计一个常用软件（燕秀工具箱）来达到快速设计的目的，可以调用标准模架以及与模架相适应的推板、导柱、导套、定距拉杆、复位弹簧等，另外还有一些标准件（螺钉、水嘴、推杆和推管等）。

9. 完成装配图

在图 3-27 的基础上，加上装配图所需的各项内容，即可完成装配图的绘制。

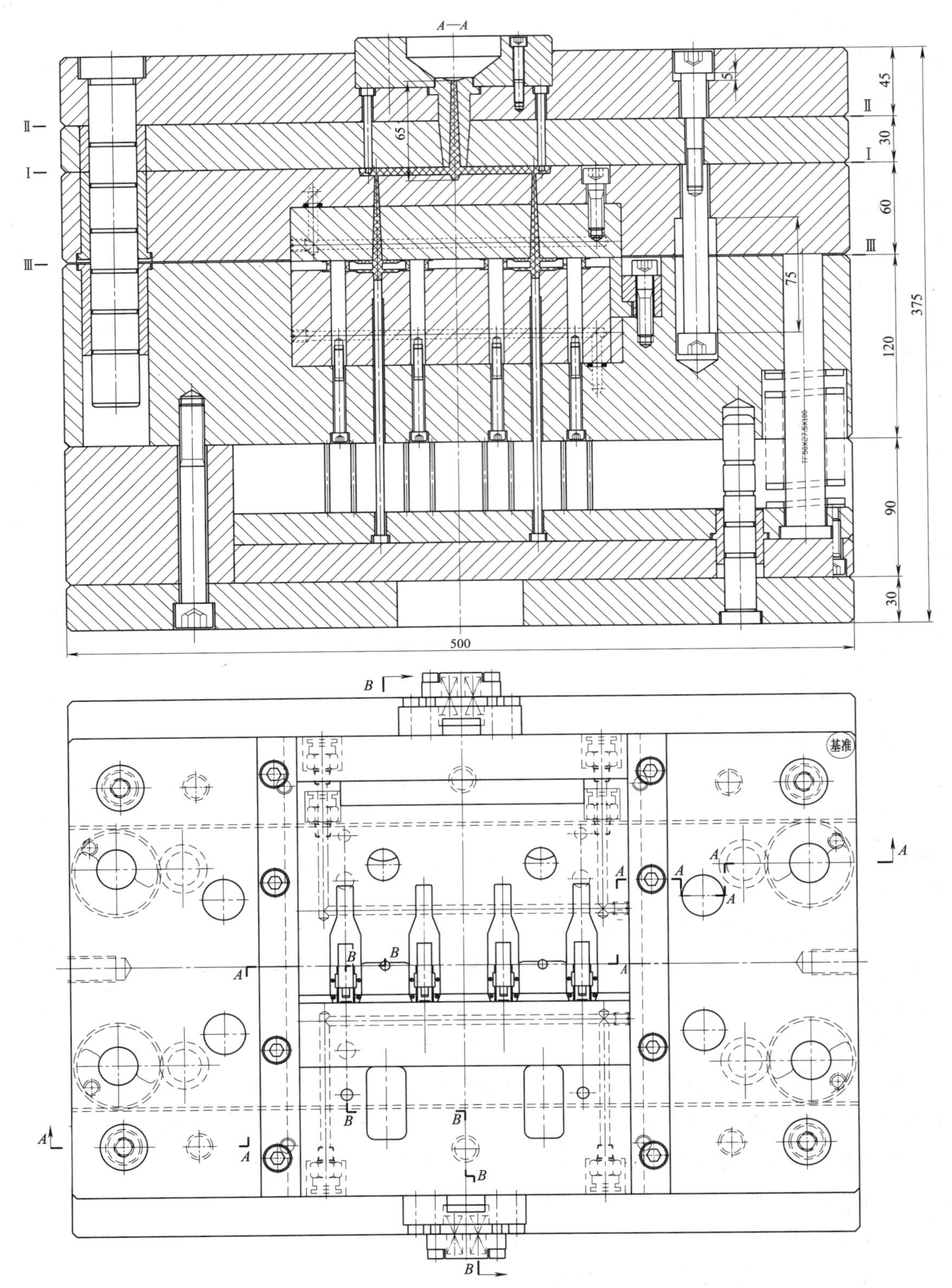

图 3-27　模具

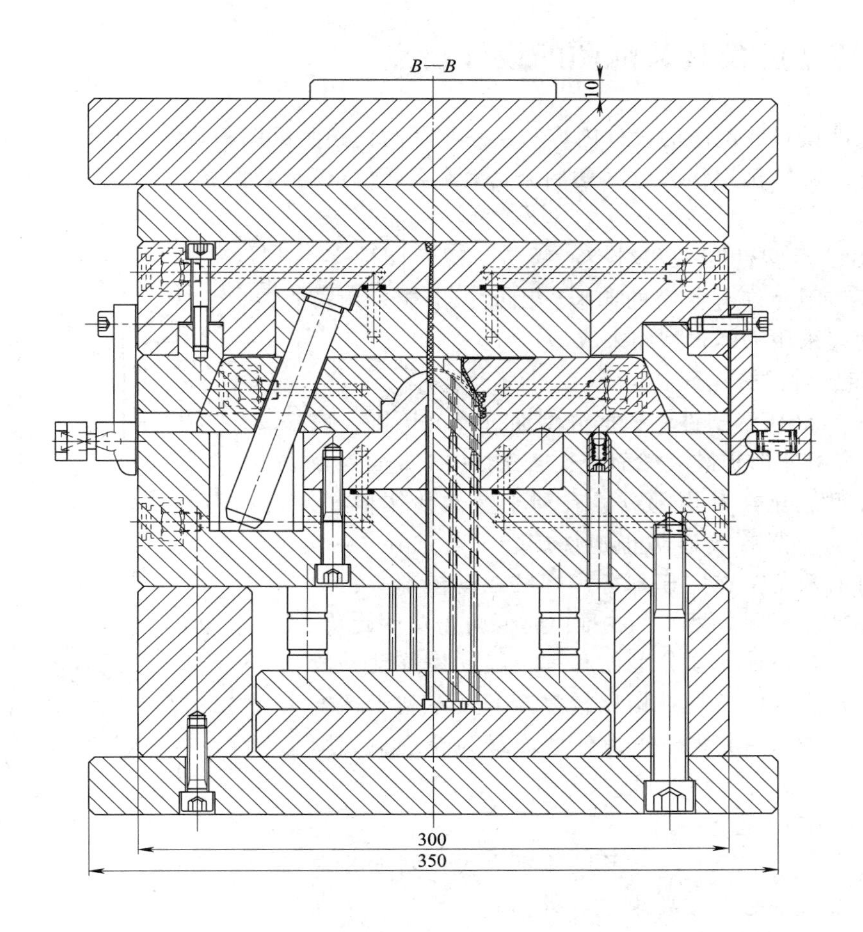

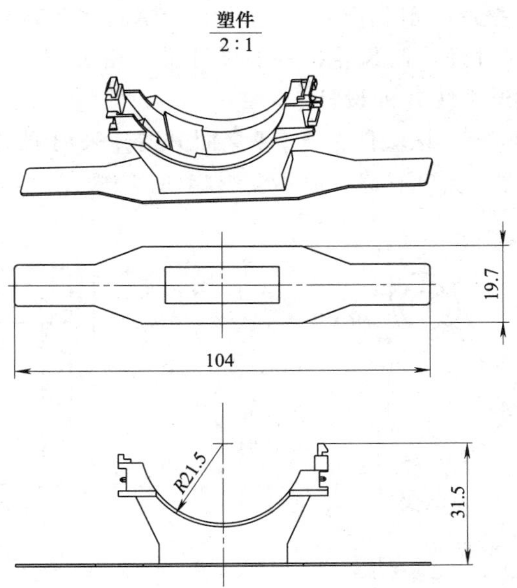

装配草图

3.5 旋转型腔模具装配图的设计特点

旋转型腔模具装配图的设计内容和绘图步骤与前述装配图的设计大体相同，只是多了一套型腔或型芯旋转机构，现以“塑料空心螺钉”塑料模具装配图设计为例，介绍这种模具的设计特点。

图 3-28 所示塑件为一塑料空心螺钉，螺纹圈数多，精度要求高，不允许有分型的印痕，因此，不能采用瓣合型腔，而应采用整体式型腔来成型。

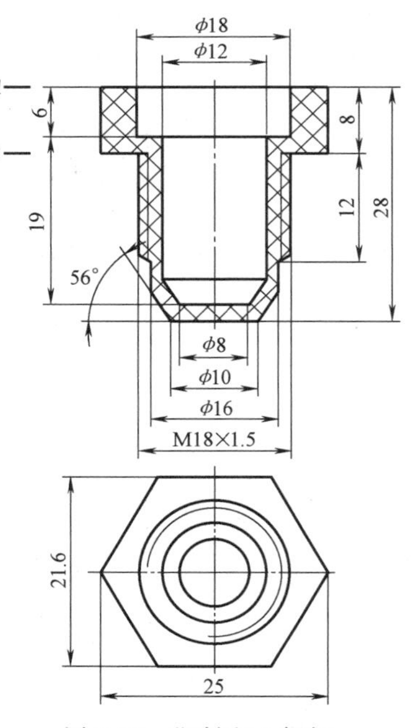

图 3-28　塑料空心螺钉

1. 确定塑件的分型面

对于图 3-28 所示塑件，根据分型面选择的原则，该塑件的 *A*、*B* 两处都是最大截面处，若选 *A*—*A* 截面为分型面，塑件型腔全在动模部分，有利于塑件整体精度，在型腔推出时，能有效地防止塑件旋转。若选在 *B*—*B* 截面，螺钉的六角头在定模部分，螺纹在动模部分，对塑件的整体精度不利。另外，在推出时要防止塑件旋转，在定模部分还要设计一个分型面和一块随动模移动一段距离的型腔板。这样模具结构比较复杂，又不利于精度的提高，因此取 *A*—*A* 截面作为分型面最为合理，如图 3-28 所示。

2. 确定型腔数量

该塑件生产批量较大，外形尺寸不太大，精度要求一般（除了螺纹部分需按要求计算外，其他均只需考虑塑料的收缩率），塑件壁厚一般，质量小，可按一模四腔来设计，因为脱模时型腔需旋转，所以型腔中心的布置尺寸还应与齿轮机构的设计尺寸相协调。型腔布置图如图 3-29 所示。

3. 浇注系统（流道系统）的设计

（1）浇口位置的确定　该塑件在 *A*—*A* 截面分型，采用侧浇口，进料阻力小，成型后去除浇口方便，虽然会留下浇口痕迹，但不会影响使用，如图 3-30 所示。

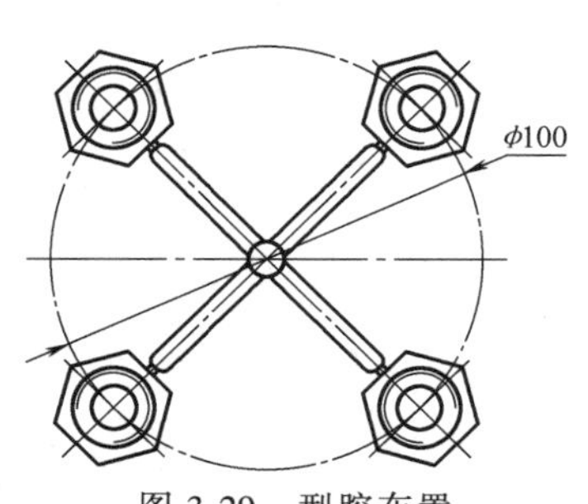

图 3-29　型腔布置

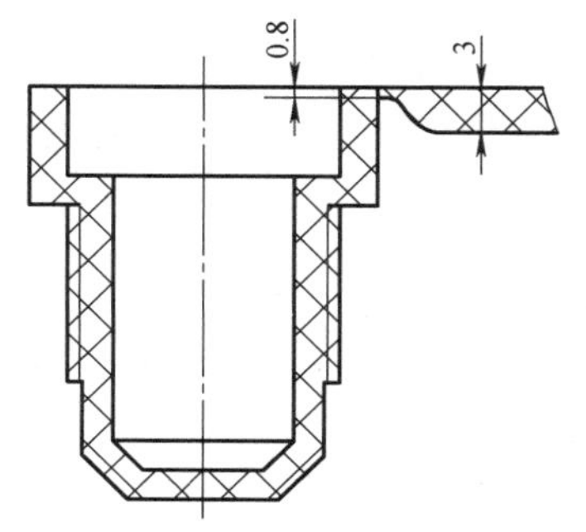

图 3-30　浇口位置

（2）分流道形状、大小及布置的确定　从图 3-29 可以看出，设置为一模四腔的模具结构，流道呈平衡状布置，流道开设在分型面的动模部分，截面为半圆形，如图 3-31 所示。

4. 型腔、型芯设计

从塑件图可知，塑件型腔必须旋转方可脱出塑件，为了保证旋转精度，型腔一般装在滚动轴承上来定心，成型面积较大时，还应设计一个推力轴承，以承担型腔内塑料熔体的压力，因此在结构上应设计一定的台阶来安装轴承，如图 3-32 所示。型芯是一个圆柱形的简单型芯，固定在定模即可。

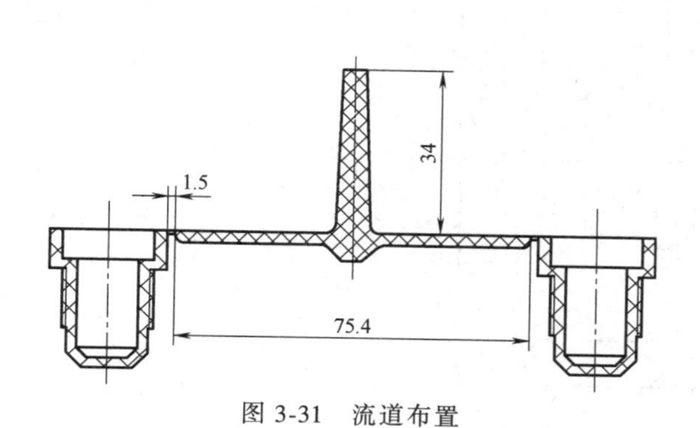

图 3-31　流道布置

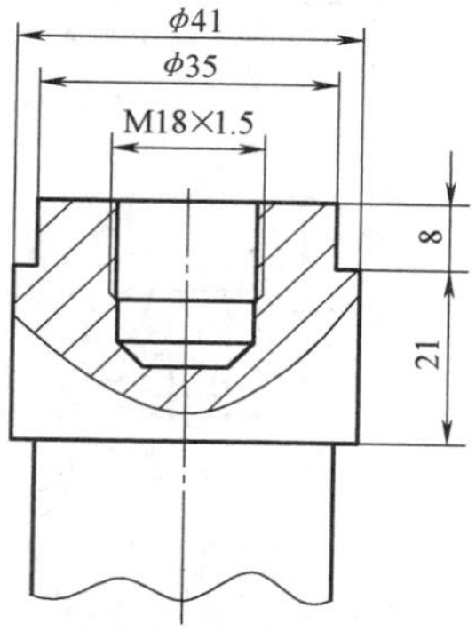

图 3-32　旋转型腔

5. 脱模机构设计

旋转型腔（型芯）脱模可有多种方式：

1）手动脱螺纹机构，模具制造成本低，生产效率低。

2）机动脱螺纹机构，机动又分齿轮齿条脱螺纹机构、螺旋杆和齿轮脱螺纹机构、斜导柱和螺旋杆脱螺纹机构。模具结构比较复杂，尤其是螺纹圈数多时，模具结构比较庞大，制造成本也比较高。

3）其他动力源脱螺纹机构，如电动机驱动脱螺纹机构、液压缸或气缸驱动齿条齿轮脱螺纹机构、液压马达驱动脱螺纹机构等。根据塑件的具体情况可供选择。

本设计的塑料空心螺钉螺纹圈数多（8 圈螺纹），若采用机动或液压缸脱模，模具结构尺寸大，因此采用液压马达驱动最为理想。注射机上有供脱模驱动的油源接头，连接方便，又不受脱模力大小的影响，可实现自动化控制脱模，结构也比较紧凑。通过脱模力计算，选用 BM1 型摆线内啮合齿轮式液压马达（转子马达）来驱动，如图 3-33 所示（液压马达安装在模具内的结构），液压马达的高度加大了模具的高度，工厂一般不采用。若驱动力矩大，有较大减速比要求，可安装在模具外，采用链轮链条、齿轮减速驱动或完全采用齿轮减速驱动，如图 3-34 所示。该液压马达结构尺寸不大，转速低、输出转矩大，被模具制造厂广泛采用。为了减小模具的高度，液压马达均装在模具外，图 3-34 所示结构符合注射机的安装

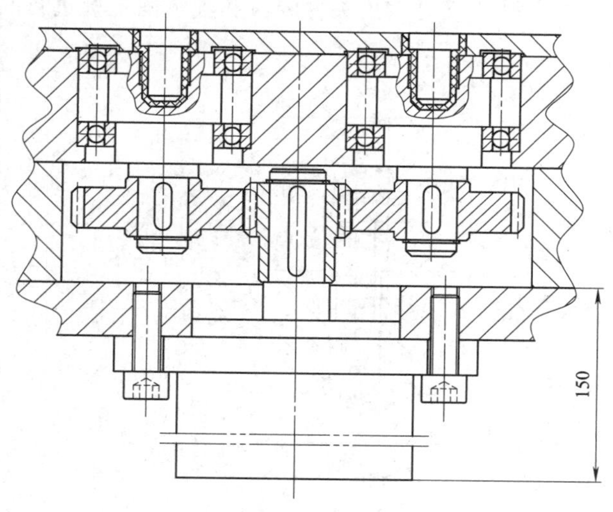

图 3-33　液压马达安装在模具内的结构

要求。

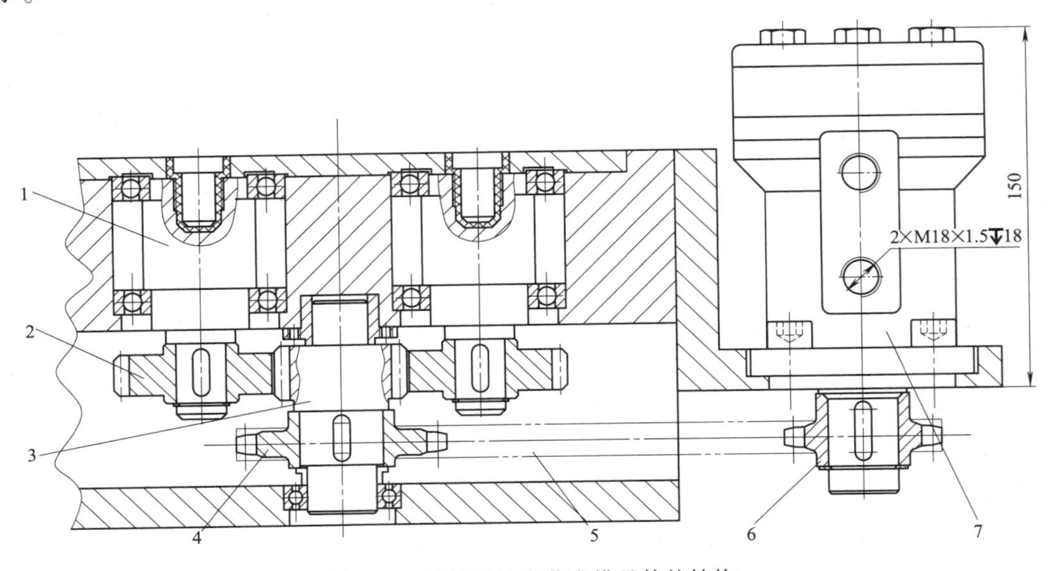

图 3-34　液压马达安装在模具外的结构

1—旋转型腔　2—齿轮　3—齿轮轴　4—大链轮　5—链条　6—小链轮　7—液压马达

6. 凝料脱出机构

这种旋转型腔（型芯）脱模的模具，在动模部分不利于设置拉料杆，要使主流道凝料从模具中取下，还应设置一定数量的推凝料装置，因此在主流道衬套周围的四个分流道上设置四个推料柱，开模时利用弹簧的弹力把凝料推出，合模时利用分型面使推料柱复位，如图 3-35 所示。

7. 模具冷却系统

在动模部分因型腔旋转而不利于设置冷却水道，若要设置也是旋转的动密封，型腔的结构尺寸就要加大，但考虑到该模具成型的塑件不大，塑件中心有一根主型芯，因此可考虑仅对主型芯进行冷却，如图 3-36 所示。若要加快成型速度，提高效率，在动模部分也应进行冷却。本设计仅对六角头型腔板和轴承固定板进行间接冷却，如图 3-37 所示。

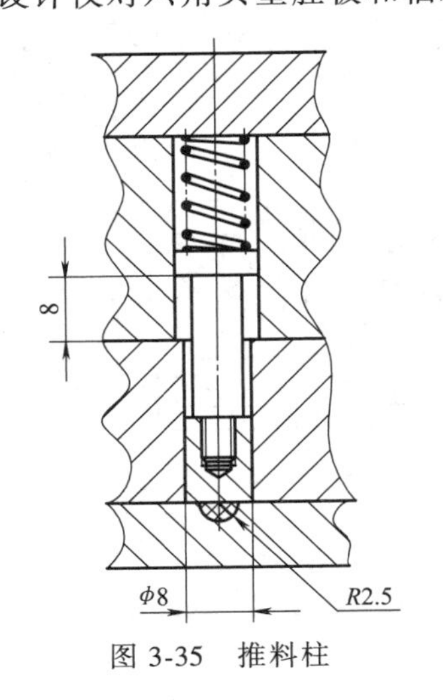

图 3-35　推料柱

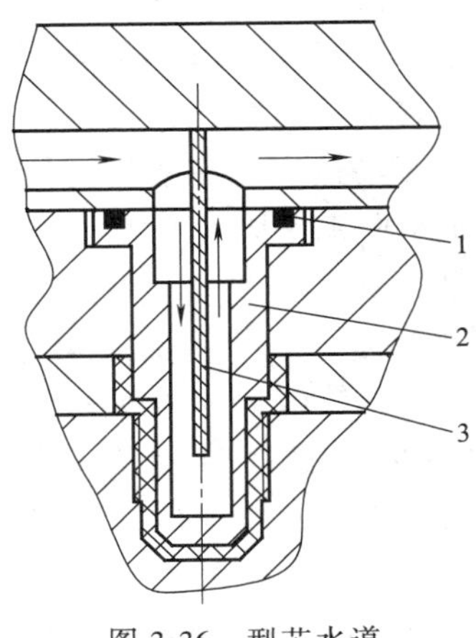

图 3-36　型芯水道

1—密封圈　2—型芯　3—水道隔板

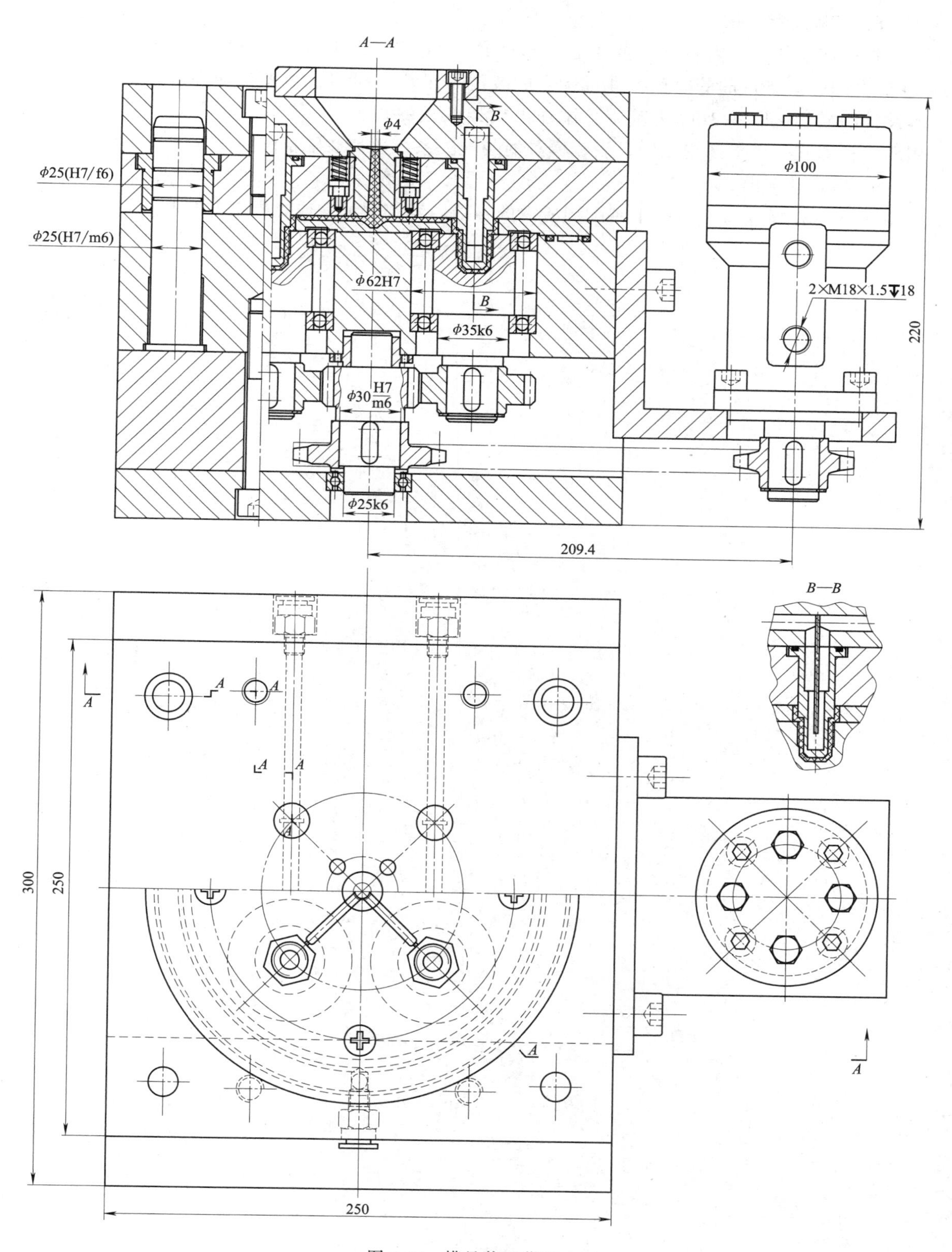
A—A
ϕ4
B
ϕ25(H7/f6)
ϕ25(H7/m6)
ϕ100
ϕ62H7
B
2×M18×1.5↧18
ϕ35k6
220
ϕ30 H7/m6
ϕ25k6
209.4
B—B
A
A
A
A
300
250
A
A
250

图 3-37　模具装配草图

8. 模具装配草图

根据前述的设计内容（型腔中心分布圆直径 96mm、滚珠轴承外径 62mm），选定一副 $W \times L$=250mm×250mm 的模架，进行适当的装配和组合（可自制某些非标零件），即可满足本设计的需要。以图 3-34 为基础，添加上模架各板的相关尺寸，注意视图的各剖切位置，用两个视图和一个局部视图即可表达模具的装配关系。模具装配草图如图 3-37 所示。

9. 模具装配图

在图 3-37 的基础上，加上装配图所需的各项内容，即可完成装配图的绘制。

第4章　零件图的设计

零件图是在完成装配图设计的基础上绘制的。零件图是零件制造和检验的主要技术文件，因此在绘制成型零件的零件图时，必须注意所给定的成型尺寸、公差及脱模斜度是否相互协调，其设计基准是否与塑件的设计基准相协调。同时还要考虑凹模、型芯在加工时的工艺性及使用时的力学性能及其可靠性。

绘制零件图时，要把零件的每一部位都表达清楚。尺寸标注应考虑到加工和检验的方便，齐全而又不重复。零件图上应注明技术要求，技术要求一般包括：尺寸精度、表面粗糙度、几何公差、表面镀层或涂层、零件材料、热处理以及加工、检验的要求等项目。有的可直接用符号注明在图样上（如尺寸公差、表面粗糙度、几何公差），有的可用文字注明在图样下方。

每幅零件图应单独在一个标准图幅中绘制，为了看图方便，应插入1~2个3D立体图。计算机绘图时应采用1∶1的比例，手工绘图时可采用国家标准中规定的比例绘图。零件图的右下角应画出标题栏，其格式应按照国家标准，采用计算机绘图时从工具栏中单击“新建”→“Template”→“Gb_a”→“确定”，图框模板就调上来了。现在高版本的AutoCAD没有标准图框，设计者可按国家标准自制标准图框作为样板图来保存到Template文件夹中，然后再调用。

零件图表达的零件结构和尺寸以及零件图的编号均应与装配图一致。如必须更改应对装配图做相应的修改。

下面分别介绍型芯类、型腔类和模板类等零件图的设计内容。

4.1　型芯（凸模）类零件图的设计

1. 视图

圆形类型芯一般可用一个视图表示，在有孔和槽的部位，应增加必要的视图。对于型芯上不易表达清楚的砂轮越程槽、退刀槽、中心孔或其他一些细小的结构等，必要时应绘制局部放大图。复杂异形型芯要用多个视图和一定的局部视图来表示。

2. 尺寸标注

型芯上各段直径应全部标注尺寸，凡是配合处都要标注尺寸极限偏差。

标注型芯上各段长度尺寸时首先应选好基准面，尽可能做到设计基准、工艺基准和测量基准三者一致，并尽量考虑按加工过程来标注各段尺寸。基准面常选择在型芯定位面处或型芯的端面处。对于长度尺寸精度要求较高时，应尽量直接标出尺寸。标注尺寸时应避免封闭尺寸链。

如图4-1所示为一圆柱型芯，其主要基准面选在Ⅰ—Ⅰ处，它是型芯的轴向定位面。当确定了轴肩的位置，型芯上各轴向位置尺寸即可随之确定。考虑到加工情况，取型芯的一个小端面作为辅助基准面。零件上各处的脱模斜度、尺寸及偏差和几何公差均应标出。

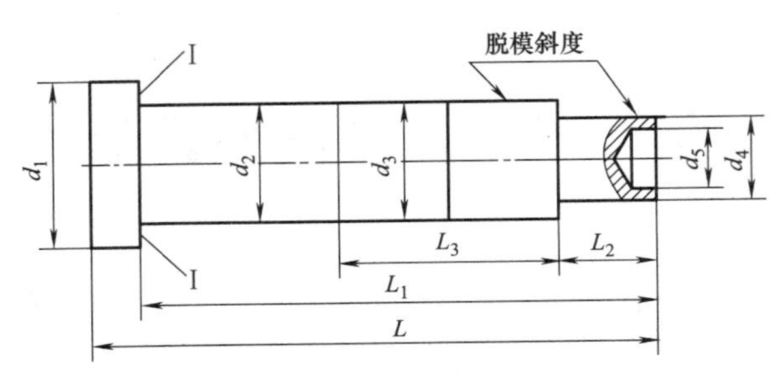

图 4-1　圆柱型芯

3. 几何公差的标注

型芯零件图上应标注必要的几何公差，以保证加工精度和装配精度。模具型芯的轴类零件几何公差标注项目参见表 4-1。

表 4-1　轴类几何公差推荐项目

加工表面	标注项目	精度等级
与普通精度级滚动轴承配合的圆柱面	圆柱度	6
	圆跳动	6、7
普通精度级滚动轴承的定位端面	轴向圆跳动	6
与模板配合的圆柱面	同轴度	6

4. 表面粗糙度

型芯的装配配合表面都应标注表面粗糙度。型芯的表面粗糙度 *Ra* 值可参照表 4-2 选择。

表 4-2　型芯的表面粗糙度 *Ra* 值　（单位：μm）

加工表面	*Ra*
普通塑件型芯表面	1. 型芯端面可以不予抛光 2. 型芯侧面考虑脱模，沿脱模方向抛掉刀纹 3. 有定位精度要求的孔，*Ra* 值比塑件内表面低 1～2 级
透明塑件型芯表面	0.025～0.012（与型腔表面粗糙度一致，均为镜面）
与模板零件配合的表面	0.4～0.8
与传动零件配合的表面	0.8～1.6
与普通滚动轴承配合的表面	1.0
与普通滚动轴承的定位端面	2.0
密封处表面	0.8～1.6（O 形橡胶密封圈）

5. 技术要求

型芯类零件图上提出的技术要求一般有以下内容：

1）对材料的热处理方法、热处理后的硬度、渗碳或渗氮的深度等要求。

2）图中未注明的脱模斜度、未注明的几何公差、未注明的圆角和倒角等。

3）其他一些必要的说明，如不保留中心孔，型芯上的推杆孔不倒角等。

型芯类零件图示例见第 8 章的有关实例。

4.2　型腔（凹模）类零件图的设计

1. 视图

型腔一般用 2~3 个视图来表示，并且常需要用局部视图或局部剖视图来表示一些不易看清楚的局部结构。

2. 尺寸标注

型腔的结构比较复杂，在视图上要标注的尺寸很多。标注尺寸时应正确清晰、多而不乱，要避免遗漏或重复，避免出现封闭尺寸链。

标注尺寸时应考虑加工和测量的要求，选择合适的标注基准。

型腔（凹模）深度方向的尺寸以模板上平面为基准标注；长度和宽度方向的尺寸以模板中心线为基准标注（从模架基准→模板基准→转换到模板或嵌件的中心为基准）。

型腔中的所有圆角、倒角和脱模斜度等都应标注或在技术要求中说明。

标注尺寸时，应注意动、定模型腔某些尺寸的相互对应关系。如在分型面上，动、定模是成型同一个截面时，那么在动、定模型腔上应分别标注相同的尺寸和公差。

型腔零件图上应标注的尺寸公差主要有：

1）所有配合尺寸的尺寸偏差。

2）定位基准孔或轴承座孔中心距极限偏差。

3）几何公差和表面粗糙度。

3. 技术要求

型腔零件图上提出的技术要求一般有以下内容。

1）对材料的热处理方式、热处理后的硬度、渗氮处理深度等要求。

2）对型腔表面状态的要求，如是平光表面、镜面、磨砂表面还是皮革花纹表面等。

3）对未注明的圆角、倒角和脱模斜度的说明。

4）对型腔尺寸精度和加工要求的说明（如型腔深度尺寸应按最大尺寸来加工，以利今后修模）。

5）其他一些必要的说明，如有些定位孔的几何精度在图中未注明时，可在技术要求中说明。

型腔零件图的内容可参阅图第 8 章的有关图样。

4.3　模板类零件图的设计

1. 视图

模板类零件一般用两个视图来表示。主视图通常采用全剖视图，以表示各孔的大小和深度等尺寸。俯视图以表示各孔的排列位置。结构比较复杂的模板，还可以采用局部视图来表示某些不易看清的细小结构。

2. 尺寸标注

模板各孔、槽的排列位置尺寸以轴线为基准标出，而模板的中心线又是以设计和加工基准（相垂直的两个侧面）来标定的。各孔、槽的深度尺寸是以模板上平面为基准来标注的。

用于成型塑件上具有安装和定位精度的各型芯固定孔的尺寸，应标注尺寸公差和位置公差。对于配合表面、安装或测量基准面，应标注几何公差。

在模板零件图上还应标注各加工表面的几何公差和表面粗糙度。图 4-2 所示为标注实例，先确定矩形板侧面加工基准为 *A*，另一边的垂直度根据宽度尺寸 *B*（150mm）按表 7-15 标准模板的标注方法，精度等级为 5 级查得（表 11-7）垂直度公差为 0.020mm，与基准为 *B* 的模板底平面垂直度按精度等级 7 级（高度为 30mm）查得垂直度为 0.025mm，模板上平面与基准平面 *B* 的平行度按精度等级为 5 级查得（表 11-7）平行度公差为 0.010mm。

几何公差的标注还可参考第 8 章的有关图样。精度等级的查取可参看第 11 章的有关内容。

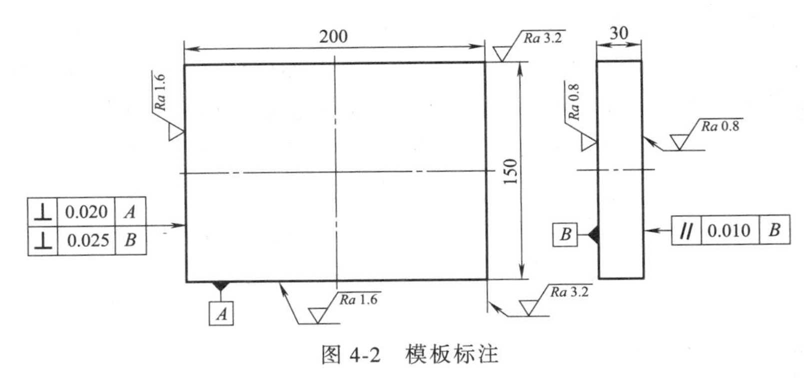

图 4-2　模板标注

3. 技术要求

技术要求的内容包括对热处理、加工等方面的要求。

模板类零件工作图可参阅第 7、8 章的相关内容。

4.4　模具零件材料的选择

模具零件材料的选择，一般零件可选用 45 钢，对于导向零件可选用 T10A 碳素工具钢，或用 20Cr 钢进行渗碳淬火，重要的长寿命模具要选用滚动轴承钢（GCr15）。模具成型零件材料的选用主要根据塑件的批量、塑料类别来确定。目前如 P20、718H、NAK80、NAK55、SKD61、H13、CrWMn、SKD11 等材料较为常用。对于高光泽或透明的塑件，主要选用镜面钢 PMS（10Ni3CuAlVS）、SM2（20CrNi3AlMnMo）等时效硬化钢，或 X13T6W（236H）、STAVAXS136；对含有玻璃纤维增强的塑料塑件，应选用 X13T6W（236H）、ELMAX 等类型的具有高耐磨性的淬火钢或可氮化高强度钢；当塑件材料为聚氯乙烯、聚甲醛或含有阻燃剂时，必须选用耐蚀不锈钢 PCR（6Cr16Ni4Cu3Nb），或 X13T6W（236H）、STAVAXS136、420、SUS420J2、X210Cr12 等耐蚀钢。塑件为一般塑料，批量不太大（一般在 10 万件以下）时，通常采用调质钢；若塑件批量大时，则应选用氮化钢。在学校做设计时可参看第 9 章的有关内容，在工程设计中要详细参看国内外模具钢材的性能及选用和塑料模设计手册。

第 5 章　编写设计计算说明书、设计总结及答辩

设计计算说明书是图样设计的理论依据，是设计过程的整理与总结，同时也是审核设计合理与否的重要技术文件。

5.1　编写设计计算说明书

1. 设计计算说明书的内容

设计计算说明书的内容概括如下：

1）设计任务书。

2）目录。

3）说明书正文。

① 塑件成型工艺性分析（包括结构特征分析、塑料的性能及成型工艺分析）。

② 塑件分型面位置的分析和确定。

③ 塑件型腔数量及排列方式的确定。

④ 注射机的选择及工艺参数的校核。

⑤ 浇注系统的形式选择和截面尺寸的计算。

⑥ 成型零件设计及力学计算。

⑦ 模架选择或设计。

⑧ 导向机构的设计。

⑨ 脱模机构的设计。

⑩ 侧向分型抽芯机构的设计。

⑪ 温度调节系统的设计。

⑫ 模具开合模动作过程。

4）设计小结（本设计的优缺点、改进意见及设计体会）。

5）参考文献目录。

2. 编写说明书的要求

1）说明书要求论述清楚、文字简练、书写整洁、计算正确。

2）说明书采用黑色或蓝色墨水笔按一定格式书写，采用统一格式的封面，装订成册；若采用打印，按各校规定排版。说明书封面可参照图 5-1。

3）说明书中应附有必要的插图，帮助说明各结构方案及尺寸确定的理由。

学　校　名　称

塑料模具课程（毕业）设计说明书

设计题目__________________

________院（系）________专业

班级__________学号__________

设计人__________________

指导教师__________________

完成日期______年____月____日

图 5-1　说明书封面

4）计算中所引用的公式和数据应有根据，并注明其来源（如由资料［×］P×（页），×式等）。

5）说明书中每一自成单元的内容，应有大小标题，使其醒目便于查阅。

6）计算过程应层次分明，一般可列出计算内容，写出计算公式，然后代入数据，略去具体演算过程，直接得出计算结果，并写上结论性的用语，如合理、安全或强度足够等。对计算出的数据，需圆整的应予圆整，属于精确计算的不得随意圆整。

3. 设计计算说明书

示例见第 6 章。

5.2　课程、毕业设计总结

1. 课程、毕业设计总结的目的

课程、毕业设计总结主要是对设计工作进行分析、自我检查和评价，以帮助设计者进一步熟悉和掌握模具设计的一般方法，提高分析问题和解决问题的实践能力。

2. 课程、毕业设计总结的内容

设计总结要以设计任务书为主要依据，评估自己所设计的结果是否满足设计任务书中的要求，客观地分析一下自己所设计的内容的优缺点，具体内容有：

1）分析总体设计方案的合理性。

2）分析零部件结构设计以及设计计算的正确性。

3）认真检查所设计的装配图、零件图中是否存在问题。对装配图要着重检查分析分型抽芯脱模机构、推出机构设计中是否存在错误或不合理之处。对零件图应着重分析尺寸及公差的标注是否恰当（尺寸标注是否符合基准及加工原则，公差标注是否满足塑件成型的精度要求）。此外，还应检查温度调节系统的布置是否合理。

4）对计算部分，着重分析计算依据，所采用的公式及数据来源是否可靠，计算结果是否正确等。

5）认真总结一下通过课程（毕业）设计，自己在哪些方面获得较为明显的提高。还可对自己的设计所具有的特点和不足进行分析与评价。

5.3　课程、毕业设计的答辩

1. 课程、毕业设计答辩的目的

答辩是课程、毕业设计的重要组成部分。它不仅是为了考核和评估设计者的设计能力、设计质量与设计水平，而且通过总结与答辩，使设计者对自己设计工作和设计结果进行一次较全面系统的回顾、分析与总结，从而达到“知其然”也“知其所以然”，是一次知识与能力进一步提高的过程。

2. 答辩的准备工作

1）答辩前必须完成全部设计工作量。

2）必须整理好全部设计图样及设计说明书。图样必须折叠整齐，说明书必须装订成册，然后与图样一起装袋，呈交指导老师审阅。

3）答辩前参考本书。各章的实例，请结合自己的设计，认真进行思考、回顾和总结。

第6章　塑料模具设计说明书编写实例

6.1　塑料盖注射模设计

本课程设计为一塑料盖，如图6-1所示。塑件结构比较简单，塑件质量要求是不允许有裂纹、变形缺陷，脱模斜度为30′~1°，材料要求为HIPS，生产批量为大批量，塑件公差按模具设计要求进行转换。

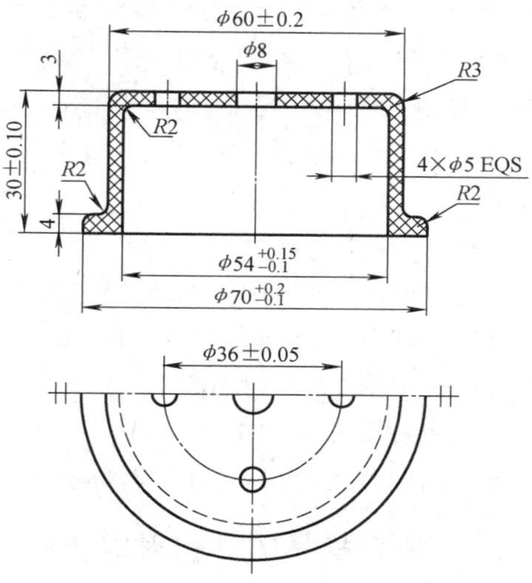

图6-1　塑料盖

6.1.1　塑件成型工艺性分析

1. 塑件的分析

（1）外形尺寸　该塑件壁厚为3~4mm，塑件外形尺寸不大，塑料熔体流程不太长，塑件材料为热塑性塑料，流动性较好，适合于注射成型。

（2）精度等级　塑件每个尺寸的公差不一样，任务书中已给定部分尺寸公差，未注公差的尺寸取公差为MT5。

（3）脱模斜度　HIPS的成型性能良好，成型收缩率较小。参考文献［1］表2-6选择塑件上型芯和凹模的统一脱模斜度为1°。

2. HIPS工程塑料的性能分析

高冲击强度聚苯乙烯是通过在聚苯乙烯中添加聚丁基橡胶颗粒的办法而生产的一种抗冲击的聚苯乙烯产品。这种聚苯乙烯产品通过添加微米级橡胶颗粒并通过枝接的办法把聚苯乙烯和橡胶颗粒连接在一起。当受到冲击时，裂纹扩展的尖端应力会被相对柔软的橡胶颗粒释放掉。因此，裂纹的扩展受到阻碍，抗冲击性得到了提高。

HIPS为乳白色不透明颗粒，密度为1.05g/cm^3，熔融温度为150~180℃，热分解温度为300℃；溶于芳香烃、氯化烃、酮类（除尔酮外）和酯类；能耐许多矿物油、有机酸、碱、盐、低级醇及其水溶液，不耐沸水。HIPS是最便宜的工程塑料之一，和ABS、PC/ABS、PC相比，材料的光泽性比较差，综合性能也相对差一些。PS的冲击强度很低，做出的产品很脆，PS经改性后，可使PS的冲击性能提高2~3倍。HIPS的性能指标见表6-1。

3. HIPS的注射成型过程及工艺参数

（1）注射成型过程

1）成型前的准备。对HIPS的色泽、粒度和均匀度等进行检验，HIPS成型前须进行干燥，处理温度为60~80℃，干燥时间为2h。

表 6-1　HIPS 的性能指标

性能	范围	性能	范围
密度 $\rho/(kg \cdot dm^{-3})$	1.04~1.06	拉伸屈服强度 σ_b/MPa	14~48
比体积 $v/(dm^3/kg)$	0.91~1.02	拉伸弹性模量 E_1/MPa	$(1.4 \sim 3.1) \times 10^3$
吸水率 24h(%)	0.1~0.3	弯曲强度 σ_ω/MPa	35~70
收缩率 s(%)	0.3~0.6	冲击韧度(缺口)$a_k/(kJ \cdot m^{-2})$	1.1~23.6
热变形温度 t/℃	64~92.5	硬度　HBW	20~80
熔点 t/℃	131~165	体积电阻系数 $\rho_v/(\Omega \cdot cm)$	$>10^{16}$

2）注射过程。塑料在注射机料筒内经过加热、塑化达到流动状态后，由模具的浇注系统进入模具的型腔成型，其过程可分为充模、压实、保压、倒流和冷却五个阶段。

3）塑件的后处理（退火）。退火处理的方法为红外线灯、烘箱，处理温度为 70℃，处理时间为 2~4h。

（2）注射工艺参数

1）注射机：螺杆式，螺杆转速为 48r/min。

2）料筒温度 t：前段 170~190℃；中段 170~190℃；后段 140~160℃。

3）模具温度 t：32~65℃。

4）注射压力 p：60~110MPa。

5）成型时间：30s（注射时间初取 1.6s，冷却时间取 20.4s，辅助时间取 8s）。

6.1.2　拟订模具的结构形式和初选注射机

1. 分型面位置的确定

通过对塑件结构形式的分析，分型面应选在端盖截面积最大且利于开模取出塑件的底平面上，其位置如图 6-2 所示。

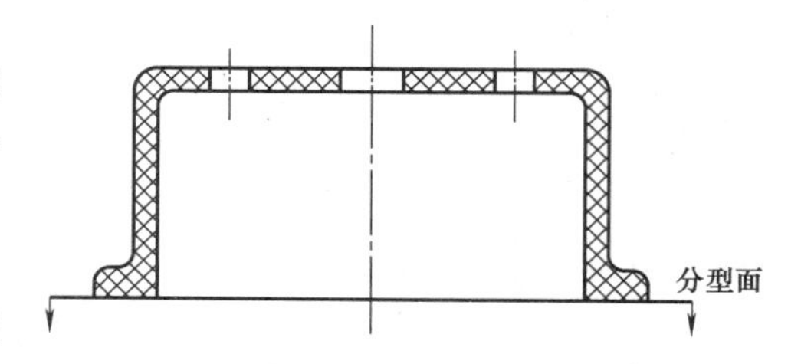

图 6-2　分型面的选择

2. 型腔数量和排位方式的确定

（1）型腔数量的确定　由于该塑件的精度要求不高，塑件尺寸较小，且为大批量生产，可采用一模多腔的结构形式。同时，考虑到塑件尺寸、模具结构尺寸的关系，以及制造费用和各种成本费用等因素，初步定为一模四腔结构形式。

（2）型腔排列形式的确定　由于该模具选择的是一模四腔（其型腔中心距的确定见图 3-1 及其说明），故流道采用 H 形对称排列，使型腔进料平衡，如图 6-3 所示。

（3）模具结构形式的初步确定　由以上分析可知，本模具设计为一模四腔，对称 H 形直线排列，根据塑件结构形状，推出机构初选推件板推出或推杆推出方式。浇注系统设计时，采用对称平衡式流道，侧浇口，且开设在分型面上。因此，定模部分不需要单独开设分型面取出凝料，动模部分需要添加型芯固定板、支承板或推件板。由以上综合分析可确定采用大水口（或带推件板）的单分型面注射模。

3. 注射机型号的确定

（1）塑件质量的确定　通过 Pro/E 建模分析得塑件质量属性，如图 6-4 所示。

塑件体积：$V_{塑}=26.535\text{cm}^3$。

塑件质量：$m_{塑}=\rho V_{塑}=26.535\times1.05\text{g}=27.9\text{g}$。

式中，ρ 参考文献［2］表 9-6 取 1.05g/cm^3。

（2）浇注系统凝料体积的初步估算和注射量的确定　由于浇注系统的凝料在设计之前不能确定准确的数值，但是可以根据经验按照塑件体积的 0.2～1 来估算。由于本次设计采用的流道简单并且较短，因此浇注系统的凝料按塑件体积的 0.3 来估算。故一次注入模具型腔塑料熔体的总体积（即浇注系统的凝料和 4 个塑件体积之和）为

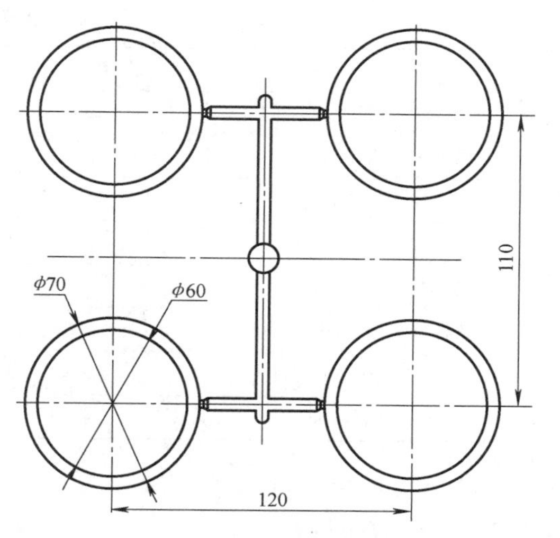

图 6-3　型腔数量的排列布置

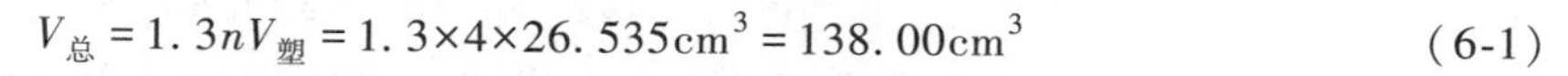

$$V_{总}=1.3nV_{塑}=1.3\times4\times26.535\text{cm}^3=138.00\text{cm}^3 \tag{6-1}$$

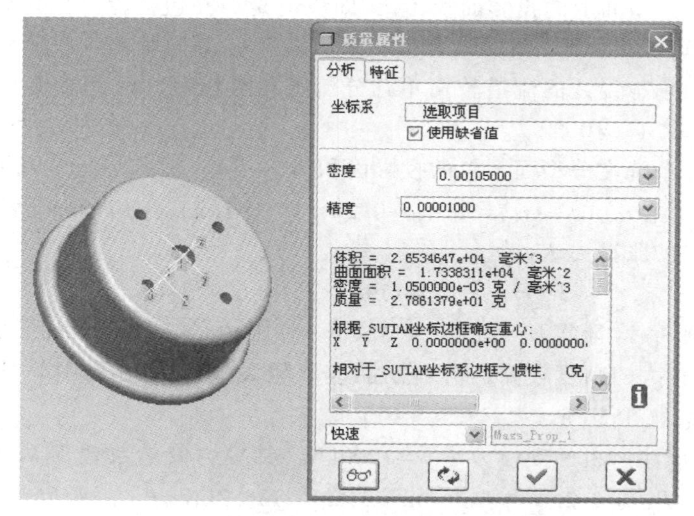

图 6-4　塑件质量属性

（3）选择注射机　根据以上计算得出在一次注射过程中注入模具型腔的塑料的总体积为 $V_{总}=138\text{cm}^3$，由参考文献［1］式（4-18）$V_{公}=V_{总}/0.8=138/0.8\text{cm}^3=172.5\text{cm}^3$。根据以上的计算，初步选择公称注射量为 200cm^3，注射机型号为 SZ-200/120 卧式注射机，其主要技术参数见表 6-2。

（4）注射机的相关参数的校核

1）注射压力校核。查参考文献［1］表 4-1 可知，PS 所需注射压力为 80～100MPa。而 HIPS 与 PS 相差不大，这里取 $p_0=100\text{MPa}$。该注射机的公称注射压力 $p_{公}=150\text{MPa}$，注射压力安全系数 $k_1=1.25\sim1.4$，这里取 $k_1=1.3$，则

$$k_1p_0=1.3\times100\text{MPa}=130\text{MPa}<p_{公} \tag{6-2}$$

表 6-2　注射机主要技术参数

项目	参数	项目	参数
理论注射量/cm^3	200	拉杆内向距/mm×mm	355×385
螺杆柱塞直径/mm	42	移模行程/mm	350
注射压力/MPa	150	最大模具厚度/mm	400
注射速率/(g/s)	120	最小模具厚度/mm	230
塑化能力/(kg/h)	70	锁模形式	双曲肘
螺杆转速/(r/min)	0~220	模具定位孔直径/mm	125
锁模力/kN	1200	喷嘴球半径/mm	15
喷嘴孔直径/mm	4		

所以，注射机注射压力合格。

2）锁模力校核。

① 塑件在分型面上的投影面积

$$A_{塑}=(70^2-8^2-4\times4^2)\pi/4mm^2=3746mm^2 \tag{6-3}$$

② 浇注系统在分型面上的投影面积 $A_{浇}$，即浇道凝料（包括浇口）在分型面上的投影面积 $A_{浇}$ 数值，可以按照多型腔模具的统计分析来确定。$A_{浇}$ 是每个塑件在分型面上的投影面积 $A_{塑}$ 的 0.2~0.5。由于本设计的流道较简单，分流道相对较短，因此流道凝料投影面积可以适当取小些。这里取 $A_{浇}=0.2A_{塑}$。

③ 塑件和浇注系统在分型面上总的投影面积为

$$A_{总}=n(A_{塑}+A_{浇})=n(A_{塑}+0.2A_{塑})=4\times1.2A_{塑}=17981mm^2 \tag{6-4}$$

④ 模具型腔内的胀型力 $F_{胀}$ 为

$$F_{胀}=A_{总}\,p_{模}=17981\times35N=629.34kN \tag{6-5}$$

式中，$p_{模}$ 是型腔的平均计算压力值，通常取注射压力的 20%~40%，大致范围为 25~40MPa。对于黏度较大、精度较高的塑料制品应取较大值。HIPS 属中等黏度的塑料且塑件有精度要求，故 $p_{模}$ 取 35MPa。

由表 6-2 可知该注射机的锁模力 $F_{锁}=1200kN$，锁模力安全系数为 $k_2=1.1\sim1.2$（这里取 $k_2=1.2$），则 $k_2F_{胀}=1.2F_{胀}=1.2\times629.34kN=755.2kN<F_{锁}$，所以注射机锁模力满足要求。

对于其他安装尺寸的校核要等到模架选定、结构尺寸确定后方可进行。

6.1.3　浇注系统的设计

1. 主流道的设计

主流道通常位于模具中心塑料熔体的入口处，它将注射机喷嘴注射出的熔体导入分流道或型腔中。主流道的形状为圆锥形，以便熔体的流动和开模时主流道凝料的顺利拔出。主流道的尺寸直接影响熔体的流动速度和充模时间。另外，由于主流道与高温塑料熔体及注射机喷嘴反复接触，因此设计中常设计成可拆卸更换的浇口套。

（1）主流道尺寸

1）主流道的长度。一般由模具结构确定，对于小型模具 L 应尽量小于 60mm，本次设计中初取 50mm 进行计算。

2）主流道小端直径。d = 注射机喷嘴尺寸 +(0.5~1)mm = 4.5mm。

3）主流道大端直径。$D = d + L_{主} \tan\alpha = 8\text{mm}$（式中 $\alpha \approx 4°$）。

4）主流道球面半径。SR = 注射机喷嘴球头半径 +(1~2)mm = 15mm+2mm = 17mm。

5）球面的配合高度。$h = 3\text{mm}$。

（2）主流道的凝料体积

$$V_{主} = L_{主}(R_{主}^2 + r_{主}^2 + R_{主} r_{主})\pi/3 = 50\times(4^2+2.25^2+4\times2.25)\times3.14/3\text{mm}^3 = 1573.3\text{mm}^3 \tag{6-6}$$

（3）主流道当量半径

$$R_n = \left(\frac{2.25+4}{2}\right)\text{mm} = 3.125\text{mm} \tag{6-7}$$

（4）主流道浇口套的形式　主流道衬套为标准件，可选购。主流道小端入口处与注射机喷嘴反复接触，易磨损，因此对材料的要求较严格，所以尽管小型注射模可以将主流道衬套与定位圈设计成一个整体，但考虑上述因素通常仍然将其分开来设计，以便于拆卸更换。同时，也便于选用优质钢材进行单独加工和热处理。本设计中浇口套采用碳素工具钢 T10A，热处理淬火表面硬度为 50~55HRC。浇口套的形式如图 6-5 所示。定位圈的结构由装配图来确定。

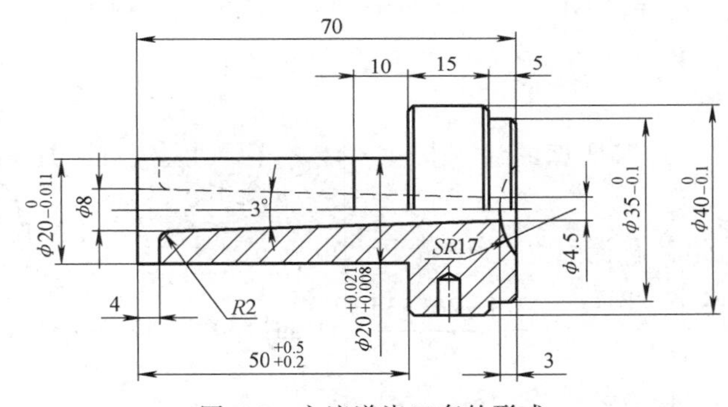

图 6-5　主流道浇口套的形式

2. 分流道的设计

（1）分流道的布置形式　为了尽量减少在流道内的压力损失和尽可能避免熔体温度降低，同时还要考虑减少分流道的容积和压力平衡，因此采用平衡式分流道，如图 6-6 所示。

（2）分流道的长度　根据四个型腔的结构设计，分流道长度适中，如图 6-6 所示。

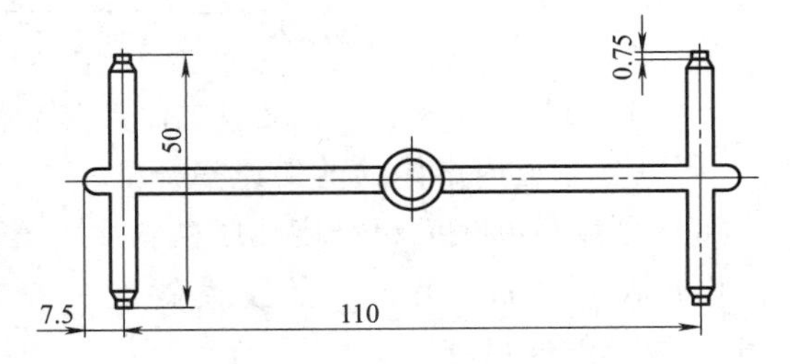

图 6-6　分流道布置形式

（3）分流道的当量直径　流过一级分流道塑料的质量

$$m = \rho V_{塑} = 26.535\times1.05\times2\text{g} = 55.7\text{g} < 200\text{g} \tag{6-8}$$

但该塑件壁厚在 3~4mm 之间，按本书图 2-3 所示的经验曲线查得 $D' = 4.7$，再根据单向分流道长度 60mm 由图 2-5 查得修正系数 $f_L = 1.05$，则分流道直径经修正后为

$$D = D' f_L = 4.7 \times 1.05\text{mm} = 4.935\text{mm} \approx 5\text{mm} \tag{6-9}$$

（4）分流道的截面形状　本设计采用梯形截面，其加工工艺性好，且塑料熔体的热量散失、流动阻力均不大。

（5）分流道截面尺寸　设梯形的上底宽度 $B=6\text{mm}$（为了便于选择刀具），底面圆角的半径 $R=1\text{mm}$，梯形高度取 $H=2B/3=4\text{mm}$，设下底宽度为 b，梯形面积应满足如下关系式

$$\frac{(B+b)}{2}H = \frac{\pi}{4}D^2$$

代值计算得 $b=3.813\text{mm}$，考虑到梯形底部圆弧对面积的减小及脱模斜度等的影响，取 $b=4.5\text{mm}$。通过计算梯形斜度 $\alpha=10.6°$，基本符合要求，如图 6-7 所示。

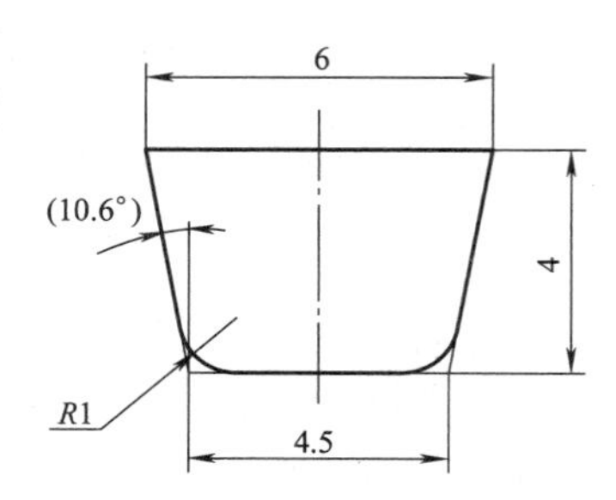

图 6-7　分流道截面形状

（6）凝料体积

1）分流道的长度

$$L_{分} = (55+7.5+42.5) \times 2\text{mm} = 210\text{mm}$$

2）分流道截面积

$$A_{分} = \frac{(6+4.5)}{2} \times 4\text{mm}^2 = 21\text{mm}^2$$

3）凝料体积

$$V_{分} = L_{分} A_{分} = 210 \times 21\text{mm}^3 = 4410\text{mm}^3 = 4.41\text{cm}^3 \tag{6-10}$$

考虑到圆弧的影响，取 $V_{分}=4.2\text{cm}^3$。

（7）校核剪切速率

1）确定注射时间。根据计算的注射量 $V=4V_{塑}+V_{主}+V_{分}=111.91\text{cm}^3$，查表 2-3，可取 $t=2\text{s}$。

2）计算单边分流道体积流量

$$q_{分} = \frac{V_{分}/2+2V_{塑}}{t} = \left(\frac{2.1+26.535\times2}{2}\right)\text{cm}^3 \cdot \text{s}^{-1} = 27.59\text{cm}^3 \cdot \text{s}^{-1} \tag{6-11}$$

3）由式（2-22）可得剪切速率

$$\dot{\gamma}_{分} = \frac{3.3q_{分}}{\pi R_{分}^3} = \frac{3.3\times27.59}{3.14\times2.5^3\times10^{-3}}\text{s}^{-1} = 1.856\times10^3\text{s}^{-1}$$

该分流道的剪切速率处于浇口主流道与分流道的最佳剪切速率（在 $5\times10^2 \sim 5\times10^3\text{s}^{-1}$ 之间），所以分流道内熔体的剪切速率合格。

（8）分流道的表面粗糙度和脱模斜度　分流道的表面粗糙度 Ra 在 1.25～2.5μm 之间即可，此处取 1.6μm。另外，其脱模斜度一般在 5°～10°之间，通过上述计算脱模斜度为 10.6°，脱模斜度足够。

3. 浇口的设计

该塑件要求不允许有裂纹和变形缺陷，表面质量要求较高，采用一模四腔注射。为便于调整充模时的剪切速率和封闭时间，因此采用侧浇口。其截面形状简单，易于加工，便于试模后修正，且开设在分型面上，从型腔的边缘进料。

（1）侧浇口尺寸的确定

1）计算侧浇口的深度。根据表 2-6 可得侧浇口的深度 h 计算公式为

$$h = nt = 0.6\times3\text{mm} = 1.8\text{mm} \tag{6-12}$$

式中，t 是塑件壁厚，这里 $t=3\text{mm}$；n 是塑料成型系数，对于 HIPS，其成型系数根据表 2-6 取 $n=0.6$。

为了便于今后试模时发现问题进行修模处理，并根据表 2-7 中推荐的侧浇口的深度为 1.5~2.2mm，故此处浇口深度 h 取 1.5mm。

2）计算侧浇口的宽度。根据表 2-6 可得侧浇口的宽度 B 的计算公式为

$$B = \frac{n\sqrt{A}}{30} = \frac{0.6\times\sqrt{17338}}{30}\text{mm} = 2.63\text{mm} \tag{6-13}$$

根据表 2-7 宽度 $B=2.4\sim3.3\text{mm}$，取 2.6mm；A 是型腔表面积（图 6-4）。

3）计算侧浇口的长度。根据表 2-7 可取侧浇口的长度 $L_{浇}=1\text{mm}$。

（2）侧浇口剪切速率的校核

1）确定注射时间。查表 2-3，可取 $t=2\text{s}$。

2）计算浇口的体积流量

$$q_{浇} = \frac{V_{塑}}{t} = \frac{26.535}{2}\text{cm}^2\cdot\text{s}^{-1} = 13.27\text{cm}^2\cdot\text{s}^{-1}$$

3）计算浇口的剪切速率。对于矩形浇口可得

$$\dot{\gamma} = \frac{3.3q_{浇}}{\pi R_n^3} \leqslant 4\times10^4\text{s}^{-1}$$

$$\dot{\gamma} = \frac{3.3q_{浇}}{\pi R_n^3} = \frac{3.3\times13.27}{\pi\times0.1^3}\text{s}^{-1} = 13946\text{s}^{-1} \approx 1.4\times10^4\text{s}^{-1} < 4\times10^4\text{s}^{-1}\quad 剪切速率合格 \tag{6-14}$$

式中，R_n 为矩形浇口的当量半径，即 $R_n = \sqrt[3]{\frac{2A^2}{\pi L}} = \sqrt[3]{\frac{2\times(2.6\times1.5)^2}{\pi(2.6+1.5)\times2}}\text{mm} = 1.057\text{mm} \approx 1\text{mm}$。

该矩形侧浇口的剪切速率比较小，首先把浇口面积适当做小一点，尤其是深度可小一点，如取 $h=1.2\text{mm}$，通过试模根据塑件成型情况来调整。

4. 校核主流道的剪切速率

上面分别求出了塑件的体积、主流道的体积、分流道的体积（浇口的体积大小可以忽略不计）以及主流道的当量半径，这样就可以校核主流道熔体的剪切速率。

（1）计算主流道的体积流量

$$q_{主} = \frac{V_{主}+V_{分}+nV_{塑}}{t} = \left(\frac{1.573+4.2+4\times26.535}{2}\right)\text{cm}^3\cdot\text{s}^{-1} = 55.96\text{cm}^3\cdot\text{s}^{-1}$$

（2）计算主流道的剪切速率

$$\dot{\gamma}_{主} = \frac{3.3q_{主}}{\pi R_{主}^3} = \frac{3.3\times55.96}{3.14\times3.125^3\times10^{-3}}\text{s}^{-1} = 1.927\times10^3\text{s}^{-1} \tag{6-15}$$

主流道的剪切速率处于浇口与分流道的最佳剪切速率之间，所以主流道的剪切速率合格。

5. 冷料穴的设计及计算

冷料穴位于主流道正对面的动模板上，其作用主要是储存熔体前锋的冷料，防止冷料进入模具型腔而影响制品的表面质量。本设计既有主流道冷料穴又有分流道冷料穴。由于该塑件表面要求没有印痕，采用脱模板推出塑件，故采用与球头形拉料杆匹配的冷料穴。开模时，利用凝料对球头的包紧力使凝料从主流道衬套中脱出。

6.1.4　成型零件的结构设计及计算

1. 成型零件的结构设计

（1）凹模的结构设计（型腔）　凹模是成型制品的外表面的成型零件。按凹模结构的不同可将其分为整体式、整体嵌入式、组合式和镶拼式四种。根据对塑件的结构分析，本设计中采用整体嵌入式凹模，如图 6-8 所示。

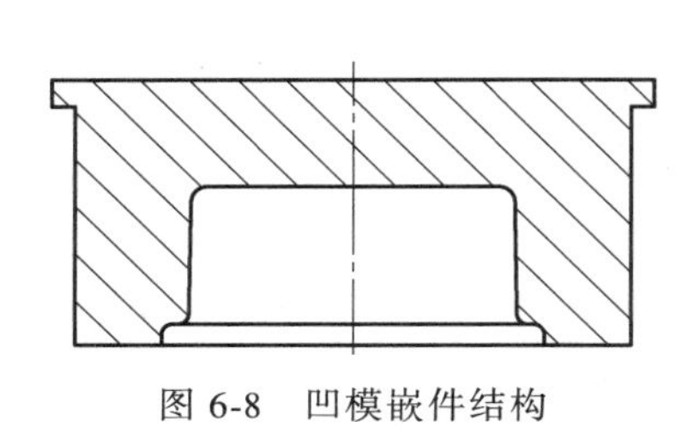

图 6-8　凹模嵌件结构

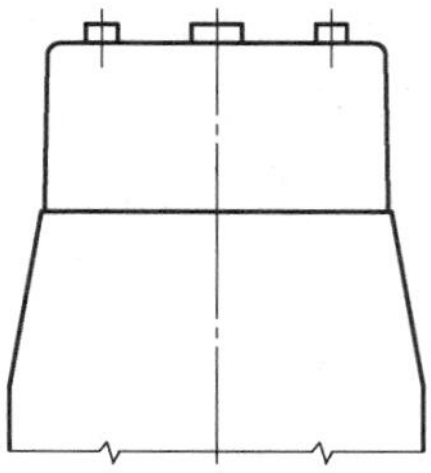

图 6-9　凸模结构

（2）凸模的结构设计（型芯）　凸模是成型塑件内表面的成型零件，通常可以分为整体式和组合式两种类型。该塑件采用整体式型芯，如图 6-9 所示，因塑件的包紧力较大，所以设在动模部分。

2. 成型零件钢材的选用

根据对成型塑件的综合分析，该塑件的成型零件要有足够的刚度、强度、耐磨性及良好的抗疲劳性，同时也要考虑它的机械加工性能和抛光性能。又因为该塑件为大批量生产，所以构成型腔的嵌入式凹模钢材选用 P20。对于成型塑件内表面的型芯来说，由于脱模时与塑件的磨损严重，因此钢材选用 P20，并进行渗氮处理。

3. 成型零件工作尺寸的计算

采用式（2-26）~式（2-30）相应公式中的平均尺寸法计算成型零件尺寸，塑件尺寸公差按照塑件零件图中给定的公差计算。

（1）凹模径向尺寸的计算　塑件外部径向尺寸的转换：

$l_{s1}=70^{+0.2}_{-0.1}\text{mm}=70.2^{\ 0}_{-0.3}\text{mm}$，相应的塑件制造公差 $\Delta_1=0.3\text{mm}$。

$l_{s2}=60\pm0.2\text{mm}=60.2^{\ 0}_{-0.4}\text{mm}$，相应的塑件制造公差 $\Delta_2=0.4\text{mm}$。

$$\begin{aligned}L_{M2}&=[(1+S_{cp})l_{s2}-x_2\Delta_2]^{+\delta_{z2}}_{\ 0}=[(1+0.0045)\times60.2-0.65\times0.4]^{+0.067}_{\ 0}\text{mm}\\&=60.211^{+0.067}_{\ 0}\text{mm}=60^{+0.278}_{+0.211}\text{mm}\\L_{M1}&=[(1+S_{cp})l_{s1}-x_1\Delta_1]^{+\delta_{z1}}_{\ 0}=[(1+0.0045)\times70.2-0.7\times0.3]^{+0.05}_{\ 0}\text{mm}\\&=70.306^{+0.05}_{\ 0}\text{mm}=70^{+0.356}_{+0.306}\text{mm}\end{aligned}\tag{6-16}$$

式中，S_{cp} 是塑件的平均收缩率，查表 6-1 可得 HIPS 的收缩率为 0.3%~0.6%，所以其平均收缩率 $S_{cp}=\left(\frac{0.003+0.006}{2}\right)\%=0.0045\%$；$x_1$、$x_2$ 是系数，查表 2-10 可知，$x_2=0.65$；Δ_1、Δ_2 分别是塑件上相应尺寸的公差（下同）；δ_{z1}、δ_{z2} 是塑件上相应尺寸的制造公差，对于中小型塑件取 $\delta_z=\Delta/6$（下同）。

（2）凹模深度尺寸的计算　塑件高度方向尺寸的换算：塑件高度的最大尺寸 $H_{s1}=(30\pm0.1)\text{mm}=30.1_{-0.2}^{\ 0}\text{mm}$，相应的 $\Delta_{s1}=0.2\text{mm}$；塑件底部凸缘的公称尺寸为 4mm 未注公差，属 B 类尺寸，按 MT5 级进行计算，则其最大尺寸 $H_{s2}=(4\pm0.22)\text{mm}=4.22_{-0.44}^{\ 0}\text{mm}$，相应的 $\Delta_{s2}=0.44\text{mm}$

$$H_{M1}=[(1+S_{cp})H_{s1}-x_1\Delta_1]_{\ 0}^{+\delta_{z1}}=[(1+0.0045)\times30.1-0.63\times0.2]_{\ 0}^{+0.033}\text{mm}$$

$$=30.11_{\ 0}^{+0.033}\text{mm}=30_{+0.110}^{+0.143}\text{mm}$$

$$H_{M2}=[(1+S_{cp})H_{s2}-x_2\Delta_2]_{\ 0}^{+\delta_{z2}}=[(1+0.0045)\times4.22-0.56\times0.44]_{\ 0}^{+0.073}\text{mm}=4_{-0.007}^{+0.067}\text{mm} \tag{6-17}$$

式中，x_1、x_2 是系数，由表 2-10 可知，$x_1=0.63$，$x_2=0.56$。

（3）型芯径向尺寸计算　塑件内部径向尺寸的转换

$$L_{s1}=54_{-0.1}^{+0.15}\text{mm}=53.9_{\ 0}^{+0.25}\text{mm},\ \Delta_{s1}=0.25\text{mm}$$

$$l_{M1}=[(1+S_{cp})l_{s1}+x_1\Delta_1]_{-\delta_{z1}}^{\ 0}=[(1+0.0045)\times53.9+0.7\times0.25]_{-0.042}^{\ 0}\text{mm} \tag{6-18}$$

$$=54.318_{-0.042}^{\ 0}\text{mm}=54_{+0.276}^{+0.318}\text{mm}$$

式中，x_1 是系数，查表 2-10 取 $x_1=0.7$。

（4）型芯高度尺寸计算　塑件内腔高度尺寸转换：

$$h_{s1}=(27\pm0.1)\text{mm}=26.9_{\ 0}^{+0.2}\text{mm}$$

$$h_{M1}=[(1+S_{cp})h_{s1}+x_1\Delta_1]_{-\delta_{z1}}^{\ 0}=[(1+0.0045)\times26.9+0.63\times0.2]_{-0.033}^{\ 0}\text{mm} \tag{6-19}$$

$$=27.147_{-0.033}^{\ 0}\text{mm}=27_{+0.114}^{+0.147}\text{mm}$$

式中，x_1 是系数，查表 2-10 取 $x_1=0.63$。

（5）$\phi5\text{mm}$、$\phi8\text{mm}$ 型芯径向尺寸的计算　$\phi5\text{mm}$、$\phi8\text{mm}$ 自由公差按 MT5 查得：$\phi5_{\ 0}^{+0.24}\text{mm}$、$\phi8_{\ 0}^{+0.28}\text{mm}$，不需要转换，因此得

$$l_{M3}=[(1+S_{cp})l_{s3}+x_3\Delta_3]_{-\delta_{z3}}^{\ 0}=[(1+0.0045)\times5+0.7\times0.24]_{-0.04}^{\ 0}\text{mm}=5.19_{-0.04}^{\ 0}\text{mm}=5_{+0.150}^{+0.190}\text{mm}$$

$$l_{M4}=[(1+S_{cp})l_{s4}+x_4\Delta_4]_{-\delta_{z4}}^{\ 0}=[(1+0.0045)\times8+0.7\times0.28]_{-0.067}^{\ 0}\text{mm}=8.232_{-0.067}^{\ 0}\text{mm}=8_{-0.165}^{+0.232}\text{mm} \tag{6-20}$$

（6）成型孔的高度　$4\times\phi5\text{mm}$、$\phi8\text{mm}$ 的成型芯是与凹模碰穿，所以高度应取正公差，以利于修模。

（7）成型孔间距的计算

$$C_M=[(1+s)C_s]\pm\frac{1}{2}\delta_z=(1.0045\times36)\text{mm}\pm0.008\text{mm}=36.162\text{mm}\pm0.008\text{mm}=36_{+0.154}^{+0.170}\text{mm} \tag{6-21}$$

塑件凹模嵌件及型芯的成型尺寸如图 6-10 所示。

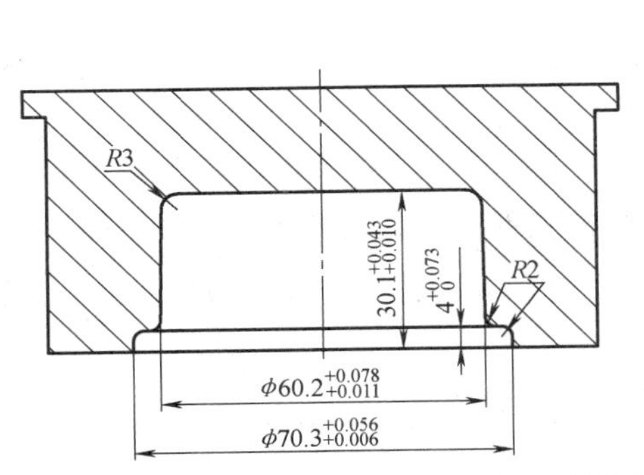

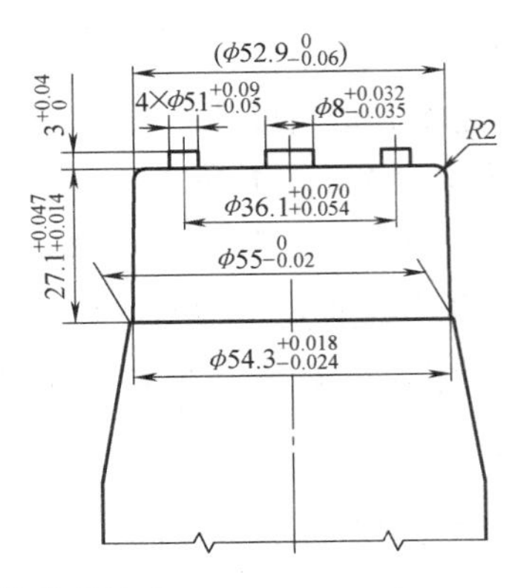

图 6-10　塑件凹模嵌件及型芯的成型尺寸

4. 成型零件尺寸及动模垫板厚度的计算

(1) 凹模侧壁厚度的计算　凹模侧壁厚度与型腔内压强及凹模的深度有关，其厚度根据参考文献［1］表 4-17 中的刚度公式计算。

$$S=\left(\frac{3ph^4}{2E\delta_p}\right)^{\frac{1}{3}}=\left(\frac{3\times35\times30^4}{2\times2.1\times10^5\times0.023}\right)^{\frac{1}{3}}\text{mm}=20.65\text{mm}\tag{6-22}$$

式中，p 是型腔压力（MPa）；E 是材料弹性模量（MPa）；$h=W$，W 是影响变形的最大尺寸，而 $h=30\text{mm}$；δ_p 是模具刚度计算许用变形量。根据注射塑料品种查参考文献［1］表 4-18 得

$$\delta_p=25i_2=25\times0.918\mu\text{m}=22.95\mu\text{m}=0.023\text{mm}$$

式中，$i_2=0.45W^{\frac{1}{5}}+0.001W=(0.45\times30^{\frac{1}{5}}+0.001\times30)\mu\text{m}=0.918\mu\text{m}$。

凹模嵌件初定单边厚度选为 20mm。由于壁厚不完全满足 20.65mm 的要求，但相差很少，所以凹模嵌件采用预应力的形式压入模板中，由模板和型腔共同来承受型腔压力。由于型腔采用 H 形直线对称结构布置，型腔之间的壁厚 $S_1=120\text{mm}$(中心距)-100mm(型腔直径)$=20\text{mm}$，由于不是深大型腔，这个间隔是能够满足要求的。根据型腔的布置，初步估算模板平面尺寸选用 300mm×300mm，它比型腔布置的尺寸大得多，所以完全满足强度和刚度要求。

(2) 动模垫板厚度的计算　动模垫板厚度和所选模架的两个垫块之间的跨度有关，根据前面的型腔布置，模架应选在 300mm×300mm 这个范围之内，查本书表 7-4 垫块之间的跨度为 $L=W-2W_2=(300-2\times58)\text{mm}=184\text{mm}$。那么，根据型腔布置及型芯对动模垫板的压力就可以计算得到动模垫板的厚度：

$$T=0.54L_0\left(\frac{pA}{EL_1\delta_p}\right)^{\frac{1}{3}}=0.54\times184\times\left(\frac{35\times9156.24}{2.1\times10^5\times300\times0.0365}\right)^{\frac{1}{3}}\text{mm}=51.5\text{mm}\tag{6-23}$$

式中，δ_p 是模具刚度计算许用变形量。根据注射塑料品种查参考文献［1］表 4-18 得

$$\delta_p=25i_2=25\times(0.45\times184^{\frac{1}{5}}+0.001\times184)\text{mm}=0.0365\text{mm}$$

L_0 是两个垫块之间的距离，约 184mm；L_1 是动模垫板的长度，取 300mm；A 是 4 个型芯投

影到动模垫板上的面积。

单件型芯所受压力的面积为

$$A_1=\frac{\pi}{4}D^2=0.785\times54^2\text{mm}^2=2289.06\text{mm}^2$$

4 个型芯的面积为

$$A=4A_1=9156.24\text{mm}^2$$

动模垫板可按照标准厚度取 45mm，显然不符合要求，可采用支承柱的形式来增加支承板的刚度。采用两根直径为 50 mm 的支承柱，且布置在支承板正中间，根据力学模型认为 $n=1$，所以垫板的厚度计算为

$$T=\left(\frac{1}{n+1}\right)^{\frac{4}{3}}T=\left(\frac{1}{2}\right)^{\frac{4}{3}}\times51.5\text{mm}=20.44\text{mm}<45\text{mm}^{⊖}\quad 符合要求 \tag{6-24}$$

6.1.5　脱模推出机构的设计

本塑件结构简单，可采用推件板推出、推杆推出，或推件板加推杆的综合推出方式，其结构根据脱模力计算来决定。

1. 脱模力的计算

（1）ϕ54mm 主型芯脱模力　因为 $\lambda=\frac{r}{t}=\frac{27}{3}=9<10$。所以此处视为厚壁圆筒塑件，根据式（2-38）脱模力为

$$\begin{aligned}F_1&=\frac{2\pi rES_{cp}L(f-\tan\phi)}{(1+\mu+K_1)K_2}+0.1A\\&=\frac{2\times3.14\times27\times2.0\times10^3\times0.0045\times27.17\times(0.5-\tan1°)}{\left(1+0.32+\frac{2\times9^2}{\cos^2 1°+2\times9\times\cos1°}\right)\times(1+0.5\sin1°\cos1°)}\text{N}+0.1\times3.14\times35^2\text{N}\\&\approx2400\text{N}\end{aligned} \tag{6-25}$$

（2）4×ϕ5mm 小型芯脱模力　因 $\lambda=\frac{r}{t}=\frac{2.5}{3}=0.833<10$，所以也是厚壁圆筒的受力状态，同样根据式（2-38）求得脱模力为

$$\begin{aligned}F_2&=\frac{2\pi rES_{cp}L(f-\tan\phi)}{(1+\mu+K_1)K_2}\times4\text{N}\\&=\frac{2\times3.14\times2.5\times2.0\times10^3\times0.0045\times3\times(0.5-\tan0°)}{\left(1+0.32+\frac{2\times0.833^2}{\cos^2 0°+2\times0.833\times\cos0°}\right)\times(1+0.5\sin0°\cos1°)}\times4\text{N}\approx460\text{N}\end{aligned} \tag{6-26}$$

（3）ϕ8mm 小型芯的脱模力　通过计算得脱模力 $F_3=93\text{N}$。　(6-27)

式中，E 为塑料的拉伸弹性模量（MPa）；S_{cp} 为塑料成型的平均收缩率（%）；t 为塑件的壁厚（mm）；L 为被包型芯长度（mm）；μ 为塑料的泊松比（查表 2-12）；ϕ 为脱模斜度（°）；f 为塑料与钢材之间的摩擦因数（查表 2-12）；r 为型芯的平均半径（mm）；A 为塑件

⊖　300mm×300mm 标准模架中垫板厚度 $H_2=45\text{mm}$。

在与开模方向垂直的平面上的投影面积（mm^2）；K_1 为由 λ 和 ϕ 决定的无因次数，$K_1=\dfrac{2\lambda^2}{\cos^2\phi+2\lambda\cos\phi}$；$K_2$ 为由 f 和 ϕ 决定的无因次数，$K_2=1+f\sin\phi\cos\phi$。

（4）总脱模力　$F=F_1+F_2+F_3=2953\text{N}$。　　(6-28)

2. 推出方式的确定

（1）采用推杆推出

1）推出面积。设 6mm 的圆推杆设置 8 根，那么推出面积为

$$A_{杆}=\frac{\pi}{4}d_1^2\times8=\frac{\pi}{4}\times6^2\times8\text{mm}^2=226.08\text{mm}^2$$

2）推杆推出应力。根据本书表 2-12 取许用应力 $[\sigma]=8\text{MPa}$，则

$$\sigma=\frac{F}{A_{杆}}=\frac{2953}{226.08}\text{MPa}=13.06\text{MPa}>[\sigma] \tag{6-29}$$

通过上述计算，应力偏大，推出时有顶白或顶破的可能（在生产实践中，这类简单非透明塑件，一般是采用推杆推出）。为安全起见，在此不采用推杆推出，可采用推件板推出。

（2）采用推件板推出

1）推件板推出时的推出面积

$$A_{板}=\frac{\pi}{4}(D^2-d^2)=\frac{\pi}{4}\times(70^2-54^2)\text{mm}^2=1557.44\text{mm}^2$$

2）推件板推出应力

$$\sigma=\frac{F}{A_{板}}=\frac{2953}{1557.44}\text{MPa}\approx1.9\text{MPa}<8\text{MPa}\quad 合格 \tag{6-30}$$

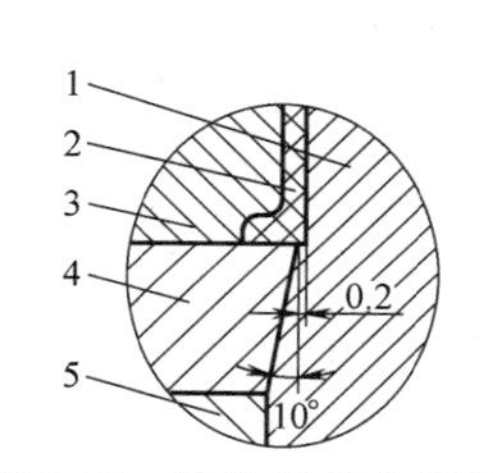

图 6-11　推件板与凸模板加工锥面的配合形式
1—凸模　2—塑件　3—凹模镶件　4—推件板　5—凸模固定板

推件板推出时为了减少推件板与型芯的摩擦，设计时在推件板与型芯之间留出 0.2mm 的间隙，并采用锥面配合，如图 6-11 所示。为了防止推件板因偏心或加工误差使锥面配合不良而产生溢料，根据参考文献［4］，推件板与凸模（型芯）应进行适当预载，这样也就保证了推件板与凸模锥面准确定位和密合。图 6-12 所示为推件板与型芯锥面预载形式。图 6-13 所示为计算后的推件板加工尺寸。

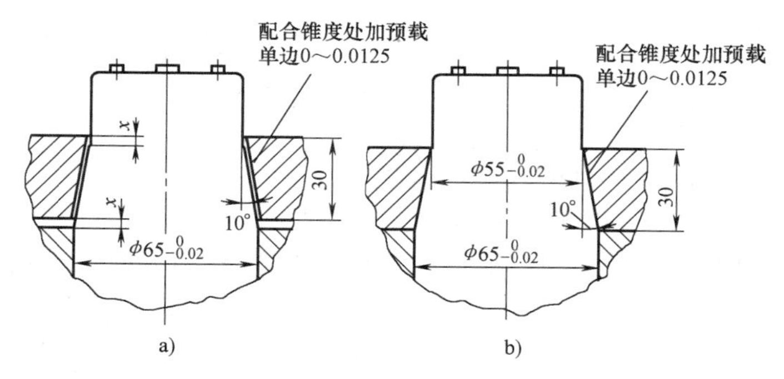

图 6-12　推件板与型芯锥面预载形式
a）预载前　b）预载后

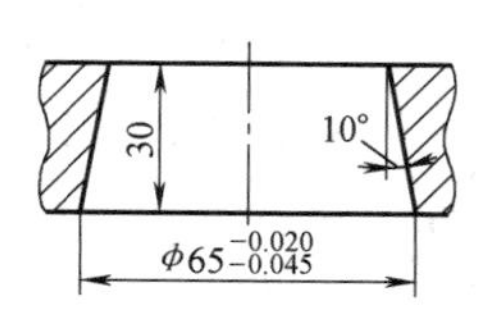

图 6-13　计算后的推件板加工尺寸

本设计采用侧浇口，充模时容易形成封闭式气囊，因此在型芯上还设置 2 根或 4 根 ϕ6mm 推杆，以供排气，另外推出更加平稳。

6.1.6 模架的确定

根据模具型腔布局的中心距和凹模嵌件的尺寸可以算出凹模嵌件所占的平面尺寸为 220mm×210mm，型腔所占平面尺寸为 190mm×180mm，查本书式（7-1）进行计算，即 $W_3 = W' + 10\text{mm} = (190+10)\text{mm} = 200\text{mm}$，查本书表 7-4 得 $W = 350\text{mm}$，因此需采用 350mm×350mm 的模架。但又考虑到是采用推件板和推杆综合推出方式，且推杆布置在靠近凸模的中心，这样推杆边缘与推杆固定板边缘距离较大，因此为降低模具成本可适当减小模架尺寸，同时又考虑到导柱、导套、水路的布置等因素，根据表 7-1 可确定选用带推件板的直浇口 B 型模架，查表 7-4 得 $W \times L = 300\text{mm} \times 300\text{mm}$ 及各板的厚度尺寸。

1. 各模板尺寸的确定

（1）A 板尺寸　A 板是定模型腔板，塑件高度为 30mm，考虑到模板上还要开设冷却水道，还需留出足够的距离，故 A 板厚度取 50mm。

（2）B 板尺寸　B 板是型芯固定板，按模架标准板厚取 40mm。

（3）C 板（垫块）尺寸　垫块 = 推出行程 + 推板厚度 + 推杆固定板厚度 + (5～10)mm = [30+25+20+(5～10)]mm = 80～85mm，初步选定 C 板厚度为 80mm。

经上述尺寸计算，模架尺寸已经确定，标记为：B3030-50×40×80GB/T 12555—2006。其他尺寸按标准标注，如图 6-14 所示。

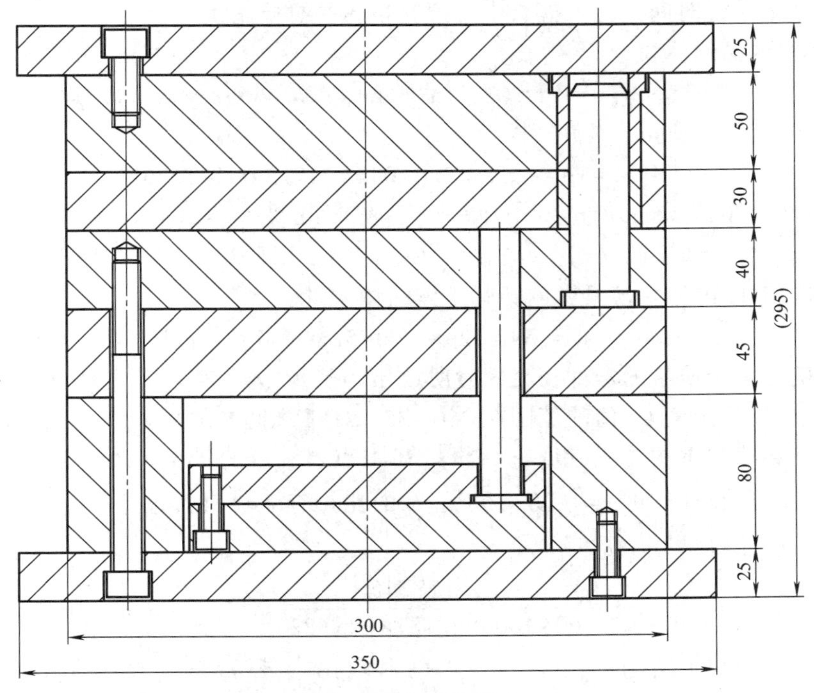

图 6-14　B 型模架结构尺寸

2. 模架各尺寸的校核

根据所选注射机来校核模具设计的尺寸。

1）模具平面尺寸 350mm×300mm<355mm×385mm（拉杆间距），校核合格。

2）模具高度尺寸 295mm，230mm<295mm<400mm（模具的最大厚度和最小厚度），校核合格。

3）模具的开模行程 $S=H_1+H_2+(5\sim10)\text{mm}=[30+67+(5\sim10)]\text{mm}=102\sim107\text{mm}<350\text{mm}$，校核合格。

6.1.7　排气槽的设计

该塑件由于采用侧浇口进料熔体经塑件下方的台阶向上充满型腔，每个型芯上有2根或4根推杆，其配合间隙可作为气体排出方式，不会在顶部产生憋气现象。同时，底面的气体会沿着分型面、型芯和推件板之间的间隙向外排出。

6.1.8　冷却系统的设计

冷却系统的计算很烦琐，在此只进行简单的计算。设计时忽略模具因空气对流、辐射以及与注射机接触所散发的热量，按单位时间内塑料熔体凝固时所放出的热量应等于冷却水所带走的热量。

1. 冷却介质

HIPS属流动性中等材料，其成型温度及模具温度分别为200℃和32~65℃，热变形温度为64~92.5℃。所以模具温度初步选定为40℃，用常温水对模具进行冷却。

2. 冷却系统的简单计算

（1）确定单位时间内注入模具中的塑料熔体的总质量 W

1）塑料制品的体积

$$V=V_{主}+V_{分}+nV_{塑}=(1.573+4.2+4\times26.535)\text{cm}^3=111.913\text{cm}^3 \tag{6-31}$$

2）塑料制品的质量

$$m=V\rho=111.913\times1.05\text{g}=117.5\text{g}\approx0.1175\text{kg} \tag{6-32}$$

3）塑件壁厚为3mm，查参考文献［1］表4-30得 $t_{冷}=20.5\text{s}$。取注射时间 $t_{注}=2\text{s}$，脱模时间 $t_{脱}=7.5\text{s}$，则注射周期：$t=t_{注}+t_{冷}+t_{脱}=30\text{s}$。由此得每小时注射次数 $N=120$ 次。

4）单位时间内注入模具中的塑料熔体的总质量

$$W=Nm=120\times0.1175\text{kg/h}=14.1\text{kg/h} \tag{6-33}$$

（2）确定单位质量的塑件在凝固时所放出的热量 Q_s　查参考文献［1］表4-31直接可知HIPS的单位热流量 Q_s 值的范围在280~350kJ/kg之间，故可取 $Q_s=315\text{kJ/kg}$。

（3）计算冷却水的体积流量 q_v　设冷却水道入水口的水温为 $\theta_2=22℃$，出水口的水温为 $\theta_1=25℃$，取水的密度 $\rho=1000\text{kg/m}^3$，水的比热容 $c=4.187\text{kJ/(kg}\cdot℃)$。则根据参考文献［1］式（4-57）可得

$$q_v=\frac{WQ_s}{60\rho c(\theta_1-\theta_2)}=\frac{14.1\times315}{60\times1000\times4.187\times(25-22)}\text{m}^3/\text{min}=5.89\times10^{-3}\text{m}^3/\text{min} \tag{6-34}$$

（4）确定冷却水路的直径 d　当 $q_v=5.89\times10^{-3}\text{m}^3/\text{min}$ 时，为了使冷却水处于湍流状态，取模具冷却水孔的直径 $d=8\text{mm}$。

（5）计算冷却水在管内的流速 v，由参考文献［1］式（4-58）得

$$v=\frac{4q_{\mathrm{v}}}{60\pi d^{2}}=\frac{4\times5.89\times10^{-3}}{60\times3.14\times0.008^{2}}\mathrm{m/s}=1.95\mathrm{m/s}>1.66\mathrm{m/s}\quad 合理 \tag{6-35}$$

（6）求冷却管壁与水交界面的膜传热系数 h　因为平均水温为 23.5℃，查参考文献［1］表 4-28 可得 $f=6.72$，则由参考文献［1］式（4-5）得

$$h=\frac{4.187f(\rho v)^{0.8}}{d^{0.2}}=\frac{4.187\times6.72\times(1000\times1.95)^{0.8}}{0.008^{0.2}}\mathrm{kJ/(m^{2}\cdot h\cdot ℃)}=31672.5\mathrm{kJ/(m^{2}\cdot h\cdot ℃)} \tag{6-36}$$

（7）计算冷却水通道的导热总面积 A，由参考文献［1］式（4-60）得

$$A=\frac{WQ_{\mathrm{s}}}{h\Delta\theta}=\frac{14.1\times315}{31672.5\times(40-23.5)}\mathrm{m}^{2}=0.0085\mathrm{m}^{2} \tag{6-37}$$

（8）计算模具冷却水管的总长度 L，由参考文献［1］式（4-62）得

$$L=\frac{A}{\pi d}=\frac{0.0085}{3.14\times0.008}\mathrm{m}=0.338\mathrm{m}=338\mathrm{mm} \tag{6-38}$$

（9）冷却水路的根数 x　设每条水路的长度 $l=300\mathrm{mm}$，则冷却水路的根数为

$$x=\frac{L}{l}=\frac{338}{300}根\approx1.1\ 根 \tag{6-39}$$

由上述计算可以看出，一条冷却水道对于模具来说显然是不合适的，所以本设计中采用动定模各两条冷却水道对型芯和凹模嵌件进行冷却。成型零件的冷却水道形式如图 6-15 所示。

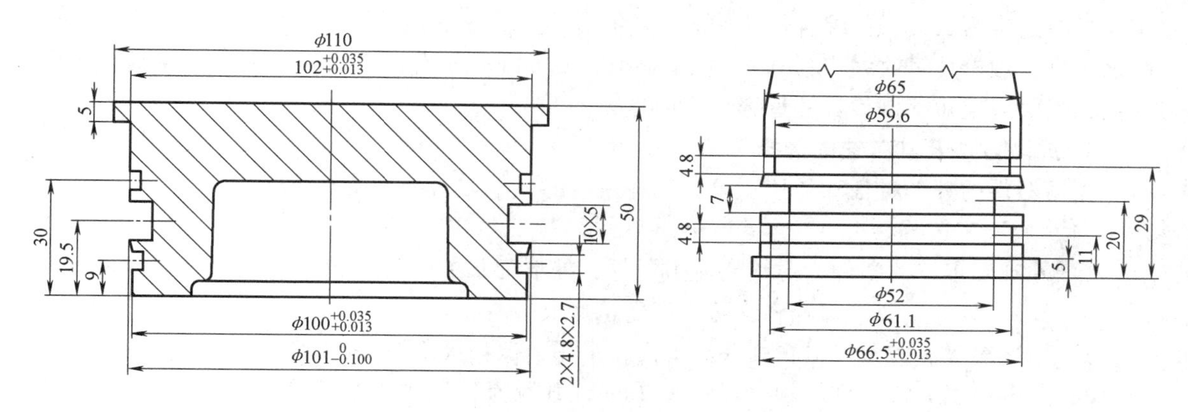

图 6-15　成型零件的冷却水道形式

6.1.9　导向与定位结构的设计

注射模的导向机构用于动、定模之间的开合模导向和脱模机构的运动导向。按作用分为模外定位和模内定位。模外定位是通过定位圈与注射机相配合，使模具的浇口套能与注射机喷嘴精确定位；而模内定位机构则通过导柱导套进行合模定位。锥面定位则用于动、定模之

间的精密定位。本模具所成型的塑件比较简单，模具定位精度要求不是太高，因此可采用模架本身所带的定位机构。整套模具装配图如图 3-6 所示。

6.2　弧形盖板注射模设计

6.2.1　弧形盖板设计要求及其成型工艺分析

1. 产品基本要求

最大几何尺寸：170mm×120mm×60mm。

使用环境：室内，-10~80℃。

精度要求：一般（3 级）。

外观要求：外表黑色且光泽性好，无成型缺陷。

其他要求：具有一定的机械强度，在正常情况下用 5 个螺钉与其机体相连接，因此要求外形尺寸及其形状精度较高。

根据上述要求可归纳产品设计要求塑件需具有良好的外观、较好尺寸及其形状精度和一定的机械强度，且还应具有较好的流动性，以满足成型要求。

2. 塑件结构和形状的设计

根据塑件产品图样，用 UG 11.0 软件进行弧形盖板的三维建模。三维实体模型更加直观地表现了产品造型，可以从各个角度对模型进行观察，软件可以测量零件的各种参数，并且可以根据零件的三维模型数据使用 UG11.0 分析模块——塑料顾问进行熔体的充模仿真，可以验证模具结构的正确性，还可以进行脱模检测。弧形盖板如图 6-16 所示。

3. 塑件材料选择

材料选定为 ABS，其综合性能优异，具有较高的力学性能，流动性好，易于成型；成型收缩率小，理论计算收缩率为 0.6%；溢料值为 0.04mm 左右；比热容较低，在模具中凝固较快，模塑周期短。制件尺寸稳定，表面光亮。

4. 成型方法及其工艺的选择

根据塑件的外形特征和使用要求，选择最佳的成型方法就是注射成型。

（1）成型工艺分析

1）外观要求。此塑件为薄壁壳体类塑件，外形为长方弧形，较规则。要求塑件表面光滑，无变形、皱折、裂纹等缺陷，防止产生熔接痕。

2）精度等级。此塑件对精度要求不高，采用一般精度 3 级。（参考文献［1］表 2-3）

3）脱模斜度。该塑件平均壁厚约为 2mm，其脱模斜度根据参考文献［1］表 2-6 可知在 35′~1°30′。ABS 的流动性为中等，为使注射充型流畅，取其脱模斜度为 1°。

（2）注射成型工艺过程及工艺参数　混料—干燥—螺杆塑化—充模—保压—冷却—脱模—塑件后处理。

1）ABS 塑料的干燥。ABS 塑料的吸湿性和对水分的敏感性较大，在加工前应进行充分的干燥和预热，不但能消除水汽造成的制件表面烟花状泡带、银丝，而且有助于塑料的塑化，减少制件表面色斑和云纹。ABS 原料需要控制水分在 0.3%以下。

注射前的干燥条件是：干冬季节在 80℃以下，干燥 2~3h，夏季雨水天在 90℃下，干燥

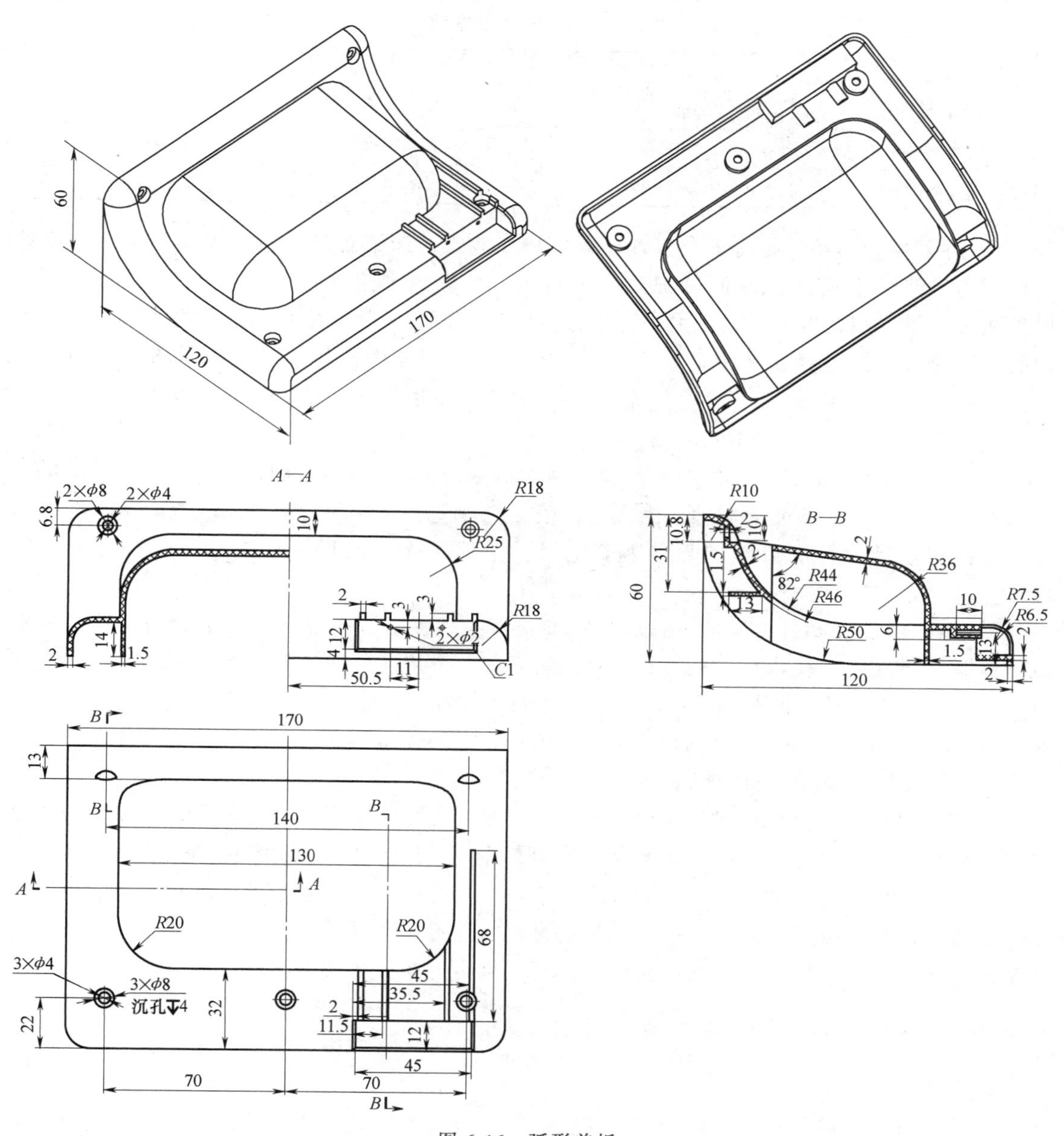

图 6-16　弧形盖板

4~8h，干燥达 8~16h 可避免因微量水汽的存在导致制件表面雾斑。在此，由于弧形盖板属批量件，要求自动化程度高、实现连续化生产；所以选用烘干料斗并装备热风料斗干燥器，以免干燥好的 ABS 在料斗中再度吸潮。

2）注射成型时各段温度。ABS 塑料非牛顿性较强，在熔化过程温度升高时，其黏度降低较大，但一旦达到成型温度（适宜加工的温度范围，如 200~230℃），如果继续盲目升温，必将导致耐热性不太高的 ABS 的热降解反而使熔融黏度增大，注射更困难，塑件的力学性能也下降。

ABS 工艺参数见表 6-3。

表 6-3　ABS 工艺参数　（单位：℃）

工艺参数	通用型 ABS	工艺参数	通用型 ABS
料筒后段温度	160～180	喷嘴温度	170～180
料筒中段温度	180～200	模具温度	50～80
料筒前段温度	200～220		

3）注射压力。ABS 熔融的黏度比聚苯乙烯或改性聚苯乙烯高，在注射时要采用较高的注射压力。但并非所有 ABS 制件都要施用高压，考虑到本塑件不大、结构不算非常复杂、厚度适中，可以用较低的注射压力。注射过程中，浇口封闭瞬间型腔内的压力大小决定了塑件的表面质量及银丝状缺陷的程度。压力过小，塑料收缩大，与型腔表面脱离接触的机会大，制件表面容易雾化。压力过大，塑料与型腔表面摩擦作用强烈，容易造成粘模。对于螺杆式注射机一般取 70～100MPa。

4）注射速度。ABS 塑料采用中等注射速度效果较好。当注射速度过快时，塑料易烧焦或分解析出气化物，从而在制件上出现熔接痕、光泽差及浇口附近塑料发红等缺陷。但弧形盖板为薄壁制件，且浇口类型暂定为侧浇口，塑件不大，流程不长，保证中等注射速度即可。

5）模具温度。ABS 比聚苯乙烯加工困难，宜取高料温、模温（对耐热、高抗冲击和中抗型树脂，料温更宜取高），料温对物性影响较大，料温过高易分解（分解温度为 250℃左右，与在料筒中停留时间长短有关，比聚苯乙烯易分解），对要求精度较高的塑件模温宜取 50～60℃，要求光泽及耐热型塑件宜取 60～80℃。弧形盖板属中小型制件，形状比较规则，故不用考虑专门对模具进行加热。

6）料量控制。注射机注射 ABS 塑料时，其每次注射量仅达标准注射量的 80%。为了提高塑件质量及尺寸稳定、表面光泽、色调均匀，注射量选为标定注射量的 50%为宜。

通常要确保注射机生产条件及参数有一个很宽的范围，使大多数的产品和生产能力要求在这一范围内，并且在调整确定这一范围的过程时尽量按常规的工艺流程。这种生产条件范围越大，生产过程越稳定，注塑产品越不容易受到生产条件的改变而产生明显的质量降低。

6.2.2　选择注射机及相关参数的校核

1. 概述

在对弧形盖板进行材料选定、零件工艺性分析、成型工艺过程分析和工艺参数大致选定的基础上，再根据塑件批量大小和精度要求就可确定型腔数量和排列方式，最后根据模具所需注射量就可以确定注射机的型号及安装尺寸。

2. 型腔数量及排列方式选择

此弧形盖板属中小型塑件，形状比较规则，精度要求为一般，且为批量生产，但塑件两侧都具有侧孔，需进行侧抽芯。如采用一模一腔固然可简化模具结构，提高制件的精度，但考虑到经济效益和生产率，并结合模具的结构，防止模具结构过于复杂，初步拟订采用一模两腔。考虑到定模侧抽芯滑块的定位和导向，型腔中心距初定为 280mm，参照表 7-5，嵌件总长 $l=280\text{mm}+170\text{mm}+2D=280\text{mm}+170\text{mm}+2\times(32\sim36)\text{mm}=514\sim522\text{mm}$，取 $l=510\text{mm}$。$b=120\text{mm}+2D=120\text{mm}+2\times(32\sim36)\text{mm}=184\sim192\text{mm}$，取 $b=180\text{mm}$。又考虑到分型的承压面宽度不小于 25mm（中型模具），这样嵌件强度足够，型腔布置方式如图 6-17 所示。

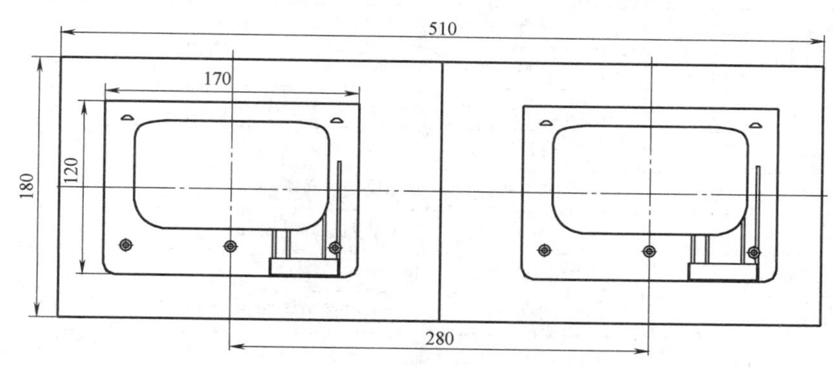

图 6-17　型腔布置

3. 注射机选型

（1）注射量计算

1）塑件质量、体积计算。通过 UG 测量分析零件，单击“分析”→更高→测量体，分别测量零件的体积、质量和表面积，如图 6-18 所示，塑件体积 $V_1=71.0349\text{cm}^3\approx71\text{cm}^3$，塑件质量 $m_1=74.59\text{g}$（取 ABS 的密度为 1.06g/cm³），流道凝料的质量 m_2 还是个未知数，可按塑件质量的 0.2 来估算。从上述分析中确定为一模两腔，所以注射量为

$$V=1.2nV_1=1.2\times2\times71\text{cm}^3=170.4\text{cm}^3 \tag{6-40}$$

$$m=1.2nm_1=1.2\times2\times74.59\text{g}\approx179\text{g} \tag{6-41}$$

图 6-18　UG 体积、质量及表面积属性分析图

2）塑件和流道凝料在分型面上的投影面积及所需锁模力的计算。流道凝料在分型面上的投影面积 A_2，在模具设计前是个未知值，根据多型腔模的统计分析，A_2 是每个塑件在分型面上的投影面积 A_1 的 0.2~0.5，因流道简单，就选用 $0.2nA_1$ 来进行估算，所以

$$A=nA_1+A_2=nA_1+0.2nA_1=1.2nA_1=48960\text{mm}^2 \tag{6-42}$$

式中，$A_1=L\times B=170\text{mm}\times120\text{mm}=20400\text{mm}^2$。

模具所需锁模力　$F_m=Ap_{型}=48960\times35\text{N}=1713600\text{N}=1713.6\text{kN}$　(6-43)

式中，型腔压力 $p_{型}$ 取 35MPa（见表 2-2）。

（2）选取注射机　根据以上每一生产周期的注射量和锁模力的计算值，初选 SZ-500/200 卧式注射机，其主要技术参数见表 6-4（摘自参考文献，表 9-9-3）。

表 6-4　SZ-500/200 注射机技术参数

项目	参数	项目	参数
理论注射容积/cm^3	500	锁模力/kN	2000
螺杆直径/mm	55	注射压力/MPa	150
注射速率/(g/s)	173	塑化能力/(kg/h)	110
螺杆转速/(r/min)	0~180	拉杆内间距/mm	570×570
移模行程/mm	500	最大模具厚度/mm	500
最小模具厚度/mm	280	锁模形式	双曲肘
模具定位孔直径/mm	160	喷嘴球半径/mm	20
喷嘴口直径/mm	5	注射机顶出/kN	70

(3) 型腔数量及注射机有关参数的校核

1) 由注射机料筒塑化速率校核模具的型腔数 n

$$n \leqslant \frac{KMt/3600-m_2}{m_1}=\frac{0.8\times110000\times40/3600-0.2\times2\times74.59}{74.59}\approx12.7 \tag{6-44}$$

12.7>2，故型腔数校核合格。

式中，K 为注射机最大注射量的利用系数，无定形塑料一般取 0.8；M 为注射机的额定塑化量（g/h 或 cm^3/h），该注射机为 110000g/h；t 为成型周期，因塑件比较小，取 40s（表 13-3）；m_1 为单个塑件的质量或体积（g 或 cm^3），$m_1=74.59g$；m_2 为浇注系统所需塑料质量或体积（g 或 cm^3），取 $0.2nm_1=29.836\ cm^3$。

表 6-4 中注射速率、塑化能力是以 PS 为标准，而 ABS 的密度与 PS 相差不多，所以上述计算不需进行换算。

2) 按注射机的最大注射量校核型腔数量

$$n \leqslant \frac{Km_N-m_2}{m_1}=\frac{0.8\times500-0.2\times2\times74.59}{74.59}\approx5 \tag{6-45}$$

5>2，故型腔数校核合格。

式中，m_N 为注射机允许的最大注射量（g 或 cm^3），该注射机为 $500cm^3$。其他符号意义同上。

3) 按注射机的额定锁模力校核型腔数量

$$n \leqslant \frac{F-p_{型}A_2}{p_{型}A_1}=\frac{2\times10^6-35\times10^6\times4080\times10^{-6}}{35\times10^6\times20400\times10^{-6}}=2.6 \tag{6-46}$$

2.6>2，故该注射机符合设计要求。

式中，F 为注射机的额定锁模力（N），该注射机 $F=2000kN=2\times10^6N$；A_1 为一个塑件在模具分型面上的投影面积（mm^2），$A_1=20400mm^2$；A_2 为浇注系统在模具分型面上的投影面积（mm^2），$A_2=0.2A_1=4080mm^2$；$p_{型}$ 为塑料熔体对型腔的成型压力（MPa），该处取 35MPa。

(4) 注射机工艺参数的校核

1) 注射量校核。注射量以容积表示，最大注射容积为

$$V_{max}=\alpha V=0.80\times500\text{cm}^3=400\text{cm}^3 \tag{6-47}$$

式中，V_{max} 为模具型腔和流道在注射压力下所能注射的最大容积（cm^3）；V 为指定型号与规格的注射机注射量容积（cm^3），该注射机为 500cm^3；α 为注射系数，取 0.75～0.85，无定形塑料可取 0.85，结晶型塑料可取 0.75，该处取 0.80。

倘若实际注射量过小，注射机的塑化能力得不到发挥，塑料在料筒中停留时间就会过长。所以最小注射量容积 $V_{min}=0.25V=0.25\times500\text{cm}^3=125\text{cm}^3$。故每次注射的实际注射量容积 V 应满足 $V_{min}<V<V_{max}$，而 $V=1.2nV_1=1.2\times2\times71\text{cm}^3=170.4\text{cm}^3>125\text{cm}^3$，符合要求。

2）锁模力校核。在前面已进行，符合要求。

3）最大注射压力校核。注射机的额定注射压力即为该注射机的最高压力 $p_{max}=150\text{MPa}$（见表 6-4），应该大于注射成型时所需调用的注射压力 p_0，即

$$p_{max}\geqslant K'p_0=1.4\times(70\sim100)\text{MPa}=98\sim140\text{MPa} \tag{6-48}$$

故符合设计要求。

式中，K'为安全系数，常取 $K'=1.25\sim1.4$，该处取 1.4；p_0 为实际生产中，该塑件成型时所需注射压力为 70～100MPa。

其他安装尺寸及开模行程的校核待模具设计完成之后进行。

6.2.3　模具设计

通过理论设计、计算机分模和浇口位置计算机模拟相结合的方法，最终确定成型零件工作尺寸和模具的结构形式。

1. 分型面位置和形式的确定

1）在塑件设计阶段，就应考虑成型时分型面的形状和位置，否则无法用模具成型。在模具设计阶段，首先就要确定分型面的位置和浇口的形式，然后才能确定模具的结构。分型面设计是否合理，对塑件质量、工艺操作难易程度和模具的设计制造都有很大的影响。因此，分型面的选择是注射模设计中的一个关键环节。

2）根据上述原则及该塑件的结构形式，该塑件的最大截面由一段水平面和一段弧形曲面组成，主分型面可以选图 6-19 所示的分型面。由图 6-16 可知，成型塑件的弧形部分的 U 形侧凹和 4 个侧向小孔都需要侧向抽芯，而且是在定模抽芯，这样定模一定要设置一个分型面，所以这副模具的结构比较复杂。

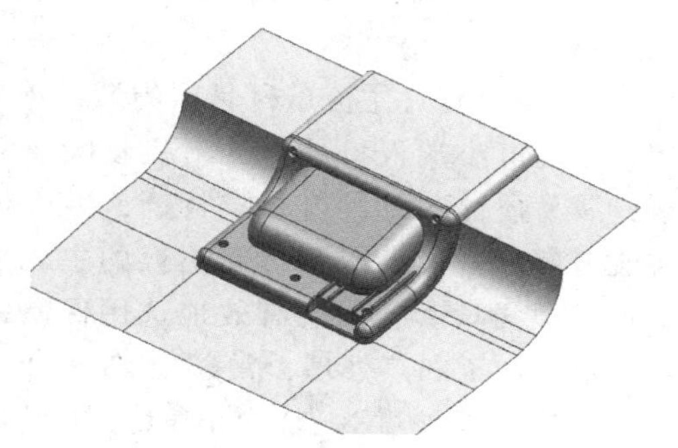

图 6-19　分型面的位置及形式

2. 浇注系统设计

浇注系统是指注射模中从主流道的始端到型腔之间的熔体进料通道，它的作用是将塑料熔体顺利地充满型腔的各个部位，具有传质、传压和传热的功能。正确设计浇注系统对获得优质的塑件极为重要。注射成型的基本要求是在合适的温度和压力下使足量的塑料熔体尽快充满型腔，影响顺利充模的关键之一就是浇注系统的设计。

浇口形式的选择就决定了流道系统，而流道系统又决定了模具的结构形式。本设计若采

用侧浇口或潜伏式浇口，就可以采用单分型面模来成型，模具结构比较简单。浇口开在塑件的侧面，对塑件外观有一定的影响，但塑件质量小，浇口也小，切断浇口后对外观影响不大，流程不太长，熔接痕也不会明显。因此，本套模具采用一模两腔、侧浇口的普通流道浇注系统，包括主流道、分流道、冷料穴和侧浇口。

（1）主流道的设计　主流道通常位于模具中心塑料熔体的入口处，它将注射机喷嘴射出的熔体导入分流道和型腔中。主流道的形状为圆锥形，以便于熔体的流动和开模时主流道凝料的顺利拔出。其顶部设计成半球形凹坑，以便与喷嘴衔接。为避免高温塑料熔体溢出，凹坑球半径比喷嘴球半径大 1~2mm。若凹坑球半径小于喷嘴球半径，则主流道凝料无法一次脱出。由于主流道与注射机的高温喷嘴反复接触和碰撞，所以设计成独立的主流道衬套，材料选用 45 钢，并经局部热处理，球面硬度为 38~45HRC。设计独立的定位环用来安装模具时起定位作用，主流道衬套的进口直径略大于喷嘴直径 0.5~1mm，以避免溢料并且防止衔接不准而发生的堵截现象，其关系如图 6-20 所示。

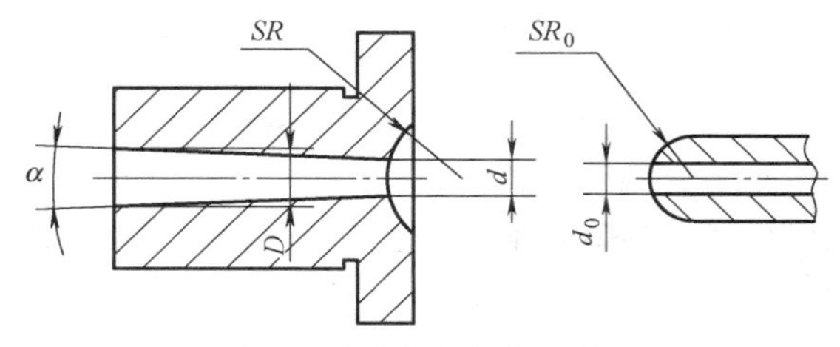

图 6-20　喷嘴与浇口套尺寸关系

1）主流道尺寸

① 主流道小端直径。d = 注射机喷嘴直径 $d_0+(0.5\sim1)\text{mm}=[5+(0.5\sim1)]\text{mm}$，取 $d=6\text{mm}$。

② 主流道球面半径。SR = 注射机喷嘴球半径 $SR_0+(1\sim2)\text{mm}=[20+(1\sim2)]\text{mm}$，取 $SR=22\text{mm}$。

③ 球面配合高度。$h=3\sim5\text{mm}$，取 $h=5\text{mm}$。

④ 主流道长度。尽量小于 60mm，但该模具是定模抽芯的结构，因抽芯需要型腔板与定模座板分开一定的距离，主流道自然就比较长，因此暂定取 $L_0=100\text{mm}$。

⑤ 主流道大端直径。$D=d+L_0\tan\alpha\approx8.5\text{mm}$（锥角 α，取 $\alpha=2°$）。

⑥ 浇口套总长。$L=L_0+h=(100+5)\text{mm}=105\text{mm}$（图 6-21）。

2）浇口套（主流道衬套）的形式及其固定。主流道小端入口处与注射机喷嘴反复接触，属易损件，对材料要求较严，因而模具主流道部分常设计成可拆卸更换的主流道衬套形式即浇口套，以便有效地选用优质钢材单独进行加工和热处理，常采用 45 钢或合金钢等，热处理硬度为 52~56HRC。本设计若采用分体式结构，主流道比较长，凝料体积比较大，因此把衬套和定位圈（注射机定位孔尺寸为 $\phi160^{+0.10}_{0}\text{mm}$，定位圈尺寸取 $\phi160^{-0.1}_{-0.2}\text{mm}$，两者之间呈较松动的间隙配合）做成一整体的延伸式浇口套，有利于缩短主流道长度。因为流道长短与所选模架大小

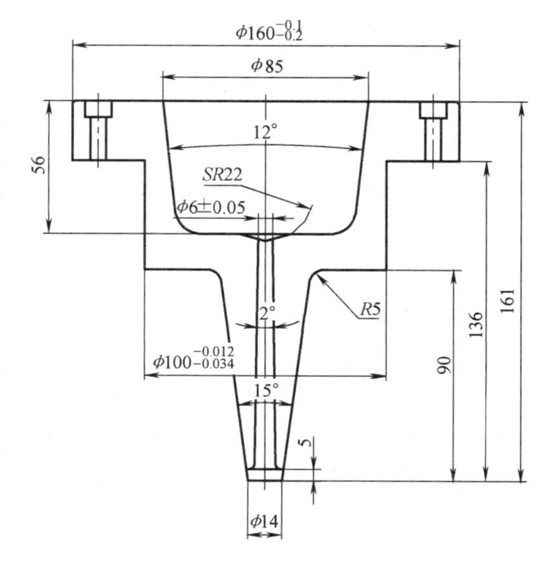

图 6-21　延伸式浇口套

（模板厚度）有关，所以在确定流道尺寸之前应根据型腔数量及布局估算动、定模板的平面尺寸，即粗定模架的型号和规格，这样才使理论计算有据可依。根据前述的布局及考虑到嵌件壁厚、顺序分型时在主分型面的一些元件的布置等，选用点浇口模架 DC 型，但又要去掉 H_3 的脱凝料板。型号规格大致可根据表 7-5 来选型，模板长度 $L=l+2A=[510+2\times(55\sim65)]\text{mm}=620\sim650\text{mm}$，根据表 7-4 查得 $L=700\text{mm}$。模板宽度 $W=w+2A=[180+2\times(55\sim65)]\text{mm}=290\sim310\text{mm}$。考虑到模具宽度方向两面都有滑块导滑和滑块锁紧等各种需要，选定 $W=450\text{mm}$，查表得：$H_1=35\text{mm}$、$H_4=60\text{mm}$，A 板暂定 100mm。延伸式浇口套如图 6-21 所示。为了缩短主流道长度，在结构设计时尺寸也许有一点调整，延伸式浇口套的固定形式如图 6-22 所示。

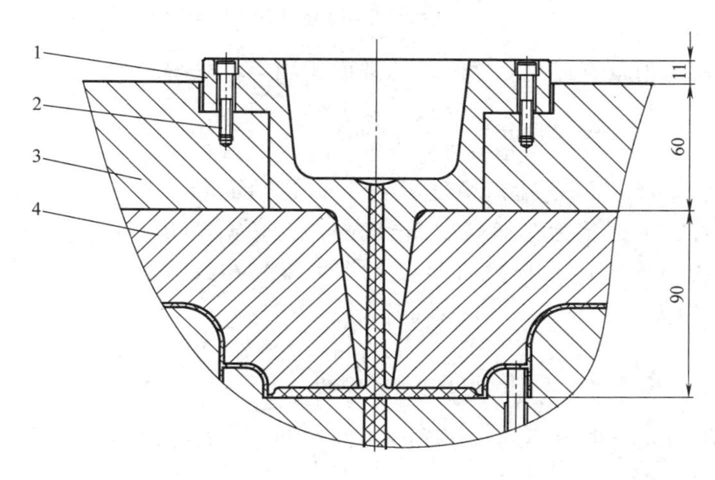

图 6-22　延伸式浇口套的固定形式

1—浇口套　2—内六角螺钉　3—定模座板　4—定模板

（2）分流道的设计　分流道是主流道与浇口之间的通道，一般开设在分型面上，起分流和转向作用，分流道的长度取决于模具型腔的总体布置和浇口位置。分流道的设计应尽可能短，以减少压力损失、热量损失和流道凝料。

1）分流道的布置形式。分流道在分型面上的布置与前面所述型腔排列密切相关，有多种不同的布置形式，但应遵循两方面的原则：一方面排列紧凑、缩小模具板面尺寸；另一方面流程尽量短、锁模力力求平衡。该模具的流道布置形式采用平衡式，以使塑料熔体经分流道能均衡地分配到两个型腔和避免局部胀模力过大影响锁模。定模嵌件上开有分流道，该流道形式由本模具结构形式所确定，图 6-23 所示是分流道布置形式。

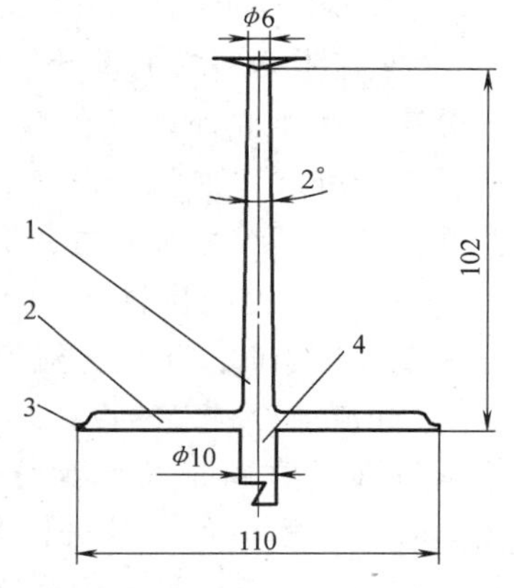

图 6-23　分流道布置形式

1—主流道　2—水平分流道

3—浇口　4—冷料穴

2）分流道的长度。设计时分流道的长度应尽量短，且少弯折。该模具单个型腔的分流道长度约为 55mm。

3）分流道的形状及其尺寸。为了便于机械加工及凝料脱模，分流道设置在分型面上。本模具分流道就设在定模嵌件一侧，即梯形分流道设在定模嵌件上。本塑件壁

厚为 2mm 左右，质量为 74. 59g，可以采用下面经验公式来计算分流道的直径

$$D=0.2654\sqrt{m}\sqrt[4]{L'}=6.24\text{mm} \tag{6-49}$$

式中，D 为分流道直径（mm）；m 为塑件的质量（g），为 74. 59g；L'为单向分流道的长度（mm），为 55mm。

注：式（6-49）的适用范围，即塑件厚度在 3mm 以下，质量小于 200g，且 D 的计算结果在 3. 2～9. 5mm 范围内才合理，对 ABS 塑料在 4. 8～9. 5mm 范围内（见表 2-4），故合理。

对于梯形流道，设梯形的下底宽度为 x，底面圆角的半径设 $R=1\text{mm}$，并根据式（2-21）先设置梯形的高 $h=5\text{mm}$，梯形斜度为 8°，则该梯形的截面积为

$$A_{梯}=\frac{(x+x+2h\tan8°)h}{2}=(x+5\tan8°)\times5=5x+3.51\text{mm}$$

再根据该面积与当量直径为 6. 24mm 的圆面积相等，可得

$$5x+3.51\text{mm}=\frac{\pi6.24^2}{4}\text{mm}$$

即可求得下底宽度 $x=5.4\text{mm}$，上底宽度 $B=(5.4+1.4)\text{mm}=6.8\text{mm}$。

按标准铣刀直径可圆整为梯形高度 $h=5\text{mm}$，上底宽度 $B=7\text{mm}$。经计算下底宽度约为 5. 6mm，其截面形状及尺寸如图 6-24 所示。其当量半径 R_n 由式（2-23）得

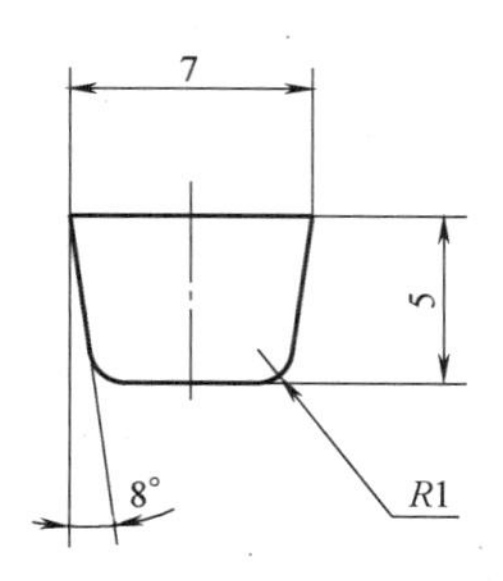

图 6-24　梯形分流道

$$R_n=\sqrt[3]{\frac{2A^2}{\pi L}}=0.303\text{cm}\approx0.3\text{cm} \tag{6-50}$$

式中，A 为梯形的面积，由图 6-24 计算得 $A\approx0.315\text{cm}^2$；L 为梯形的周长，由图 6-24 计算得 $L\approx2.27\text{cm}$。

4）分流道的表面粗糙度。由于分流道中与模具接触的外层塑料迅速冷却，只有中心部位的塑料熔体的流动状态较理想，因此分流道的内表面粗糙度 Ra 并不要很低，一般为 0. 63～1. 6μm，这样表面稍不光滑，有助于增大塑料熔体的外层流动阻力，避免熔流表面滑移，使中心层具有较高的剪切速率。此处 $Ra=0.8\mu\text{m}$。

（3）冷料穴的设计

1）主流道冷料穴的设计。为避免间歇注射时喷嘴前端冷料进入分流道和型腔而造成成型缺陷，因此在主流道的对面设冷料穴，对于卧式注射机冷料穴设在与主流道末端相对的动模板上。冷料穴深度约为直径的 1. 5 倍，在冷料穴的下端设置了一根 Z 字形拉料杆，这根拉料杆在模具开模时拉出主流道及分流道凝料，在塑件推出时又推出分流道凝料，如图 6-25 所示。

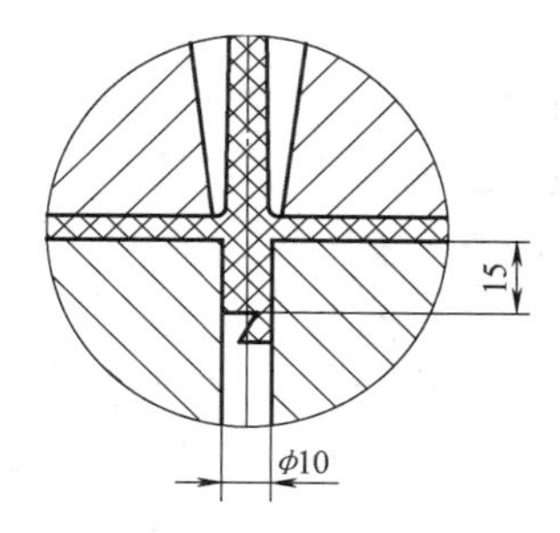

图 6-25　主流道冷料穴形式

2）分流道冷料穴的设计。当分流道较长时，可将分流道端部沿料流前进方向延长作为分流道冷料穴，以储存前锋冷料。本模具开在定模嵌件上的分流道通过浇口直接进入型腔，分流道长度也不长，所以没有设分流道冷料穴。

（4）浇口的设计　浇口是连接流道与型腔之间的一段细短通道。它是浇注系统的关键部位。浇口的形状、位置和尺寸对塑件的质量影响很大。ABS 在熔融时呈现比较明显的非牛顿性，其熔体表面黏度随剪切速率的升高而降低。如采用尺寸较大的浇口，能够降低流动

阻力，但熔体通过大浇口时比小浇口剪切速率低，导致熔体表观黏度升高，从而使流动速率降低，因此不能通过增大浇口尺寸来提高非牛顿熔体流动速率。弧形盖板塑件壁厚较小而流程不太长，虽然有几个小型芯的阻碍，但对于熔体充满整个型腔影响不大。剪切速率是影响ABS熔体黏度的最主要因素，而黏度又直接影响熔体在模腔内的流动速率。因此，首先采用小一点浇口不但会大大提高熔体通过浇口时的剪切速率，而且产生的摩擦热也会降低熔体黏度，以达到顺利充模的目的。

本设计浇口采用侧浇口，浇口截面积通常为分流道截面积的0.07~0.09，为了去除浇口方便，浇口长度可取0.7~2.5mm。浇口具体尺寸一般根据经验确定，取其下限值，然后在试模时逐步修正。

1）侧浇口尺寸的确定。由经验公式（见表2-6）

$$b=\frac{n\sqrt{A}}{30}=\frac{0.7\times\sqrt{78349.5}}{30}\text{mm}=6.5\text{mm} \tag{6-51}$$

式中，b 为侧浇口宽度（mm）；n 为系数，依塑料种类而异，查表2-6取 $n=0.7$；A 为型腔表面积，为 78349.5mm^2（由UG11.0建模质量特性分析而得，如图6-18所示）。

浇口截面尺寸根据经验公式计算所得结果与表2-7侧浇口推荐尺寸相比，计算尺寸偏大。若按（0.07~0.09）A（分流道面积）$=0.022\sim0.028\text{cm}^2$，浇口宽度先取3mm左右，浇口深度取1mm左右，浇口尺寸根据试模时的填充情况再进行调整。浇口尺寸如图6-26所示。

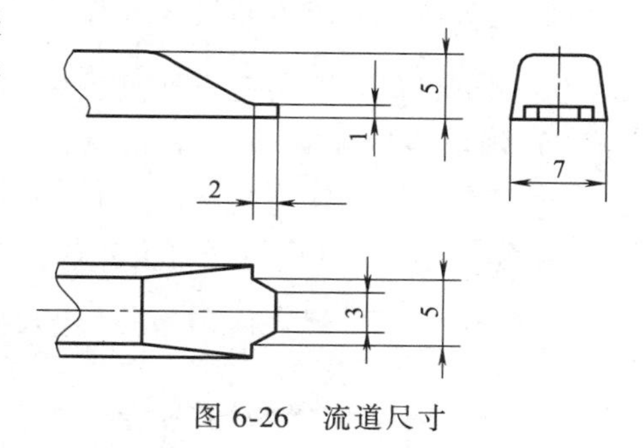

图 6-26　流道尺寸

2）浇口位置的确定。通过以上分析和考虑到塑件与实际模具形状，采用侧浇口进料，位置在弧形盖板分型面的直线段部分。选在该位置不但模具简单，而且去除浇口的后加工操作也非常简单，不会留下明显的痕迹，也便于模具的机械加工，易保证浇口加工精度，试模时浇口尺寸易于修整。

（5）浇注系统的平衡　对于该模具，从主流道到两个型腔的分流道的长度相等，形状及截面尺寸对应相同，各个浇口也相同，浇注系统显然是平衡的。

（6）浇注系统凝料体积计算

1）主流道与主流道冷料穴凝料体积

$$V_{主}=V_{锥}+V_{冷}=\frac{\pi L}{12}(D_0^2+D_0d_0+d_0^2)+\frac{\pi d^2}{4}\times1.5d$$

$$=\frac{100\pi}{12}\times(8.5^2+8.5\times6+6^2)\text{mm}^3+\frac{\pi\times10^2}{4}\times15\text{mm}^3=4167\text{mm}^3+1177.5\text{mm}^3=5344.5\text{mm}^3 \tag{6-52}$$

2）分流道凝料体积。梯形分流道凝料体积

$$V_{梯}=2\times\left[\frac{(7+5.6)}{2}\times5\times55\right]\text{mm}^3=2\times1732.5\text{mm}^3=3465\text{mm}^3 \tag{6-53}$$

3）浇口凝料体积。$V_{浇}$ 很小，可取为0。

4）浇注系统凝料体积

$$V_{总}=V_{主}+V_{梯}+V_{浇}=(5344.5+3465+0)\,\mathrm{mm}^3\approx 8.8\mathrm{cm}^3 \tag{6-54}$$

该值小于前面对浇注系统凝料的估算（约为 29.836cm^3），所以前面有关浇注系统的各项计算与校核符合要求，不需重新设计计算。

（7）浇注系统各截面流过熔体的体积计算

1）流过浇口的体积

$$V_G=V_{塑}=74.59\mathrm{cm}^3 \tag{6-55}$$

2）流过分流道的体积

$$V_R=V_{塑}+V_{梯}/2=(74.59+3.465/2)\,\mathrm{cm}^3\approx 76.3\mathrm{cm}^3 \tag{6-56}$$

3）流过主流道的体积

$$V_S=2V_R+V_{主}=(2\times 76.3+5.3)\,\mathrm{cm}^3\approx 158\mathrm{cm}^3 \tag{6-57}$$

（8）普通浇注系统截面尺寸的计算与校核

1）确定适当的剪切速率 $\dot{\gamma}$。根据经验（ABS 塑料的流动性），浇注系统各段的 $\dot{\gamma}$ 取以下值，所成型塑件质量较好。

① 主流道、分流道　$\dot{\gamma}_S=5\times 10^2\sim 5\times 10^3\mathrm{s}^{-1}$

② 侧浇口最大剪切速率（见表 2-8）　$\dot{\gamma}_G\leqslant 5\times 10^4\mathrm{s}^{-1}$

2）确定体积流率 q（浇注系统中各段的 q 值是不相同的）。

① 主流道体积流率 q_S。因塑件并不大，且为一模两腔，所需注射塑料熔体的体积也因此不是太大，而主流道尺寸由于和注射机喷嘴孔直径相关联，其直径并不小，因此主流道体积流率并不大，取 $\dot{\gamma}_S=2\times 10^3\mathrm{s}^{-1}$，代入得

$$q_S=\frac{\pi}{4}R_S^3\dot{\gamma}_S=\frac{\pi}{4}\times 0.36^3\times 2\times 10^3\mathrm{cm}^3/\mathrm{s}=73.25\mathrm{cm}^3/\mathrm{s} \tag{6-58}$$

式中，R_S 为主流道平均半径（cm），约为$\dfrac{(6+8.5)/2}{2}\times 10^{-1}\mathrm{cm}=0.36\mathrm{cm}$。

② 浇口体积流率 q_G。侧浇口用适当的剪切速度 $\dot{\gamma}_G=5\times 10^4\mathrm{s}^{-1}$代入得

$$q_G=\frac{\pi R_n^3\dot{\gamma}_G}{3.3}=\frac{3.14\times 0.089^3\times 5\times 10^4}{3.3}\mathrm{cm}^3/\mathrm{s}=33.54\mathrm{cm}^3/\mathrm{s} \tag{6-59}$$

式中，R_n 为侧浇口的当量半径，$R_n=\sqrt[3]{\dfrac{2A^2}{\pi L}}=\sqrt[3]{\dfrac{2\times(0.1\times 0.3)^2}{2\times(0.3+0.1)\pi}}\mathrm{cm}=0.089\mathrm{cm}$。

3）注射时间（充模时间）的计算。

① 模具充模时间

$$t_S=\frac{V_S}{q_S}=\frac{158}{73.25}\mathrm{s}=2.16\mathrm{s} \tag{6-60}$$

式中，q_S 为主流道体积流率；V_S 为模具成型时所需塑料熔体的体积（cm^3）；t_S 为注射时间（s）。

② 单个型腔充模时间

$$t_G=\frac{V_G}{q_G}=\frac{74.59}{33.54}\mathrm{s}=2.22\mathrm{s} \tag{6-61}$$

③ 注射时间

$$t=t_S/3+2t_G/3=(2.16/3+2\times2.22/3)\,s=2.2s \tag{6-62}$$

根据表 6-4 可知，本注射机的最大注射速率为 173g/s，而现在 2.2s 内仅注射 158g，所以注射时间是符合要求的，所选时间合理。

4）校核各处剪切速率

① 侧浇口剪切速率

$$\dot{\gamma}_G=\frac{3.3q_G}{\pi R_n^3}=\frac{3.3\times33.54}{3.14\times0.089^3}s^{-1}=5\times10^4s^{-1}=5\times10^4s^{-1}\quad 合理 \tag{6-63}$$

② 分流道剪切速率

$$\dot{\gamma}_R=\frac{3.3q_R}{\pi R_n^3}=\frac{3.3\times34.68}{3.14\times0.3^3}s^{-1}=1.35\times10^3s^{-1}>5\times10^2s^{-1}\quad 合理 \tag{6-64}$$

式中，$q_R=\frac{V_R}{t}=\frac{76.3}{2.2}cm^3/s=34.68cm^3/s$；$R_n$ 为分流道截面积的当量半径（cm），从式（6-50）的计算可知 $R_n=0.3cm$。

③ 主流道剪切速率

$$\dot{\gamma}_S=\frac{3.3q_S}{\pi R_S^3}=\frac{3.3\times71.8}{\pi\times0.36^3}s^{-1}=1.617\times10^3s^{-1}在 5\times10^2\sim5\times10^3s^{-1}之间\quad 合理 \tag{6-65}$$

式中，q_S 为实际主流道体积流量，$q_S=\frac{V_S}{t}=\frac{158}{2.2}cm^3/s=71.8cm^3/s$。

分析：从上面计算结果得知，浇口处剪切速率基本达到极限值，在试模时若存在成型问题，可调整注射速率（适当延长注射时间）来达到要求，也可以适当加宽浇口的尺寸来达到要求。R_S 是取自主流道的平均半径。

3. 模具成型零部件结构设计和计算

模具中决定塑件几何形状和尺寸的零件称为成型零件，包括凹模、型芯、镶块、成型杆等。成型零件工作时，直接与塑料接触，存在塑料熔体的高压料流的冲刷，脱模时与塑件发生摩擦。因此，成型零件要求有正确的几何形状，较高的尺寸精度和较低的表面粗糙度值。此外，成型零件还要求结构合理，有较高的强度、刚度及较好的耐磨性能和良好的抛光性能。

（1）成型零件的尺寸计算　此弧形盖板为普通精度塑件，尺寸精度要求不太高，在模具三维设计时，给塑件放一个收缩率就基本可以了。但对塑件上有公差要求或者需要配合的尺寸，不能简单地放一个收缩率，而是要用计算后的尺寸对模型相对应的尺寸进行修改(增大或者减小)，对型腔的各个结构尺寸基本上都不进行计算。而在学校进行设计时，主要是让学生在理论上掌握计算方法，所以还是要做一些计算。塑件精度等级按 GB/T 14486—2008 执行，ABS 一般精度取 MT3 级，计算中按相应公差来查取，采用平均值法来计算。

1）型腔长度尺寸

$$\begin{aligned}L_{M1}&=[(1+S_{cp})L_{s1}-x\Delta]_{0}^{+\delta_z}=[(1+0.006)\times170-0.56\times0.78]_{0}^{+0.100}mm\\&=170.583_{0}^{+0.100}mm=170_{+0.583}^{+0.683}mm\end{aligned} \tag{6-66}$$

式中，S_{cp} 为塑件平均收缩率（为 0.6%）；L_{s1} 为塑件外形长边尺寸（为 170mm）；x 为修正系数（取 0.56），见表 2-10；Δ 为塑件公差值（取 0.78）；δ_z 为制造公差（取 0.100）。

2）型腔宽度尺寸

$$L_{M2}=[(1+S_{cp})L_{s2}-x\Delta]_{0}^{+\delta_z}=[(1+0.006)\times120-0.58\times0.58]_{0}^{+0.087}\text{mm} = 120.384_{0}^{+0.087}\text{mm}=120_{+0.384}^{+0.471}\text{mm} \tag{6-67}$$

式中，L_{s2} 为塑件外形宽度尺寸（为 120mm）；x 为修正系数（取 0.58），见表 2-10；Δ 为塑件公差值（取 0.58mm）；δ_z 为制造公差，见表 2-11（取 0.087mm）；其余同上。

3）型腔深度尺寸

$$H_M=[(1+S_{cp})H-x\Delta]_{0}^{+\delta_z}=[(1+0.006)\times60-0.65\times0.40]_{0}^{+0.074}\text{mm}=60.1_{0}^{+0.074}\text{mm}=60_{+0.100}^{+0.174}\text{mm} \tag{6-68}$$

式中，H 为塑件底面到分型面顶面最大尺寸（为 60mm）；x 为修正系数（取 0.65）；Δ 为塑件公差值（取 0.4mm）；δ_z 为制造公差，见表 2-11（取 0.074mm）。

型芯尺寸计算从略。

（2）成型零件的创建　在分型面和浇口位置确定以后，采用 UG11.0 的注塑模向导进行分模（分型面）设计，然后创建模具体积块和切割侧型芯等。分模以后的型腔和型芯，通过有关软件可自动生成数控加工程序，从而可实现无图化生产，这样大大提高了工作效率和模具的制造精度。以下简介本模的分模过程。

1）初始化项目，打开注塑模向导工具，单击“初始化项目”对塑件进行项目初始化，按“确定”按钮，如图 6-27 所示。

图 6-27　初始化项目

2）锁定模具坐标，单击“模具 CSYS”按钮，按“当前 WCS”设定模具坐标，如图 6-28 所示。

3）设置收缩率。单击“收缩率”按钮，设置收缩率，取 ABS 的平收缩率为 1.006，如图 6-29 所示。

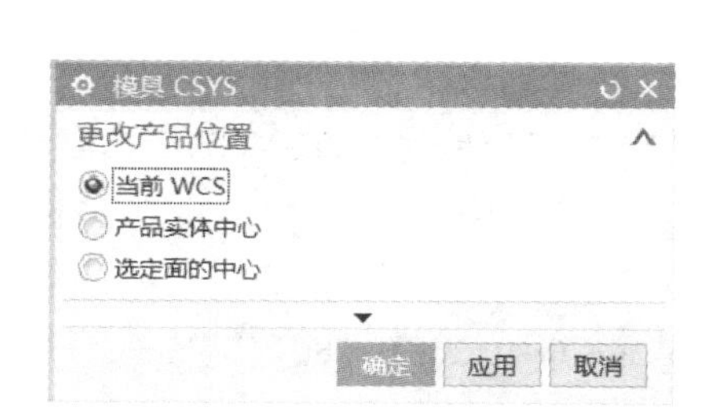

图 6-28　建立模具中心坐标系

图 6-29　设置收缩率

对塑件尺寸没有精度要求或配合要求的模具，设置收缩率就可以了，而对于有尺寸精度要求和配合要求的塑件的模具还应考虑型腔、型芯的磨损以及今后多次修磨应留的余量，对于这些重要尺寸需要按前述的计算结果对相应尺寸进行修改。

4）创建毛坯。单击“工件”按钮，创建用于定义型芯型腔的工件，如图 6-30 所示。

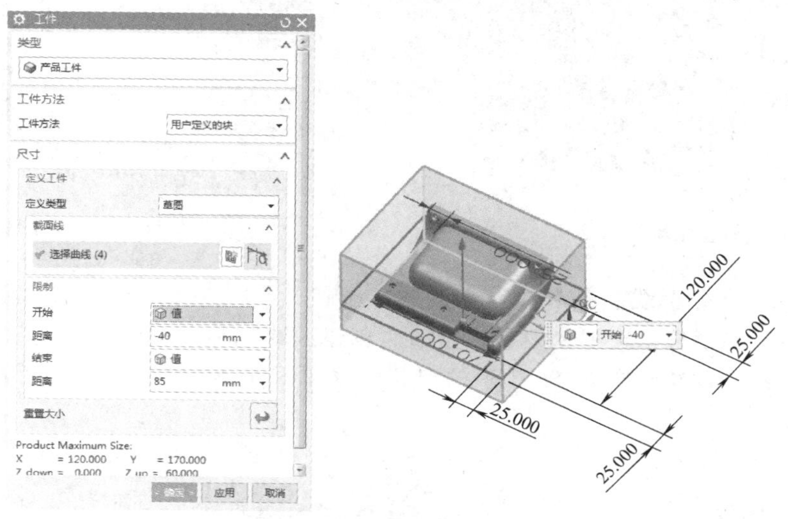

图 6-30　创建毛坯

5）设置区域

① 单击“检查区域”按钮，系统弹出图 6-31 所示的“检查区域”对话框，同时模型被加亮，并显示脱模方向为 Z 向（图 6-32）。单击“计算”按钮，系统开始对产品模型进行分析计算。

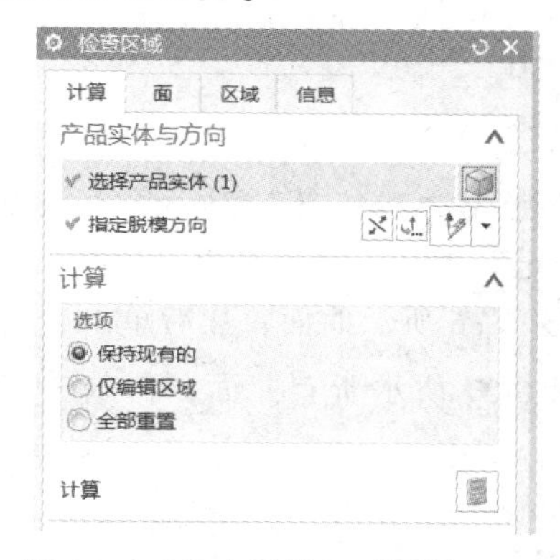

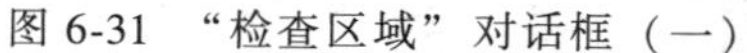

图 6-31　“检查区域”对话框（一）

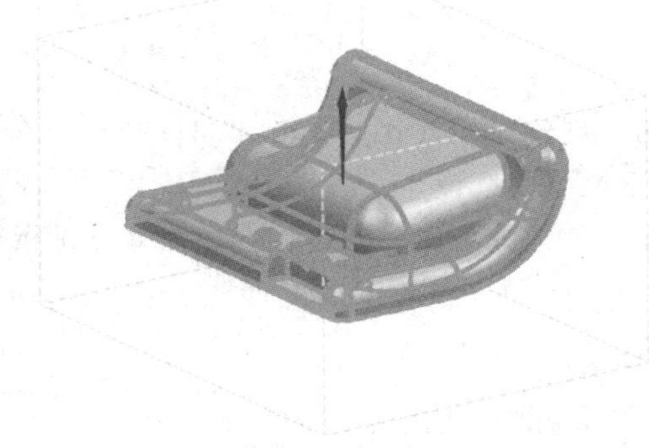

图 6-32　开模方向

② 在“检查区域”对话框（一）中单击“区域”选项卡，系统弹出图 6-33 所示“检查区域”对话框（二），然后单击“设置区域颜色”按钮，勾选“未定义区域”中的“交叉竖直面”和“未知的面”。

在“指派到区域”中选择“型腔区域”，把曲面指派到型腔区域，单击“应用”按钮。

在“指派到区域”中选择“型芯区域”，选中图 6-34 所示的面，把选定的曲面从型腔区域指派到型芯区域，单击“应用”按钮。单击“取消”按钮退出检查区域。

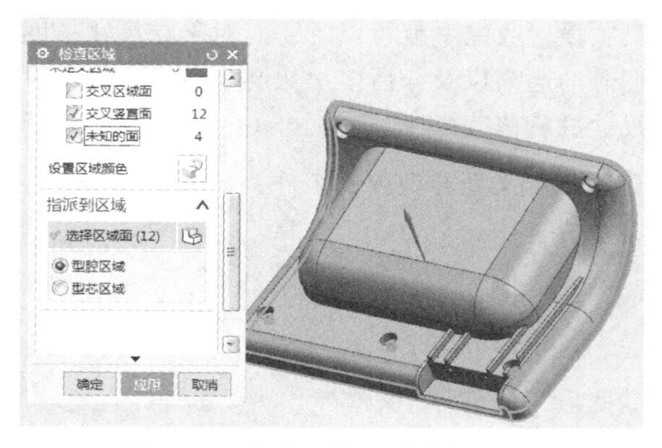

图 6-33　“检查区域”对话框（二）

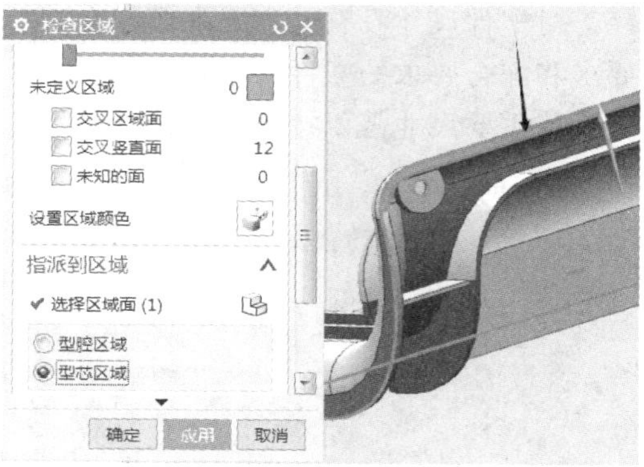

图 6-34　指派到型芯的面

③ 创建区域和分型线。单击“定义区域”按钮，系统弹出“定义区域”对话框。在“定义区域”对话框中选中“设置”里的“创建区域”和“创建分型线”复选框，再单击“确定”按钮，创建出图 6-35a 所示的型腔区域和图 6-35b 所示的型芯区域以及图 6-35c 所示的分型线。

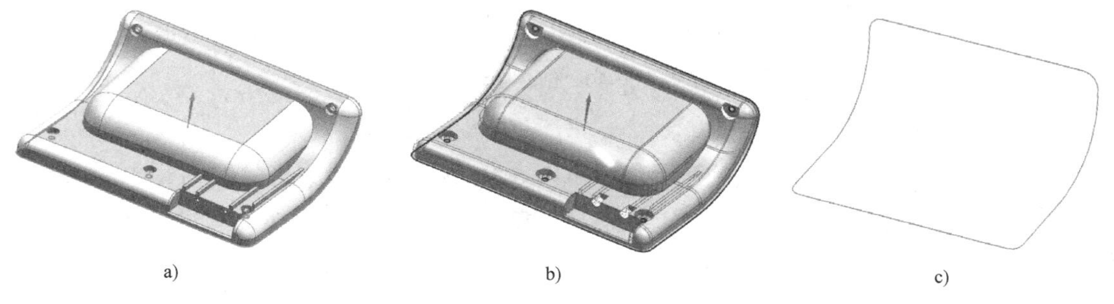

图 6-35　型腔、型芯区域及分型线
a）型腔区域　b）型芯区域　c）分型线

6）创建曲面补片。单击“曲面补片”按钮，系统弹出“边修补”对话框。在类型选择下拉菜单选择体，单击图形实体模型，然后单击“确定”按钮，完成曲面补片。

7）创建分型面。通过拉伸命令，分别选择边线创建图 6-36 所示曲面；然后单击“分型刀具”里的“编辑分型面和曲面补片”按钮，选择图 6-37 所示所有曲面，再单击“确定”按钮。

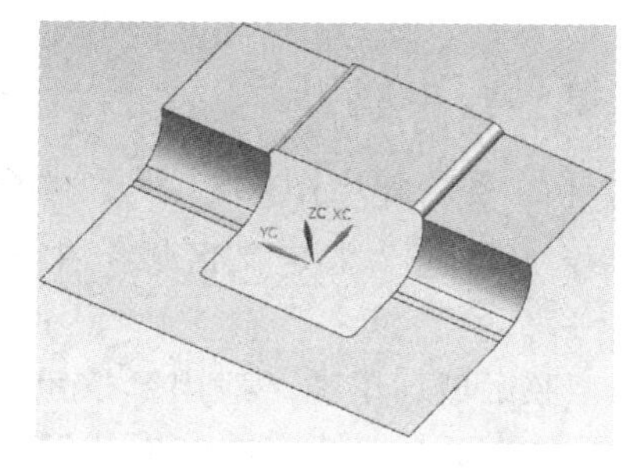

图 6-36　创建分型面

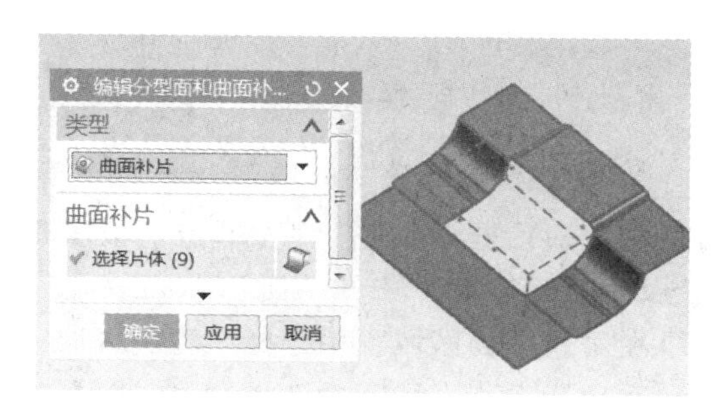

图 6-37　创建分型面

8）创建型腔和型芯。单击“定义型腔和型芯”按钮，在“选择片体”区域下选择“型腔区域”，单击“应用”按钮完成型腔的创建，如图 6-38 所示，按“确定”按钮返回“定义型腔和型芯”对话框。在“选择片体”区域下选择“型芯区域”，按“确定”按钮完成型芯的创建，如图 6-39 所示。

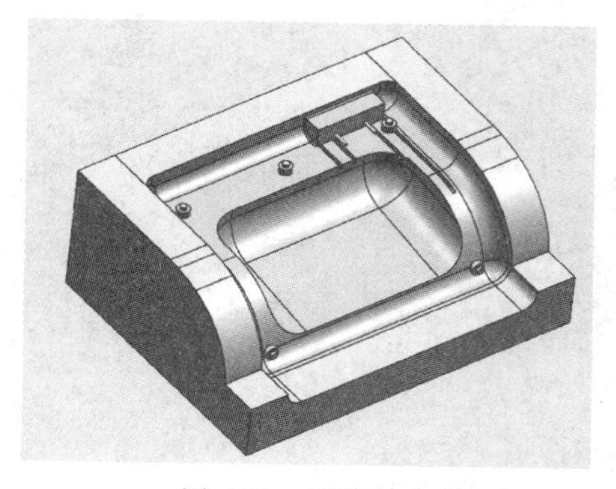

图 6-38　型腔创建

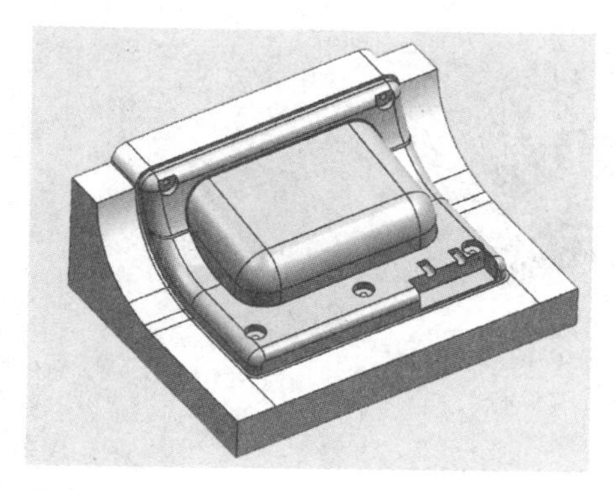

图 6-39　型芯创建

9）创建滑块。

① 选择下拉菜单“窗口”，分别选择型芯零件和型腔零件进行编辑，通过“拉伸”创建如图 6-40 所示实体。

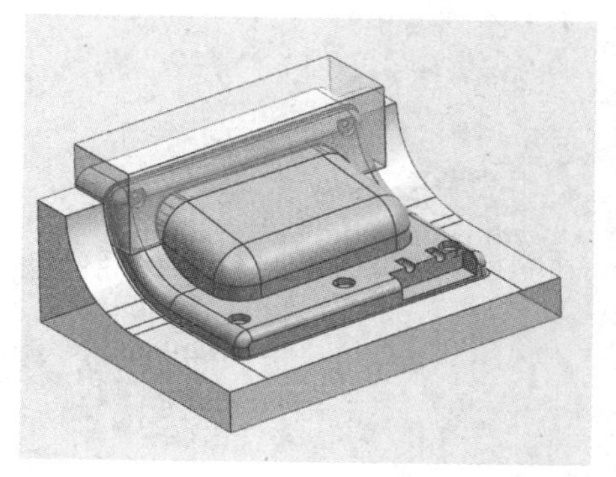

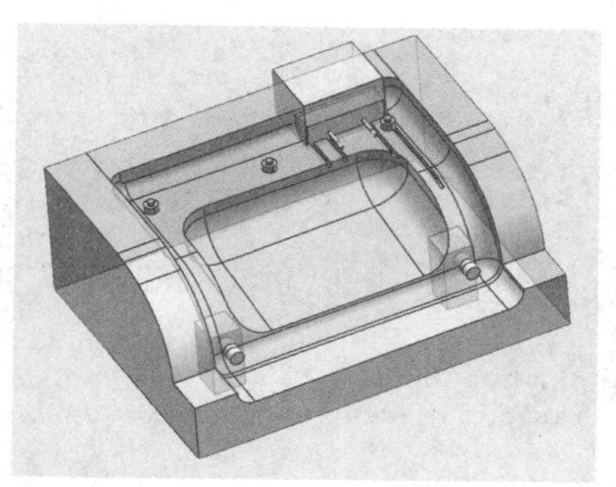

图 6-40　创建滑动体方块

② 利用“求差”命令修剪滑块，同时利用“移除参数”命令，移除参数，手动将不需要的部分删除，创建滑块，如图 6-41 所示。

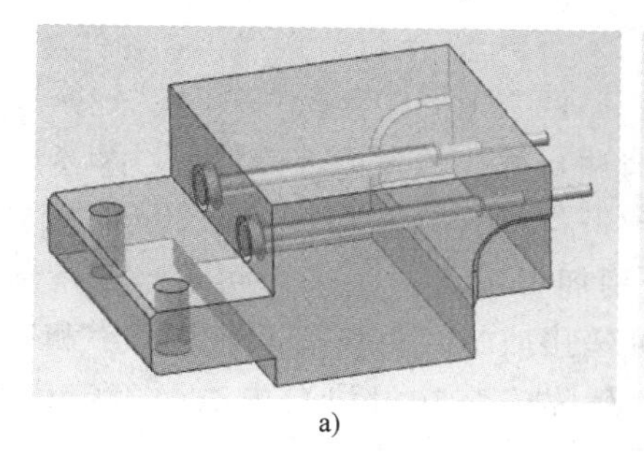

a)

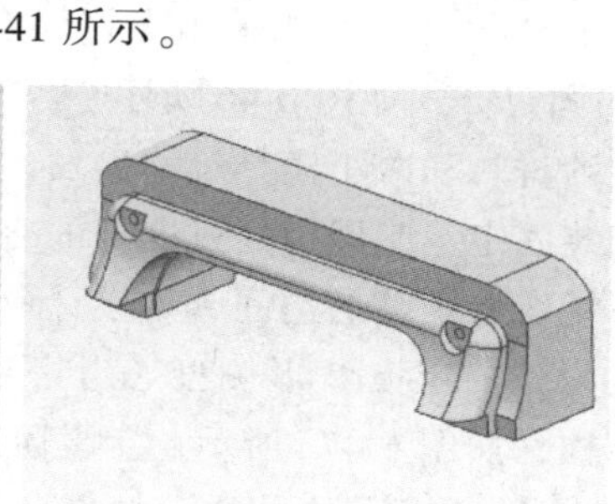

b)

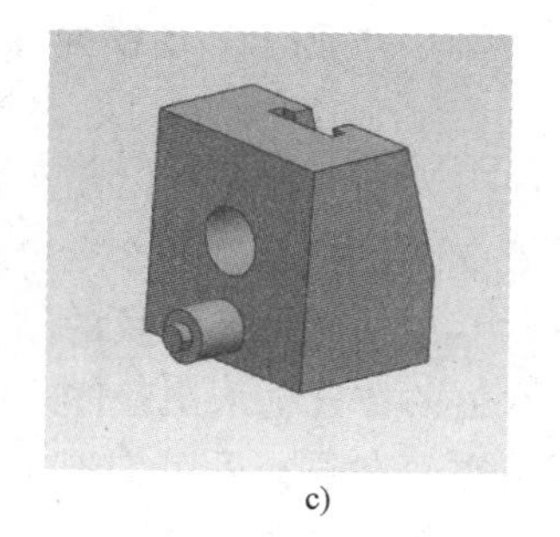

c)

图 6-41　创建滑块

a）滑块Ⅰ　b）滑块Ⅱ　c）滑块Ⅲ

③ 分割动定模嵌件。此前分割出来的动定模嵌件包含了滑块部分，需要将滑块部分切除，以防塑件脱模不成功。利用“求差”命令修剪动、定模嵌件，得到最终的动、定模嵌件，如图 6-42 所示。

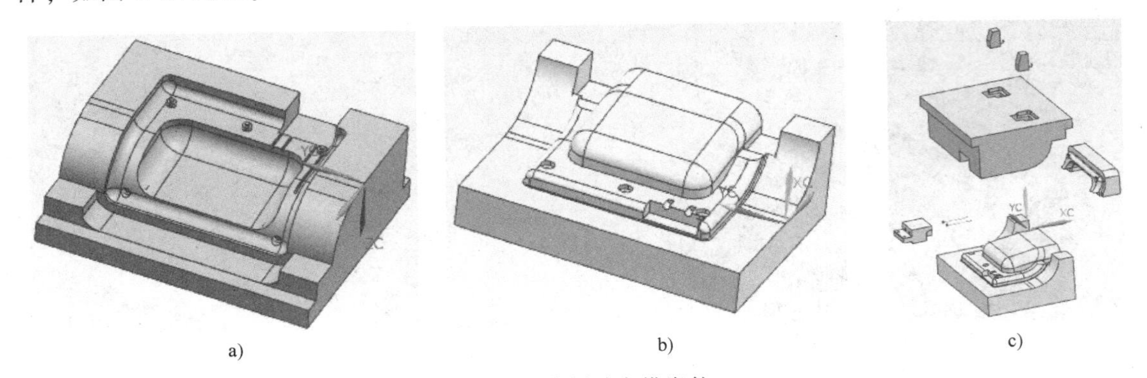

图 6-42　分割动定模嵌件

a）定模嵌件　b）动模嵌件　c）动、定模嵌件及侧型芯分模示意图

10）建立第二腔。单击“型腔布局”按钮，弹出“型腔布局”对话框如图 6-43 所示，选择“线性”，“Y 向型腔数”选为 2，单击“开始布局”按钮，完成型腔布局。一模两腔的嵌件部分如图 6-44 所示。

图 6-43　“型腔布局”对话框

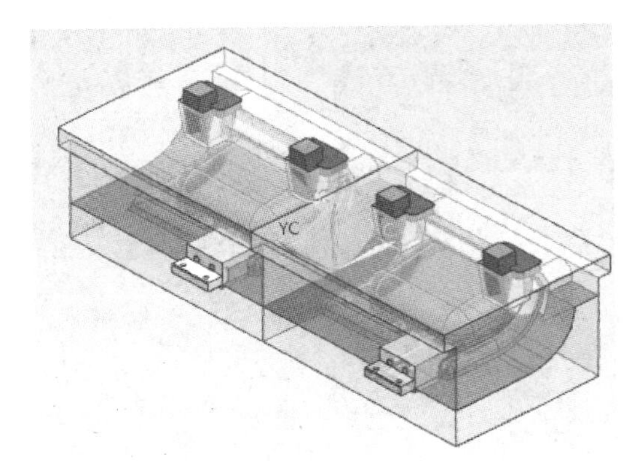

图 6-44　一模两腔的嵌件部分

11）嵌件的固定方式。嵌件的固定方式采用螺钉固定，定模嵌件（型腔）的固定方式如图 6-45 所示，动模嵌件的固定方式如图 6-46 所示。

对于嵌件的尺寸，从节约材料和减小模具尺寸出发，嵌件的值取小一些比较好。但实际中因为要考虑冷却因素及安装固定，又因为经过嵌件的冷却系统比经过嵌件外部的冷却系统效率高，所以为了给冷却系统留有足够的空间，该设计取嵌件的长宽为 510mm×180mm。

12）侧抽芯滑块的结构设计。定模 U 形侧型芯考虑到加工工艺（装夹等问题）和冷却水道的布置，采用整体式结构，如图 6-47a 所示。定模阶梯孔抽芯因距离短、抽芯力小和安装空间有限，采用 T 形槽既抽芯又锁紧的结构，抽芯完后靠安装在滑块孔内的弹簧定位，型芯与滑块也应采用镶嵌式，如图 6-47b 所示。动模两个小孔的抽芯因型芯比较长，在滑块上直接做出型芯来不符合模具制造工艺，必须采用嵌件的结构，因此采用小型芯装到成型块上，成型块再镶嵌到滑块上，如图 6-47c 所示。

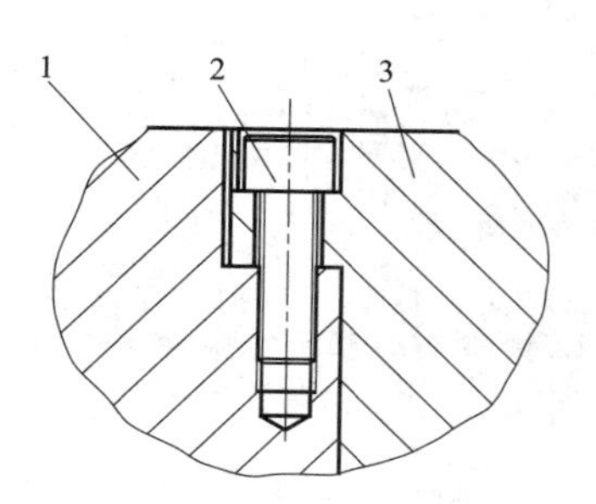

图 6-45　定模嵌件固定方式
1—定模板　2—螺钉　3—定嵌件

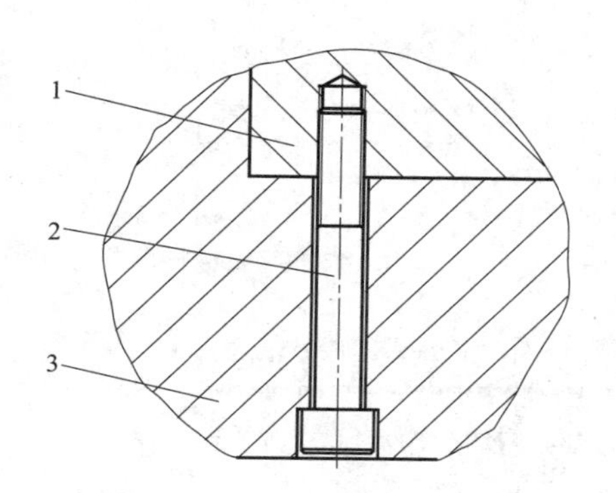

图 6-46　动模嵌件固定方式
1—动嵌件　2—螺钉　3—动模板

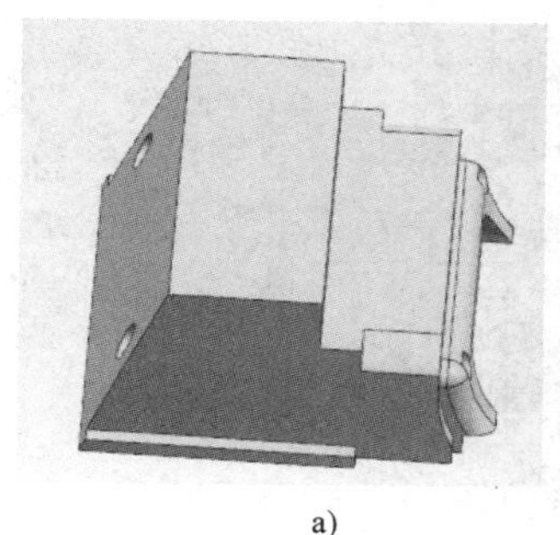
a)

b)

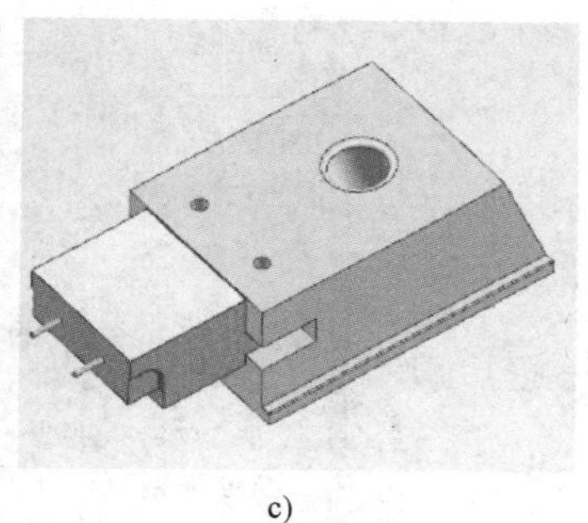
c)

图 6-47　侧型芯滑块的结构
a）定模 U 形侧型芯滑块 Ⅰ　b）定模阶梯孔抽芯滑块 Ⅱ　c）动模小孔侧型芯滑块

4. 模架的确定和标准件的选用

（1）模架规格的确定　本设计采用 UG11.0 中的 HB_ MOULD 外挂提供的龙记模架，它是现在全国各地模具产业地区所采用的。根据模具型腔的布局和动定模仁的尺寸可算出动定模仁所占平面尺寸为 210mm×510mm。但是本设计中有 2 个方向侧向分型，需要占用一定的空间，通过 UG11.0 三维建模，最终根据结构设计需要取龙记 GCI 型模架，查表 7-4 得 $W\times L=450\text{mm}\times700\text{mm}$ 及各板的厚度尺寸。

（2）模架调用　由前面型腔的布局以及相互的位置尺寸，再根据成型零件尺寸结合标准模架，选用结构形式为龙记 GCI 型、模架尺寸为 450mm×700mm 的标准模架，可符合要求。

1）单击 HB_ MOULD 下拉菜单中的“程序菜单 2”，弹出“HB_ MOULD”对话框，如图 6-48 所示。

2）在“HB_ MOULD”对话框中，单击模胚系列中的第一个图标（龙记模架），弹出“龙记模胚”对话框，如图 6-49 所示。

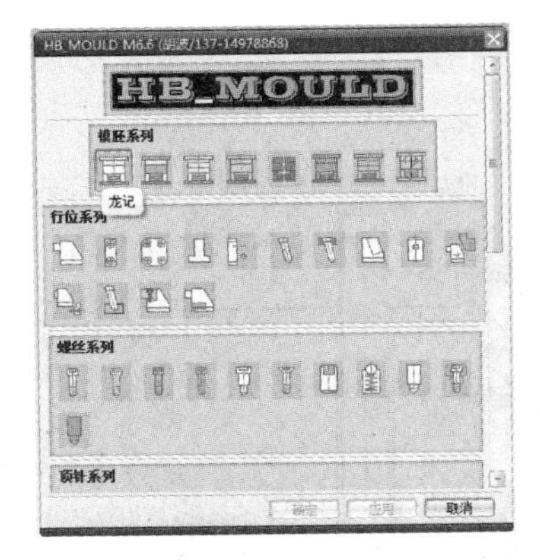

图 6-48　“HB_ MOULD”对话框

图 6-49　“龙记模胚”对话框

3）由前面型腔的布局以及相互的位置尺寸，再根据成型零件尺寸结合标准模架，选用模架尺寸为 450mm×700mm 的标准模架，可符合要求。在“龙记模胚”对话框中，单击“新建模胚”按钮，弹出“龙记标准模胚”对话框，如图 6-50 所示，并按照模架要求更改参数。

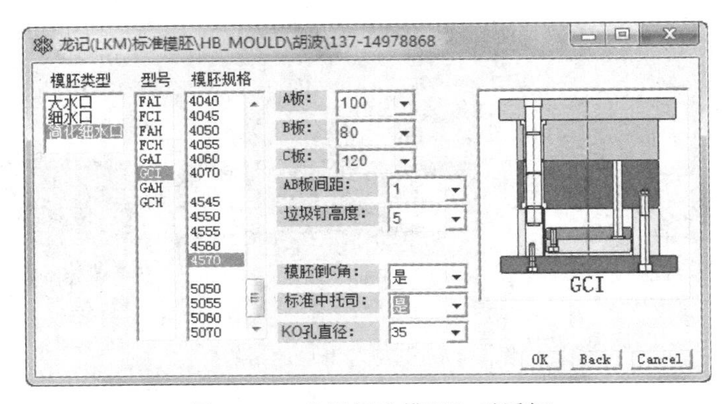

图 6-50　“龙记标准模胚”对话框

4）设置完以上参数就可以调出龙记 GCI 型标准模架，如图 6-51 所示。

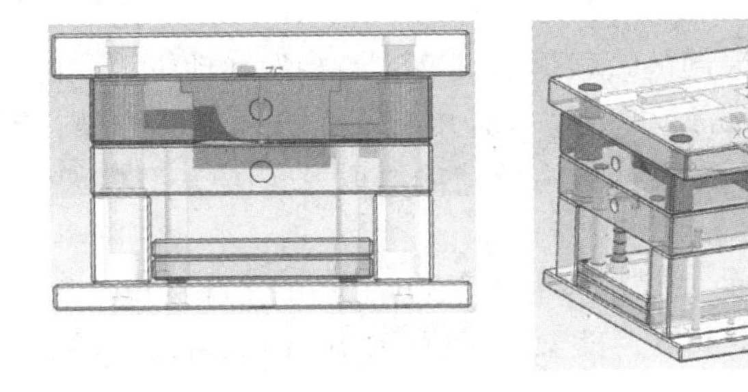

图 6-51　标准模架调用结果图

模具上所有的螺钉尽量采用内六角螺钉；模具外表面尽量不要有凸出部分；模具外表面应光洁，加涂防锈油。动定模分型面（公母模板）之间应有分模间隙（单边为 0.5mm），以便嵌件能完全贴合。动模板的四个角上设有开模隙，即在装配、调试、维修过程中，可以方便地分开两块模板。各板的尺寸如下：

① 定模座板（H_4——上固定板）550mm×700mm，厚 60mm。定模座板就是模具与注射机固定模板安装时相连接的板，材料为 45 钢（S55C）。因该模具需要定模抽芯，所以在定模座板有斜导柱、楔紧块、凸 T 形滑块与之相连接，均采用 H7/k6 配合来安装定位。

定位圈通过 4 个 M6 的内六角圆柱头螺钉与其连接；定模座板与浇口套采用 H7/g6 配合。

② 定模板（A 板——母模板）450mm×700mm，厚 100mm。定模板用于固定定模小嵌件、导套、动模抽芯的斜导柱，另外还要安装定模 U 形侧型芯滑块Ⅰ、定模阶梯孔抽芯滑块Ⅱ。定模板用 45 钢制成，调质后硬度为 230~270HBW。

定模板上的导套孔与导套采用 H7/k6 配合；定模板与定模嵌件采用 H7/m6 配合。滑块与压板采用 H7/f7 间隙配合。

③ 动模板（B 板——公模板）450mm×700mm，厚 80mm。动模板既有固定动模嵌件、导套、滑块的作用，又承受型腔、型芯或推杆等的压力，因此它要具有较好的力学性能。所以用材料 45 钢较好，调质后硬度为 230~270HBW。

动模板上的导套孔与导套采用 H7/k7 配合；其推杆孔与推杆非配合段单边间隙为 0.5mm；其动模嵌件上的推杆孔与推杆封胶段采用 H8/f8 配合。

④ 垫块（C 块——模脚）78mm×700mm，高度 120mm

a. 垫块的主要作用是在动模座板与支承板之间形成推出机构的动作空间，或是调节模具的总厚度，以适应注射机的模具安装厚度要求。

b. 结构形式，可以是平行垫块或拐角垫块，该模具采用平行垫块。

c. 垫块材料。垫块材料为 Q235A，也可用 HT200、球墨铸铁等。该模具垫块采用 Q235A 制造。

d. 垫块的高度 h 校核

$$h=h_1+h_2+s+\delta=(30+25+40+5)\text{mm}=100\text{mm}<120\text{mm}\quad\text{符合要求}\tag{6-69}$$

式中，h_1 为推板厚度（H_6）；h_2 为推杆固定板厚度（H_5）；s 为推出行程；δ 为推出行程富余量。

⑤ 动模座板（H_1——下固定板）550mm×700mm，厚 35mm。动模座板的材料为 45 钢（S55C），其上的注射机顶杆孔为 ϕ35mm。其上的推板导柱孔与推板导柱采用 H7/h6 配合。

⑥ 推板（H_6——下顶出板）290mm×700mm，厚 30mm。推板的材料为 45 钢（S55C）。其上的推板导套孔与推板导套采用 H8/f9 配合，用 4 个 M12 的内六角圆柱头螺钉与推杆固定板固定。

⑦ 推杆固定板（H_5——回针板）290mm×700mm，厚 25mm。推杆固定板的材料为 45 钢（S55C）。其上的推板导套孔与推板导套采用 H7/k6 配合；复位杆孔与复位杆、推杆孔与推杆均采用单边间隙为 0.5mm 配合。

注：以上括号内的零件名称和材料是工厂中常用名称和材料。

5. 合模导向机构的设计

注射模的导向机构主要有导柱导向和锥面定位两种类型。导柱导向机构用于动、定模之间的开合模导向和脱模机构的运动导向。锥面定位机构用于动、定模之间的精密对中定位。该模具采用标准模架，模架本身带有导向装置（导柱导向机构）做模具的粗定位。本模具成型的弧形盖板因分型面是一个倾斜的弧形面，成型时动、定模承受的侧向压力较大，在内模嵌件上做出锥形定位面（管位机构）比较困难，为了使合模更准确，提高模具使用寿命，使塑件分型线处没有错模痕迹，需采用精密导向定位装置，因此选用锥面定位块做精定位。

（1）精定位块的选型和布置　根据表 7-41，选用 7 套锥面精定位块，型号为 ZDK75 四套、ZDK100 三套，如图 6-52 所示。在充分考虑到导柱、复位杆、限位拉杆、侧抽芯滑块和滑块压板等零件在分型面布置后，锥面精定位块在分型面的布置如图 6-53 所示。

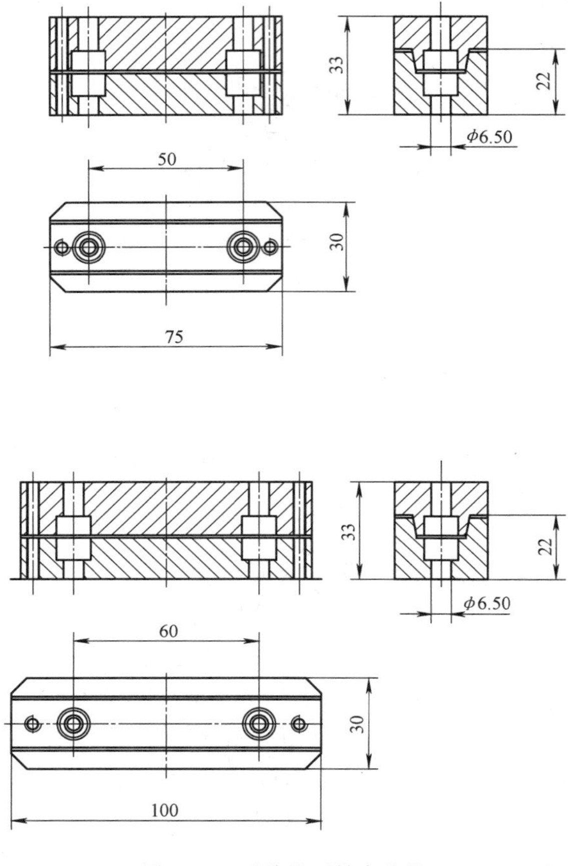

图 6-52　两种锥面精定位块

（2）推板导柱与导套设计　该套模具采用推板导柱固定在动模座板上的形式，前端伸入动模板 15mm（见总装图图 8-1、图 8-2）。对于本套模具，导柱主要对推出系统起导向作用。该模具设置了 4 套推板导柱与导套，它们之间采用 H7/f6 配合，其形状与尺寸配合如图 6-54 所示。

（3）支承柱的设计　支承柱能起到减小模板厚度、改善模板受力状况、提高模板刚度的作用。用螺钉固定在动模座板上，材料为 45 钢。本模具设计若干根支承柱，直径为 60mm，如图 6-55 所示。

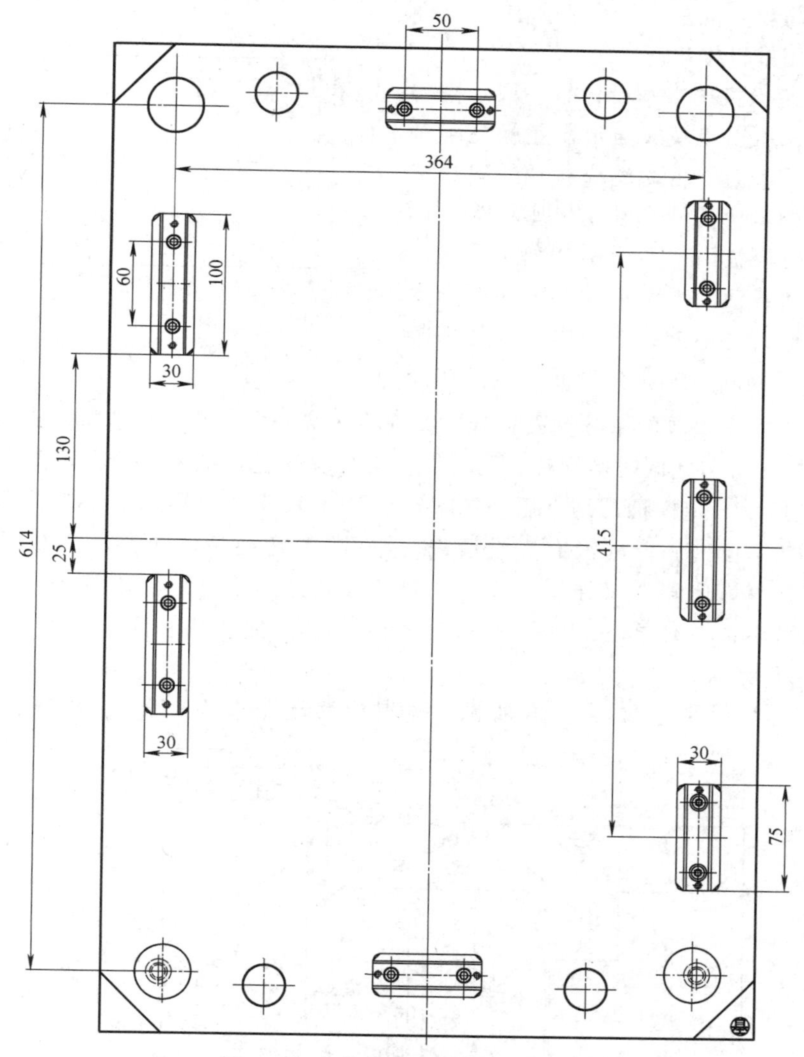

图 6-53　定位块在分型面上的布置

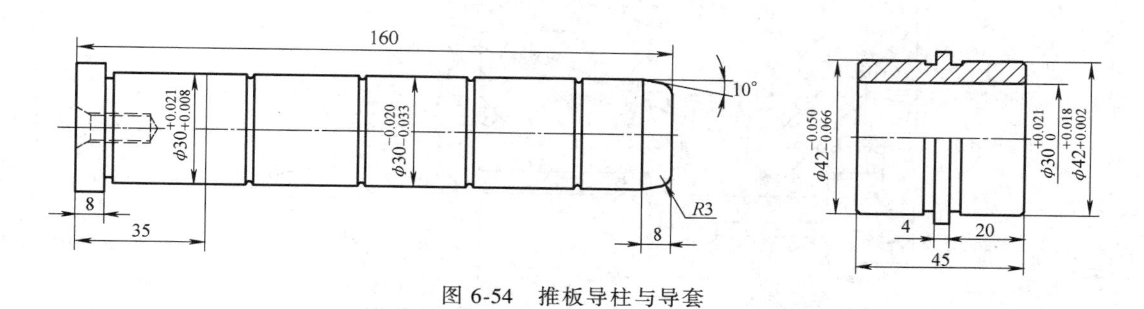

图 6-54　推板导柱与导套

6. 脱模推出机构的设计

注射成型每一循环中，浇注系统凝料、塑件必须准确无误地从模具的流道、凹模中或型芯上脱出，完成脱出凝料和塑件的装置称为脱模机构，也常称为推出机构。本套模具的推出机构形式较为简单。浇注系统凝料采用拉料杆拉出，塑件采用推杆推出。

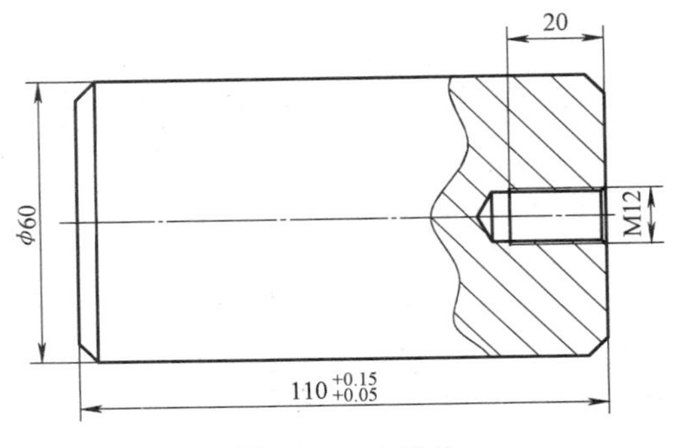

图 6-55　支承柱

（1）顺序脱出机构　本设计是一副定模需要抽芯的模具，所以定模板与定模座板之间一定要设置一个分型面，驱动滑块移动的斜导柱和带 T 形块的楔紧块需固定在定模座板上，抽芯滑块安装在定模板内，如图 6-56 所示。注射机开模时，为使各活动零件运动有序而不产生干涉，主分型面首先不能打开，本设计使用矩形拉模扣（装于模外）把主分型面拉紧。在开模力的作用下，首先模具的Ⅰ分型面打开，实现第一次分型，凸 T 形滑块 2 驱动凹 T 形滑块 4 进行小型芯抽芯，与此同时斜导柱 7 驱动侧型芯滑块 6 进行抽芯，分型距离由定距螺钉控制，如图 6-57 所示。定模抽芯结束后，在图 6-56 中滑块 4 由矩形弹簧 5 进行定位，侧型芯滑块 6 由斜导柱定位（斜导柱没有完全脱离导滑孔），定模板停止移动。在开模力的作用下，矩形拉模扣（开闭器）被强制拉开，主分型面Ⅱ打开，安装在动模板上的侧滑块 3 及侧型芯 6 和小型芯 7 在斜导柱 2 的驱动下完成侧向抽芯，抽芯结束后滑块由定位钢珠 1 进行定位，如图 6-58 所示。

（2）定模分型距离　如图 6-56 所示，侧滑块移动距离为 22mm，斜导柱安装角度为

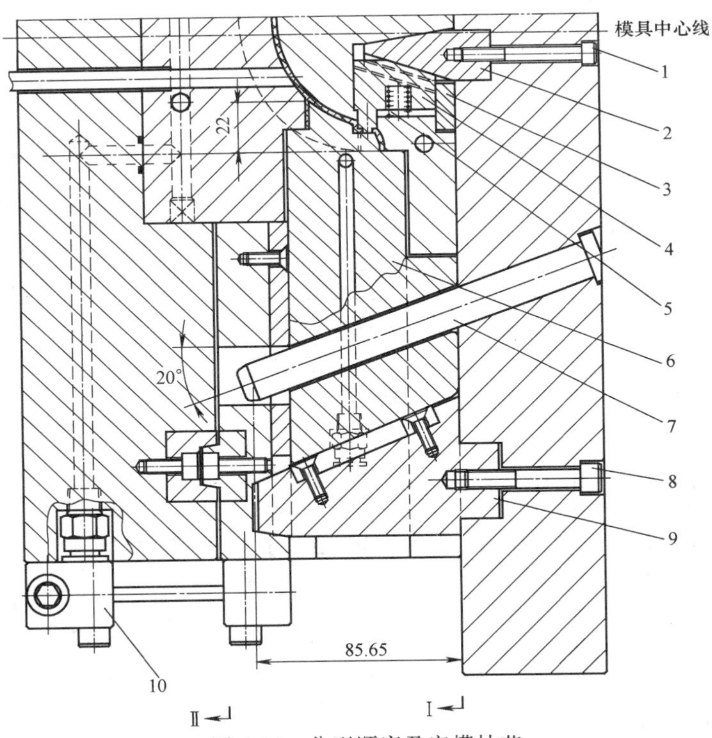

图 6-56　分型顺序及定模抽芯

1、8—内六角螺钉　2—凸 T 形滑块　3—滑块压板　4—凹 T 形滑块　5—矩形弹簧　6—侧型芯滑块　7—斜导柱　9—楔紧块　10—矩形拉模扣

20°，通过几何作图或计算可得抽芯距为 24.75mm，抽芯距符合要求，如图 6-57 所示，并且导柱在开模方向的投影长度为 85.65mm，大于 68mm，分型结束后斜导柱没有脱离滑块的斜导孔，对滑块的定位可靠。

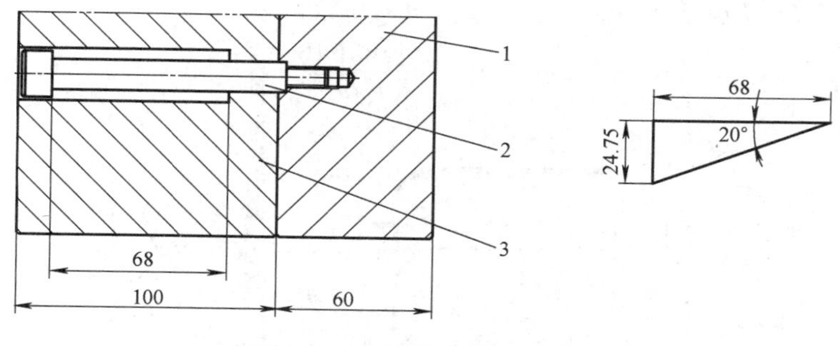

图 6-57　定模分型距离的确定

1—定模座板　2—定距螺钉　3—定模板

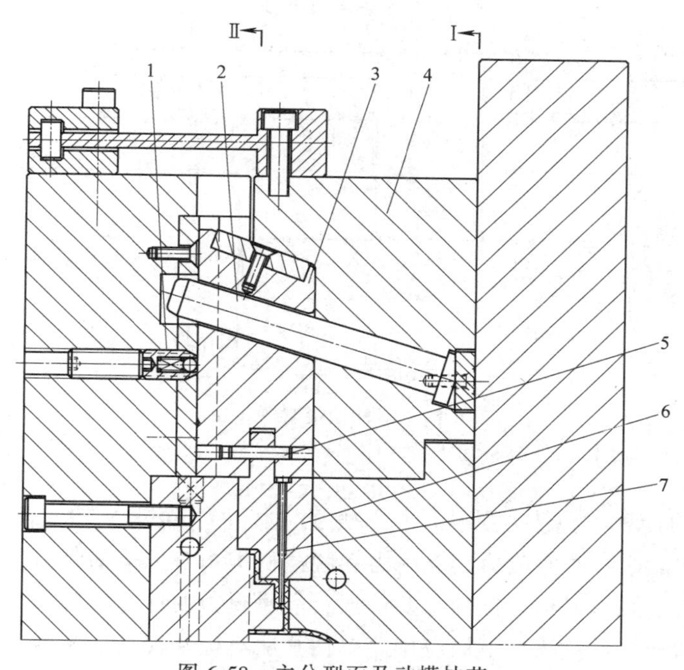

图 6-58　主分型面及动模抽芯

1—定位钢珠　2—斜导柱　3—侧滑块　4—定模板　5—圆柱销　6—侧型芯　7—小型芯

（3）塑件的推出机构

1）该模具全部采用带肩圆形推杆，根据推杆布置原则、型芯大小和可供布置推杆的空间，初步设置有 ϕ6mm、ϕ8mm 两种不同直径的规格，其中 ϕ6mm 的推杆有 1 根，ϕ8mm 的推杆有 14 根。塑件及凝料脱出机构如图 6-59 所示。

2）推杆直径与模板上的推杆孔采用 H8/f8 间隙配合。

3）通常推杆装入模具后，其端面应与型芯上表面平齐，或高出型芯上表面 0.05~0.10mm。

4）推杆与推杆固定板，通常采用径向单边 0.5mm 的间隙，推杆台肩与沉孔轴向间隙为

0.03~0.05mm，推杆可以径向游动。这样能在多推杆的情况下，不因各板上推杆孔间距的加工误差引起轴线不一致而发生卡死现象。

5）推杆的材料常用 4Cr5MoSiV1、3Cr2W8V，热处理要求硬度为 45~50HRC，工作端配合部分的表面粗糙度为 $Ra0.8\mu m$。

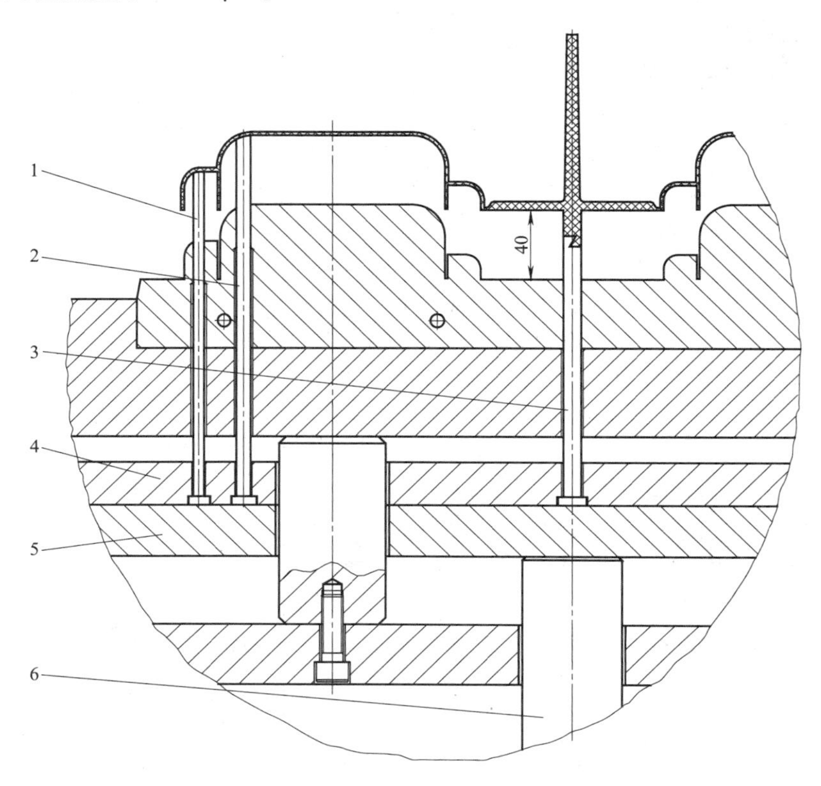

图 6-59　塑件及凝料脱出机构

1—ϕ6mm 推杆　2—ϕ8mm 推杆　3—拉料杆　4—推杆固定板　5—推板　6—顶棍

（4）脱模力的计算　脱模力是从动模一侧的主型芯上脱出塑件所需施加的外力，它包括塑件对型芯的包紧力、真空吸力、黏附力和脱模机构本身的运动阻力。

脱模力是注射模脱模机构设计的重要依据，但脱模力的计算与测量十分复杂，其计算方法有简单估算法和分析计算法。下面应用简单估算法对该套模具的脱模力进行计算。

1）第一次分型时侧型芯脱模力。当塑料熔体冷却时，会产生收缩，塑件侧凹对 U 形侧型芯有包紧力，如图 6-60 所示。脱模力的计算可简化为矩形型芯模型，因 $\lambda=\dfrac{a+b}{\pi t}=\dfrac{196}{2\pi}\geqslant 10$，所以属于薄壁不通孔塑件，因此可按式（2-37）来估算脱模力

$$F=\frac{8tES_{cp}L\cos\phi(f-\tan\phi)}{(1-\mu)K_2}+0.1A$$

$$=\left[\frac{8\times2\times2000\times0.006\times14\times\cos1°\times(0.45-\tan1°)}{(1-0.35)\times1.00785}+0.1\times2210.8\right]\text{N}=1988\text{N} \tag{6-70}$$

式中，t 为塑件壁厚，取 2mm；E 为在脱模温度下，ABS 的抗拉弹性模量，取 2×10^3MPa；S_{cp}

为塑料成型收缩率，取 0.6%；L 为塑件包紧型芯的长度，取 14mm；f 为与钢的摩擦因数，ABS 取 0.45；ϕ 为脱模斜度，取 1°；μ 为在脱模温度下塑料的泊松比，为 0.35；$K_2=1+f\sin\phi\cos\phi=1+0.45\sin1°\cos1°=1.00785$。

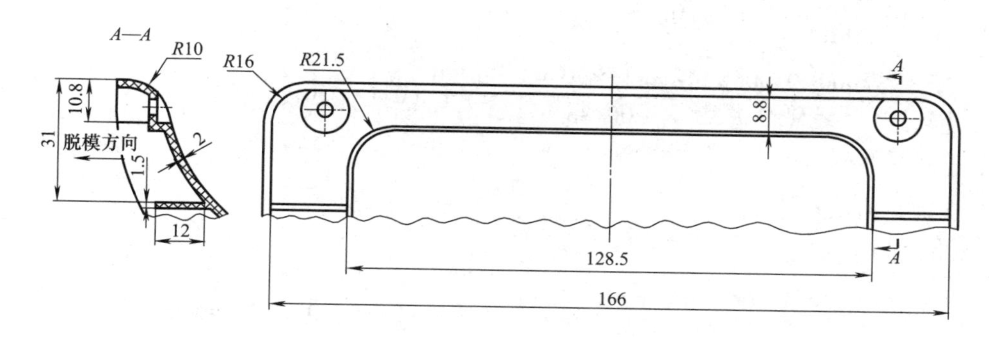

图 6-60　定模 U 形侧型芯脱模力计算

2）第二次分型时侧型芯的脱模力。当定模分型定距螺钉定距后，定模分型结束，在注射机开模力作用下矩形拉模扣被拉开，主分型面打开，动模侧型芯在斜导柱的驱动下进行抽芯。这个抽芯力由两部分组成，一部分是两个圆柱侧型芯的抽芯力，另一部分是矩形侧凹的分型及抽芯力，如图 6-58 所示。因塑件对型芯的包紧力不大，斜导柱是采用 ϕ16mm 的导柱，强度和刚度都没有问题，在此计算从略。

3）塑件推出时的脱模力。开模后塑件包紧着动模型芯，脱模力分两个部分，一是动模型芯周边的 U 形部分，二是中心的三面包紧的矩形部分，应分别进行计算，如图 6-61 所示。

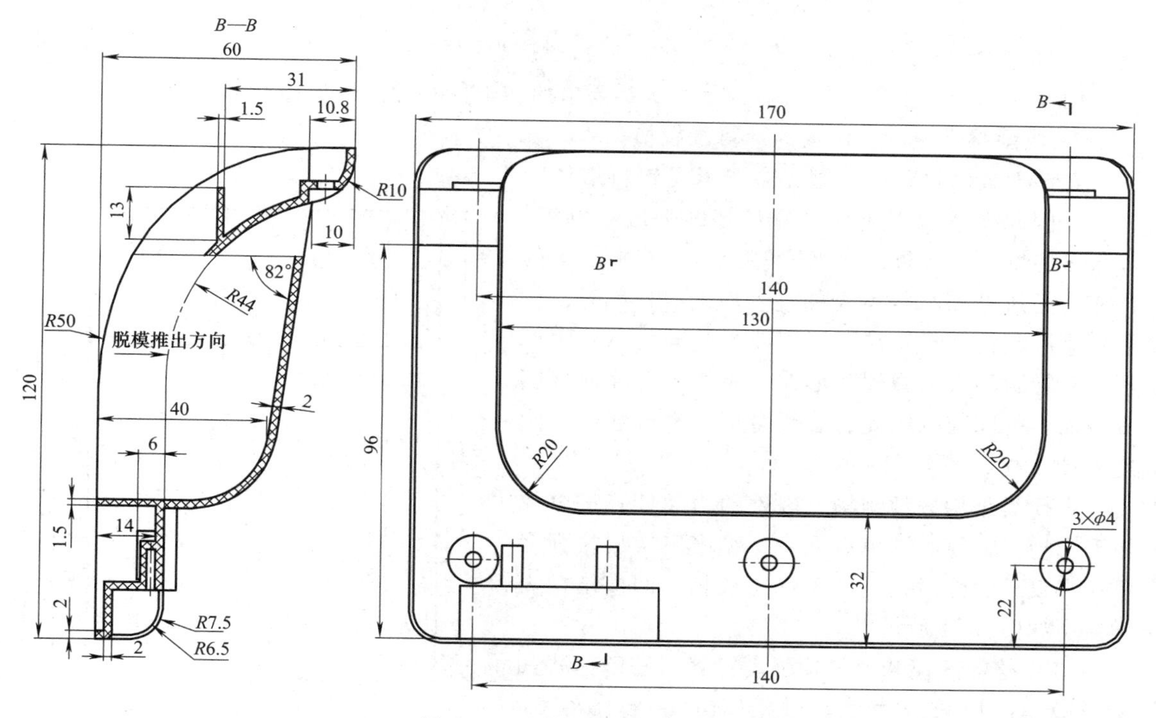

图 6-61　动模推出脱模力计算

① U 形部分。根据塑件壁厚和型芯的周边长度可知，也是属于薄壁矩形件，按式(2-37) 来估算脱模力

$$F_1=\frac{8tES_{cp}L\cos\phi(f-\tan\phi)}{(1-\mu)K_2}+0.1A$$

$$=\left[\frac{8\times2\times2000\times0.006\times14\times\cos1^\circ\times(0.45-\tan1^\circ)}{(1-0.35)\times1.00785}+0.1\times7616\right]\text{N}=2536\text{N} \tag{6-71}$$

② 矩形部分

$$F_2=\frac{8tES_{cp}L\cos\phi(f-\tan\phi)}{(1-\mu)K_2}+0.1A$$

$$=\left[\frac{8\times2\times2000\times0.006\times40\times\cos1^\circ\times(0.45-\tan1^\circ)}{(1-0.35)\times1.00785}+0.1\times7937.5\right]\text{N}=5864\text{N} \tag{6-72}$$

③ 总推出力　$F=F_1+F_2=2536\text{N}+5864\text{N}=8400\text{N}$　(6-73)

(5) 脱模力的校核　当进行塑件的推出时，由于注射机的顶出力（70kN）大于动模部分的脱模力（8400N），因此塑件可顺利脱出。

(6) 推杆接触应力的校核　推杆接触面总面积（单腔面积）

$$A_{总推}=\frac{\pi}{4}\times(14\times8^2+1\times6^2)\text{mm}^2=731.6\text{mm}^2 \tag{6-74}$$

接触应力

$$\sigma=\frac{F}{A}=\frac{8400}{731.6}\text{MPa}=11.48\text{MPa}<[\sigma]=11.7\text{MPa} \tag{6-75}$$

式中，$[\sigma]$ 为 ABS 塑料在脱模温度下的许用接触应力。

因此，本模具推杆的推出面积是可满足要求的，塑件不会产生顶白现象。

7. 成型零件强度、刚度的计算及校核

在注射成型过程中，型腔主要承受塑料熔体的压力，因此模具型腔应该具有足够的强度和刚度。如果型腔壁厚和底板的厚度不够，当型腔中产生的内应力超过型腔材料本身的许用应力 $[\sigma]$ 时，将导致型腔塑性变形，甚至开裂。与此同时，若刚度不足将导致过大的弹性变形，从而产生型腔向外膨胀或溢料的间隙。因此，必须对型腔进行强度和刚度的计算。

本模具采用嵌件结构，嵌件的力学计算按整体矩形凹模来计算。该模具属中小型模具，故按强度条件来设计，然后按刚度条件来校核。凹模结构力学模型如图 6-62 所示。

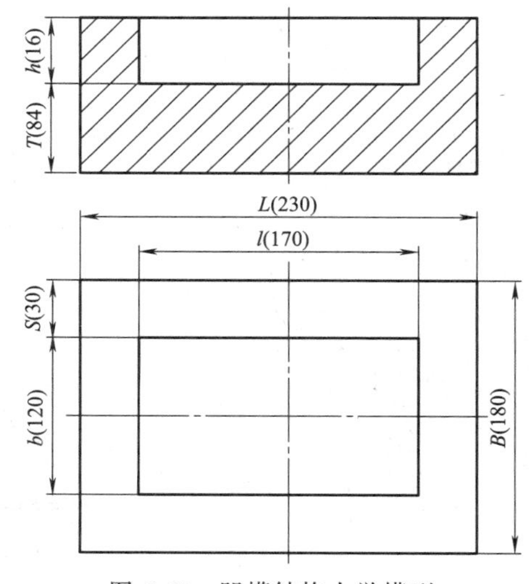

图 6-62　凹模结构力学模型

(1) 整体凹模侧壁长边强度计算　按整体式凹模侧壁厚度以长边为计算对象，当 $h/l=16/170<$

0.41 时，按［1］表 4-17 中公式计算

$$S=\left(\frac{3ph^2}{\sigma_p}\right)^{\frac{1}{2}}=\left(\frac{3\times35\times16^2}{300}\right)^{\frac{1}{2}}\text{mm}=9.5\text{mm}<30\text{mm}\quad 强度满足要求 \tag{6-76}$$

式中，h 为型腔深度，$h=16\text{mm}$，以塑件在嵌件最大深度来核算；p 为型腔压力，p 取 35MPa；l 为嵌件长边长度 $l=170\text{mm}$；$[\sigma_p]$ 为模具材料的许用应力（MPa），对于中碳钢 $[\sigma_p]=160\text{MPa}$，而此嵌件是采用预硬化钢 718H，$[\sigma_p]=300\text{MPa}$。

（2）整体凹模侧壁长边刚度校核

$$S=h\left(\frac{Cph}{\phi_1 E\delta_p}\right)^{\frac{1}{3}}=16\times\left(\frac{1.494\times35\times16}{0.68\times2.1\times10^5\times0.0214}\right)^{\frac{1}{3}}\text{mm}$$

$$=10.39\text{mm}<30\text{mm}\quad 刚度满足要求 \tag{6-77}$$

式中，δ_p 塑件为 3 级精度，按参考文献［1］表 4-18 公式计算，$\delta_p=15i_2=15(0.45l^{\frac{1}{5}}+0.001l)=15\times(0.45\times170^{\frac{1}{5}}+0.001\times170)\mu\text{m}=21.4\mu\text{m}$；$E$ 为模具钢弹性模量，$E=2.1\times10^5\text{MPa}$。

其中，$C=\frac{3(l^4/h^4)}{2(l^4/h^4)+96}=\frac{3\times(170^4/16^4)}{2\times(170^4/16^4)+96}=1.494$，$\frac{b}{l}=\frac{120}{170}\approx0.7$，$\phi_1=0.68$。

8. 动模板力学计算

（1）动模板强度计算　动模板结构如图 6-63 所示。

$$T=0.71b\left(\frac{p'}{\sigma_p}\right)^{\frac{1}{2}}=0.71\times210\times\left(\frac{13.33}{160}\right)^{\frac{1}{2}}\text{mm}=43\text{mm}<51.5\text{mm}\quad 强度满足要求 \tag{6-78}$$

（2）动模板刚度计算 I

$$T=b\left(\frac{C'p'b}{E\delta_p}\right)^{\frac{1}{3}}=210\times\left(\frac{0.0304\times13.33\times210}{2.1\times10^5\times0.0214}\right)^{\frac{1}{3}}\text{mm}=55.97\text{mm}>51.5\text{mm}\quad 刚度不满足要求 \tag{6-79}$$

式中，$C'=\frac{l^4/b^4}{32(l^4/b^4+1)}=\frac{510^4/210^4}{32(510^4/210^4+1)}=0.0304$。

注射压力作用在动模型芯的力为两处集中力（一模两腔），为使计算准确，应把这两处集中力均布于动模型芯的底板上，这样 $p'=\frac{35\times(170\times120)\times2}{510\times210}\text{MPa}=13.33\text{MPa}$。

（3）动模板刚度计算 Ⅱ　本套模具动模板又兼作动模垫板，再按动模垫板计算刚度。

$$T=0.54L_0\left(\frac{pA}{EL_1\delta_p}\right)^{\frac{1}{3}}$$

$$=0.54\times294\times\left(\frac{35\times170\times120\times2}{2.1\times10^5\times700\times0.0214}\right)^{\frac{1}{3}}\text{mm}$$

$$=122\text{mm}>51.5\text{mm}\quad 刚度不满足要求 \tag{6-80}$$

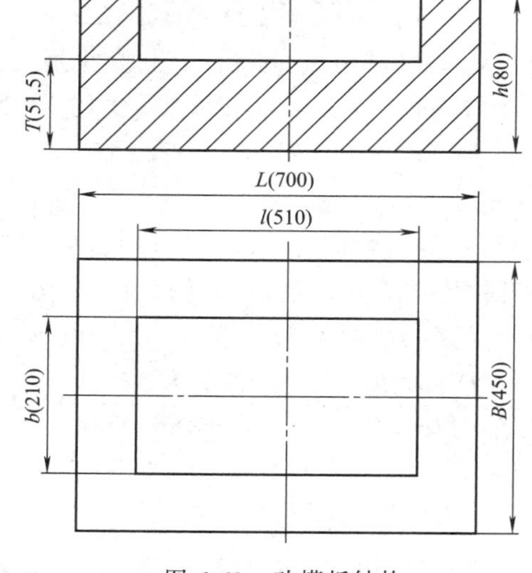

图 6-63　动模板结构

式中，L_0 为两垫块之间的距离（mm），见参考文献[1]表 4-17 中的模型，$L_0=(450-78\times2)\text{mm}=294\text{mm}$；$L_1$ 为模具长度（mm），$L_1=700\text{mm}$；p 为型腔压力（MPa）；A 为塑件在分型面上投影，两个塑件的投影面积为：$A=2\times170\text{mm}\times120\text{mm}$。

对于 A 板，由于在注射过程中与定模座板在合模力作用下相互压紧，背靠注射机固定模板，故不会出现刚度不足。对于 B 板，根据核算所需 B 板厚度为 122mm，模板比较厚，造价比较高，故采用支承柱加强。在动模板与动模座板之间增加 8 个直径为 60mm 的支承柱，分 3 排配置支承动模板（见总装图图 8-1、图 8-2），再进行底板刚度的计算。

$$T_n=\left(\frac{1}{n+1}\right)^{4/3}T=\left(\frac{1}{3+1}\right)^{4/3}\times122\text{mm}=19.23\text{mm}<51.5\text{mm}\quad 刚度满足要求 \tag{6-81}$$

式中，n 为支承块或支柱排数，由于 8 根支承柱在模具宽度上呈三字形布置，可相当于 3 个支承块，故取 3；T 为计算所需板的厚度，为 122mm。

9. 侧向分型与抽芯机构的设计

侧向分型与抽芯机构，用来成型塑件上的外侧凸起、凹槽和孔以及壳体塑件的内侧局部凸起、凹槽和不通孔。具有侧抽机构的注射模具，其活动零件多、动作复杂，在设计中特别要注意其机构的可靠、灵活和高效。侧抽机构类型很多，根据动力来源的不同，一般可分为机动、液压或气动以及手动三大类型。根据塑件结构进行合理选用。

（1）侧向分型与抽芯机构类型的确定　该套模具采用机动侧抽机构，其驱动方式为斜导柱。

斜导柱抽芯机构是最常用的一种侧抽芯机构，它具有结构简单、制造方便、安全可靠等特点，并可获得较大的抽芯距。其斜滑块通常由楔紧块锁紧，根据楔紧块的结构形式及安装方式不同可获得不同的楔紧力。

在本次设计中，斜导柱侧向分型与抽芯机构利用斜导柱驱动、定模分型时的开模力传递给侧滑块，使之产生侧向运动，使侧型芯先行脱出塑件，然后再由推杆将塑件推出。

（2）斜导柱抽芯机构的设计

1）抽拔力计算。定模 U 形侧型芯抽拔力见前述脱模力的计算，抽拔力 $Q'=F=1988\text{N}$。

2）抽芯距计算

$$S_{抽}=h+K=(22+3)\text{mm}=25\text{mm} \tag{6-82}$$

式中，$S_{抽}$ 为抽芯距（mm）；h 为塑件侧孔深度或凸台高度（mm），该塑件侧孔深度约为 22mm，如图 6-56 所示；K 为安全距离（2～3mm），此处取 3mm。

3）斜导柱弯曲力计算。该模具侧型芯的抽拔方向与开模方向垂直，滑块的受力模型如图 6-64 所示。导柱所受到的弯曲力为

$$N=\frac{Q'\cos^2\phi}{\cos(\alpha+2\phi)}=\frac{1988\cos^2 8.53°}{\cos(20°+2\times8.53°)}\text{N}=2436.4\text{N} \tag{6-83}$$

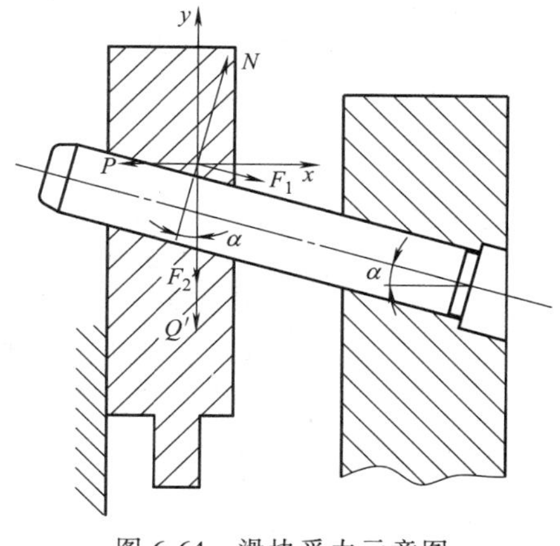

图 6-64　滑块受力示意图

式中，N 为斜导柱所受的弯曲力（N）；Q'为抽拔阻力（$Q'=F=1988\text{N}$）；f 为钢材之间的摩擦因数，一般取 $f=0.15$；ϕ 为摩擦角（°），$\phi=$

$\arctan f=\arctan 0.15=8.53°$。

4）斜导柱截面尺寸确定。斜导柱常用截面形状有圆形和矩形两种。圆形制造方便，装配容易，应用广泛；矩形截面制造不便，但强度高，承受的作用力大。本设计采用圆形截面，因滑块比较宽，为了保证滑块运行的平稳性，故采用双斜导柱驱动，其直径按参考文献［1］式（4-48）来计算，因是双斜导柱驱动，公式中的系数由 0.1×2=0.2，计算结果为

$$d=\sqrt[3]{\frac{NL_4}{0.2[\sigma]}}=\sqrt[3]{\frac{2436.4\times73.1}{0.2\times300}}\text{mm}=14.4\text{mm} \tag{6-84}$$

式中，$[\sigma]$ 为许用弯曲应力，该导柱采用 GCr15 钢材，热处理后表面硬度为 56～60HRC，$[\sigma]=300\text{MPa}$；L_4 为斜导柱有效长度$\left(L_4=\frac{s}{\sin\alpha}=\frac{25}{\sin20°}\text{mm}=73.1\text{mm}\right)$。$N$ 为斜导柱所承受的最大弯曲力（N）。

根据表 7-10 选得标准斜导柱尺寸 $d=16\text{mm}$，公差 m6，斜导柱大头直径 $D_1=21\text{mm}$。

5）斜导柱长度及开模行程的确定。

① 定模 U 形型芯抽芯斜导柱长度通过作图（图 6-65）得

$$\begin{aligned}L&=73.1\text{mm}+63.85\text{mm}+(8\sim15)\text{mm}\\&=144.95\sim151.95\text{mm}\end{aligned} \tag{6-85}$$

查表 7-10 得导柱标准长度 $L=160\text{mm}$。

② 定模小型芯抽芯距可通过作图（图 6-66）确定。

③ 动模小型芯及侧向成型块抽芯距通过作图（图 6-67）确定。

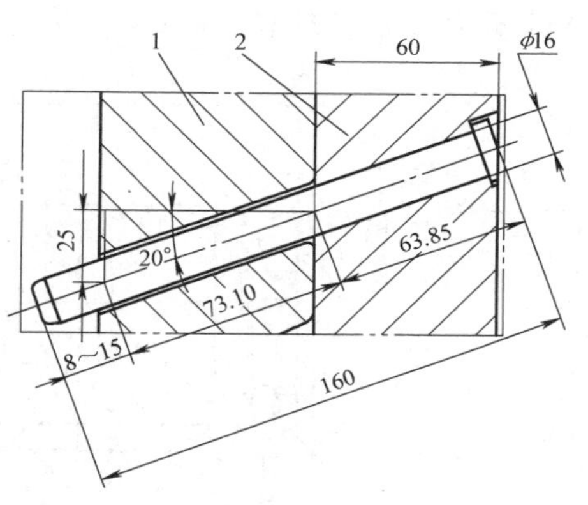

图 6-65　定模 U 形型芯抽芯距确定

1—T 滑块　2—定模座板

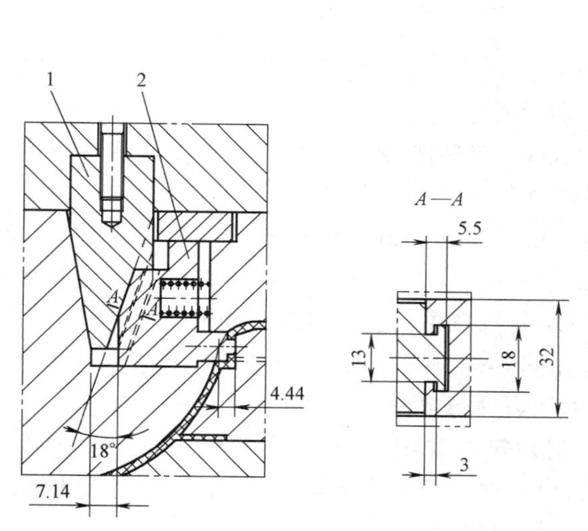

图 6-66　定模小型芯抽芯距确定

1—T 形滑块（兼楔紧块）　2—型芯滑块

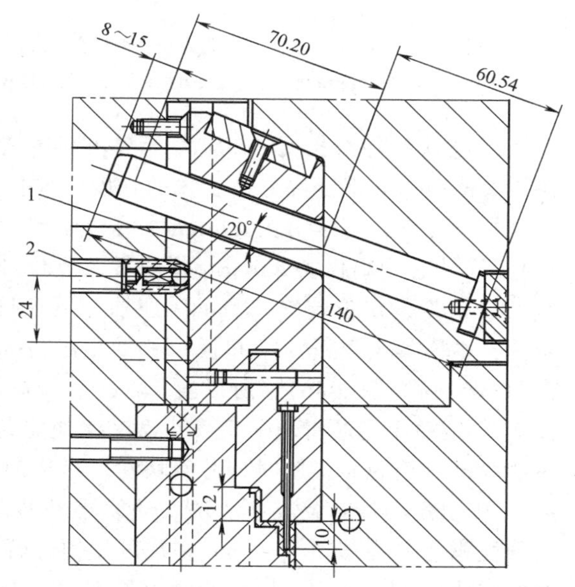

图 6-67　动模抽芯斜导柱长度确定

1—滑块　2—定位钢珠

斜导柱有效长度 $L_4 = \dfrac{s}{\sin\alpha} = \dfrac{24}{\sin 20^\circ}\text{mm} = 70.2\text{mm}$。

$$L = 70.2\text{mm} + 60.54\text{mm} + (8 \sim 15)\text{mm} = 138.74 \sim 145.74\text{mm} \tag{6-86}$$

查表 7-10 得导柱标准长度 $L = 140\text{mm}$。

6）斜导柱与滑块斜孔的配合。为保证在开模瞬间有一很小空程，使塑件在活动型芯未抽出之前从型腔内或型芯上获得松动（动模侧抽芯），并使楔紧块先脱开滑块，以免干涉抽芯动作，斜导柱与滑块孔的配合应有 0.25～0.5mm 的单边间隙，如图 6-65～图 6-67 所示。

7）滑块设计

① 定模 U 形侧型芯滑块。定模 U 形侧型芯滑块为了加工方便（便于装夹），故本设计滑块和型芯采用整体式结构。

a. 滑块的导滑形式。滑块在导滑槽中活动必须顺利平稳，不发生卡滞、跳动等现象，本设计采用 T 形导滑槽，其结构如图 6-68 所示。

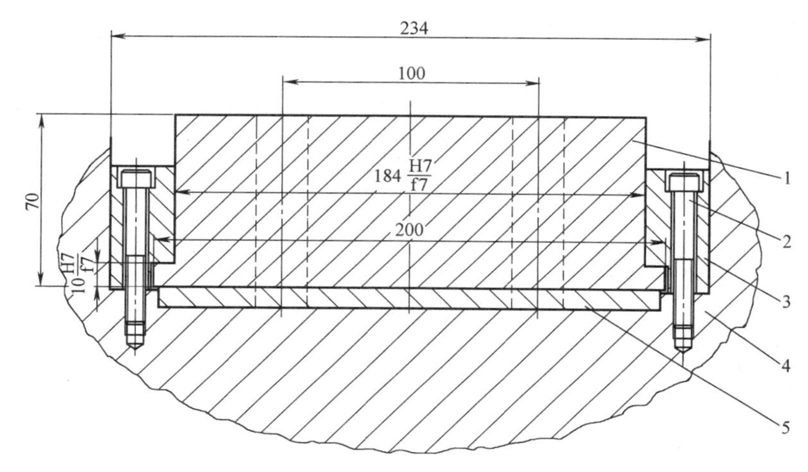

图 6-68　定模 U 形侧型芯滑块的导滑形式

1—滑块　2—内六角螺钉　3—滑块压板　4—定模板（中间板）　5—耐磨垫板

b. 滑块的导滑长度。L 应大于滑块高度 H 的 1.5 倍，滑块完成抽芯动作后，应继续留在导滑槽内，并保证在导滑槽内的长度 l 不小于滑块全长的 2/3。

本设计中，长度 L 为 144mm，高度 H 为 70mm，而导滑槽长 134mm（见总装图电子文档）。而抽芯距离仅需 25mm，滑块抽芯复位过程中全部位于导滑槽内，所以运行平稳。

c. 滑块的定位装置。为了保证抽芯结束后，滑块停留在既定的位置，一般都应有定位装置，本模具定模板（中间板）移动距离为 68mm（图 6-57），而斜导柱在开模方向的长度为 85.65mm（图 6-56），所以斜导柱不会脱离滑块的斜导孔，因此不需要设置定位装置。

② 定模小型芯滑块。定模小型芯滑块定位如图 6-66 所示，定模分型后，T 形滑块与型芯滑块已完全脱离，此时型芯滑块在压板槽内由弹簧进行定位。

③ 动模小型芯及成型滑块。动模小型芯及滑块定位如图 6-67 所示，主分型面打开后，斜导柱驱使滑块移动了 24mm 实现可靠抽芯后，斜导柱从滑块孔中脱出，此时固定在动模板上的定位珠正好压入滑块底部锪出的小球面内，对滑块进行定位。

8）楔紧块的设计。

① 滑块楔紧形式。为了防止活动型芯和滑块在成型过程中受力而移动，滑块应采用楔紧块锁紧。该模具定模 U 形滑块采用嵌入式楔紧块，这种锁紧方式刚性好，适用于锁紧力较大的场合，如图 6-56 所示。定模小型芯滑块采用 T 形滑块既抽芯又锁紧。动模抽芯滑块采用由定模板铣制的整体式楔紧块（要求制造精度比较高），如图 6-58 所示。

② 楔紧块的楔角。当斜导柱带动滑块做抽芯移动时，楔紧块的楔角 α' 必须大于斜导柱的楔角 α，这样当模具一开启，楔紧块就让开，否则斜导柱无法带动滑块做抽芯动作，一般 $\alpha'=\alpha+(2°\sim3°)$。该设计中 α 为 20°，可取 α' 为 23°。

10. 排气系统的设计

在塑料熔体填充注射模型腔过程中，型腔内除了原有的空气外，还有塑料含有的水分在注射温度下蒸发而形成的水蒸气，塑料局部分解产生的低分子挥发气体，塑料助剂挥发（或化学反应）所产生的气体等。这些气体如果不能被熔融塑料顺利地排出模腔，将在制件上形成气孔、接缝、表面轮廓不清晰，不能完全充满型腔。同时，还会因为气体被压缩而产生的高温灼伤制件，使之产生焦痕、色泽不佳等缺陷。

模具的排气可以利用排气槽排气，分型面排气，利用型芯、推杆、镶件等的间隙排气。有时为了防止塑件在顶出时造成真空而变形，必须设置进气装置。若情况特殊则必须开设进、排气槽。该模具的排气系统设计为：

1） 在该套模具的分型面处设置了 2 条排气槽，如图 6-69 所示。

2） 在该模具型腔的两侧面，可利用侧型芯与嵌件间的间隙进行排气。

3） 每一个型腔有十几根直径为 8mm 的推杆，因推杆与孔有间隙，也能进行良好的排气。

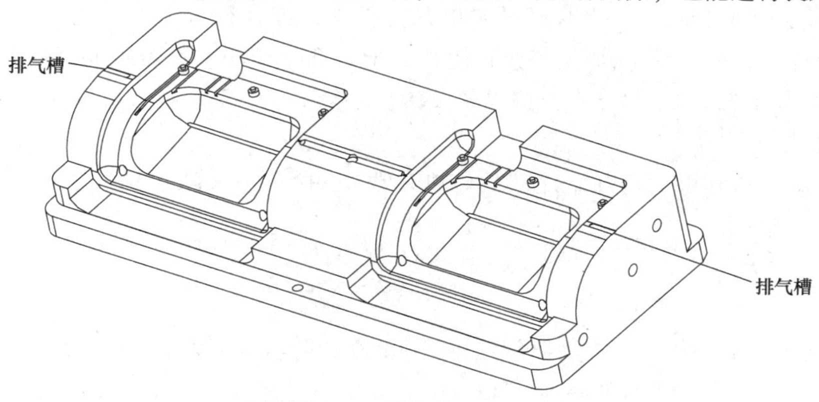

图 6-69　排气槽示意图

11. 温度调节系统的设计

注射模设计温度调节系统的目的，就是要通过控制模具温度，使注射成型具有良好的产品质量和较高的生产率。

（1）冷却系统　由于该套模具的模温要求在 80℃ 以下，本模具是热塑性塑料的中小型模具，所以只需设置冷却装置。

（2）冷却介质　一般注射到模具内的塑料温度为 200℃ 左右，而塑件固化后从模具型腔中取出时其温度在 60℃ 以下。热塑性塑料在注射成型后，必须对模具进行有效的冷却，使熔融塑料的热量尽快地传给模具，以使塑料可靠冷却定型并可迅速脱模。

对于黏度低、流动性好的塑料（如 PE、PP、PS、PA66 等），因为成型工艺要求模具温度都不太高，所以用常温水对模具进行冷却。由于 ABS 的流动性为中等，且水的热容量大、成本低、传热系数大，故该套模具亦采用常温水进行冷却。

（3）冷却系统的简略计算　如果忽略模具因空气对流、热辐射以及与注射机接触所散发的热量，不考虑模具金属材料的热阻，可对模具冷却系统进行初步的简略计算。

1）求塑件在固化时每分钟释放的热量 Q

$$Q=WQ_s=13.43\times350\text{kJ/h}\approx4700\text{kJ/h}\tag{6-87}$$

式中，W 为单位时间（每小时）内注入模具中的塑料质量（kg/h），生产周期按每小时注射 90 次（即循环周期 40s）计算，$W=90nm=90\times2\times74.59\text{g/h}\approx13.43\text{kg/h}$；$Q_s$ 为 ABS 单位质量放出的热量，查为 310~400kJ/kg，取 350kJ/kg。

2）求冷却水的体积流量

$$q_v=\frac{WQ_s}{60\rho c_1(\theta_1-\theta_2)}=\frac{13.43\times350}{60\times10^3\times4.187\times(25-20)}\text{m}^3/\text{min}=3.742\times10^{-3}\text{m}^3/\text{min}\tag{6-88}$$

式中，ρ 为冷却水的密度，为 $1\times10^3\text{kg/m}^3$；c_1 为冷却水的比热容，为 4.187kJ/(kg · ℃)；θ_1 为冷却水出口温度，取 25℃；θ_2 为冷却水入口温度，取 20℃。

3）求冷却管道直径 d。查参考文献［1］表 4-27，为使冷却水处于湍流状态，取 $d=8\text{mm}$。

4）求冷却水在管道内的流速 v

$$v=\frac{4q_v}{60\pi d^2}=\frac{4\times3.742\times10^{-3}}{3.14\times(8\times10^{-3})^2\times60}\text{m/s}=1.24\text{m/s}\tag{6-89}$$

小于最低流速 1.66m/s，达不到湍流状态，所选管道直径偏大，只能选 $d=6\text{mm}$，但生产现场 8mm 的孔比 6mm 的孔加工工艺性更好，所以孔不减小。但若把模具冷却水进出口温差稍做调整，由 25℃改成 23.5℃，按式（6-89）计算 $v=1.77\text{m/s}>1.66\text{m/s}$，达到了湍流状态，满足冷却要求。

5）求冷却管道孔壁与冷却水之间的传热系数 h，由参考文献［1］式（4-52）得

$$h=4.187f\frac{(\rho v)^{0.8}}{d^{0.2}}=4.187\times6.59\times\frac{(10^3\times1.77)^{0.8}}{(8\times10^{-3})^{0.2}}\text{kJ/(m}^2\cdot\text{h}\cdot℃)=28744\text{kJ/(m}^2\cdot\text{h}\cdot℃)\tag{6-90}$$

查参考文献［1］表 4-28，用插值法得 $f=6.59$（平均水温为 21.75℃）。

6）求冷却管道总传热面积 A

$$A=\frac{WQ_s}{h\Delta\theta}=\frac{4700}{28744\times\left(65-\frac{20+23.5}{2}\right)}\text{m}^2=3.78\times10^{-3}\text{m}^2\tag{6-91}$$

式中，$\Delta\theta$ 为模具温度与冷却水温度之间的平均温差（℃），模具温度取 65℃。

7）求模具上应开设的冷却管道的孔数 n

$$n=\frac{A}{\pi dB}=\frac{3.78\times10^{-3}}{3.14\times8\times10^{-3}\times510\times10^{-3}}=0.295\tag{6-92}$$

式中，B 为定模嵌件长度，为 510mm。

（4）冷却装置的布置　虽然经上述理论计算，所需冷却水路仅 1 条，但在实际生产应用中，这是不够的，将不能获得很好的冷却效果。实际设置如下：

定模部分由于有流道的通过，成型塑件的所有小型芯全固定在定模嵌件上，故应加强冷却，在定模嵌件上分别设置 3 根并联式直通冷却水道，具体尺寸如图 6-70 所示。

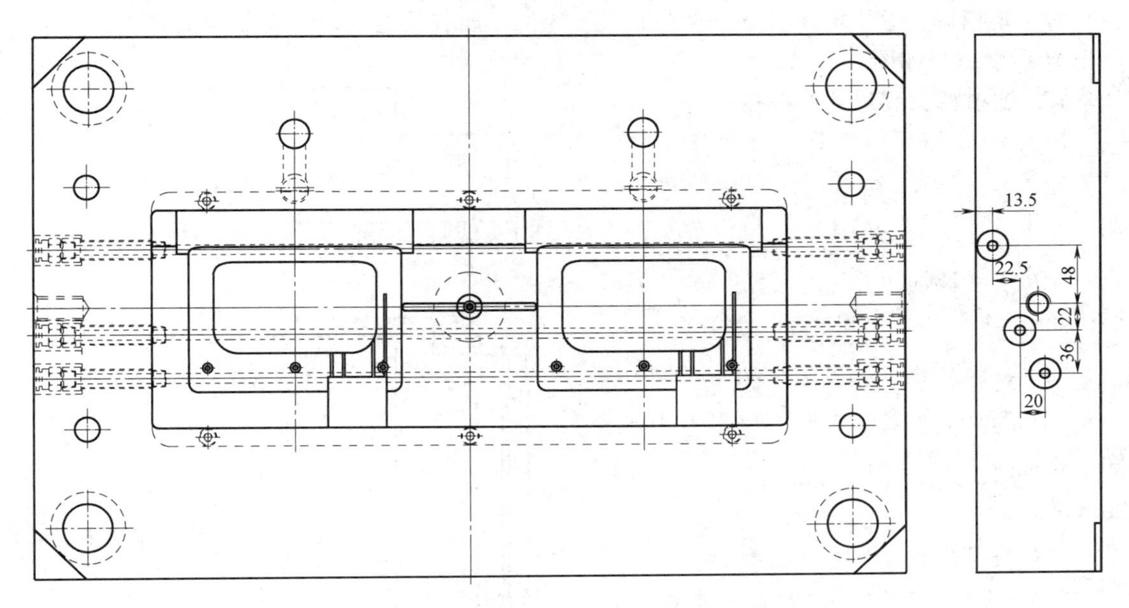

图 6-70　定模嵌件及定模板冷却水道示意图

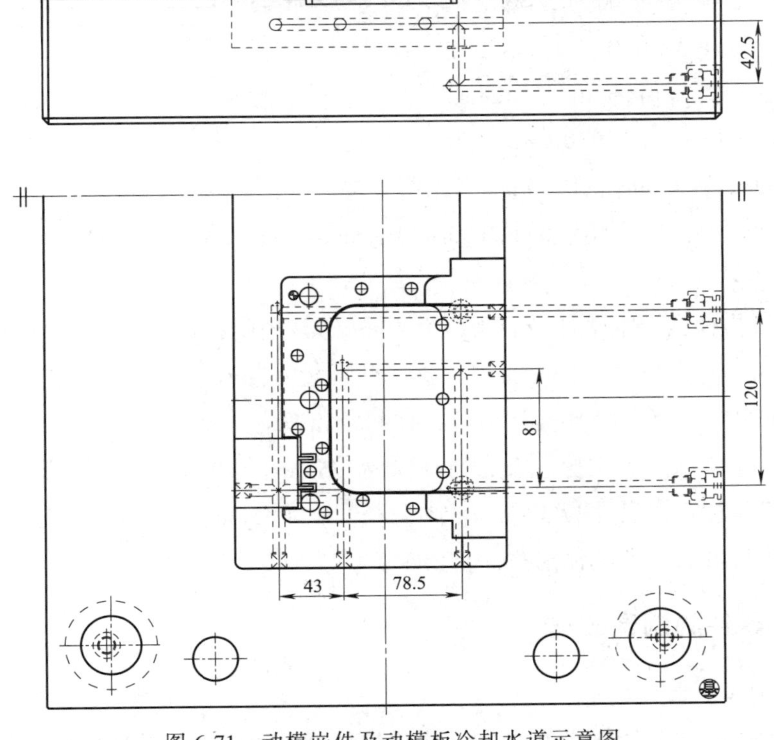

图 6-71　动模嵌件及动模板冷却水道示意图

对于动模部分的冷却水路，在两个动嵌件上分别单独设置一根串联式 S 形冷却水道，具体结构形式如图 6-71 所示。

对于定模侧抽芯因滑块较宽、型芯较大，为保证能有效地冷却，故在定模滑块上设置了一根 U 形水道，如图 6-72 所示。

12. 注射机安装尺寸的校核

（1）最大与最小模具厚度校核　模具厚度 H 应满足

$$H_{min}<H<H_{max}$$

式中，H_{min} = 280mm，H_{max} = 500mm（表 6-4）。

而该套模其整个厚度 $H = H_1 + C + B + A + H_4 +$ 0.5mm（分型面间隙）=（35+110+80+100+60+0.5）mm = 385.5mm，符合要求。（6-93）

模板各符号意义见模架选型。

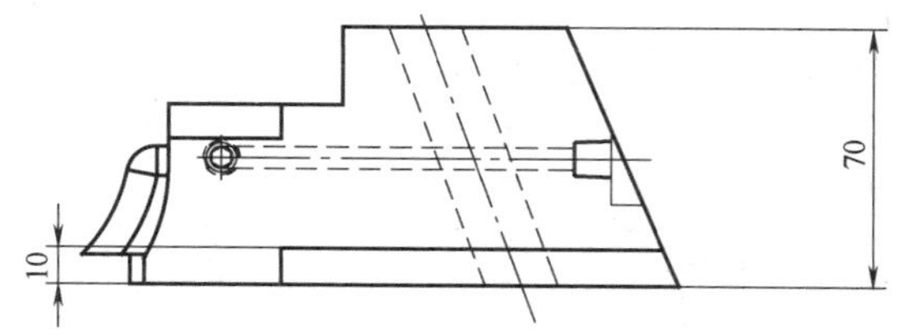

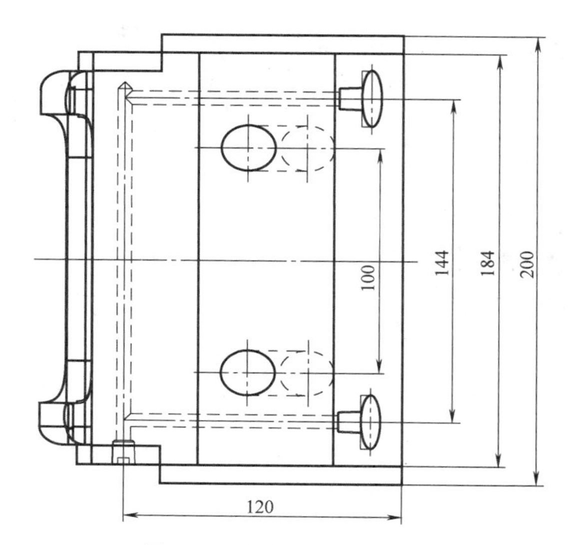

图 6-72　滑块水道示意图

（2）开模行程校核　对双分型面注射模而言，其开模行程 H 为

$$H = H_1 + H_2 + a + (5 \sim 10)\text{mm} \leqslant S$$

式中，S 为注射机移动模板的最大行程（mm），取 500mm（表 6-4）；H_1 为塑件推出距离（脱模距离）（mm），取 40mm；H_2 为塑件的高度（mm），为 40mm；a 为定模开模必需的长度（mm），取 68mm，见图 6-57。

代入数值计算为：H =［40+40+68+（5～10）］mm = 153～158mm≤500mm，符合要求。

（6-94）

（3）推出机构校核　本塑件型芯高约为 40mm，注射机推出行程达 125mm，符合要求。

（4）模架尺寸与注射机拉杆内间距校核　注射模外形尺寸应小于注射机工作台面的有效尺寸。模具长宽方向的尺寸要与注射机拉杆间距相适应，模具宽度尺寸应能穿过拉杆间的空间装在注射机的工作台面上。选定的模架为 450mm×700mm，但外形尺寸为 550mm×700mm，注射机拉杆空间尺寸为 570mm×570mm，因为 550mm<570mm，所以模具从注射机上方吊入可以进行安装，所选注射机满足要求。

6.2.4　成型零件的制造工艺

1. 型腔的加工工艺

定模嵌件型腔零件图如图 6-73 所示，定模嵌件型腔制造工艺过程见表 6-5。

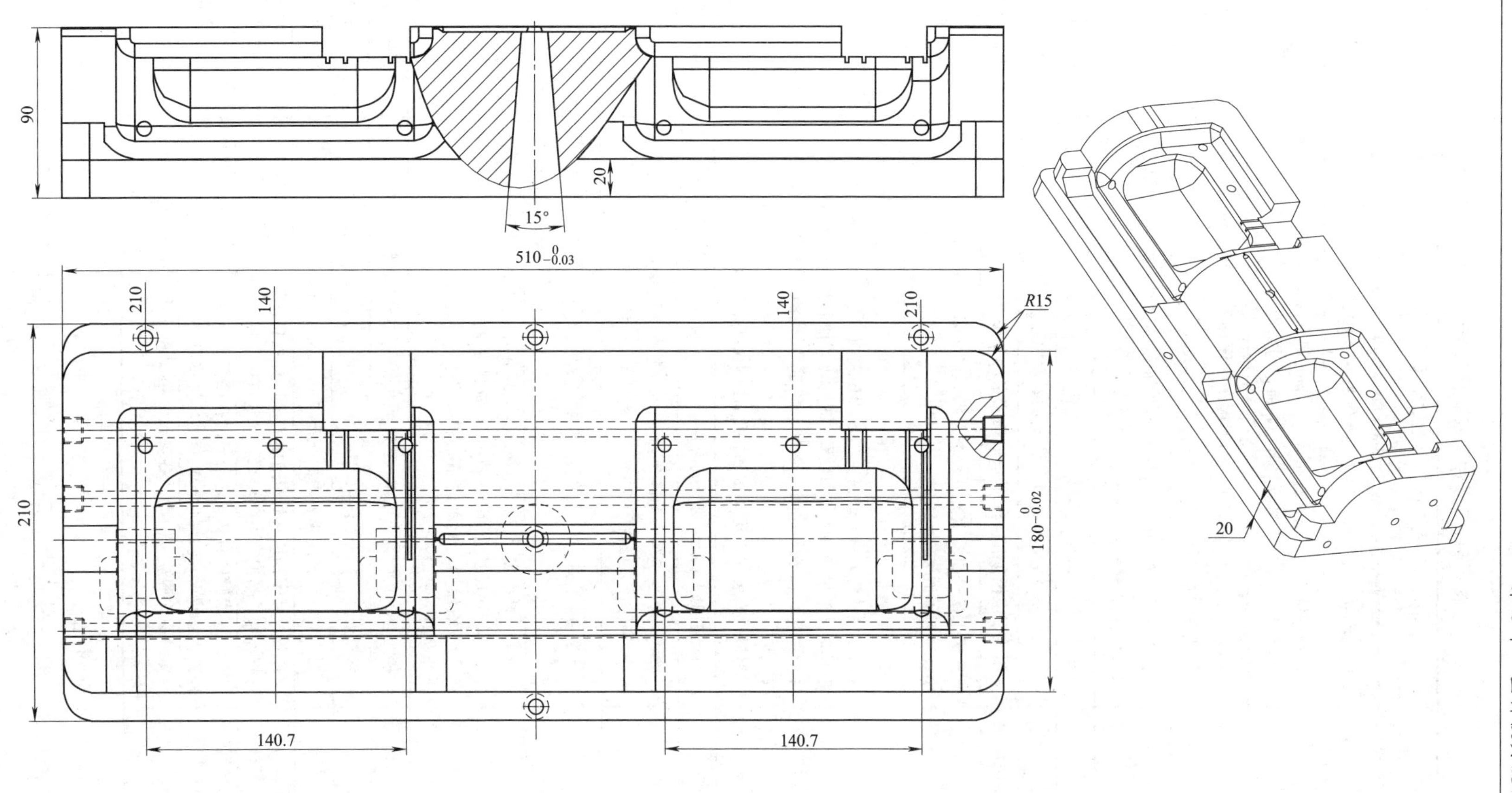

图 6-73　定模嵌件型腔零件图

表6-5　定嵌件型腔制造工艺过程

序号	工序名称	加工工艺过程及要求	设备
10	备料	718H锻钢件>530mm×225mm×110mm或型材板料切割>520mm×220mm×110mm，钢材热处理预硬化36~38HRC	
20	铣削	粗铣坯料至511mm×211mm×101mm，留加工余量1mm。保证基准面互相垂直（以相邻两侧面及底面作为基准面）	加工中心
30	磨削	磨上下平面至100.2mm，四周磨削到图样尺寸，确定底平面为第一基准面和基准角	平面磨床
40	钻孔、攻螺纹	钻主流道衬套线切割时的穿丝孔 $\phi10mm$，钻冷却水孔 $3\times\phi8mm$ 及沉孔，攻锥螺纹6×Rc1/4	加工中心
50	钳工	底平面四周倒棱去毛刺	钳工工作台
60	铣削	铣削定模抽芯的4个滑块滑动的定位方孔及压板的台阶方孔	加工中心
70	电火花加工	用成型电极加工4个滑块滑动的定位方孔	电脉冲机床
80	线切割	用慢走丝线切割主流道衬套大端 $\phi37.7mm$ 孔，锥度15°，表面粗糙度达到 $Ra0.8\mu m$	线切割机床
90	铣削	翻面按基准定位，按第一基准和基准角找正。按3D模型自动生成的程序铣削弧形分型面，按3D程序铣削凹模成型面，铣削定模抽芯U形型芯滑块导滑槽及枕位，铣削动模抽芯滑块槽及枕位，各尺寸均留0.5mm精铣余量。铣削分流道及侧浇口，铣削型腔两端的排气槽 钻嵌件安装固定孔 $4\times\phi9mm$ 及 $\phi14mm$ 沉孔、深8.5mm	加工中心
100	热处理	热处理退火（消除切削应力）	热处理炉
110	钻孔	按第一基准定位和基准角找正，水平装夹钻铰 $6\times\phi8mm$ 小型芯嵌件孔，非配合部分钻 $\phi8.2mm$，扩、锪平轴向定位台阶孔	加工中心
120	铣削	按第一基准平面垂直装夹，按基准找正，钻铰 $4\times\phi8mm$ 小型芯抽芯导向孔	加工中心
130	铣削	按第一基准定位，找正。按3D模型自动生成的程序精铣弧形分型面，按3D程序精铣凹模成型面，铣削定模抽芯U形型芯滑块导滑槽及枕位，铣削动模抽芯滑块槽及枕位，各尺寸全部加工到图样尺寸	加工中心
140	钳工	周边各棱角倒钝去毛刺（型腔周边除外），型腔抛光到 $Ra0.4\mu m$	钳工工作台
150	热处理	渗氮处理，硬度达58~62HRC	渗氮炉
160	抛光	钳工对型腔按脱模方向抛光至 $Ra0.2\mu m$	钳工工作台
170	模具总装	把各模具零件清洗后按技术要求进行组装，用红丹进行着色检查分型面密合情况，应接触均匀，否则应进行研合整修	装配工作台
180	侧型芯与导滑孔槽研配	在总装之时应对侧型芯与导滑孔进行配合检验，用红丹进行着色检验接触情况，应接触均匀，否则应进行研合整修	装配工作台
190	试模检验	试模后检验成型的产品各项尺寸精度和形状位置是否达到图样要求	检验工作台及其仪器

2. 动模嵌件制造工艺过程

动模嵌件具体尺寸如图6-74所示。动模嵌件制造工艺过程见表6-6。

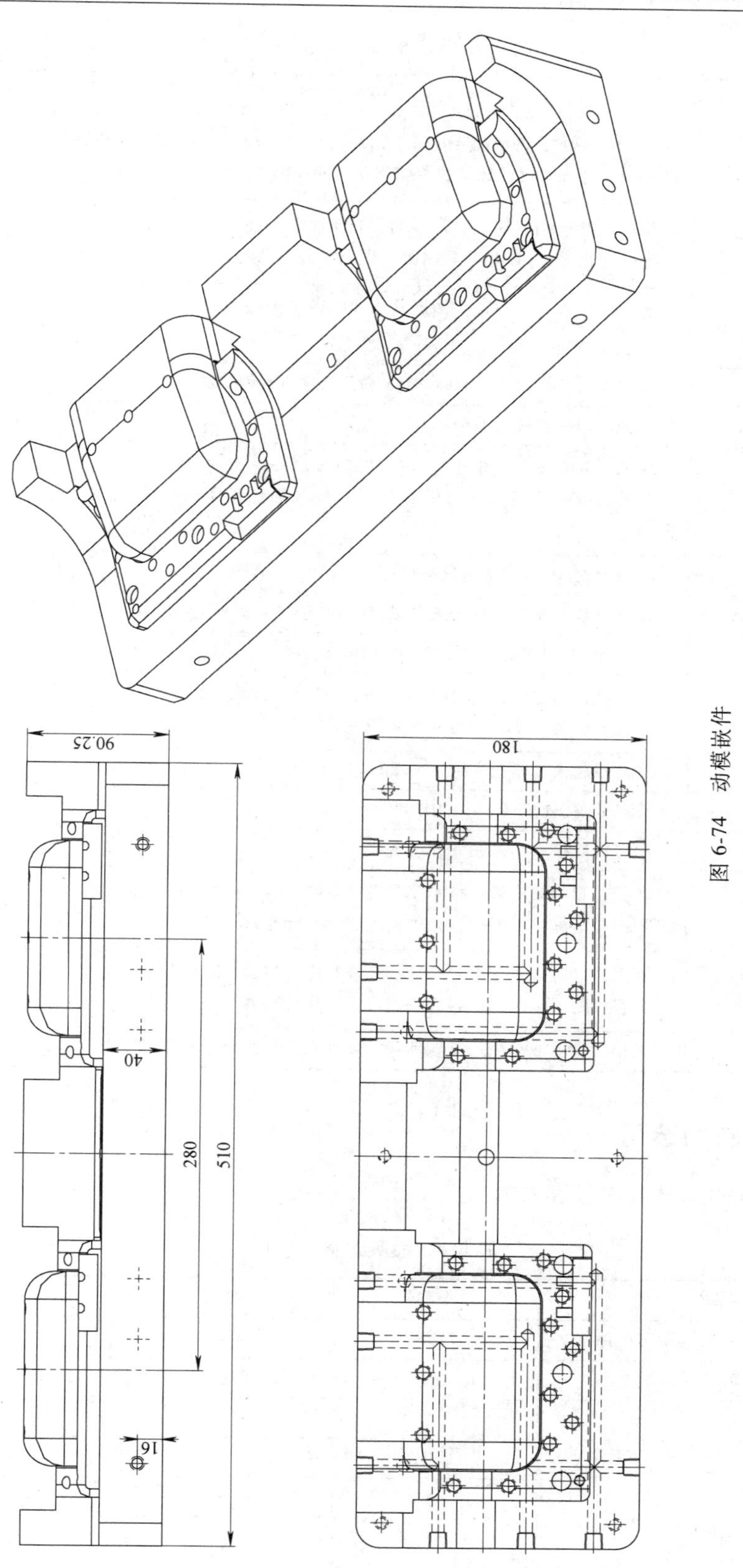

图 6-74　动模嵌件

表 6-6　动嵌件制造工艺过程

序号	工序名称	加工工艺过程及要求	设备
10	备料	718H 锻钢件>530mm×195mm×100mm 或型材板料切割>525mm×190mm×100mm，钢材热处理预硬化 36~38HRC	
20	铣削	粗铣坯料至 511mm×181mm×91mm，留加工余量 1mm 左右。保证基准面互相垂直（以相邻两侧面及底面作为基准面）	加工中心
30	磨削	磨上下平面至 90.5mm，四周磨削到图样尺寸，确定第一基准面和基准角	平面磨床
40	钻孔、攻螺纹	按图中尺寸钻、扩各面 ϕ8mm 的水孔及攻所有锥螺纹 Rc1/4	加工中心
50	钳工	底平面四周倒棱去毛刺	钳工工作台
60	铣削	按第一基准及基准角找正定位，铣削弧形分型面，粗铣及半精铣型芯的成型面，留余量 0.5mm。钻、扩、铰各推杆孔及拉料杆孔，铰深 20mm	加工中心
70	退火	去应力退火，消除铣削时的热应力	热处理炉
80	铣削	按第一基准及基准角找正定位，精铣型芯的成型面达到图样尺寸	加工中心
90	电火花加工	用 U 形纯铜电极加工型芯上的 U 形槽	电脉冲机床
100	钳工	扩钻推杆的避空孔，扩孔尺寸在原孔尺寸上加大 1mm，扩孔深度保留配合长度 15mm，周边各棱角倒钝去毛刺	钻床或加工中心
110	抛光	型芯沿脱模方向抛光到 Ra0.8μm	抛光工作台
120	热处理	渗氮处理，硬度达 58~62HRC	渗氮炉
130	抛光	型芯沿脱模方向抛光到 Ra0.4μm	抛光工作台
140	模具总装	把各模具零件清洗后按技术要求进行组装，用红丹进行着色检查分型面密合情况，应接触均匀，否则应进行研合整修	装配工作台
150	侧型芯与导滑孔槽研配	在总装之时应对侧型芯与导滑孔进行配合检验，用红丹进行着色检验接触情况，应接触均匀，否则应进行研合整修	装配工作台
160	试模检验	试模后检验成型的产品各项尺寸精度和形状是否达到图样要求	检验工作台及其仪器

6.2.5　模具材料的选用

本套塑料模具的选材可参考表 6-7。

表 6-7　模具选材

零件名称	材料牌号	热处理	硬度
定嵌件、小型芯、动嵌件、型芯镶件	718H	渗氮	58~62HRC
动、定模板，动、定模座板	45	调质	230~270HBW
推杆	T8A	淬火	54~58HRC
垫块	Q235A		
推板、复位杆	45	淬火	43~48HRC
推杆固定板	45		

（续）

零件名称	材料牌号	热处理	硬度
主流道衬套	T8A	淬火	50~55HRC
支承柱	45	淬火	43~48HRC
定位圈	45		
斜导柱/滑块	GCr15/T8A	淬火	54~58HRC
楔紧块	T8A	淬火	54~58HRC
定距螺钉	45	淬火	43~48HRC
推板导柱	GCr15	淬火	50~55HRC
导柱/导套	ZSn/GCr15	淬火	50~55HRC

6.2.6 模具工作过程

模具装配试模完毕之后（见图 8-1 弧形盖板注射模装配图），进入正式工作状态，其基本工作过程如下：

1）对塑料 ABS 进行烘干，并装入料斗。

2）清理模具型芯、型腔，并喷上脱模剂，进行适当的预热。

3）合模、锁紧模具。

4）对塑料进行预塑化，注射装置准备注射。

5）注射，其过程包括充模、保压、倒流、浇口冻结后的冷却。

6）脱模过程。当注射机开模时，由于主分型面间安装了 2 套矩形拉模扣（开闭器），由于摩擦力比较大，主分型面不可能打开。所以定模板（中间板）与定模座板先分开（Ⅰ—Ⅰ分型面），定模 U 形型芯滑块在固定于定模座板上的斜导柱的驱动下进行定模侧向抽芯。定模台阶小型芯滑块在固定于定模座板上的凸 T 形滑块的驱动下完成侧向抽芯。当定模抽芯完成后，分型距离由定距螺钉来限定。第一次分型结束后，动模在开模力作用下继续移动，主分型面强制打开，塑件包着主型芯和主流道凝料在 Z 字形拉料杆的作用下从主流道衬套中拉出，动模侧型芯在固定于定模板（中间板）上的斜导柱驱动下进行侧向抽芯。抽芯结束后，滑块在定位钢珠的作用下进行定位，动模继续开模直至终点。然后推出液压缸动作，推出机构把包紧在动模型芯上的塑件推出。

7）塑件的后处理。对塑件用红外线灯或鼓风烘箱进行烘干去应力。

6.3 储物箱注射模设计

6.3.1 塑件成型工艺性分析

1. 塑件分析

塑件模型如图 6-75 所示（为计算需要仅标注了几个重要尺寸。

（1）塑料名称　聚丙烯 PP。

（2）色调　半透明、白色。

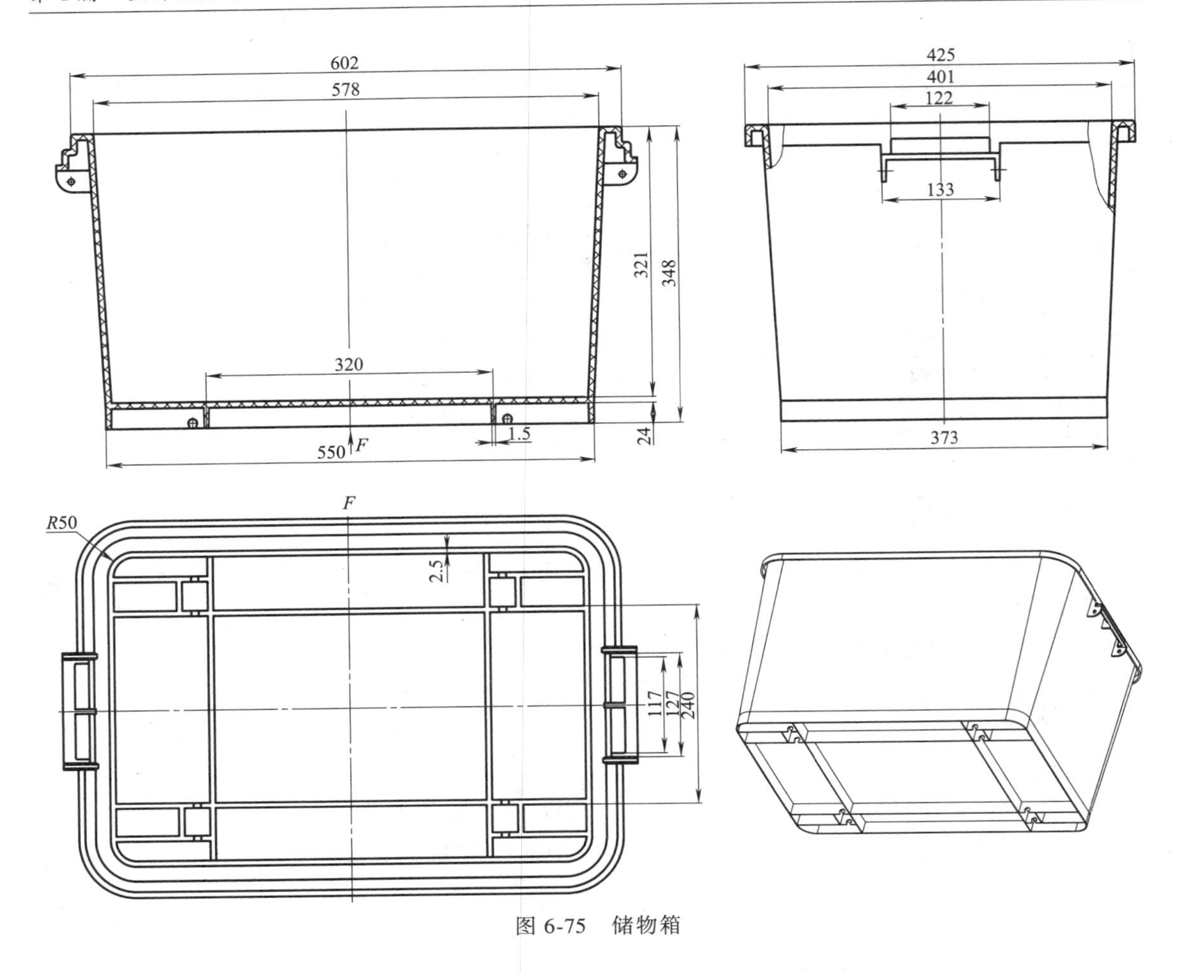

图 6-75　储物箱

（3）生产纲领　大批量。

2. 塑件的结构及成型工艺性分析

（1）结构分析　该塑件为储物箱，其结构应尽可能地简单，且强度和刚度应满足需要，在底部设有较多的加强肋，在上边缘设有一圈弧形加强肋，以增强储物箱的刚度和强度。

该塑件长端有两处安装提手的孔，当储物箱上盖盖上后，安装到孔中的提手又起着卡扣作用，该部位为受力较集中的部位，故此处的壁厚应适当加厚，以满足其力学性能要求。

当箱子中装东西多而质量较大搬运困难时，特意在箱底部还设计有安装滚轮轴的卡槽，滚轮在滚轮轴上转动，而滚轮轴安装在卡槽中，这样箱子在室内移动方便。

（2）成型工艺性分析

1）精度等级。采用一般精度 4 级。

2）脱模斜度。该塑件壁厚约为 3mm，其脱模斜度查参考文献［1］表 2-6 得到塑件材料为聚丙烯 PP。其型腔脱模斜度为 25′~45′。其型芯脱模斜度为 20′~45′。由于该塑件没有狭小部位，且塑件整体造型已具备了一定的斜度，所以只有塑件底部肋板处脱模斜度取 1°。

3. 热塑性塑料（PP）的注射成型过程及工艺参数

（1）注射成型过程　注射成型过程包括成型前的准备、注射成型过程及塑件的后处理三个阶段。

1）成型前的准备。

① 分析检验成型物料质量。根据塑料工艺性能要求，检验其各种性能指标，如含水量等。对于该塑件材料 PP，查参考文献［3］表 8.6-1 得聚丙烯 PP 吸水率<0.03%，允许水含量为 0.05%～0.20%。由于该塑料不易吸水，故可以不进行干燥处理。

② 料筒的清洗。在注射成型过程中，当改变产品、更换原料及颜色时均需清洗料筒。通常，柱塞式料筒可拆卸清洗，而螺杆式料筒可采用对空注射法清洗。

2）注射成型过程。注射成型过程是塑料转变为塑件的主要阶段。它包括加料、塑化、注射、保压、冷却定型和脱模等步骤。

① 加料。由注射机的料斗落入一定量的塑料，以保证操作稳定、塑料塑化均匀，最终获得良好的塑件。通常其加料量由注射机计量装置来控制。

② 塑化。塑化是指塑料在料筒内经加热达到熔融流动状态，并具有良好可塑性的全过程。就生产工艺而论，对这一过程的总要求是：在规定时间内提供足够数量的熔融塑料，塑料熔体在进入型腔之前要充分塑化，既要达到规定的成型温度，又要使塑化料各处的温度尽量均匀一致，还要使热分解物的含量达最小值。这些要求与塑料的特性、工艺条件的控制及注射机塑化装置的结构等密切相关。

③ 注射。注射机用柱塞或螺杆推动具有流动性和温度均匀的塑料熔体，从料筒中经过喷嘴、浇注系统，直至压入模腔。

④ 保压。保压是自注射结束到柱塞或螺杆开始后移的这段过程，即压实工序。保压的目的一方面是防止注射压力解除后，如果浇口尚未冻结，发生型腔中熔料通过浇口流向浇注系统，导致熔体倒流；另一方面则是当型腔内熔体冷却收缩时，继续保持施压状态的柱塞或螺杆可迫使浇口附近的熔料不断补充进模具中，使型腔中塑料能成型出形状完整而致密的塑件。

⑤ 冷却定型。当浇注系统的塑料已经冷却凝固，继续保压已不再需要，此时可退回柱塞或螺杆，由通入的冷却水或空气等冷却介质对模具进一步冷却，这一阶段称为冷却定型。实际上冷却定型过程从塑料注入型腔起就开始了，它包括从注射完成、保压到脱膜前这一段时间。

⑥ 脱模。塑件冷却到一定温度即可开模，在推出机构的作用下将塑件推出模外。

3）塑件的后处理。塑件经注射成型后，除去浇口凝料，修饰浇口处余料及飞边毛刺外，常需要进行适当的后处理，借以改善和提高塑件的性能。塑件的后处理主要指退火和调湿处理。

（2）注射工艺参数

1）料筒温度见表 6-8。

表 6-8　料筒温度

区　域	温　度	区　域	温　度
喂料区	30～50(50)	区 4	210～220(215)
区 1	160～180(170)	区 5	210～220(220)
区 2	180～200(190)	喷嘴	210～220(220)
区 3	200～210(205)		

注：括号内的温度建议作为基本设定值。

2）熔料温度。220~250℃。

3）料筒恒温。220℃。

4）模具温度。80~90℃。

5）注射压力。PP 具有很好的流动性，避免采用过高的注射压力，一般在 80~140MPa 之间；一些薄壁包装容器可达到 180MPa。

6）保压压力。避免制品产生缩壁，需要较长时间对制品进行保压（约为循环时间的 30%），约为注射压力的 30%~60%。

7）背压。2~5MPa。

8）注射速度。对薄壁包装容器需要高的注射速度（带蓄能器）；中等注射速度往往比较适用于其他塑料制品。

9）螺杆转速。高螺杆转速（线速度为 1.3m/s）是允许的，只要满足冷却时间结束前完成塑化过程就可以。

10）计量行程。(0.5~4)D（最小值~最大值）；4D 的计量行程为熔料提供足够长的驻留时间是很重要的。

11）残料量。2~8mm，取决于计量行程和螺杆转速。

12）预烘干。不需要；如果储藏条件不好，在 80℃的温度下烘干 1h 就可以。

13）回收率。可达到 100%回收。

14）收缩率。1.2%~2.5%；收缩程度高；24h 后不会再收缩（成型后收缩）。

15）浇口系统。点式浇口或多点浇口；加热式热流道，保温式热流道；浇口位置在制品最厚点，否则易发生大的收缩。

16）机器停工时段。无须用其他材料进行专门的清洗工作；PP 耐温升。

17）料筒设备。使用标准的三段式螺杆；对包装容器类制品，混合段和切变段几何外形特殊（$L:D=25:1$）有直通喷嘴和止逆阀。

6.3.2　模具结构形式的确定

1. 分型面位置的确定

在塑件设计阶段，就应考虑成型时分型面的形状和位置，否则无法用模具成型。在模具设计阶段，应首先确定分型面和浇口的位置，然后选择模具的结构。该塑件在进行结构设计时已经充分考虑到了模具的分型面，同时从所提供的塑件图样可以看出该塑件为典型的箱体，为了增强塑件的刚度和减小变形，在箱体上边缘有一圈加强边，在长端两侧还设有提手，以方便搬运，在底部设置了可以安装滚轮轴的卡扣，可以卡住塑料滚轮轴进行拖动。故将分型面设计在塑件上与箱盖配合的边缘，以方便出模，如图 6-76 所示。

2. 型腔数量的确定

当塑件分型面位置确定之后，就需要考虑是采用单型腔模还是多型腔模。一般来说，大型塑件和精度要求高的小型塑件优先采用一模一腔的结构，此塑件属于大型塑件，故初步拟订采用一模一腔结构形式。

3. 浇注系统形式的确定

（1）浇口形式和位置的确定　该塑件属于大型腔盒形件，分型面只能采用一个。根据塑件结构特点可知，不能采用侧浇口、潜伏式浇口或护耳式浇口，因为浇口完全偏置一边不

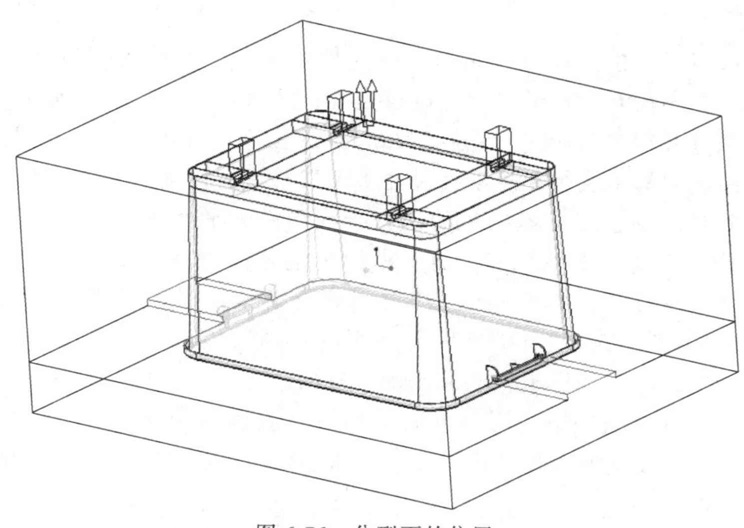

图 6-76　分型面的位置

利于进料，所以只能采用直接浇口或点浇口，浇口位置在塑件的底部。

（2）浇口数量的确定　在确定大型塑件的浇口时，还应考虑塑料熔体所允许的最大流动距离比。当采用直接浇口时，参照图 6-75 可估算出流动比 $K=L_i/t_i\approx230$，这在 PP 塑料的流动比范围之内，基本符合要求。但采用直接浇口塑件上印痕较大，不利于保证塑件的成型美观和浇口处的力学性能；流程比也接近于上限值，不利于塑料熔体对型腔的填充。若采用普通流道点浇口两点进料，则在定模部分必须要有一个分型面以便取出浇注系统的凝料，这样模具结构相当复杂而又浪费材料，显然也是不可取的。如果采用热流道点浇口，上述所有问题都不复存在，是一个比较好的解决方案。

在该模具中使用的主流道杯、热流道板、浇口喷嘴都采用加热式的结构。热流道形式如图 6-77 所示。

4. 推出机构的确定

该塑件属于大型深型腔薄壁型半透明塑件，对表面质量要求很高，在塑件表面不允许有推杆痕迹，同时塑件的脱模力也比较大，因此经过反复权衡，决定采用气动推出，所以标准模架设在动模的推出机构就可以省略。这样既降低了模具高度，又节约了成本。

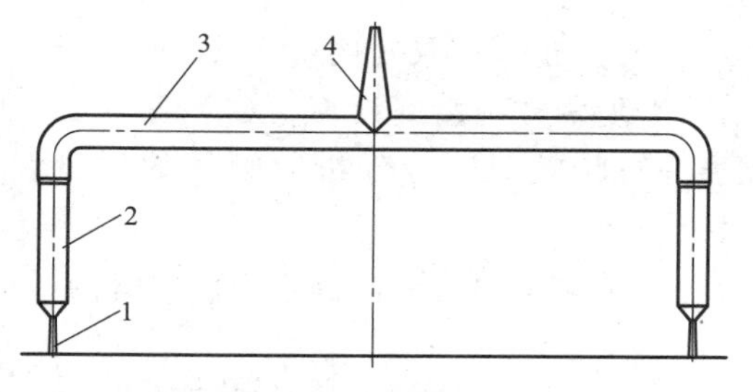

图 6-77　热流道形式

1—浇口　2—喷嘴分流道　3—热流道板分流道　4—主流道

5. 抽芯机构的确定

提手处的两个小孔应用侧抽芯来成型，但塑件全部位于定模型腔内，若采用机动抽芯，在动模部分还要设置一个分型面。对于大型模具来说，尽量不要设置多个分型面，因为移动的零件多了，对模具的强度、刚度和精度都不利，因此提手小孔可采用液压或气动来完成抽芯。对于成型滚轮轴卡扣槽部分，在定模采用四个镶件滑块来成型，为了使该模具能够长寿命工作，若采用强制脱模以避免侧向抽芯，模具的可靠性不高，同样采用液压或气动抽芯，模具结构不太复杂，而可靠性提高了。

6. 选择模架

为了将该设计与工厂模具设计相结合，在此使用 Pro/E 软件对该塑件进行分型面的设计。大体步骤如下：先在 Pro/E 里对塑件进行建模；然后进入 Pro/E 的模具设计模块，将塑件模型调入，然后使用公式 $1+S_{cp}$，S_{cp} 值为 0.02 设置该塑件的收缩率；接着增加体积块，体积块的尺寸按照模架的动模板和定模板尺寸来定义；最后设计分型面，并通过分型面将模具动模和定模板分开，以达到分模的目的。由于该塑件外形较大，故不再在定模中设置嵌件，模架中的 A 板直接加工出型腔来，而动模的主型芯应单独加工出来，然后镶入动模固定板中，这样能够节省材料和加工工时。参考国家标准初步选用直浇口 A 型模架，型号为 A80100—420×160 GB/T 12555—2006。因为该模具采用气体推出，所以动模部分的推出机构及其零件都不需要，所以在原来模架的基础上省去部分零件，但又是采用热流道，又必须加一块安放热流道板的型腔垫板，所以形成了定模三块板（定模座板、型腔垫板和凹模型腔板）、动模两块板（动模座板和凸模固定板）的组成。模架结构形式及其尺寸如图 6-78 所示，是一种非标准模架。

用 Pro/E 将该塑件进行分模后，图 6-76 中所示红色曲面即为分型面。由于该塑件底部安装滚轮处需要成型 8 处圆弧凹槽，将其 8 处设计为 4 个镶块，型芯在镶块中滑动，并在 Pro/E 里分割出体积块。

6.3.3　模具设计及理论计算

在对模具的分型面、型腔数量、浇注系统的形式和模具结构初步确定以后，就应对模具的各个系统进行详细的分析和计算，并最终确定各个工作零件的尺寸。

1. 热流道系统的计算和结构尺寸的确定

在本设计的热流道系统中，流道比较简单，如图 6-77 所示，且为平衡式布置，所以不需进行复杂的流变学计算。而热流道喷嘴是标准件，所以先按塑料熔体通过浇口允许的剪切速率来初步确定浇口直径，然后再计算相应的其他流道尺寸，最后根据流道尺寸确定其结构尺寸。

（1）流道系统尺寸的确定

1）所需注射量的计算。对于该设计，用户提供了塑件图样，据此在 Pro/E 中建立塑件模型并对此模型进行分析得塑件的质量属性，如图 6-79 所示。由图可知塑件体积 $V_1 \approx 2.7\times10^3\text{cm}^3$。

2）喷嘴浇口尺寸的确定。注射时间根据类似产品取 10s，则主流道体积流率

$$Q_S=\frac{V}{t}=\frac{2.7\times10^3}{10}\text{cm}^3/\text{s}=270\text{cm}^3/\text{s} \tag{6-95}$$

分流道的体积流率　$$Q_R=\frac{Q_S}{2}=\frac{270}{2}\text{cm}^3/\text{s}=135\text{cm}^3/\text{s} \tag{6-96}$$

根据表 2-8，PP 的最大剪切速率 $\dot{\gamma}=10^5\text{s}^{-1}$，而喷嘴浇口是最小的部位，用此剪切速率求出浇口直径

$$d_G=\sqrt[3]{\frac{32Q_G}{\pi\dot{\gamma}}}=\sqrt[3]{\frac{32\times135}{\pi\times10^5}}\text{cm}=0.24\text{cm} \tag{6-97}$$

式中，$Q_G=Q_R$（即浇口的体积流率=分流道的体积流率）。

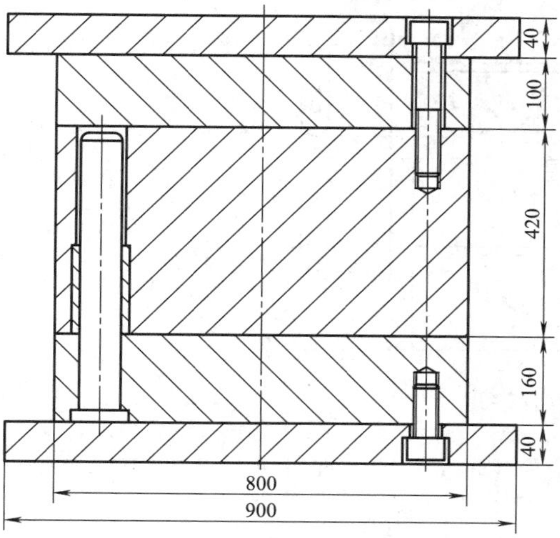

图 6-78　模架结构形式及其尺寸

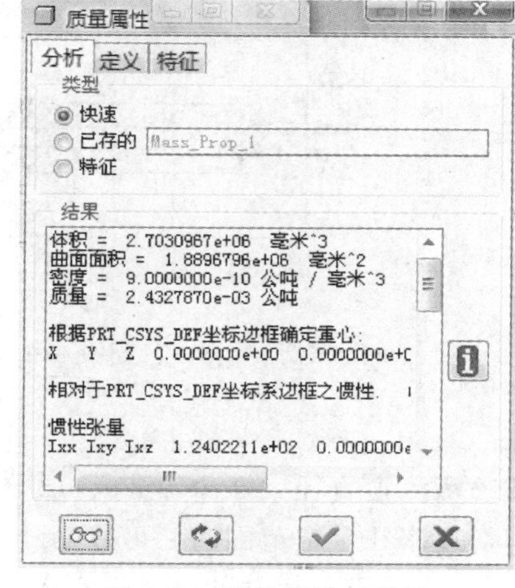

图 6-79　塑件的质量属性

而热流道喷嘴浇口直径为 2.7mm、3.9mm、4.5mm、7.9mm 等标准尺寸，而本设计浇口采用开放式直接浇口且带有一段凝料，有利于布置水道对浇口处进行冷却，储物箱底部肋板高为 20mm，凝料长度定为 30mm 比较合适。由于凝料有一个脱模斜度，通过试算，浇口直径取 4.5mm，脱模斜度取 3°，流道最小处直径为（图 6-80）

$$d_G=(4.5-30\tan3°)\text{mm}=2.93\text{mm} \tag{6-98}$$

再校核最小截面处的剪切速率 $\dot{\gamma}_G$

$$\dot{\gamma}_G=\frac{32Q_G}{\pi d^3}=\frac{32\times135}{0.293^3\pi}\text{s}^{-1}=54695\text{s}^{-1}<10^5\text{s}^{-1}$$

剪切速率合乎要求　(6-99)

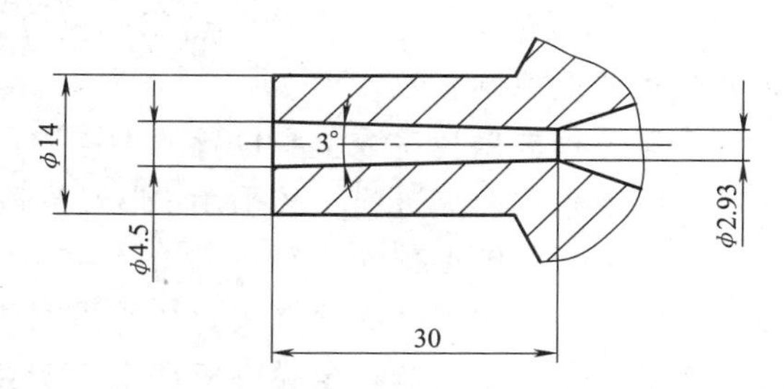

图 6-80　喷嘴浇口尺寸

3）喷嘴流道直径的确定，取流道剪切速率 $\dot{\gamma}=1000\text{s}^{-1}$。对低黏度或中等黏度塑料 PE、PP、ABS、PA 等，对流道剪切速率进行初步估算，因此喷嘴流道直径为

$$d_R=\sqrt[3]{\frac{32Q_R}{\pi\dot{\gamma}}}=\sqrt[3]{\frac{32\times135}{\pi\times1000}}\text{cm}=1.112\text{cm} \tag{6-100}$$

取标准直径 $d_R=1.1\text{cm}$，则分流道剪切速率为

$$\dot{\gamma}_R=\frac{32Q_R}{\pi d_R^3}=\frac{32\times135}{\pi\times1.1^3}\text{s}^{-1}=1033.7\text{s}^{-1} \tag{6-101}$$

在 $5\times10^2\sim5\times10^3\text{s}^{-1}$ 之间，比初取值大 3.37%，如果分流道直径取 12mm，剪切速率就显得有一点小，所以分流道剪切速率合理。考虑到喷嘴安装方面等因素，可以采用标准喷嘴 BP25 型，喷嘴长度为 80mm，如图 6-81 所示。

4）流道板分流道直径的确定。根据热流道喷嘴与流道板的安装结构、热流道板分流道

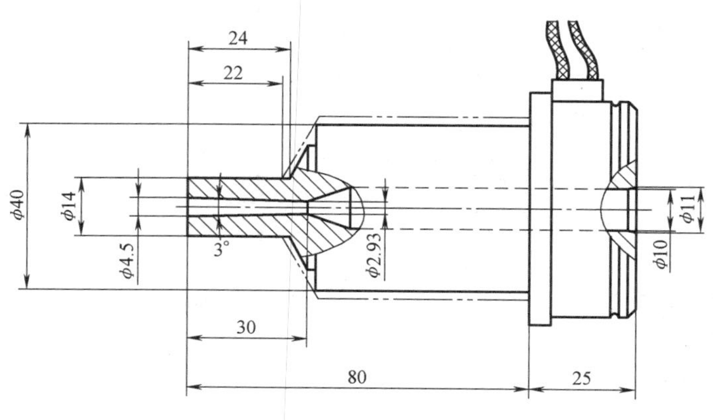

图 6-81　热流道喷嘴

直径比喷嘴流道直径大 0.5～1mm，取分流道直径为 12mm。与上面计算值 11.12mm 相差不大，剪切速率在预定范围内，可行。

5）主流道直径尺寸的确定。本设计的分流道仅有两条，且分流道的剪切速率不太大，所以主流道直径也取 12mm，与分流道一样大。主流道剪切速率为 $\dot{\gamma}_S$

$$\dot{\gamma}_S=\frac{32Q_S}{\pi d_S^3}=\frac{32\times270}{\pi\times1.2^3}\text{s}^{-1}=1592.3\text{s}^{-1} \tag{6-102}$$

在 5×10^2～$5\times10^3\text{s}^{-1}$ 之间，主流道剪切速率合理。

（2）热流道板的结构设计　热流道板应该具有良好的加热和绝热设施，保证加热器安装方便和温度控制有效。

热流道板根据浇口数量和位置的不同，可分别采用 I、H 或 X 等形式。该塑件结构比较简单，确定采用两点进料，故采用 I 形热流道板。

分流道常用圆形截面直径一般在 5～15mm。流道转折处应圆滑过渡，防止塑料熔体滞留。分流道端孔用细牙螺栓堵头封住并用铜质或聚四氟乙烯密封垫圈防漏。

热流道板通常安装在定模座板和定模型腔板之间，用空气间隙或隔热石棉板与其他模板隔开。空气间隙一般在 3～8mm 之间。由于热流道板悬架在定模中，主流道和多个浇口内高压熔体的作用和板的热变形均要求热流道板要有足够的刚度并有可靠的支承。支承螺钉和垫块也应该有足够的刚性，它们的接触面应淬火或加设淬硬垫圈。考虑到绝热的因素，支承面不能过大，必要时可采用导热性差的不锈钢或钛合金制作支承零件和垫圈。

热流道板应选用比热容小和热导率高的材料，通常可采用中碳钢、镍铬钢和高强度的铜合金制造。本设计热流道板采用美国 H13 中碳合金钢。

1）热流道板几何尺寸的确定。根据上述计算，主流道、分流道直径均取 12mm，两浇口之间的距离取 260mm，流道采用外加热方式，在流道板上铣削嵌入电加热器的槽，考虑流道板的固定及与其他零件的连接等因素，热流道板的尺寸如图 6-82 所示。

2）流道板加热功率计算。流道板加热器的功率，是指在一定时间内流道板从室温加热升温至塑料熔体注射温度所需的功率。当流道板达到给定温度时，由温度调节器自动控制，补偿热损失功率，维持热流道温度的恒定。

① 流道板升温加热功率，是在热流道系统初步设计完成，获知了流道板的体积后，按

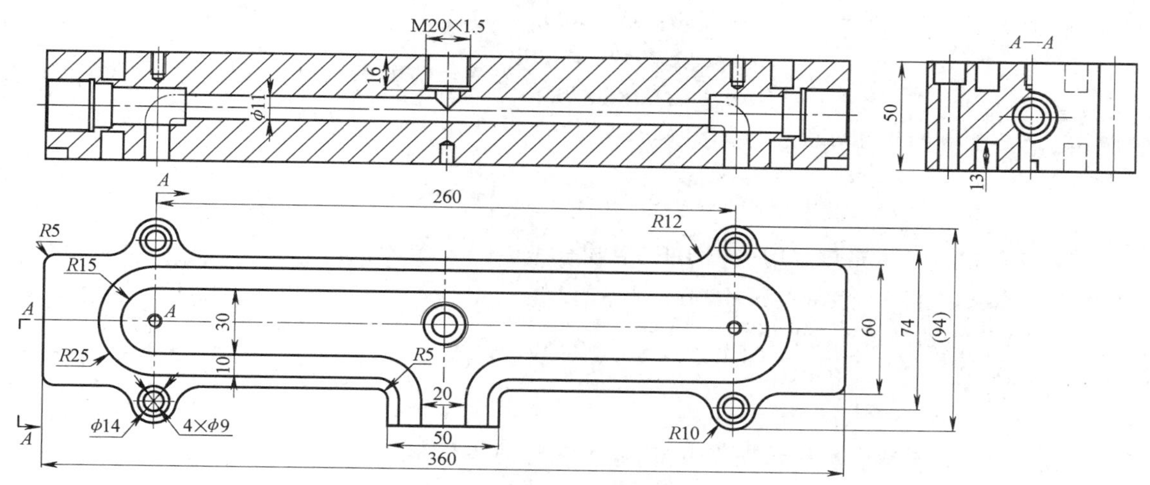

图 6-82　热流道板的尺寸

质量 m 的经验公式计算。以每 1kg 钢升温需 100W 电热功率计算。小模具可增大些比值，升温时间可少于 20min，而大型模具要减小些比值。片面追求快速升温，不利于电气加热和温度调节系统的设计。

加热流道板所需功率由三部分组成：其一是达到设置注射温度所需电功率；其二是补充流道板的传导、对流和辐射热损耗功率；其三是考虑电网电压波动影响和加热器的热效率。

工程设计时，计算流道板的加热器功率公式如下

$$P=\frac{mc\Delta T}{60t\eta_0} \tag{6-103}$$

式中，P 为流道板加热器的电功率（kW）；m 为流道板的质量（kg），在 Pro/E 建模后，进行质量分析，流道板质量属性如图 6-83 所示，其密度为 7.85kg/dm^3，质量 $m=9.27$kg，流道板外形尺寸如图 6-82 所示；c 为流道板材料的比热容［kJ/(kg·℃)］，对于钢材，$c=0.48$kJ/(kg·℃)；t 为流道板的加热升温时间（min），通常为 20～30min，时间长短取决于流道板尺寸大小和注射工艺温度（这里取 20min）；ΔT 为流道板注射工作温度与室温之差（℃），查参考文献［5］表 2-2 得 PP 喷嘴温度为 220～290℃，模具温度为 20～60℃，在此喷嘴温度取 220℃，模具温度取 50℃，$\Delta T=(220-50)$℃ = 170℃，目前我国注射机基本都是普通注射机，不是高速注射机，熔融塑料在热流道中停留时间比较长，所以宜取较低的喷嘴温度和较高的模温；η_0 为加热流道板的效率系数，流道板的绝热条件良好，$\eta_0=0.47$～0.56，目前国内的热流道模具承压垫都能绝热，但无防辐射的铝箔设计，取 $\eta_0=0.44$～0.50，当流道板系统的绝热条件很差，承压圈和支承垫用碳钢制造，又

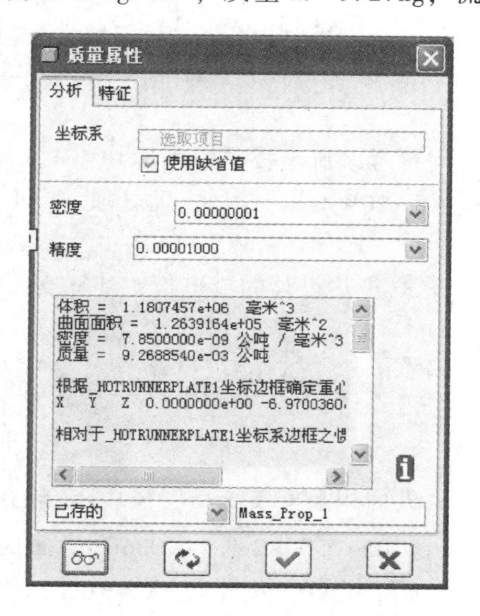

图 6-83　流道板质量属性

无防辐射的措施时，则 $\eta_0=0.33\sim0.38$，这里取 $\eta_0=0.5$。

$$P=\frac{mc\Delta T}{60t\eta_0}=\frac{9.27\times0.48\times170}{60\times20\times0.5}\text{kW}=1.26\text{kW} \tag{6-104}$$

② 三个垫圈的热传导面积，如图 6-84 所示。

$$A_p=\frac{\pi}{4}\times(0.025^2-0.014^2)\times3\text{m}^2=0.001\text{m}^2$$

③ 垫圈的热传导耗热。用美国 H13 中碳合金钢，查参考文献［5］表 5-3 得 $\lambda=28\text{W}/(\text{m}\cdot℃)$，则有

$$Q_p=\frac{\lambda}{s}A_p(T_1-T_2)=\frac{28}{0.010}\times0.001\times(220-50)\text{W}=476\text{W} \tag{6-105}$$

式中，Q_p 为热流道板的传导热损失（W）；λ 为绝热零件材料的热导率［W/(m·℃)］；s 为绝热零件的厚度（m）；T_1 为热流道板的注射工作温度（℃）；T_2 为注射模具结构件的温度（℃）。

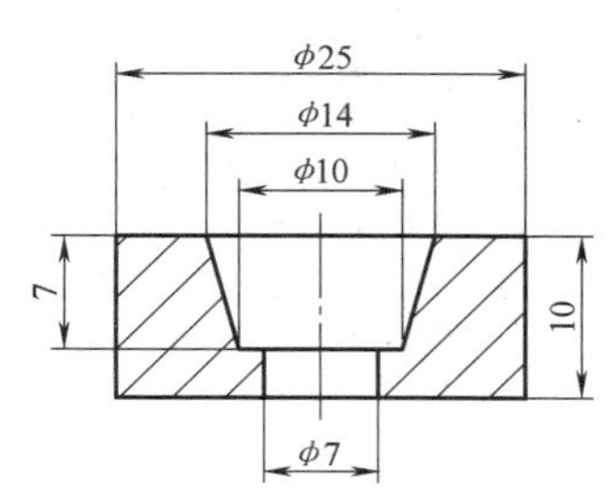

图 6-84　隔热垫圈

若用钛合金制造垫圈，查得 $\lambda=7\text{W}/(\text{m}\cdot℃)$，有

$$Q_p=\frac{\lambda}{s}A_p(T_1-T_2)=\frac{7}{0.010}\times0.001\times(220-50)\text{W}=119\text{W} \tag{6-106}$$

3）流道板的热对流和热辐射的功率损失。流道板温度 $T_1=273\text{K}+220\text{K}=493\text{K}$；模具温度 $T_2=273\text{K}+50\text{K}=323\text{K}$，得 $\Delta T=T_1-T_2=170\text{K}$。经发黑或锈蚀的灰暗表面流道板的辐射系数 $C_0=2.62\text{W}/(\text{m}^2\cdot\text{K})$；而光亮铝箔覆盖时，$C_0=0.18\text{W}/(\text{m}^2\cdot\text{K})$。已知流道板辐射表面面积 $A_r=0.126\text{m}^2$（如图 6-83 所示的数据）。由两种状态计算功率损失。

① 无绝热设计的流道板，先计算热辐射系数

$$\alpha_{s1}=C_0\frac{\left(\frac{T_1}{100}\right)^4-\left(\frac{T_2}{100}\right)^4}{\Delta T}=2.62\times\frac{\left(\frac{493}{100}\right)^4-\left(\frac{323}{100}\right)^4}{170}\text{W}/(\text{m}^2\cdot\text{K})=7.5\text{W}/(\text{m}^2\cdot\text{K}) \tag{6-107}$$

再考虑流道板周边间隙中空气对流热损失，查参考文献［5］可知空气自然对流系数 $\alpha_k=5\sim10\text{W}/(\text{m}^2\cdot\text{K})$，此处取 $\alpha_k=10\text{W}/(\text{m}^2\cdot\text{K})$。求此流道板的对流和辐射热损失

$$\alpha_{ks1}=(\alpha_k+\alpha_{s1})A_r\Delta T=(10+7.5)\times0.126\times170\text{W}=374.85\text{W} \tag{6-108}$$

② 绝热设计的流道板，计算安装反射箔片时的热辐射系数

$$\alpha_{s2}=C_0\frac{\left(\frac{T_1}{100}\right)^4-\left(\frac{T_2}{100}\right)^4}{\Delta T}=0.18\times\frac{\left(\frac{493}{100}\right)^4-\left(\frac{323}{100}\right)^4}{170}\text{W}/(\text{m}^2\cdot\text{K})=0.51\text{W}/(\text{m}^2\cdot\text{K}) \tag{6-109}$$

大面积上安装了反射箔片 $A_{r1}=(0.05+0.06)\times0.38\times2\text{m}^2=0.0836\text{m}^2$，小面积上无反射面 $A_{r2}=0.05\times0.06\times2\text{m}^2=0.006\text{m}^2$（面积由图 6-82 粗略估算）。由此得对流和辐射热损失

$$\begin{aligned}\alpha_{sk2}&=[(\alpha_k+\alpha_{s2})A_{r1}+(\alpha_k+\alpha_{s1})A_{r2}]\Delta T\\&=[(10+0.51)\times0.0836+(10+7.5)\times0.006]\times170\text{W}=167.2\text{W}\end{aligned} \tag{6-110}$$

根据上述计算数据汇总成表 6-9。

表 6-9　计算数据汇总　（单位：W）

类　型	无绝热设计的流道板	绝热设计的流道板
流道板升温加热功率	1260	1260
热传导损失功率	476(用普通钢垫圈)	119(用钛合金垫圈)
对流和辐射热损失	374. 85(板表面灰暗)	167. 2(大面积使用反射片)
其他因素的电损耗 10%	211	154. 6
总计	2321. 9	1700. 8

4）讨论。从表 6-9 所列数据可知，承压圈和支承垫采用绝热材料钛合金，是普通钢热传导损失的 25%。如果加装铝箔反射片，所需总功率为 1700. 8W，为无绝热设计总电功率的 73. 3%，其中维持热流道生产的电功率为 440. 8W，没有绝热设计的热流道板的维持功率为 1061. 85W。本设计流道板及电热器的安装方式采用钛合金垫圈，不采用反射片，所以电加热器的总功率为

$$P=(1260+119+374.85)\times 110\%\,\mathrm{W}=1929.235\mathrm{W} \tag{6-111}$$

选两根 1000W 的矩形电热管（盘条）嵌入热流道板的槽中即可。

（3）热膨胀补偿预测　注射模热流道零件在室温下装配，而流道板、喷嘴及承压圈等被固定在定模框架内，在注射加热时有膨胀。因此在进行热流道系统的定位、紧固和绝热设计时，必须进行热补偿计算。

室温下热流道系统的热膨胀状态如图 6-85 所示，有三个方向需考虑补偿：以模具安装中心为基准的热流道板的横向热伸长（方向 1）；从定模板上喷嘴的安装基准面 A，喷嘴部分向动模部分（左：方向 2）的热伸长；向定模固定板方向，喷嘴安装座、流道板和承压圈的热膨胀（方向 3），其膨胀值的大小应按温度和所用材料的膨胀系数进行计算。

1）热流道板的横向热补偿。热流道板处在工作温度时，其尺寸会比常温状态下明显增大，设计时必须预留一定的膨胀值。流道板横向热补偿计算的目的是在注射加工时，使喷嘴流道位置与流道板上流道出口位置相一致。否则会使热流道板的流道出口与热流道喷嘴的相对位置出现偏移，如图 6-86 所示。则有

$$l_n=l_g[1-\alpha(T_f-T_m)] \tag{6-112}$$

式中，l_n 为室温下流道板上出口位置的制造尺寸（mm）；l_g 为室温下喷嘴注射点的位置尺寸，它与注射温度下位置尺寸 l_z 相近（mm），这里取 260mm；α 为喷嘴材料的线胀系数，见参考文献［5］表 7-1，钢材为 $(11\sim13)\times10^{-6}/℃$；$T_f$ 为熔体温度，这里取 220℃；T_m 为定模板温度，这里取 50℃。

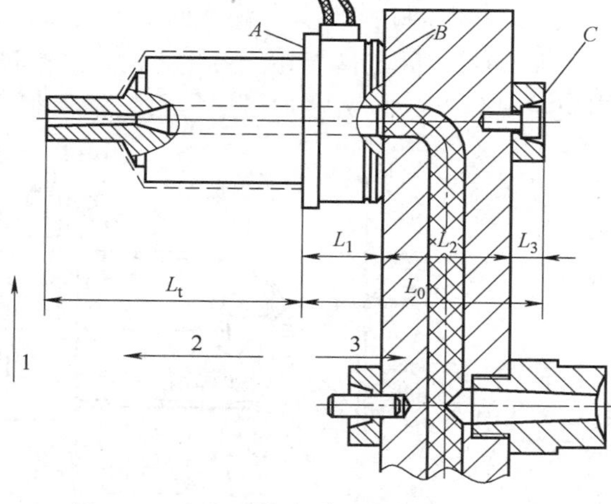

图 6-85　室温下热流道系统的热膨胀状态
1—流道板横向热膨胀　2—喷嘴向动模部分膨胀　3—喷嘴向定模部分膨胀

故得：

$$l_n = l_g[1-\alpha(T_f - T_m)] = 130\times[1-12\times10^{-6}(220-50)]\text{mm} = 129.734\text{mm}。\quad (6\text{-}113)$$

所以在制造时，热流道板的两流道出口位置的中心距应制造为 259.47mm。

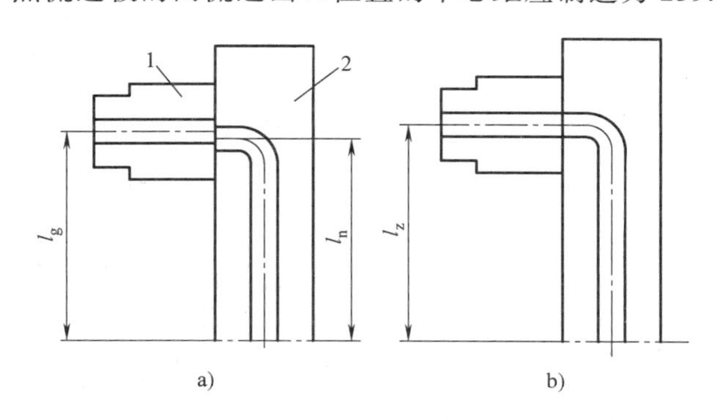

图 6-86　流道板的横向热伸长

a）室温下的相对尺寸　b）工作温度下的尺寸

1—热喷嘴　2—热流道板

2）喷嘴的轴向热补偿。

① 喷嘴动模方向热补偿如图 6-87 所示。从定模板安装基准面 *A* 算起的喷嘴长度的热膨胀，即喷嘴热膨胀。本设计采用的喷嘴是本身有开放式浇口的整体式喷嘴。浇口的温度高于定模板的模具温度。浇口套热伸长后，如仍缩在定模成型面里，会在塑件表面留下凸起的浇口套痕迹。相反，浇口套伸出成型面，塑件上会留下凹痕。因此，为了保证塑件质量，应对喷嘴的伸长量进行预测和补偿。室温下喷嘴的浇口端面位置为

$$L_t = L_g - \Delta L = L_g[1-\alpha(T_z - T_r)] = 80\times[1-12\times10^{-6}(0.8\times220-50)]\text{mm} = 79.879\text{mm}\quad (6\text{-}114)$$

式中，L_t 为考虑到热补偿的室温下喷嘴浇口位置（mm）；L_g 为注射喷嘴浇口能达到的位置（mm）；α 为喷嘴材料的线胀系数见参考文献［5］表 7-1，钢材（11～13）$\times10^{-6}$/℃；T_r 为室温，取 20℃，因定模板在注射生产时也有热膨胀，常用定模板温度 T_m，本设计 T_m = 50℃而不用室温代入；T_z 为喷嘴温度，由于定模板的传热，浇口区温度并不高，浇口壳体温度

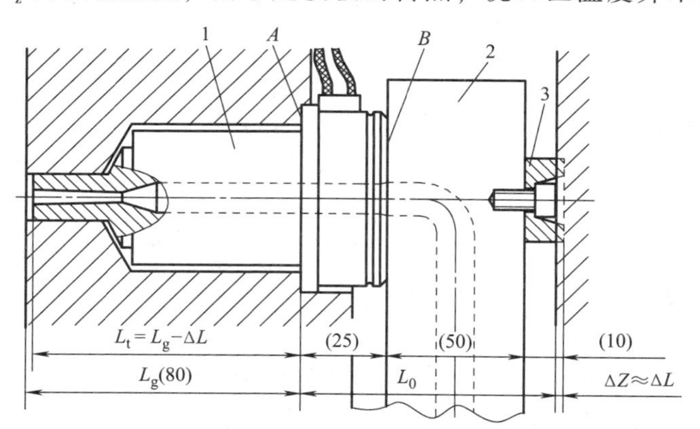

图 6-87　喷嘴动模方向热补偿

1—热喷嘴　2—流道板　3—承压圈

常低于熔体温度 T_f，即 $T_z<T_f$，常取 $T_z=0.8T_f$。

② 喷嘴定模方向的热补偿如图 6-88 所示。流道板在喷嘴轴线方向的零件有喷嘴、流道板和承压圈。其中承压圈受到热膨胀压力，又起绝热作用。根据前面陈述，选用钛合金，钛合金的抗压强度为 1000MPa，热导率为 7W/(m·℃)，为了达到较好的绝热效果，需减小承压圈与定模板的接触面积。如果喷嘴轴线方向伸长过大，热应力会压溃定模固定板，如图 6-87 所示 ΔZ。因此，定模固定板材料应有较好的强度，也可用高硬度的嵌件来抵抗压力。

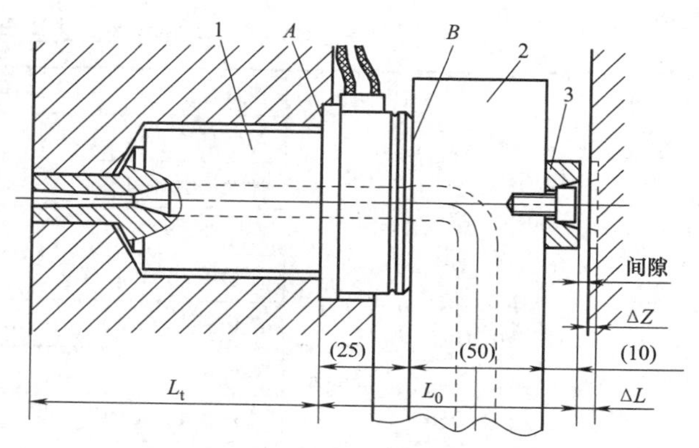

图 6-88　喷嘴定模方向的热补偿

1—热喷嘴　2—流道板　3—承压圈

当承压圈太薄，热膨胀后与定模固定板之间有间隙存在，喷嘴的入口端面与流道板的 *B* 面，在注射压力 *F* 作用下脱开，高压熔体会泄漏；如承压圈过厚，固定板之间间隙过小，或在装配时已有过盈压缩量，在注射时的热膨胀状态下，喷嘴、流道板和承压圈的轴线上压缩应力会比较大，此应力又妨碍了流道板的横向膨胀，流道会有倾斜，喷嘴有侧向偏移，两者的接触面 *B* 面上也会造成熔料泄漏。

为了保证流道板系统安装正确，需要进行喷嘴轴线方向的热补偿计算，使承压圈在装配温度下有合理的间隙；否则将使定模座（固定）板被压溃。为了计算预留间隙或过盈，估算在注射工作时，喷嘴轴线方向的热膨胀量

$$\Delta L=\alpha L_0\Delta T=12\times10^{-6}\times85\times(220-50)\text{mm}=0.173\text{mm} \tag{6-115}$$

若安装时不预留间隙，则作用在定模固定板上的热应力为

$$\sigma=\alpha E(T_f-T_m)=12\times10^{-6}\times2.1\times10^5\times(220-50)\text{MPa}=428.\text{MPa} \tag{6-116}$$

材料固定板屈服应力 $\sigma_s=355\text{MPa}$（45 钢正火后的屈服强度），取安全系数 $n=2$，得许用应力

$$[\sigma_p]=\frac{\sigma_s}{n}=\frac{355}{2}\text{MPa}=177.5\text{MPa}<\sigma=428.4\text{MPa} \tag{6-117}$$

为使 $[\sigma_p]$ 小于热应力 σ，此热流道系统在安装时，注射点喷嘴的轴线方向应有间隙量 $\Delta L=0.173\text{mm}$；否则会损伤定模座（固定）板接触表面。

2. 注射机型号的确定

注射模是安装在注射机上使用的工艺装备，因此设计注射模时应该详细了解注射机的技术规范，才能设计出符合要求的模具。

（1）塑件体积、质量计算　由图 6-79 可知：塑件体积 $V_1\approx2.7\times10^3\text{cm}^3$，塑件质量 $m_1\approx\rho V_1=2.43\times10^3\text{g}$。由于采用热流道系统，故浇注系统凝料的体积不需要考虑。

（2）注射机型号的选定　我国注射机厂家有很多，注射机的型号也很多。掌握使用设备的技术参数是注射模设计和生产所必须的技术准备。在设计模具时，最好查阅注射机生产厂家提供的《注射机使用说明书》上标明的技术参数。

根据以上的计算，以及参考上海塑料机械厂相关资料，初步选定型号为 SD1000 Ⅱ型卧式注射机，其主要技术参数见表 6-10。

表 6-10　SD1000 Ⅱ型卧式注射机主要技术参数

	项目	参数
注射部分	螺杆直径/mm	110
	理论注射容积/cm³	4700
	实际注射量/g	4450
	注射压力/MPa	181/197
	塑化能力/(g/s)	116
	螺杆长径比	21.7
	注射速率/(g/s)	815
	射台推力/kN	300
	射台行程/mm	740
	喷嘴半径/mm	20
合模部分	锁模力/kN	10000
	锁模(开模)行程/mm	1200
	拉杆有效间距/mm	1120×1120
	容模量/mm	600~1150
	顶出行程/mm	350
	顶出力/kN	130
其他	工作油系统压力/MPa	16/17
	料筒加热功率/kW	53.5
	加热分段	6+1
模具安装尺寸	喷嘴直径/mm	7
	定位圈尺寸/mm	300
	最大模具厚度/mm	1100
	最小模具厚度/mm	600

（3）型腔数量及注射机有关参数的校核

1）型腔数量的校核

① 由注射机料筒塑化速率校核型腔数量

$$n \leqslant \frac{KMt/3600-m_2}{m_1} \tag{6-118}$$

式中，K 为注射机最大注射量的利用系数，PP 是结晶型塑料，取 0.75；M 为注射机的额定塑化量（g/h 或 cm^3/h），该注射机为 116g/s；t 为成型周期，因塑件采用热流道系统，注射周期可以大大缩短，查得 PP 成型总周期 50~60s，故取 60s；m_1 为单个塑件的质量（g），取 $m_1=2.43\times10^3$g；m_2 为浇注系统所需塑料质量（g），由于该塑件采用热流道系统成型，故无浇注系统凝料。

式（6-118）右边$=\frac{0.75\times116\times60}{2.43\times10^3}\approx2.15>1$，符合要求。

② 按注射机的最大注射量校核型腔数量

$$n\leqslant\frac{Km_{N}-m_2}{m_1} \tag{6-119}$$

式中，m_N 为注射机允许的最大注射量（g 或 cm^3），该注射机为 4450g，其他符号意义与取值同前。

式（6-119）右边$=\frac{0.75\times4450}{2.43\times10^3}\approx1.37>1$，符合要求。

③ 按注射机的额定锁模力校核型腔数量。塑件采用热流道系统，故流道凝料的投影面积 A_2 不存在，故总投影面积只有塑件的投影面积（此处没有考虑收缩率）A_1，因此

$$A=A_1=L_1\times L_2=602\times425mm^2=2.5585\times10^5mm^2 \tag{6-120}$$

该塑件壁厚属于薄壁均匀容器类塑件，由于采用聚丙烯 PP 进行注射，其流动性较好，故根据表 2-2 取 $p_{型}=25MPa$。故所需锁模力为

$$F_m=Ap_{型}=2.5585\times10^5\times25kN=6396.25kN \tag{6-121}$$

锁模力校核为：$F\geqslant kF_m=kAp_{型}=1.2\times6396.25kN=7675.5kN$　　(6-122)

式中，k 为锁模力安全系数，一般取 1.1～1.2，这里取 1.2。该注塑机的锁模力为 10000kN，故锁模力符合要求。

2）注射机工艺参数的校核

① 注射量校核。注射量以容积表示，最大注射容积为

$$V_{max}=\alpha V=0.75\times4700cm^3=3525cm^3 \tag{6-123}$$

式中，V_{max} 为正常工作条件下所选注射机所能提供的最大容积（cm^3）；V 为所选注射机理论注射容积（cm^3），该注射机为 $4700cm^3$；α 为注射系数，取 0.75～0.85，无定型塑料可取 0.85，结晶型塑料可取 0.75，该处取 0.75。

倘若实际注射量过小，注射机的塑化能力得不到发挥，塑料在料筒中停留时间就会过长，容易发生降解。所以最小注射量容积

$$V_{min}=0.25V=0.25\times4700cm^3=1175cm^3 \tag{6-124}$$

故每次注射的实际容积 V' 应满足 $V_{min}<V'<V_{max}$，而 $V'\approx2.7\times10^3cm^3$，符合要求。

② 锁模力校核。在前面已经对锁模力进行过校核，符合要求。

③ 最大注射压力校核。注射机的额定注射压力即为该机器的最高压力 $p_{max}=197MPa$（表 6-10），应该大于注射成型时所需调用的注射压力 p_0，即

$$p_{max}\geqslant k'p_0=125MPa\quad 符合要求 \tag{6-125}$$

式中，k' 为安全系数，常取 $k'=1.25\sim1.4$，此处取 1.25。

实际生产中，该塑件成型时所需注射压力 p_0 为 70～120MPa。现取 100MPa。

④ 安装尺寸校核

a. 喷嘴尺寸，主流道的小端直径 d 大于注射机喷嘴直径 d_0，通常为

$$d=d_0+(0.5\sim1)mm=7mm+1mm=8mm \tag{6-126}$$

对于该注射机 $d_0=7mm$（表 6-10），取 $d=8mm$，符合要求。

b. 主流道入口的凹球面半径 SR 应大于注射机喷嘴球半径 SR_0，通常为

$$SR = SR_0 + (1 \sim 2)\text{mm} = 20\text{mm} + 2\text{mm} = 22\text{mm} \tag{6-127}$$

对于该注射机 $SR_0 = 20\text{mm}$（表 6-10），取 $SR = 22\text{mm}$，符合要求。

c. 定位圈尺寸。注射机定位孔尺寸为 $\phi300^{+0.1}_{0}\text{mm}$，定位圈尺寸取 $\phi300^{-0.2}_{-0.4}\text{mm}$，两者之间呈较松动的间隙配合，符合要求。

d. 最大与最小模具厚度。模具厚度 H 应满足

$$H_{min} < H < H_{max}$$

式中，$H_{min} = 600\text{mm}$，$H_{max} = 1100\text{mm}$（表 6-10）。

而该套模具初步拟订厚度

$$H = H_1 + B + A + H_3 + H_4 = (40+160+420+90+40)\text{mm} = 750\text{mm} \quad \text{符合要求。} \tag{6-128}$$

式中，H_1、H_4 为动模、定模座板厚度；B 为动（凸）模固定板厚度；A 为定模型腔厚度；H_3 为型腔垫板厚度。

e. 开模行程和推出行程的校核。开模行程

$$S \geqslant H_1 + H_2 + (5 \sim 10)\text{mm}$$

式中，S 为注射机动模板的开模行程（mm），取 1200mm，见表 6-10；H_1 为塑件推出行程（mm），由于塑件较深，推出方式采用气动推出，在塑件脱离型芯后，由人工将其取出，故该数值取 350mm；H_2 为包括流道凝料在内的塑件高度（mm），取 400mm，所以开模行程为

$$H = [350+400+(10 \sim 20)]\text{mm} = 760 \sim 770\text{mm} \tag{6-129}$$

$$H < S \quad \text{符合要求。}$$

f. 模架尺寸与注射机拉杆内间距校核。该套模具模架的外形尺寸为 900mm×1000mm，而注射机拉杆内间距为 1120mm×1120mm，因 900mm×1000mm<1120mm×1120mm，符合要求。

3. 温度调节系统设计

（1）冷却系统　该模具内的塑料温度为 200℃左右，而塑件固化后从模具型腔中取出时其温度在 60℃以下。热塑性塑料在注射成型后，必须对模具进行有效的冷却，使熔融塑料的热量尽快地传给模具，以使塑料可靠冷却定型并可迅速脱模。

对于黏度低、流动性好的塑料（如聚乙烯、聚丙烯、聚苯乙烯、尼龙 66 等），因为成型工艺要求模具温度都不太高，所以本设计采用常温水对模具进行冷却，而水也具有热容量大、传热系数大、成本低的特点，满足使用要求。用水冷却，即在模具型腔周围或内部开设冷却水道。

（2）冷却系统的简略计算　如果忽略模具因空气对流、热辐射以及与注射机接触所散发的热量，不考虑模具金属材料的热阻，可对模具冷却系统进行初步的简略计算。

1）求塑件在固化时每小时释放的热量 Q。查参考文献［1］表 4-31 得聚丙烯单位质量放出的热量 $Q_s = 5.9\times10^2\text{kJ/kg}$，故

$$Q = WQ_s = 2.43\times60\times5.9\times10^2\text{J/h} = 86\text{kJ/h} \tag{6-130}$$

式中，W 为单位时间（每分钟）内注入模具中的塑料质量（g/min），该模具每分钟注射 1 次，所以 $W = 2.43\times1\text{g/min} = 2.43\text{g/min}$。

2）求冷却水的体积流量

$$q_v=\frac{Q}{60\rho c(\theta_1-\theta_2)}=\frac{WQ_s}{60\rho c_1(\theta_1-\theta_2)}=\frac{2.43\times60\times5.9\times10^2}{10^3\times4.187\times60\times(25-20)}\text{m}^3/\text{min}\approx0.068\text{m}^3/\text{min}$$

(6-131)

式中，ρ 为冷却水的密度，为 $1\times10^3\text{kg/m}^3$；c_1 为冷却水的比热容，为 4.187kJ/(kg·℃)；θ_1 为冷却水的出口温度，取 25℃；θ_2 为冷却水的入口温度，取 20℃。

3）求冷却管道直径 d。查参考文献［1］表 4-27，为使冷却水处于湍流状态，因为流量较大，冷却水管直径至少在 30mm 以上，这样给标准水嘴的选择带来一些困难。根据生产现场实际情况，一般最大的水嘴为 M16，所以水孔直径定为 $d=12\text{mm}$。

4）确定冷却水在管道内的流速 v。取流速 $v=1.1\text{m/s}$，这样雷诺数 Re 可达到 10^4，冷却效果较好。

5）求传热系数。取 $f=6.65$（平均水温为 22.5℃），则有

$$h=\frac{4.187f(\rho v)^{0.8}}{d^{0.2}}=\frac{4.187\times6.65\times(1000\times1.1)^{0.8}}{(12\times10^{-3})^{0.2}}\text{kJ/m}^2\cdot\text{h}\cdot℃=18276\text{kJ/(m}^2\cdot\text{h}\cdot℃)$$

(6-132)

6）求冷却管道总传热面积 A

$$A=\frac{60WQ_1}{h\Delta\theta}=\frac{60\times2.43\times590}{18276\times27.5}\text{m}^2=0.1716\text{m}^2\tag{6-133}$$

式中，$\Delta\theta=\theta_m-(\theta_1+\theta_2)/2=[50-(20+25)/2]℃=27.5℃$。

7）计算模具所需冷却水管的总长度 L

$$L=\frac{A}{\pi d}=\frac{0.1716}{12\times10^{-3}\pi}\text{m}=4.554\text{m}\tag{6-134}$$

8）求模具上应开设的冷却水道的孔数 n

$$n=\frac{L}{l}=\frac{4.554}{0.8}=5.7\tag{6-135}$$

式中，$l=0.8\text{m}$(为模具宽度)。

9）型腔和型芯的水孔数量分配。塑件冷却定型后向凸模收缩，因此有经验表明凹模带走热量的 40%，凸模带走热量的 60%，所以有

$$n_{凹}=0.4\times5.7=2.3\quad 取 3 根$$

$$n_{凸}=0.6\times5.7=3.42\quad 取 4 根$$

凹模水孔根据上述计算取孔径为 12mm，而凸模水道布置拟采用串联隔板式，如图 6-89 所示。为了保证良好的冷却效果，必须使通过隔板两侧冷却水的雷诺数与进出水孔（圆孔）的雷诺数基本相等。因此，应采用流体力学相关公式计算型芯水道的直径。装隔板后的通流面积 A 及截面周长 x 为

$$A=\frac{\pi d^2/4-0.002d}{2}=\frac{\pi d^2-0.008d}{8}\tag{6-136}$$

$$x=\frac{\pi d}{2}+d-0.001=\frac{5.14d-0.002}{2} \tag{6-137}$$

通流面积的当量半径 R

$$R=\frac{A}{x}=\frac{\pi d^2-0.008d}{4\times(5.14d-0.002)} \tag{6-138}$$

根据流体力学中的雷诺公式及要求：$Re=\frac{4vR}{\nu}=10^4$。将式（6-138）中的 R 及流速和冷却水在 20℃ 的运动黏度代入，得

$$\frac{4\times1.1\times\frac{\pi d^2-0.008d}{4\times(5.14d-0.002)}}{1.0028\times10^{-6}}=10^4 \tag{6-139}$$

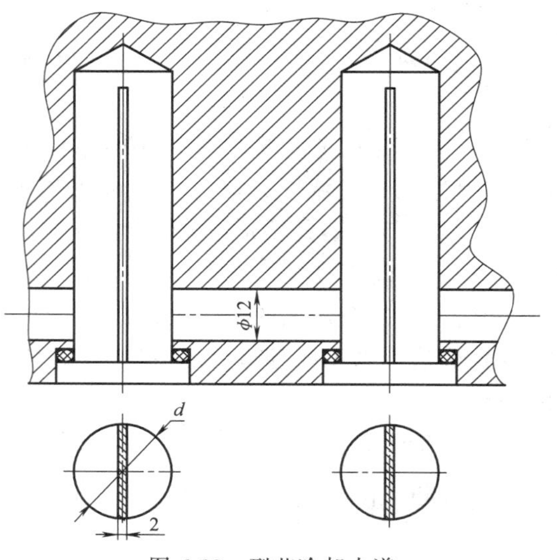

图 6-89　型芯冷却水道

经过整理化简求解得：$d=0.0171\text{m}$。考虑到水道复杂，流动阻力较大，取孔径为 22mm。这是在 20℃ 下算出的结果，而模具平均水温计算值为 22.5℃，水的黏度还要小一些，雷诺数还要大一些，散热效果会更好一点。查参考文献［18］表 8.4-7 得动力黏度 $\mu=0.001001\text{N}\cdot\text{s/m}^2$，水在 20℃ 时的密度 $\rho=998.2\text{kg/m}^2$，由动力黏度换算而得运动黏度 $\nu=\frac{\mu}{\rho}=\frac{0.001001\text{N}\cdot\text{s/m}^2}{998.2\text{kg/m}^3}=0.0000010028\text{m}^2/\text{s}=1.0028\times10^{-6}\text{m}^2\cdot\text{s}^{-1}$。

（3）凸、凹模加热计算　对于大型模具和高模具温度塑料模，为减少冷模注射次数和提高塑件成品率，一般应设置加热系统。通过 Pro/E 建模分析（也可以粗略估算），凹模质量约为 1800kg，凸模质量约为 700kg，若按大型模具 35W/kg 来计算，模具加热功率达 87.5kW，电热棒若按每根 2kW 来估算，需安装 44 根，每根孔径 32mm，因此模具无法容纳这么多电热棒。而本模具是成型 PP 塑料，该塑料流动性好，模具温度也比较低，所以不设置电加热系统，若需要加热的话，可把冷却水先加热来预热模具。

4. 排气系统设计

注射成型时，整个型腔由塑料填满，型腔内气体应能顺利排出，否则就会产生熔接痕、充型不满和局部烧焦等缺陷。本设计采用气动推出，没有机械推出装置，所以就不能利用其推出机构的间隙进行排气，只能利用分型面进行排气。

塑料熔体充模过程很短，可认为模内气体物理性质符合绝热条件。所需排气槽的截面面积可用参考文献［3］如下公式计算

$$A=\frac{25m_1\sqrt{273+T_1}}{tp_0} \tag{6-140}$$

式中，A 为排气槽截面面积（m^2）；m_1 为模具内气体质量（kg）；p_0 为模内气体的初始压力，$p_0=0.1\text{MPa}$；T_1 为模内被压缩气体的最终温度（℃）；t 为充模时间（s）。

模内气体质量 m_1，按常压常温 20℃ 的氮气密度 $\rho_0 = 1.16\text{kg/m}^3$ 计算，有

$$m_1 = \rho_0 V_0$$

式中，V_0 为模具型腔体积（m^3）。

$$m_1 = \rho_0 V_0 = 3.132 \times 10^{-3}\text{kg}$$

应用气体状态方程，可求得上式中被压缩气体的最终温度（℃）

$$T_1 = (273+T_0)\left(\frac{p_1}{p}\right)^{0.1304} - 273$$

式中，T_0 为模具内气体的初始温度（℃）。

$$T_1 = (273+T_0)\left(\frac{p_1}{p}\right)^{0.1304} - 273 = \left[293 \times \left(\frac{20}{0.1}\right)^{0.1304} - 273\right]℃ = 312℃ \tag{6-141}$$

查参考文献［23］表 3-12 得该塑料为 PP，其成型周期为 60s，其中闭模，6s、注射 10s、塑化和冷却 31s、开模 4s、取件 9s。

由式（6-140）得

$$A = \frac{25 m_1 \sqrt{273+T_1}}{t p_0} = \frac{25 \times 3.132 \times 10^{-3} \times \sqrt{273+312}}{10 \times 0.1 \times 10^6}\text{mm}^2 = 1.894\text{mm}^2 \tag{6-142}$$

由参考文献［3］表 9.3-2 查得排气槽高度 $h = 0.02\text{mm}$，因此排气槽总宽度

$$W = \frac{A}{h} = \frac{1.894}{0.02}\text{mm} = 94.7\text{mm} \tag{6-143}$$

实际排气槽宽度应大于计算值，因为当模具使用一段时间后，挥发性气体的积垢会使排气有效截面积减小。若排气槽总宽度较大时，可采用多个，甚至连续的排气槽排气。也可在整个型腔周边上安排排气槽排气。根据参考文献［4］中对于排气槽宽度的确定每条排气槽宽度优先取 6mm，故至少应设置 16 条排气槽。现设置 18 条排气槽，以方便气体顺利排出。排气槽截面形状如图 6-90 所示。排气槽布置形式如图 6-91 所示。

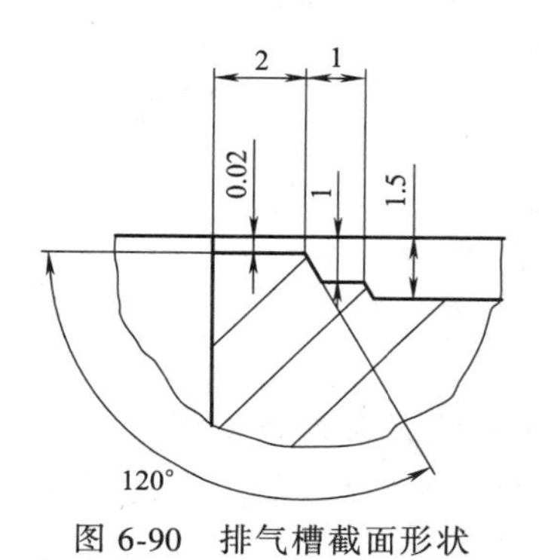

图 6-90　排气槽截面形状

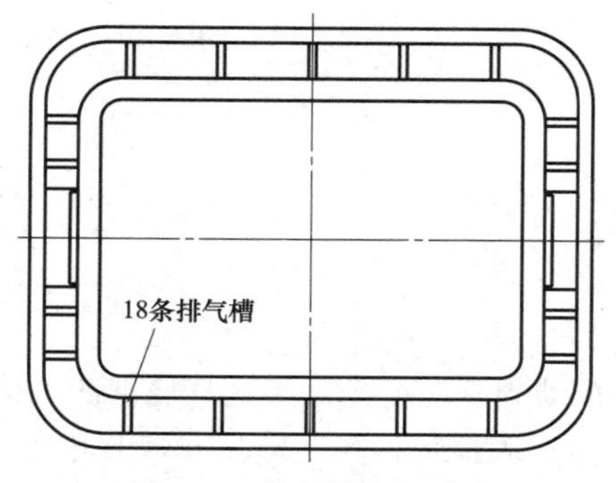

图 6-91　排气槽布置形式

考虑到型腔嵌件（塑件底部的加强肋）在充模时，有可能形成封闭式气囊，因此在嵌件的周边设置了几条排气槽。另外，还可以利用成型 4 个卡扣槽的镶件进行排气。

5. 脱模推出机构的设计

注射成型每一循环中，塑件必须准确无误地从模具的凹模中或型芯上脱出，完成脱出塑件的装置称为脱模机构，也常称为推出机构。

本套模具属于大型深型腔模具，推出形式在前面已论述采用气动推出（气压推出机构），压缩空气顶出适用于任何杯形或盒形塑件。当压缩空气进入型芯和塑件之间时，并不会像在平板形状中那样，立即释放到空气中，而是有足够的时间在塑件下产生压力将其推出，脱离型芯。

（1）压缩空气顶出的基本要求　空气供应必须充足。每副模具型腔中的空气逸出量必须均衡，这样在多模型腔模具中，即使一部分或大多数塑件已经顶出，在管道中仍应该有足够的高压空气能够将其余的塑件顶出。要做到这些，需要有足够大和适当平衡的空气管道以及较小的喷嘴开口，有时储气罐对模具也是很有用的，特别是在计划中的压缩空气供应不足的情况下。

为避免塑料溢入，必须保证吹气口和喷嘴尺寸的均匀性，同时必须保证有足够的气体流过吹气口和喷嘴。

气体必须经过净化（过滤），无灰尘、油滴或水分。必须可靠控制气压，实现连续、无故障顶出。

（2）顶出方式　为实现气压顶出，可以自制阀杆。阀杆在型芯或型腔的顶部用锥座固定，防止塑料进入气动系统。模具开启后，阀杆向前移动 *SE* 距离（图 6-92），但制造难度比较大。也可以采用标准气阀，这样能缩短制造周期，在工程实践中被普遍采用。本设计采用标准气阀，如图 6-93 所示。

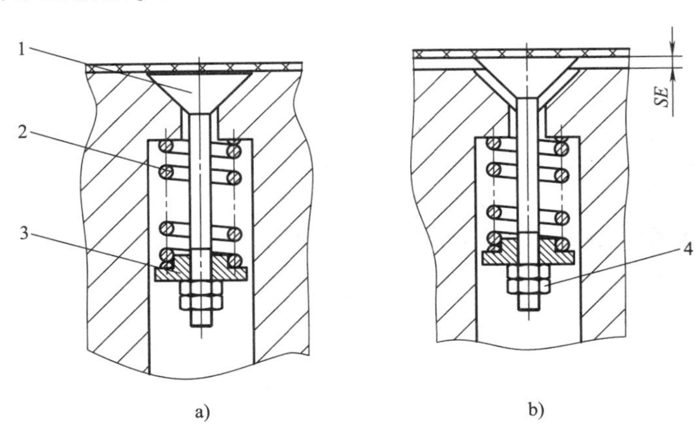

图 6-92　阀杆顶出形式

a）合模状态　b）顶出状态

1—阀杆　2—弹簧　3—弹簧垫块　4—螺栓

推动阀杆向前进是靠阀杆底部的气体压力。行程 *SE* 很小，大约 0.25mm。

（3）脱模力计算　塑件在模具中冷却定型时，由于体积收缩，其尺寸逐渐缩小，而将型芯或凸模包紧，在塑件脱模时必须克服这一包紧力。对于不带通孔的壳体类塑件，脱模时

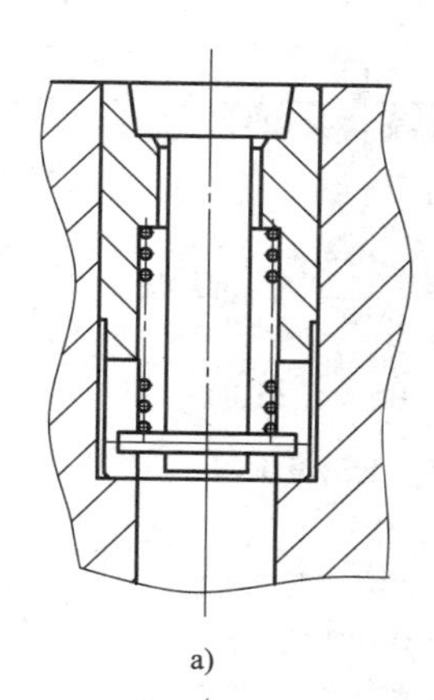
a)

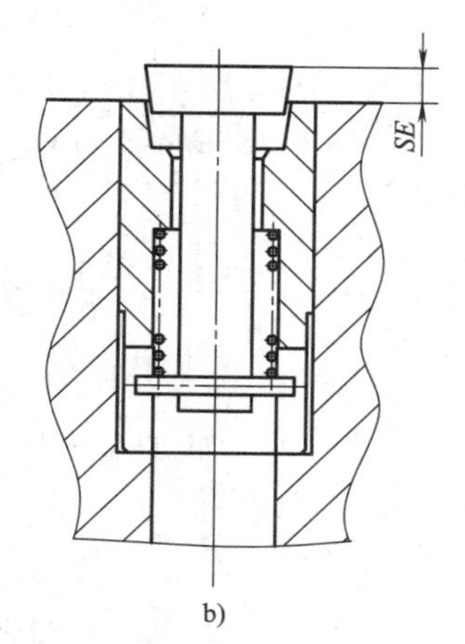

b)

图 6-93　标准气阀
a）合模状态　b）顶出状态

还要克服大气压力。此外，还需克服塑料和钢材之间的黏附力。

开始脱模时的瞬间所要克服的阻力最大，称为初始脱模力，以后脱模所需的力称为相继脱模力，后者要比前者小，所以计算脱模力时总是计算初始脱模力。

1）动模脱模力计算（简单估算法）。脱模力 Q_e 由两部分组成，即

$$Q_e = Q_c + Q_b \tag{6-144}$$

式中，Q_c 为塑件对型芯包紧的脱模阻力（N）；Q_b 为使封闭壳体脱模需克服的真空吸力（N），$Q_b = 0.1A_b$，这里 0.1 的单位为 0.1MPa，A_b 为型芯的横截面积（mm^2）。

在脱模力计算中，将 $\lambda = \frac{r_{cp}}{t} \geqslant 10$ 的制品视为薄壁制品；反之，视为厚壁制品。式中，t 为制品壁厚（mm），r_{cp} 为型芯的平均半径（mm）。

该塑件为矩形塑件，型芯平均半径为矩形长边平均长度加短边平均长度除以 π，故

$$r_{cp} = \frac{581.4+400.85}{\pi}\text{mm} = 312.8\text{mm} \tag{6-145}$$

所得型芯平均半径为 312.8mm，则

$$\lambda = \frac{r_{cp}}{t} = \frac{312.8}{3} = 104.27 \geqslant 10 \tag{6-146}$$

故该塑件为薄壁塑件，根据［3］式 9.6-4 则有

$$Q_c = \frac{8tE\varepsilon hK_f}{1-\mu} \tag{6-147}$$

式中，E 为塑料的拉伸弹性模量（MPa），取 1.6MPa；ε 为塑料的平均成型收缩率，取 2.0%；μ 为塑料的泊松比，取 0.33；h 为型芯脱模方向高度（mm），取 327.4mm；t 为塑件壁厚（mm），取 3mm；K_f 为脱模斜度修正系数，其计算式为

$$K_f = \frac{f\cos\beta - \sin\beta}{1+f\sin\beta\cos\beta} \tag{6-148}$$

β 为型芯的脱模斜度，取 3°；f 为制品与钢材表面之间的静摩擦因数，取 0.5。

由此可得

$$K_{\mathrm{f}}=\frac{f\cos\beta-\sin\beta}{1+f\sin\beta\cos\beta}=\frac{0.5\times\cos3^{\circ}-\sin3^{\circ}}{1+0.5\times\sin3^{\circ}\times\cos3^{\circ}}=0.4356 \tag{6-149}$$

则

$$Q_{\mathrm{c}}=\frac{8\times3\times1.6\times10^{3}\times0.02\times327.4\times0.4356}{1-0.33}\mathrm{N}=163475.6\mathrm{N} \tag{6-150}$$

$$Q_{\mathrm{b}}=0.1A_{\mathrm{b}}=0.1\times581.4\times400.85\mathrm{N}=23305.4\mathrm{N} \tag{6-151}$$

$$Q_{\mathrm{e}}=Q_{\mathrm{c}}+Q_{\mathrm{b}}=186781\mathrm{N}=1.87\times10^{5}\mathrm{N} \tag{6-152}$$

由于采用气动推出，故该脱模力除以塑件内表面积就是所需压缩空气的压力，即

$$p=\frac{Q_{\mathrm{e}}}{A_{\mathrm{a}}}=\frac{1.87\times10^{5}}{2.33\times10^{5}}\mathrm{MPa}=0.803\mathrm{MPa} \tag{6-153}$$

式中，A_{a} 为塑件在开模方向上的投影面积，$A_{\mathrm{a}}=581.4\mathrm{mm}\times400.85\mathrm{mm}=2.33\times10^{5}\mathrm{mm}^{2}$。

故气动推出的压缩空气的气压为 0.803MPa。为了安全，应通入 0.85 MPa 压力的压缩空气。

讨论：根据式（6-153）计算结果，脱模力达 187kN，数字太大，与工程实践不符。

2）动模脱模力计算（精确计算法）。按精确计算方法来测算，根据参考文献［3］式（9.6-23）得

$$\begin{aligned}Q_{\mathrm{c}}&=12Kf_{\mathrm{c}}\alpha E(T_{\mathrm{f}}-T_{\mathrm{j}})th\\&=12\times0.85\times0.5\times7.8\times10^{-5}\times1.6\times10^{3}\times(110-50)\times3\times327.4\mathrm{N}=37509\mathrm{N}\end{aligned} \tag{6-154}$$

式中，K 为脱模斜度系数

$$K=\frac{f\cos\beta-\sin\beta}{f(1+f\sin\beta\cos\beta)}=\frac{0.5\times\cos3^{\circ}-\sin3^{\circ}}{0.5(1+0.5\sin3^{\circ}\cos3^{\circ})}=0.85 \tag{6-155}$$

α 为塑料线胀系数（1/℃）；T_{f} 为热变形温度（110℃）；T_{j} 为塑件脱模温度（50℃）；其余符号意义同前。

$$Q_{\mathrm{e}}=37509\mathrm{N}+23300\mathrm{N}=60809\mathrm{N} \tag{6-156}$$

$$p=\frac{Q_{\mathrm{e}}}{A_{\mathrm{a}}}=\frac{60809}{233000}\mathrm{MPa}=0.261\mathrm{MPa} \tag{6-157}$$

故气动推出的压缩空气的气压为 0.261MPa。为了安全，应通入 0.3～0.4MPa 压力的压缩空气。车间空气压缩机提供的压力一般为 0.6～0.8MPa，所以可行。

（4）定模脱模力　在定模型腔底部有纵横交错的多条加强肋板，在塑件口部边缘也有一加强圈包紧在定模型腔上，若计算脱模力十分复杂，这样在开模时塑件是留在动模还是定模，不十分确定，因此在定模型腔必须设置气阀。在开模之前先开启定模气阀。强使塑件包住动模型芯从定模型腔脱出，最后开模结束，动模气阀动作推出塑件。

6. 成型零件设计

本设计的成型零件就是凹模（型腔）、凸模（主型芯）和成型提手小孔的小型芯及成型箱体底部卡扣槽的活动镶块型芯等。

（1）凹模（型腔）的结构设计　本设计属于大型模具，型腔底部有若干条加强肋板，若做成整体式凹模，肋板加工很困难，全要用电极（电火花）来加工，在深型腔中加工窄

槽，制造费用较高。因此，应采用底部镶嵌式凹模，这样凹模变成了一个上下相通的框形结构。为了使凹模定位锁紧可靠，采用双向锥面结构形式，如图 6-94 所示。

(2) 凸模（主型芯）结构形式　如图 6-94 所示，凸模 3 周边尺寸及高度大，所以不宜与模板一起做成整体式结构，制成单独凸模装配时嵌入凸模固定板中，这样有利于加工制造和节约制造费用。

(3) 提手孔侧型芯的结构　提手孔的成型只能采用侧向型芯成型，驱动型芯动作的力在前述分析中已指出，只能采用液压力抽芯，单侧两个提手孔相距 120mm 以上，不能用一个型芯抽两个孔，所以每个孔都要设置一套抽芯机构，具体机构可见总装图电子文档。

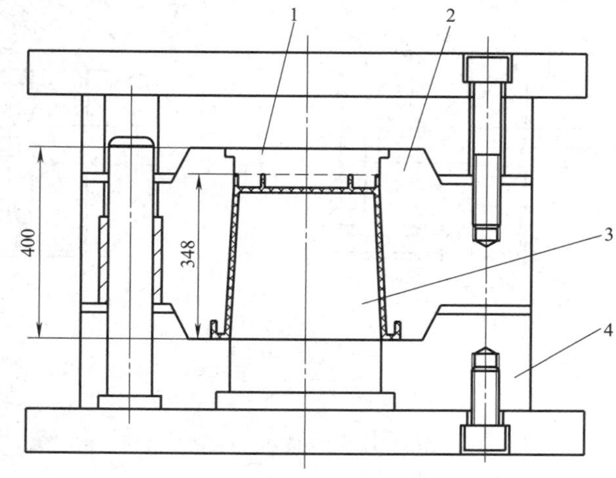

图 6-94　凹模结构形式

1—凹模镶件　2—凹模　3—凸模　4—凸模固定板

(4) 滚轮轴卡扣型芯结构　在该塑件的底部由于需要安装四个滚轮，故设计了四处卡扣用于卡住滚轮轴，能让滚轮在其轴上自由转动。这样的结构在模具设计和制造时需进行特别设计，因滚轮轴可以从旁边插入卡紧，PP 韧性好也可以强制卡入，故在成型时也可以采用强制脱模方式来完成其脱模步骤。因此，需要将这四个部位设计成单独的镶块嵌入定模型腔中，使镶块在其槽中成间隙配合。在塑件脱离型腔初期，镶块跟着塑件一起移动，当加强肋板从槽中脱出后，镶块停止移动，从塑件肋板上强行脱出，然后在弹簧的作用下复位。

对于强制脱模的要求在参考文献［23］中做了介绍，书中提到当 $k=\frac{D-d}{D}\leqslant 5\%$ 时，则能够进行强制脱模，但对于该塑件的强制脱模有特殊要求，需要滚轮能在其中转动而不掉出，故将其设计为

$$k=\frac{D-d}{D}=20\%$$

即 D 为 10mm，d 为 8mm。这样的设计若要使其强制脱模则是不可能，另外还要加上弹簧复位等机构，模具结构并不简单。

为了使该模具能够长寿命工作，底部安装滚轮轴的卡扣槽采用型芯滑块抽芯，抽芯动力也是来自液压力。图 6-95a 所示为处于成型位置，图 6-95b 所示为由滑块推杆推动滑块移动一段距离而处于抽芯位置，滑块 4 在滑块座中滑动和导向。

(5) 成型零件工作尺寸的计算　大型塑件注射模具工作零件尺寸的确定，不能采用中小型模具零件的计算方法，因为模具制造公差对中小型塑件尺寸精度影响很大，而塑料收缩率波动值却对大塑件（即大型模具）尺寸精度影响很大。在计算时，应以塑件尺寸公差表和精度选用表为依据，同时考虑模具材料的热膨胀和塑件的综合收缩率，而不采取平均收缩率计算法。综合收缩率根据参考文献［24］为

$$S_{Q}=S_{cp}-Q=0.02-0.0004=0.0196 \tag{6-158}$$

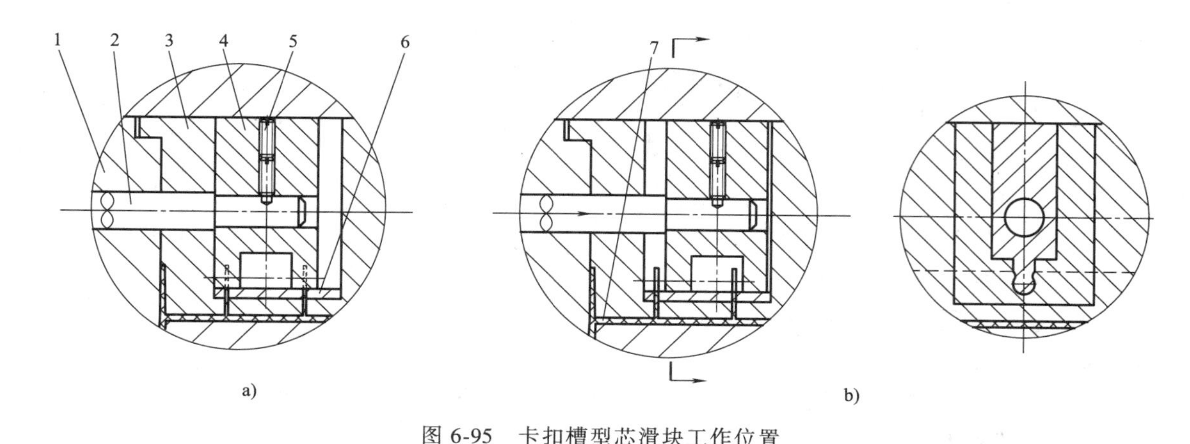

图 6-95　卡扣槽型芯滑块工作位置

a）成型位置　b）抽芯位置

1—凹模型腔　2—推杆　3—凹模嵌件　4—滑块　5—紧定螺钉　6—滑块座　7—塑件

式中，S_{cp} 为塑料的平均收缩率，取 2%；Q 为型腔、型芯从室温升到工作温度时的膨胀率，$Q=\alpha(T_m-T_1)=13.4\times10^{-6}\times(50-20)=4.02\times10^{-4}$，取整数 $Q=4\times10^{-4}$；α 为 P20 钢线胀系数（$13.4\times10^{-6}/℃$）；T_m 为模具温度（50℃）；T_1 为室温（20℃）。

从上面计算可以看出，因模具温度不高，线膨胀率不大，所以 S_Q 与 S_{cp} 相差很小，仅为 2%，因塑件尺寸大，公差也大，忽略这相差的 2%对塑件的精度影响不大，因此下述计算仍用 S_{cp} 作为收缩率，可得

$$L_m=(1+S_{cp})L-x\Delta \tag{6-159}$$

式中，L_m 为凹模径向名义尺寸（最小尺寸）；L 为制品的名义尺寸（最大尺寸）；Δ 为制品公差（负偏差）；x 为成型零件工作尺寸的修正系数，其取值大小与制品尺寸及精度有关。

当塑件尺寸很大且精度不高时，影响塑件尺寸误差的主要因素是成型收缩率的波动，制造偏差 δ_z 和磨损量 δ_c 可忽略不计，故可得 $x=0.5$；标注上模具制造公差 Δ_m 后有：

型腔尺寸　$$L_m=[(1+S_{cp})L-x\Delta]^{+\Delta_m}_{0} \tag{6-160}$$

型芯尺寸　$$l_m=[(1+S_{cp})l-x\Delta]^{0}_{-\Delta_m} \tag{6-161}$$

型腔深度　$$H_m=[(1+S_{cp})H-x\Delta]^{+\Delta_m}_{0} \tag{6-162}$$

型芯高度　$$h_m=[(1+S_{cp})h+x\Delta]^{0}_{-\Delta_m} \tag{6-163}$$

塑件精度等级按 GB/T 14486—2008 的标准来查取，PP 一般精度为 MT4 级，根据图 6-75 所示的相关尺寸查表后几个重要尺寸及公差分别为：

箱底外形长　$L_1=550^{\ 0}_{-2.8}$mm　　宽 $L_2=373^{\ 0}_{-2.2}$mm

箱口外形长　$L_3=578\text{mm}+6\text{mm}=584^{\ 0}_{-3}$mm　　宽 $L_4=401\text{mm}+6\text{mm}=407^{\ 0}_{-2.4}$mm

箱上口边缘　$L_5=602^{\ 0}_{-3}$mm　　宽 $L_6=425^{\ 0}_{-2.4}$mm

箱上口边缘内　$l_1=602\text{mm}-6\text{mm}=596^{+3}_{\ 0}$mm　　宽 $l_2=425\text{mm}-6\text{mm}=419^{+2.4}_{\ 0}$mm

箱内腔底长　$l_3=550\text{mm}-6\text{mm}=544^{+2.8}_{\ 0}$mm　　宽 $l_4=373\text{mm}-6\text{mm}=367^{+2.2}_{\ 0}$mm

塑料成型收缩率取 2%，因为塑件尺寸大，公差也大，制造公差 Δ_m 在这里取 $\Delta/8$，按

上述公式和取 $x=0.5$ 进行试算，新模具型腔壁厚太薄而不符合要求。而在工程实践中，对于这种尺寸精度要求不高的塑件，往往就按塑件公称尺寸乘以一个塑料的收缩率来确定成型零件尺寸。因此，塑件重要尺寸与模具对应尺寸见表 6-11。

表 6-11　模具型腔型芯计算尺寸　（单位：mm）

尺寸代号	塑件尺寸	模具尺寸	尺寸代号	塑件尺寸	模具尺寸
L_1	550	560.45	l_1	544	554.9
L_2	373	380.09	l_2	367	374.3
L_3	584	595.1	l_3	578	589.6
L_4	407	414.73	l_4	401	409
L_5	602	613.44	H	321	327.4
L_6	425	433.08			

为了保证模具有较长的工作寿命，成型零件要有一定的修模量，因此型腔零件的收缩率可取较小一点。表 6-11 中型腔尺寸是按 1.9%来初步计算的，因此型腔单边后续抛光余量有 0.2mm 左右，型芯零件还是采用 2%的收缩率，这样型腔和型芯可进行多次抛光，塑件壁厚也不会超差。

（6）型腔力学计算

1）凹模侧壁厚度计算。该模具型腔采用矩形凹模的框形结构，为了增加凹模刚度和强度，采用双面止口锁紧方式，其特点是使凹模侧壁四边均受约束，从而减小变形量。如图 6-96 所示型腔结构尺寸计算模型，此种结构凹模壁工作状态可视为两对边简支，另外两边固定的矩形板承受均布载荷，刚度条件可按参考文献［3］式（9.4-58）确定凹模侧壁厚度 S

$$S=h\left(\frac{C_1ph}{E\phi_2\delta_p}\right)^{1/3}=355\times\left(\frac{0.0687\times25\times355}{2.1\times10^5\times0.75\times0.046}\right)^{1/3}\text{mm}=154.9\text{mm} \qquad (6\text{-}164)$$

式中，$S=154.9\text{mm}<201.3\text{mm}[W-l_2'=(800-397.41)/2\text{mm}=201.3\text{mm}]$，型腔刚度满足要求。

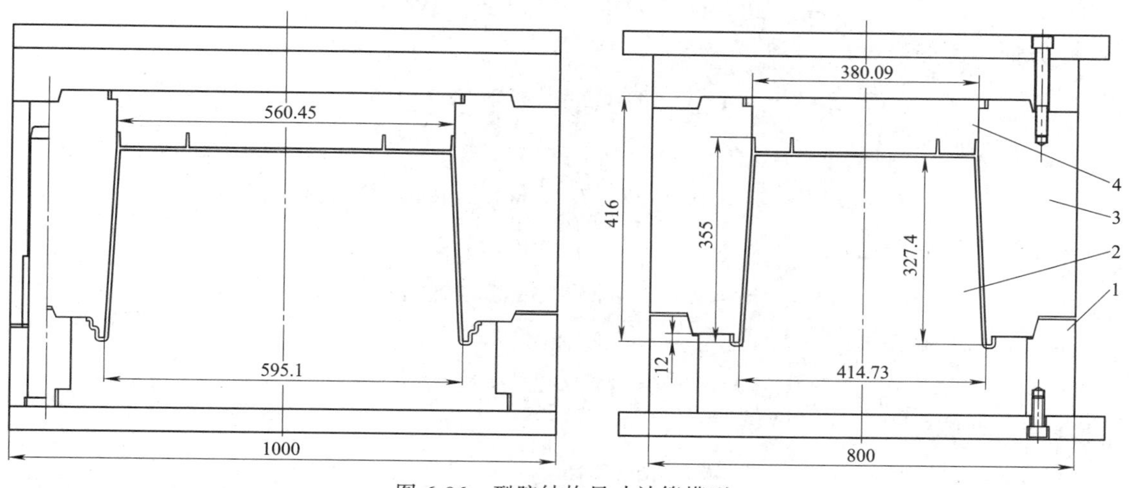

图 6-96　型腔结构尺寸计算模型

1—凸模固定板　2—凸模　3—凹模型腔　4—型腔嵌件

但公式中应用的模型与本设计型腔有差别，本设计型腔受力高度 $h=355\text{mm}\times(348\text{mm}\times1.02\%=355\text{mm})$，而型腔板高度初步定为 $H=416\text{mm}$，是考虑到上下两面楔紧高度、型腔嵌件的厚度和冷却水孔、压缩空气孔等配置对嵌件的高度要求而综合确定的。所以型腔刚度更好。

型腔长边 l_1 的中心有最大应力

$$\sigma_{\max}=\frac{6C_2ph^2}{S^2}=\frac{6\times0.11\times25\times355^2}{201.3^2}\text{MPa}=51.3\text{MPa}<[\sigma_p]=300\text{MPa}\quad \text{满足要求。}\qquad(6\text{-}165)$$

δ_p 为型腔许用变形量，查［3］表 9.4-12 得 $W=l_1=577.78\text{mm}$，于是有

$$\delta_p=25i_1=25\times(0.35\times577.78^{1/5}+0.001\times577.78)\text{mm}=0.046\text{mm}$$

又由 $\alpha=l_2'/l_1'=397.41/577.78=0.69$，得 $\phi_2=0.75\text{mm}$，再由 $l_1'/h=577.78/355=1.628$，查得：$C_1=0.0678$，$C_2=0.11$；p 为型腔所受压力（MPa），取 25MPa；E 为模具钢材的弹性模量（MPa），一般中碳钢 $E=2.1\times10^5\text{MPa}$，预硬化钢 $E=2.2\times10^5\text{MPa}$，此处取 $E=2.2\times10^5\text{MPa}$；$[\sigma]$ 为模具强度计算的许用应力（MPa），一般中碳钢 160MPa，对预硬化钢 P20 取 $\sigma_p=300\text{MPa}$，此处取 300MPa；W 为模具宽度；l_1'为型腔平均长度 $(560.45+595.1)/2\text{mm}=577.78\text{mm}$；$l_2'$为型腔平均宽度 $(380.09+414.73)/2\text{mm}=397.41\text{mm}$。

2）型腔预载量计算。型腔侧壁受力状态视上下止口预紧情况分为有预载和只有配合而没有预载两种情况。有预载时，预载比注射压力大，那么型腔工作时仅承受静载荷，型腔承受的交变应力小，模具寿命长。而无预载时，每次注射型腔承受全部塑料压力，这样型腔承受脉动循环应力，对模具寿命有不利影响。本设计采用预载，其计算过程如下：

① 型腔应力计算。分别按长（x 方向）、宽（y 方向）来计算各参数：

x 方向型腔承力面积

$$A_x=(W-l_2')H=(800-397.41)\text{mm}\times416\text{mm}=167477.4\text{mm}^2$$

x 方向型腔受压面积

$$A_{xy}=l_2'h=397.41\text{mm}\times355\text{mm}=141080.6\text{mm}^2$$

x 方向型腔胀模力

$$F_x=A_{xy}p=141080.6\times25\text{N}=3527015\text{N}$$

y 方向型腔承力面积

$$A_y=(L-l_1')H=(1000-577.78)\text{mm}\times416\text{mm}=175643.5\text{mm}^2$$

y 方向型腔受压面积

$$A_{yy}=l_1'h=577.78\text{mm}\times355\text{mm}=205111.9\text{mm}^2$$

y 方向型腔胀模力

$$F_y=A_{yy}p=205111.9\times25\text{N}=5127797.5\text{N}$$

x 方向型腔应力

$$\sigma_x=\frac{F_x}{A_x}=\frac{3527015}{167477.4}\text{MPa}=21.06\text{MPa}\qquad(6\text{-}166)$$

y 方向型腔应力

$$\sigma_y=\frac{F_y}{A_y}=\frac{5127797.5}{175643.5}\text{MPa}=29.2\text{MPa} \tag{6-167}$$

② 型腔应变计算。型腔在 x、y 方向的伸长量分别为

$$f_x=\frac{F_x l_1'}{A_x E}=\frac{3527015\times577.78}{167477.4\times2.1\times10^5}\text{mm}=0.058\text{mm} \tag{6-168}$$

$$f_y=\frac{F_y l_2'}{A_y E}=\frac{5127797.5\times397.41}{175643.5\times2.1\times10^5}\text{mm}=0.055\text{mm} \tag{6-169}$$

在组装定模型腔时，型腔板在无预载的情况下，型腔与型腔嵌件配合良好，而在注射期间型腔板将被周期性地拉伸，在 x 方向伸长 0.058mm，在 y 方向伸长 0.055mm（在此型腔压力取 25MPa 是最小压力，还没有考虑型腔密布的冷却水孔对型腔的削弱作用，实际工作时型腔变形量比计算的可能还要大）。这样有可能使型腔与嵌件之间产生溢料飞边。因此必须对型腔进行预载，也就是说，在装配前定模型腔固定板卡口的距离 l 必须略小于装配长度 L，这样通过安装前将型腔板“收缩”来达到预载。为使预载可靠，应按计算值再增加 25%~40%，本设计按增加 40%来计算。

$$l_x=L_x-(f_x+0.4f_x)=(800-1.4\times0.058)\text{mm}=799.919\text{mm} \tag{6-170}$$

$$l_y=L_y-1.4f_y=(600-1.4\times0.055)\text{mm}=599.923\text{mm} \tag{6-171}$$

型腔在压力下变形伸长是通过型腔上下两面的预载来消除的，上面通过安装时螺钉预紧力使锥面楔紧而产生预应力，下面（分型面）是通过合模力迫使外锥面楔紧内锥面而产生预应力。通过预载后 F_x 和 F_y 也相应增大了 1.4 倍，也就是说在 x 方向和 y 方向的预压缩量分别为 0.081mm 和 0.077mm，这两个值很接近。若均按 0.08mm 的预压缩量来估算，钳工在装配合模时，模具在自重作用下，根据计算得出分型面之间的垂直距离约为 0.22mm，如图 6-97 所示。在没有积累足够的设计经验之前，不管模具大小、注射压力高低而笼统取 0.2~0.5mm 的间隙，是不太科学的。

③ 楔紧块的应力校核

a. 剪切应力

$$\tau_x=\frac{F_x/2}{A_{x\tau}}=\frac{3527015\times1.4/2}{400\times86}\text{MPa}=71.77\text{MPa}<[\tau]\text{合格} \tag{6-172}$$

$$\tau_y=\frac{F_y/2}{A_{y\tau}}=\frac{5127797.5\times1.4/2}{540\times86}\text{MPa}=77.29\text{MPa}<[\tau]\ \text{合格} \tag{6-173}$$

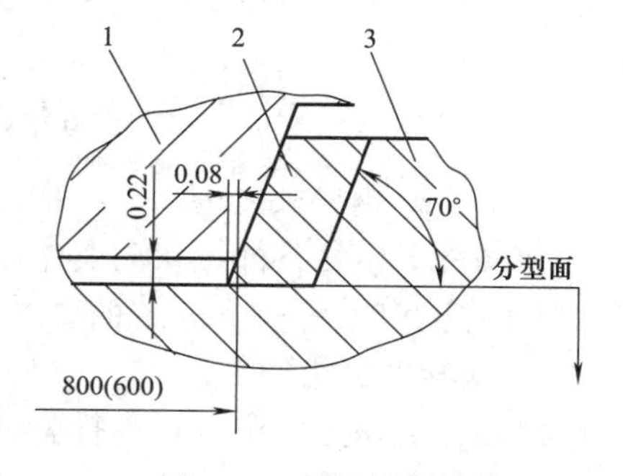

图 6-97　预压缩量计算

1—凹模型腔　2—镶条　3—动模固定板

式中，$[\tau]=\frac{\sigma_s}{[S_s]}=\frac{800}{5}\text{MPa}=160\text{MPa}$；$A_{x\tau}=400\text{mm}\times100\text{mm}$，楔紧块长度为 400mm，宽度为 100mm－14mm＝86mm（图 6-98）；$A_{y\tau}=540\text{mm}\times100\text{mm}$，楔紧块长度为 540mm，宽度为 100mm－14mm＝86mm（图 6-98）。

b. 挤压应力

$$\sigma_{p}=\frac{F_{x}/2}{A_{p}}=\frac{3527015\times1.4/2}{400\times25}\text{MPa}=246.89\text{MPa}<[\sigma_{p}]\quad 合格 \tag{6-174}$$

$$[\sigma_{p}]=\frac{\sigma_{s}}{[S_{p}]}=\frac{800}{2}\text{MPa}=400\text{MPa} \tag{6-175}$$

式中，σ_s 对于 P20 预硬钢，取 $\sigma_s=800\text{MPa}$。

④ 压缩应力。根据前述计算本模具的锁模力 $F=7675.5\text{kN}$，在锁模后还未注射前，需分型面和锁紧楔承受这个锁模力，如果分型面承压面积不够，就有可能压坏分型面，因此要进行压缩应力（抗压强度）的校核。

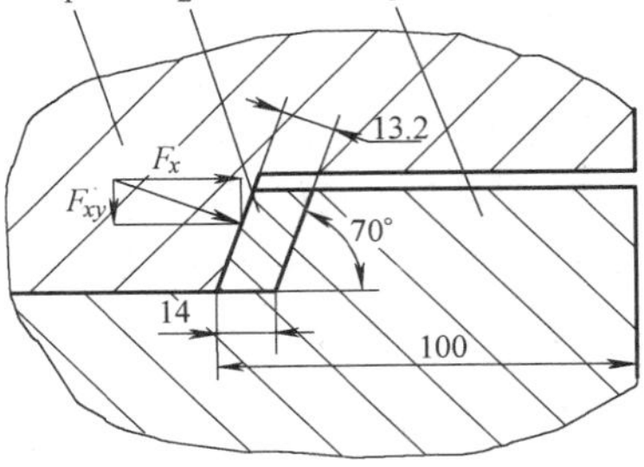

长度方向的承压面积

$$A_1=700\text{mm}\times(530-433.5)\text{mm}=67550\text{mm}^2$$

宽度方向的承压面积

$$A_2=433.5\text{mm}\times(700-614)\text{mm}=37281\text{mm}^2$$

排气槽所占面积

$$A_3=(6\times10\times48+6\times8\times43)\text{mm}^2=4944\text{mm}^2$$

总承压面积

$$A=A_1+A_2-A_3=99887\text{mm}^2$$

1　2　3　13.2　F_x　F_{xy}　70°　14　100

图 6-98　楔紧块受力分析

1—凹模型腔　2—镶条　3—动模固定板

锁紧楔斜面所承受的轴向力（x 方向）

$$F_{xy}=1.4F_x\tan20°=1797.2\text{kN} \tag{6-176}$$

锁紧楔斜面所承受的轴向力（y 方向）

$$F_{yy}=1.4F_y\tan20°=2612.9\text{kN} \tag{6-177}$$

将注射机额定合模力 10000kN 全施加于模具上，分型面的承压面压缩应力为

$$\sigma_{bc}=\frac{F}{A}=\frac{[10000-(1797.2+2612.9)]\times10^3}{99887}\text{MPa}=55.5\text{MPa}<[\sigma_{bc}]\ 合理 \tag{6-178}$$

式中，对于 P20 钢，硬度为 36～40HRC 时，$[\sigma_{bc}]=1030\text{MPa}$。所以模具压缩应力很低，符合长寿命模具工作的条件。从上述计算尺寸可知，模具承压面宽度在 43～50mm 之间，符合大型模具承压宽度（≈50mm）的要求。

7. 合模导向机构的设计

导向零件的作用：模具在进行装配和调模试机时，为保证动、定模之间一定的方向和位置，导向零件要承受一定的侧向力，起导向和定位作用。

本模架是去掉垫块和机械推出系统后的简化模架，已按标准带了 4 根 ϕ70mm 的导柱，在合模时能起到粗定位的作用。合模时因定模型腔是由动模楔紧块锁紧，所以在锁紧过程中又起到一个精定位的作用。只是制造过程中加工精度要求高（详细视图见零件图及装配图电子文档）。

8. 安装尺寸的校核

本模具经过理论计算及结构设计，确定了模具的各个尺寸，尤其是外形尺寸对模具能否安装上注射机使用至关重要。本模具的最终尺寸是：长×宽×高 = 1000mm×1146mm×685mm，而注射机的安装尺寸是：长×宽×高 = 1120mm×1120mm×(600~1100)mm，模具尺寸小于安装尺寸，即模具高度 685mm 小于拉杆间距 1120mm，吊入以后旋 90°即可安装使用。

9. 典型零件的制造工艺

（1）型腔的加工工艺　凹模成型塑件的外表面，需要相当低的表面粗糙度值，因此模具用钢要求有良好的表面抛光性和耐磨性，因此选用塑料模工作零件常用的 P20 钢，坯料大不宜选用预硬化钢。因为后续的加工余量太大，加工应力大，所以在粗加工后一定要进行热处理。型腔加工工艺过程见表 6-12。

表 6-12　型腔加工工艺过程

序号	工序名称	加工工艺过程及要求	设备
10	备料	浇注 P20 大型钢锭，体积为 0.37m^3 方形坯料（考虑了锻造时 5%的烧损量）	炼钢厂电弧炉
20	锻造	锻造至 1015mm×815mm×430mm，单边留加工余量 5~10mm	水压机
30	热处理	退火	热处理炉
40	铣削	粗铣坯料至 1005mm×805mm×425mm，留双面加工余量 5mm 左右。保证基准面相互垂直（操作者保证两个侧面作为基准面）	龙门铣床
50	钻孔	中分划线钻、攻 2×M42×70 起重（吊）环螺钉孔，四个导柱的中心孔 4×ϕ67mm，ϕ10mm 线切割穿丝孔	钻床
60	铣削	铣削型腔上平面，铣削斜度为 20°、高度为 20mm 的楔紧锥，高度与宽度均留余量 1mm，铣削凹模嵌件镶嵌孔周边，长×宽×深 = 557mm×377mm×70mm，槽宽为 12mm。铣削台肩到尺寸。上平面四周倒角 $C5$。 铣削型腔下平面，铣削斜度为 20°、高度为 25mm 的楔紧锥，高度与宽度均留余量 1mm，下平面四周倒角 $C5$	数控铣床
70	平磨	在平面磨床上磨削型腔上下两平面，表面粗糙度达到图样技术要求	大型平面磨床
80	线切割	编程切除型腔中心这一大块废料（这块料重达 700 多 kg，还可以做其他大型模具的嵌件，若不切除进行热处理，热处理费用将增加不少）①，单边留余量 2mm	大型线切割机床
90	热处理	淬火加中温回火，表面硬度达 36~40HRC	热处理炉
100	铣削	均匀精铣型腔六方至图样尺寸（高度方向留 0.5mm），按基准对刀对型腔嵌件孔、导柱孔精加工。对斜度为 20°、高度为 20mm 的楔紧锥精加工至尺寸	数控铣床
110	钳工	划上平面螺孔位置线，钻、攻联接螺钉孔 10×M24×60，钻 5 条环型腔的冷却水孔并攻锥螺纹，钻 4 个成型提手孔的侧型芯台阶孔，单边留 1mm 电极放电加工余量，钻 2 个卡扣滑块槽推杆孔，钻加长气嘴通过孔 ϕ18mm。对坯料周边各棱角处去毛刺	钳工台
120	线切割	按基准对刀编程切除型腔四周加工余量（放研磨抛光余量）	大型慢走丝线切割机床
130	电脉冲	对 4 个成型提手孔的侧型芯孔进行放电精加工	电火花机床
140	铣削	编程铣削型腔大端的内圆弧，铣削型腔边缘的凸梗，型腔高度精加工至尺寸。铣削斜度为 20°、高度为 25mm 的楔紧锥，精加工至尺寸	数控铣床

（续）

序号	工序名称	加工工艺过程及要求	设备
150	热处理	对型腔进行渗氮处理，表面硬度达 55~60HRC	渗氮炉
160	钳工	对型腔进行打磨沿脱模方向抛光，表面粗糙度达到图样要求	钳工台
170	检验	最后检验各项尺寸精度和几何精度是否达到图样要求	检验工作台

注：仅供参考，前三道工序在钢厂完成，与模具厂无关。

① 究竟是先热处理后线切割，还是先线切割后热处理，要根据两者之间的加工费用及零件的变形程度来决定。

（2）凸模加工工艺　凸模备料及选材说明见凹模。凸模加工工艺过程见表 6-13。

表 6-13　凸模加工工艺过程

序号	工序名称	加工工艺过程及要求	设备
10	备料	浇注 P20 大型钢锭，体积为 0.193m³ 方形坯料（考虑了锻造时 5%的烧损量）	炼钢厂电弧炉
20	锻造	锻造至 753mm×545mm×450mm，单边留加工余量 5~10mm	水压机
30	热处理	退火	热处理炉
40	铣削	粗铣坯料至 743mm×535mm×440mm，留加工余量 2mm 左右。保证基准面相互垂直（操作者保证两个侧面作为基准面），下平面四周倒角 $C3$	大型数控铣床
50	平磨	在平面磨床上磨削凸模上下两平面，表面粗糙度达到 1.6μm	大型平面磨床
60	钻孔	从底面起 80mm 划线钻、攻 2×M42×70 起重（吊）环螺钉孔，中分划线钻 4×ϕ12mm 的冷却水孔并攻螺纹，钻 16×ϕ22mm×400mm 冷却水孔并锪 ϕ28mm×15mm 密封圈台阶孔，钻凸模所有气孔和攻气堵丝孔，气阀安装孔口处留双边加工余量 1mm	大型钻床
70	线切割	按基准对刀编程切除凸模四周加工余量，将工件平装，在长度方向上两端各切一刀，切下余块，型芯斜度为 3°；将工件翻转 90°校正，切除另外两余块，均单边放 0.5mm 加工余量	大型线切割机床
80	铣削	编程铣削带斜度为 3°的四个圆弧，以及底部安装固定的四个圆弧，铣削塑件口部边缘成型凹槽，均留单边加工余量 0.5mm	大型数控铣床
90	热处理	淬火加中温回火，表面硬度达 36~40HRC	热处理炉
100	铣削	底平面光刀，翻转 180°装夹，高度加工至图样尺寸。编程对凸模进行精加工至尺寸，留一点修磨抛光余量，装配尺寸加工至图样要求	大型数控铣床
110	检验	检验各项尺寸精度和几何精度是否达到图样要求	检验工作台
120	钳工	对凸模进行打磨初步抛光。对非成型部分各棱角处去毛刺	钳工台
130	热处理	进行渗氮处理，表面硬度达 55~60HRC	渗氮炉
140	钳工	对凸模进行打磨和最后抛光，表面粗糙度达到图样要求	钳工台
150	检验	最后检验型腔表面粗糙度及表面硬度是否达到图样要求	检验工作台

10. 模具工作过程

在热流道模具操作之前，一定要检查和校验整套注射模所有机构、系统和装置，包括热流道系统。首先是装在注射机上模具的循环动作能否实施。在不注射塑料和不对模具调温的状态下，检查开模、闭模，气体脱模机构的顶出和复位是否灵活。然后，检查模具冷却系统的连接。检查热流道系统电气线路的连接。如果热流道系统有开关式喷嘴，还要检查液压或压缩空气的导管连接。对于新喷嘴，在没有塑料熔体的状态下，检查活塞和柱销的活动状态。

操作热流道注射模，应严格执行以下工作步骤：

1）加热模具到设置温度。特别是大型模具，注射前加热，注射中再冷却。本模具没有设置加热。

2）加热注射机料筒到设置温度。

3）加热热流道系统到设置温度。加热过程分两步。首先是软启动，以消除加热器中的潮气。目前温度控制器能自动进行软启动，但需要人工设置软启动的参数。第二步，满负荷地将系统加热到设置温度。也可先将喷嘴温度加热到流道板温度的 2/3。在喷嘴热膨胀紧固前，流道板先行自由地延伸，不出现承压圈与定模固定板之间的卡滞。然后喷嘴再升温，在喷嘴轴线上将流道板紧固。

4）对于新的或者已清洗的热流道系统，应先以低压慢速注射。螺杆以 1.5~3.0MPa 低压注射，或者以低压的慢速注射。这样，外加热的热流道系统，会填充生成密封或绝热皮层。内加热的流道和喷嘴，可填充生成密封保温皮层。

5）内部加热的热流道系统，低压注射后加热中断约 15min，使密封保温皮层较快冻结，固化在壁面上。在过去 2~5min 后，按设置的注射工艺参数循环生产。

在模具操作中，注意以下几点：

1）热流道系统不能在高温高压下打开或拆卸。若打开或拆卸会损伤防漏密封，高温熔料会危害导线。

2）热敏性物料 PBT、PET 和 POM 等，要建立喷嘴的绝热仓皮层。可先用热稳定性塑料（如 PA66）注射充填，建立起稳定的绝热皮层。

3）在注射操作的最初 15min 内，应密切注视流道板四周，是否有塑料熔体的泄漏。相关的现象有：在预设的正确注射量下，注射压力突然下降；出现制品不能注满；流道板四周的空间里有热空气外排。

第2篇　塑料模具零部件结构标准及参考图例

第7章　注射模零部件结构尺寸及技术要求

7.1　塑料注射模模架

GB/T 12555—2006《塑料注射模模架》标准规定了塑料注射模模架的组合形式、尺寸标记，适用于塑料注射模模架。

7.1.1　模架组成零件的名称

塑料注射模模架按其在模具的应用方式，可分为直浇口与点浇口两种形式，其组成零件的名称分别如图7-1和图7-2所示。

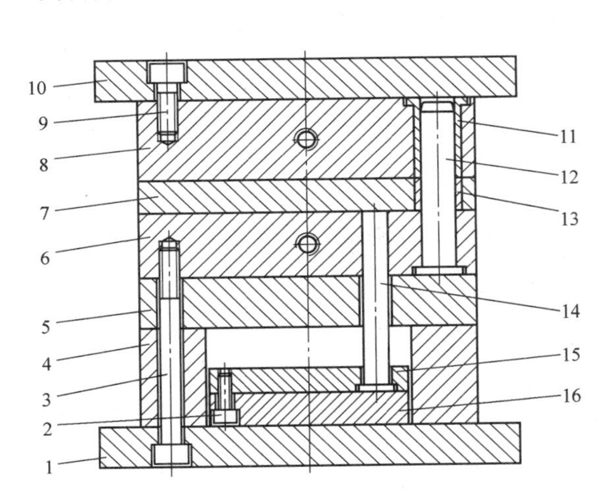

图7-1　直浇口模架组成零件的名称

1—动模座板　2、3、9—内六角螺钉　4—垫块　5—支承板　6—动模板　7—推件板　8—定模板　10—定模座板　11—带头导套　12—带头导柱　13—直导套　14—复位杆　15—推杆固定板　16—推板

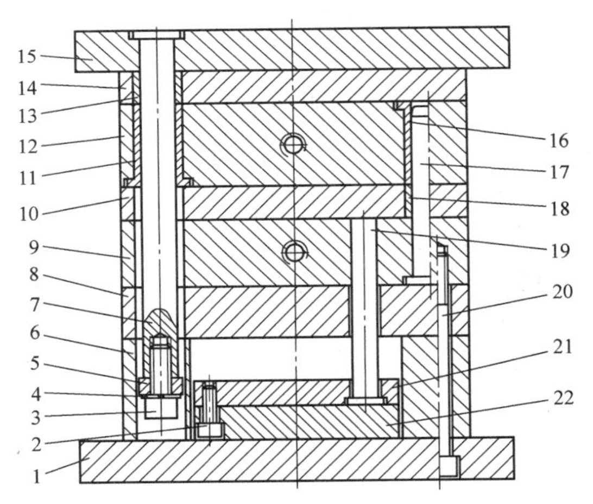

图7-2　点浇口模架组成零件的名称

1—动模座板　2、3、20—内六角螺钉　4—弹簧垫圈　5—挡环　6—垫块　7—拉杆导柱　8—支承板　9—动模板　10—推件板　11—带头导套　12—定模板　13—直导套　14—推料板　15—定模座板　16—带头导套　17—带头导柱　18—直导套　19—复位杆　21—推杆固定板　22—推板

7.1.2　模架的组合形式

塑料注射模模架按结构特征可分为36种主要结构，其中直浇口模架12种、点浇口模架

16 种和简化点浇口模架 8 种。

1. 直浇口模架

直浇口模架 12 种，其中直浇口基本型有 4 种，直身基本型有 4 种，直身无定模座板型有 4 种，直浇口基本型又分为 A 型、B 型、C 型和 D 型。A 型：定模二模板，动模二模板。B 型：定模二模板，动模二模板，加装推件板。C 型：定模二模板，动模一模板。D 型：定模二模板，动模一模板，加装推件板。直身基本型分为 ZA 型、ZB 型、ZC 型和 ZD 型；直身无定模座板型分为 ZAZ 型、ZBZ 型、ZCZ 和 ZDZ 型。

直浇口模架组合形式见表 7-1。

表 7-1　直浇口模架组合形式（摘自 GB/T 12555—2006）

组合形式	组合形式图	组合形式	组合形式图
直浇口基本型			
A 型	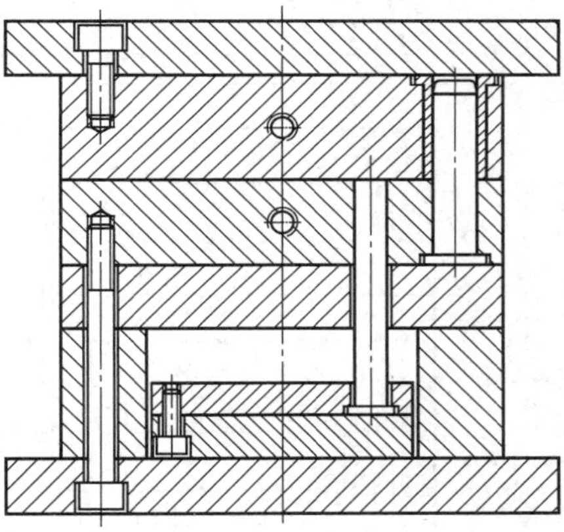	B 型	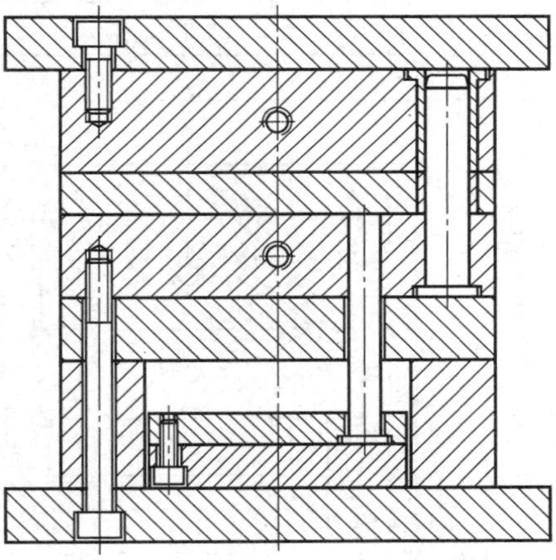
C 型	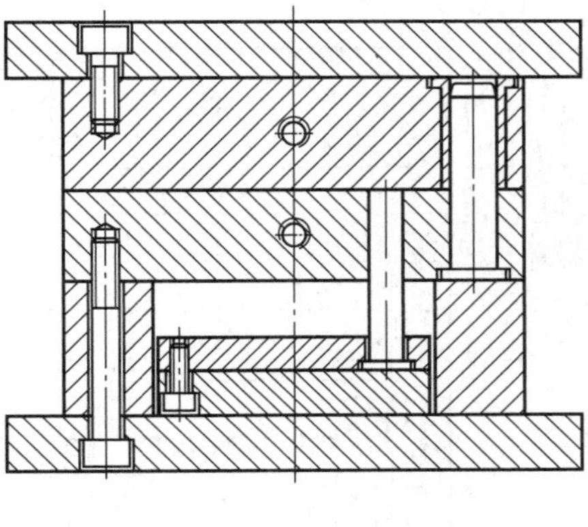	D 型	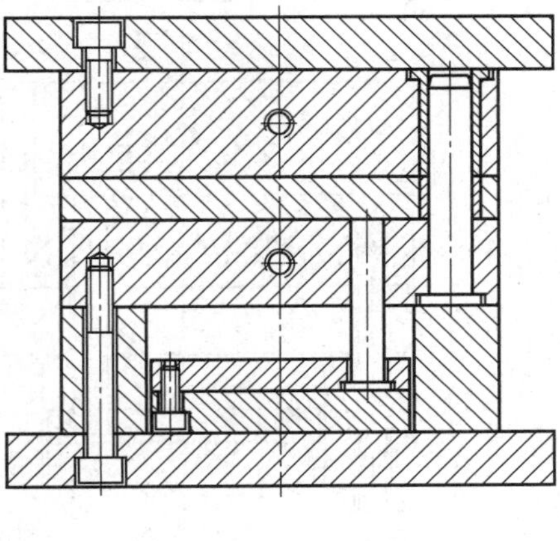

（续）

组合形式	组合形式图	组合形式	组合形式图
直浇口直身基本型			
ZA 型	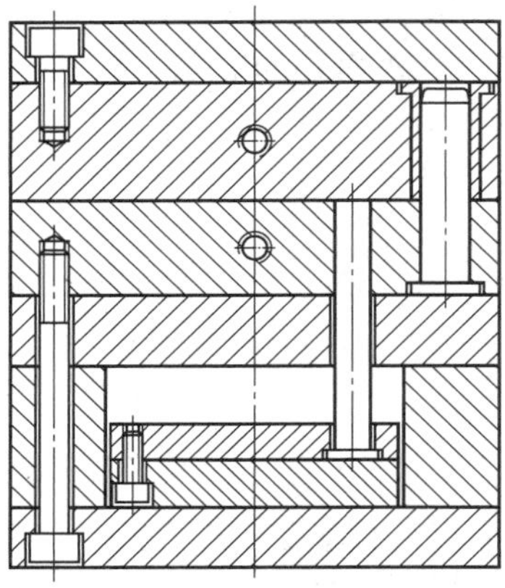	ZB 型	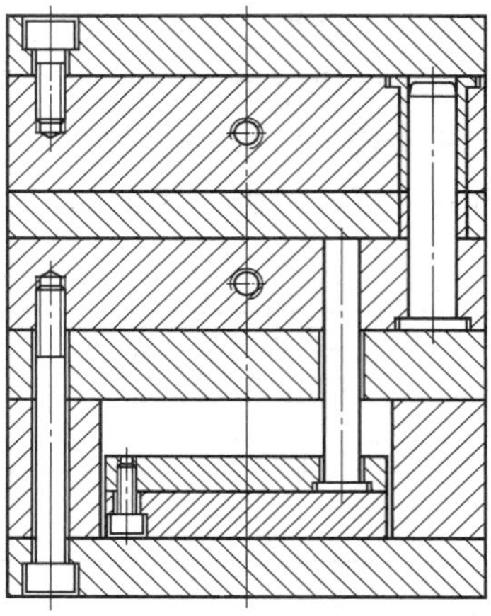
ZC 型	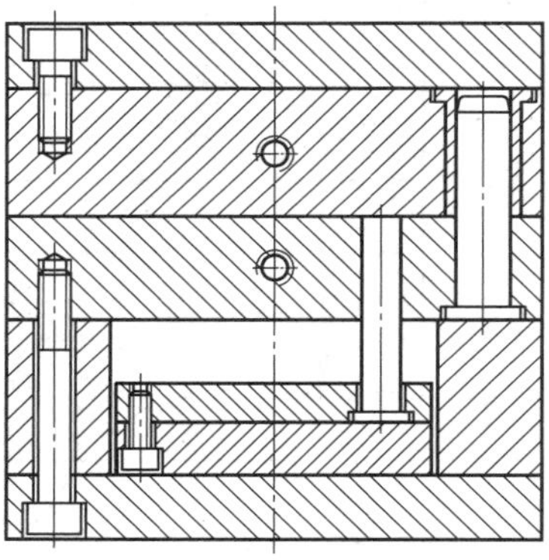	ZD 型	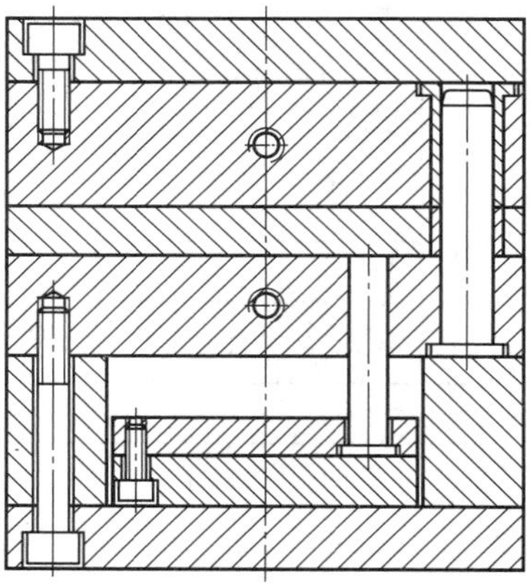
直浇口直身无定模座板型			
ZAZ 型	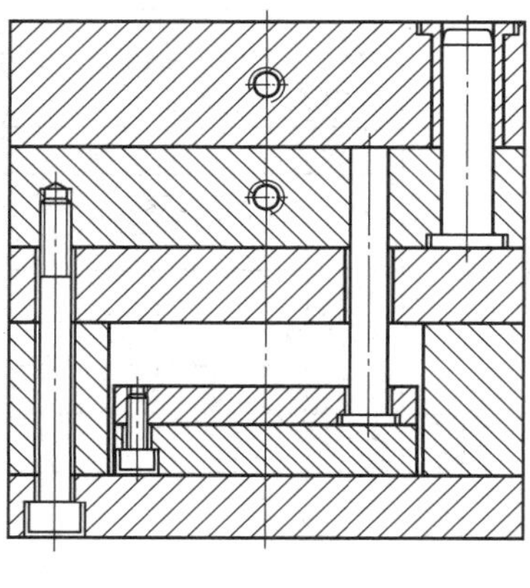	ZBZ 型	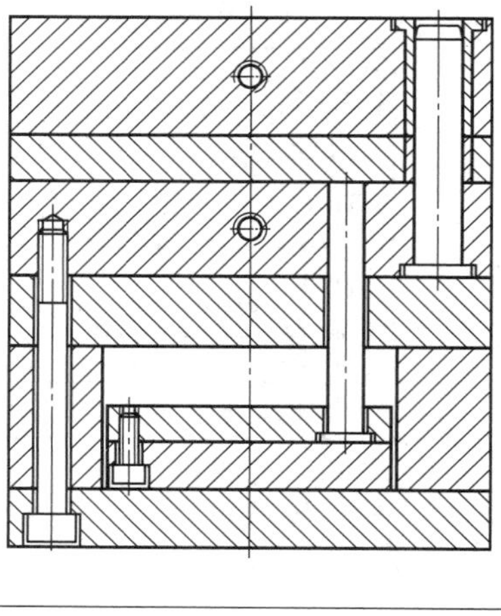

（续）

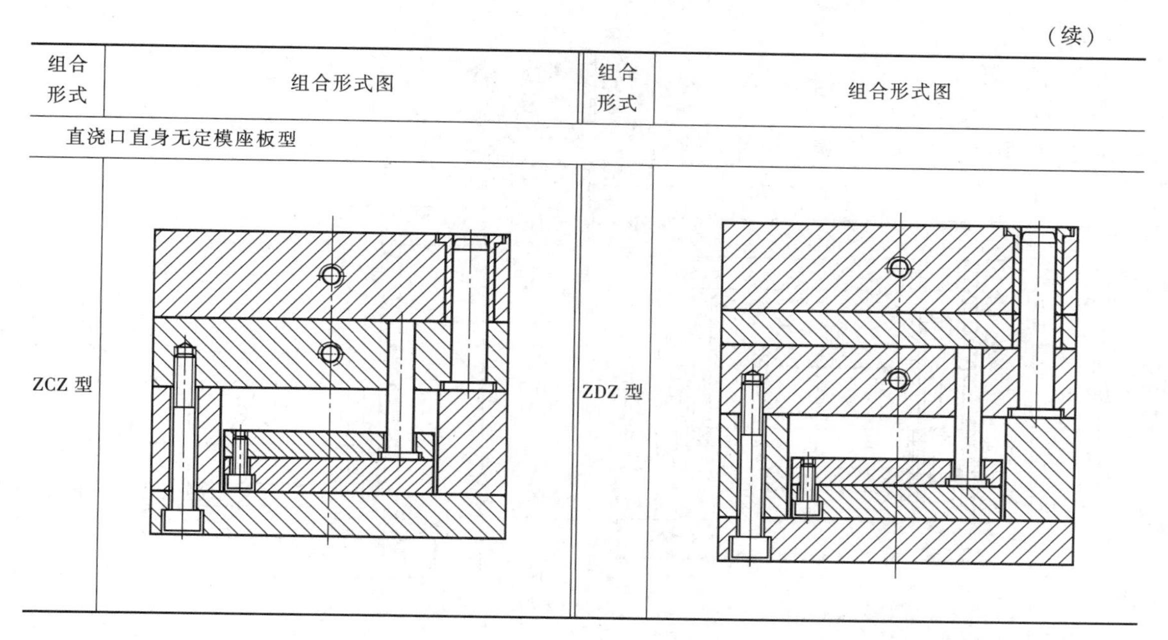

组合形式	组合形式图	组合形式	组合形式图
直浇口直身无定模座板型			
ZCZ 型		ZDZ 型	

2. 点浇口模架

点浇口模架有 16 种，其中点浇口基本型为 4 种，直身点浇口基本型为 4 种，点浇口无推料板型为 4 种，直身点浇口无推料板型为 4 种。

点浇口基本型分为 DA 型、DB 型、DC 型和 DD 型；直身点浇口基本型分为 ZDA 型、ZDB 型、ZDC 型和 ZDD 型；点浇口无推料板型分为 DAT 型、DBT 型、DCT 型和 DDT 型；直身点浇口无推料板型分为 ZDAT 型、ZDBT 型、ZDCT 型和 ZDDT 型。

点浇口模架组合形式见表 7-2。

表 7-2　点浇口模架组合形式（摘自 GB/T 12555—2006）

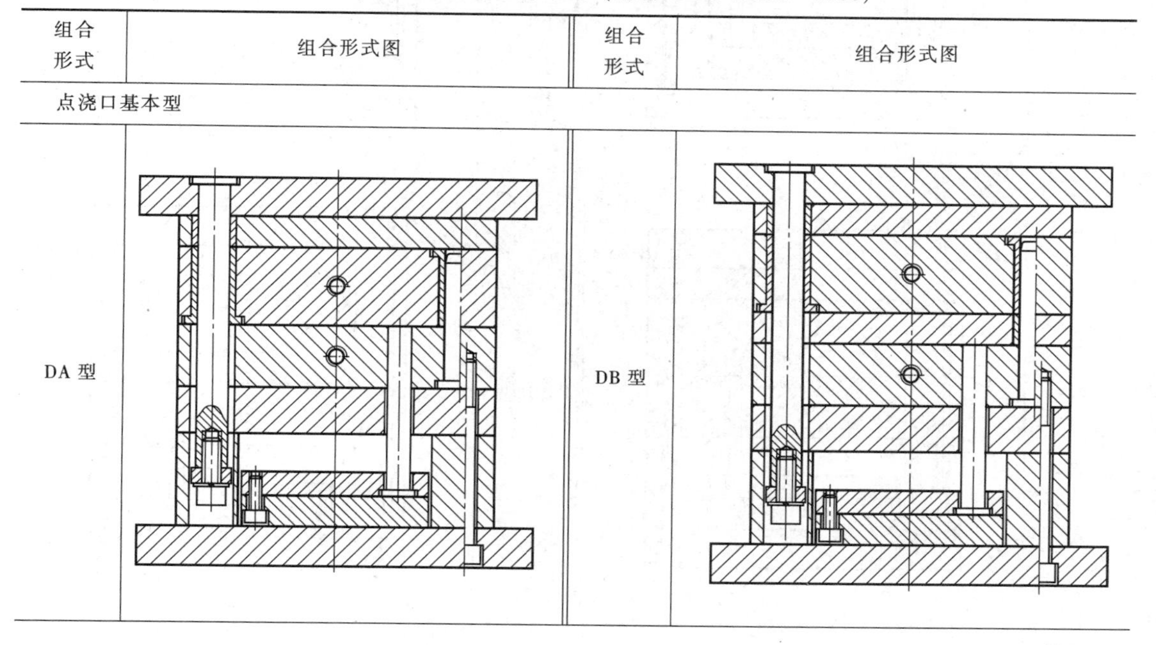

组合形式	组合形式图	组合形式	组合形式图
点浇口基本型			
DA 型		DB 型	

（续）

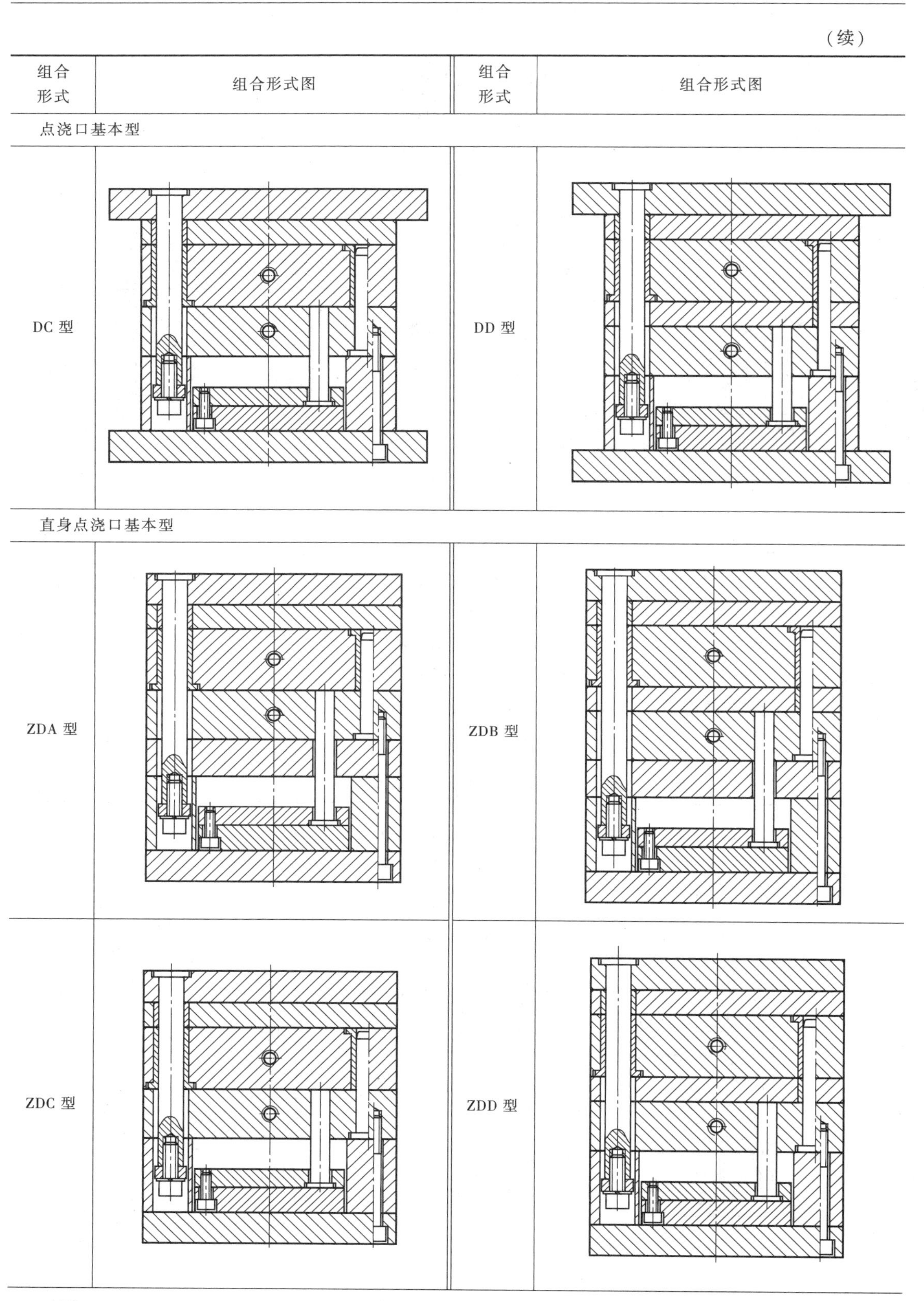

组合形式	组合形式图	组合形式	组合形式图
点浇口基本型			
DC 型		DD 型	
直身点浇口基本型			
ZDA 型		ZDB 型	
ZDC 型		ZDD 型	

（续）

组合形式	组合形式图	组合形式	组合形式图
点浇口无推料板型			
DAT 型	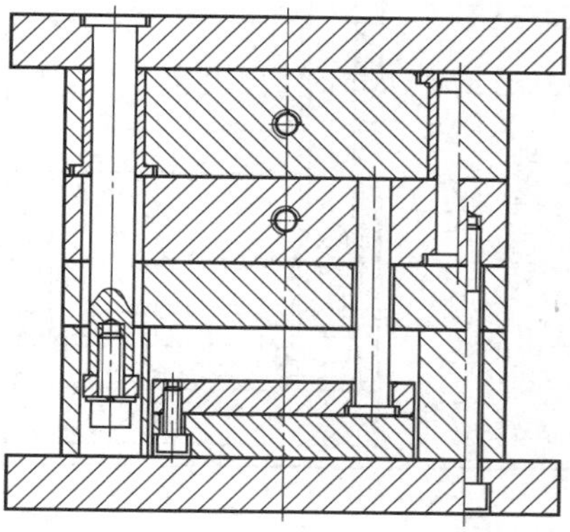	DBT 型	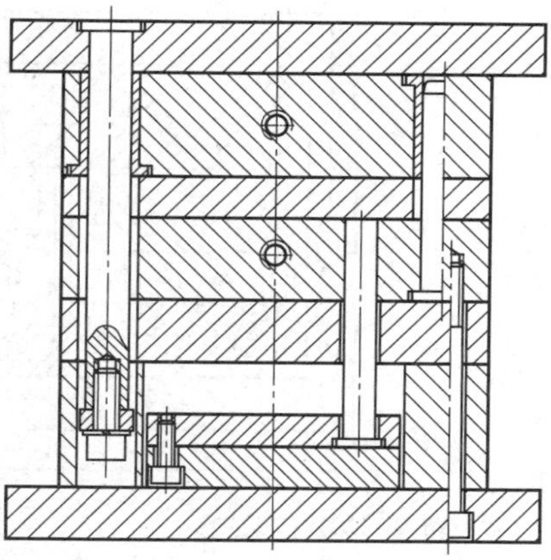
DCT 型	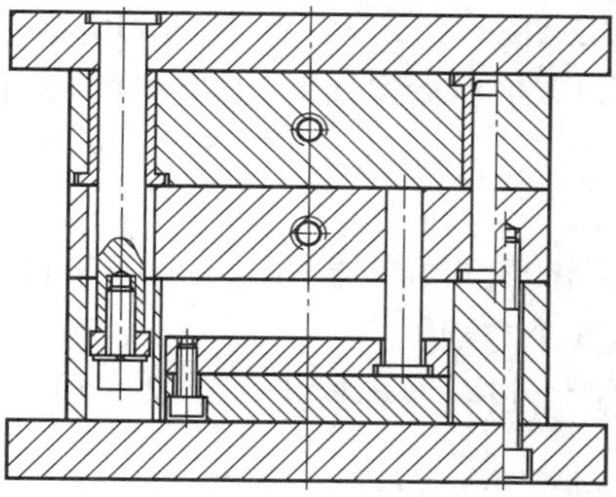	DDT 型	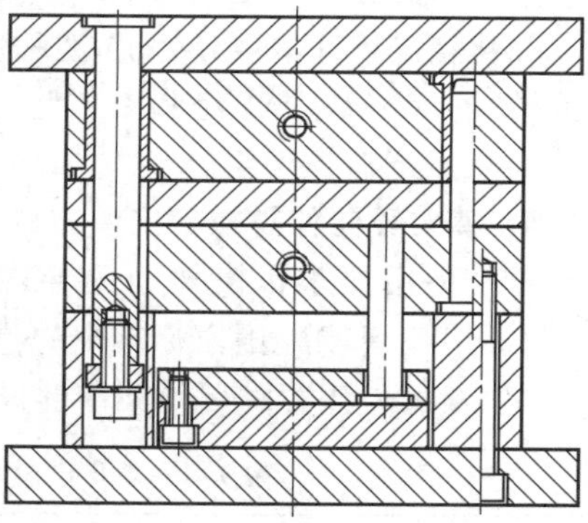
直身点浇口无推料板型			
ZDAT 型	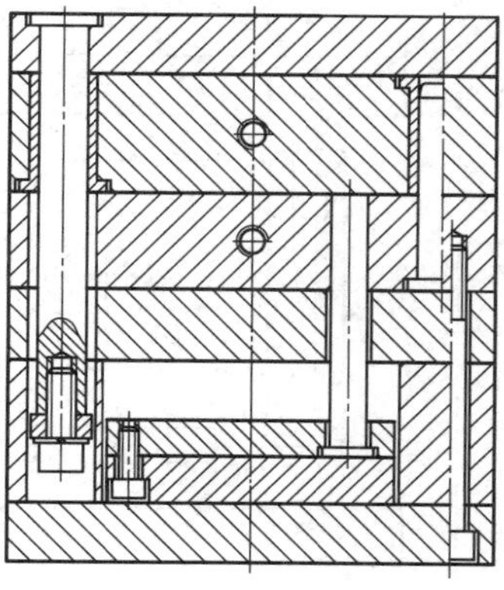	ZDBT 型	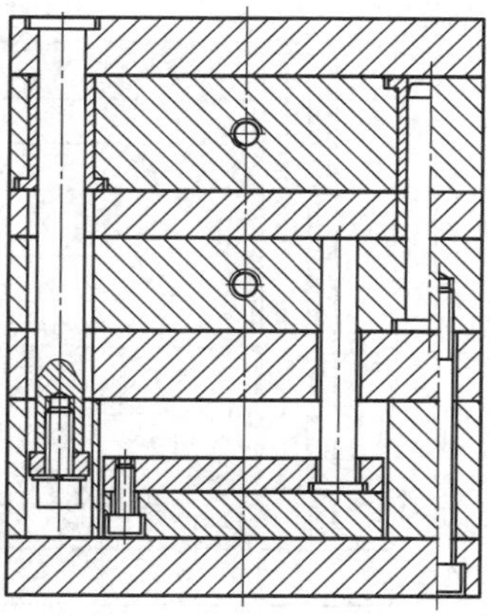

（续）

组合形式	组合形式图	组合形式	组合形式图
直身点浇口无推料板型			
ZDCT 型	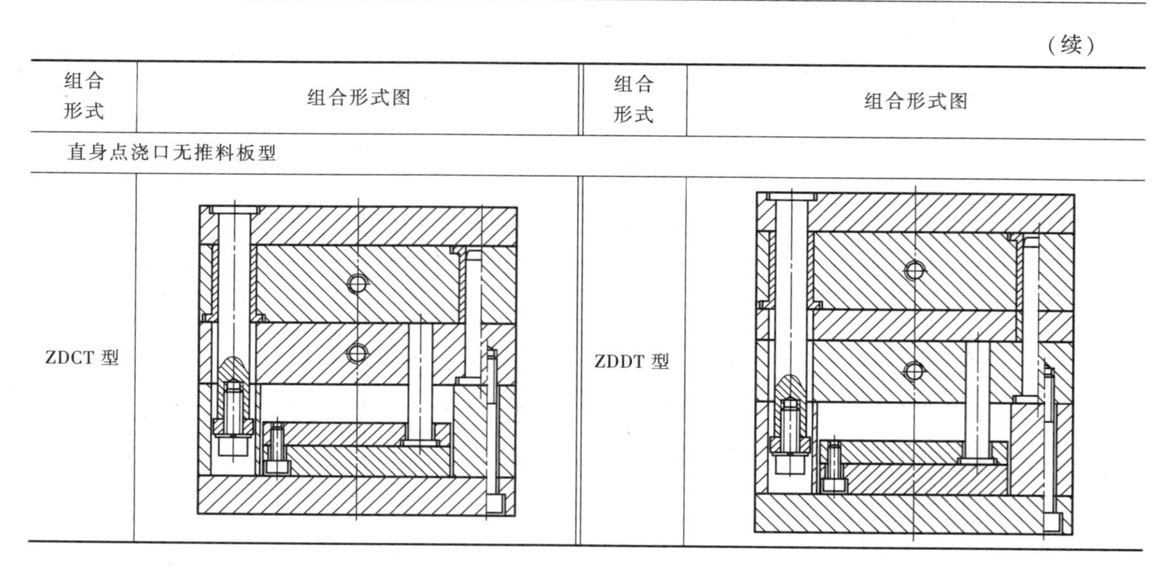	ZDDT 型	

3. 简化点浇口模架

简化点浇口模架分为 8 种，其中简化点浇口基本型有 2 种，直身简化点浇口型有 2 种，简化点浇口无推料板型有 2 种，直身简化点浇口无推料板型有 2 种。

简化点浇口基本型分为 JA 型和 JC 型；直身简化点浇口型分为 ZJA 型和 ZJC 型；简化点浇口无推料板型分为 JAT 型和 JCT 型；直身简化点浇口无推料板型分为 ZJAT 型和 ZJCT 型。

简化点浇口模架组合形式见表 7-3。

4. 模架导向件与螺钉安装方式

根据使用要求，模架中的导向件与螺钉可以有不同的安装方式，GB/T 12555—2006《塑料注射模模架》国家标准中的具体规定有以下 5 个方面：

1）根据使用要求，模架中的导柱导套有正装或者反装两种形式，如图 7-3 所示。

表 7-3　简化点浇口模架组合形式（摘自 GB/T 12555—2006）

组合形式	组合形式图	组合形式	组合形式图
简化点浇口基本型			
JA 型	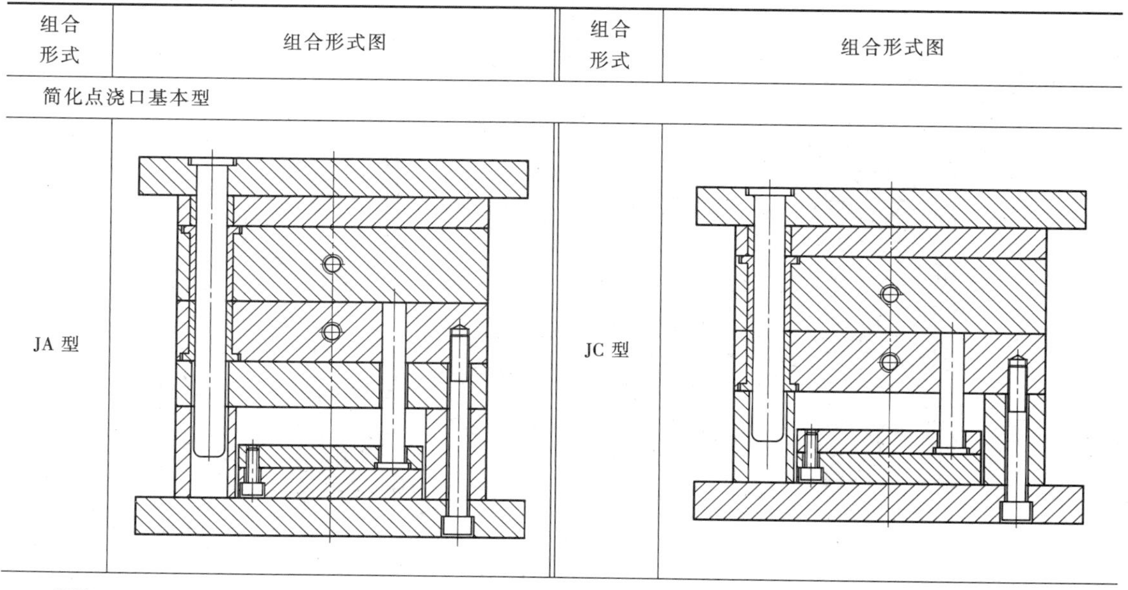	JC 型	

（续）

组合形式	组合形式图	组合形式	组合形式图
直身简化点浇口型			
ZJA 型	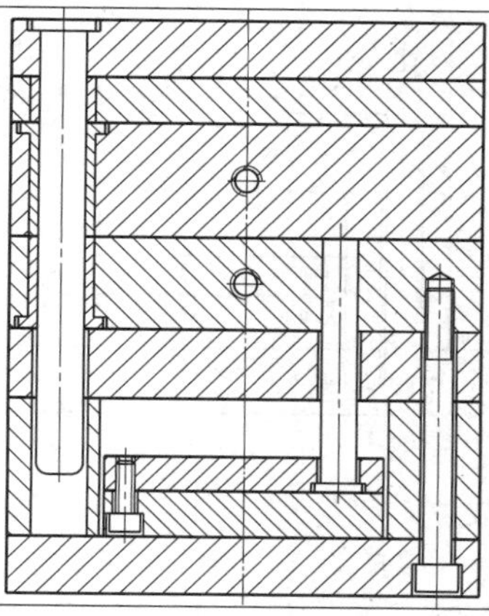	ZJC 型	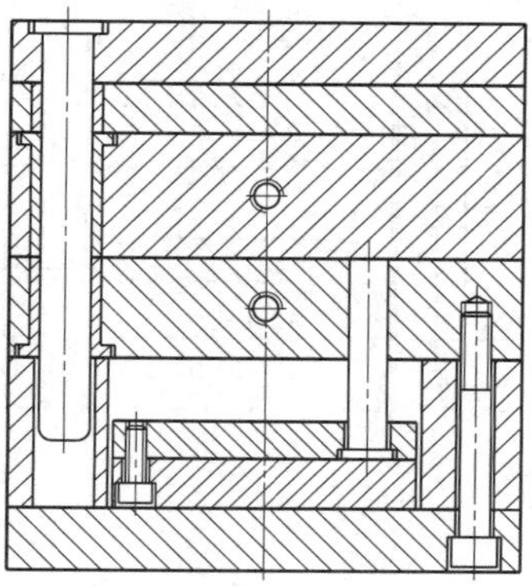
简化点浇口无推料板型			
JAT 型	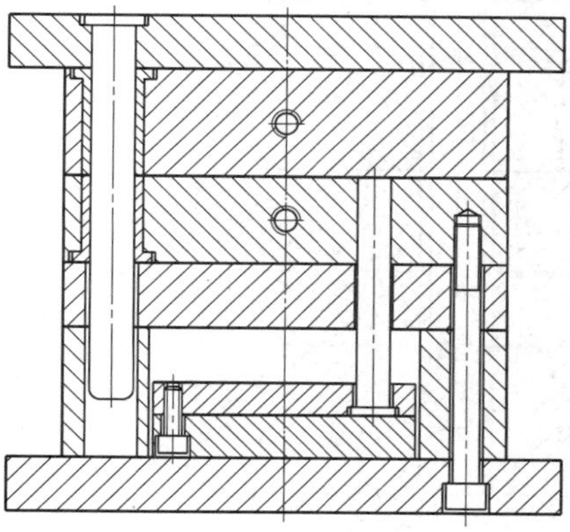	JCT 型	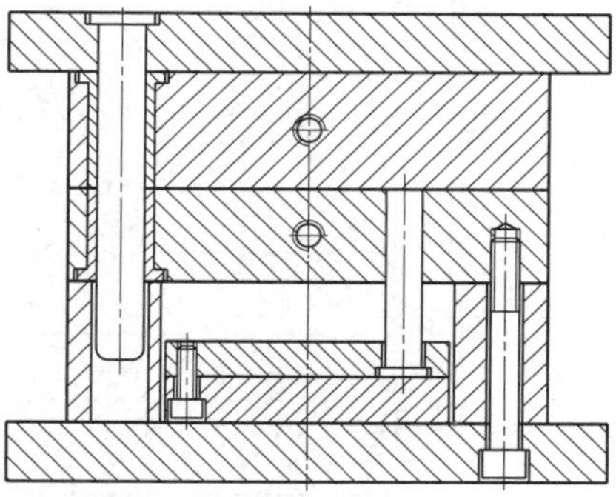
直身简化点浇口无推料板型			
ZJAT 型	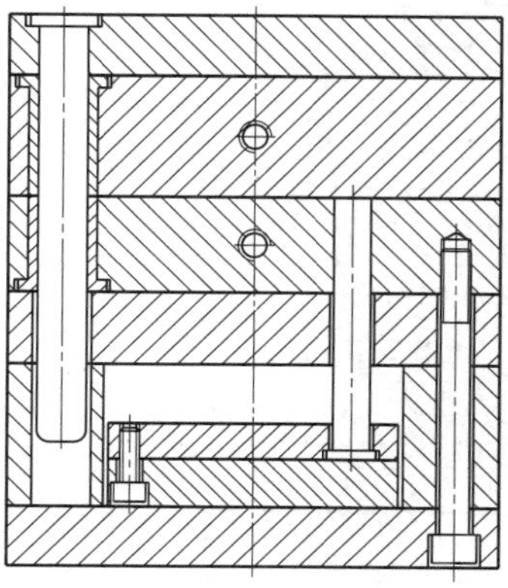	ZJCT 型	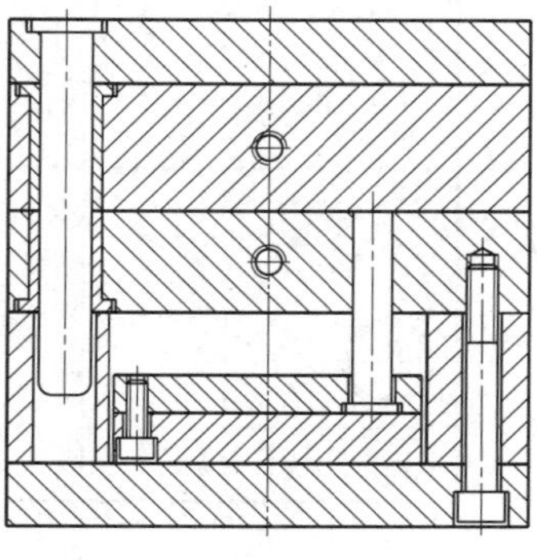

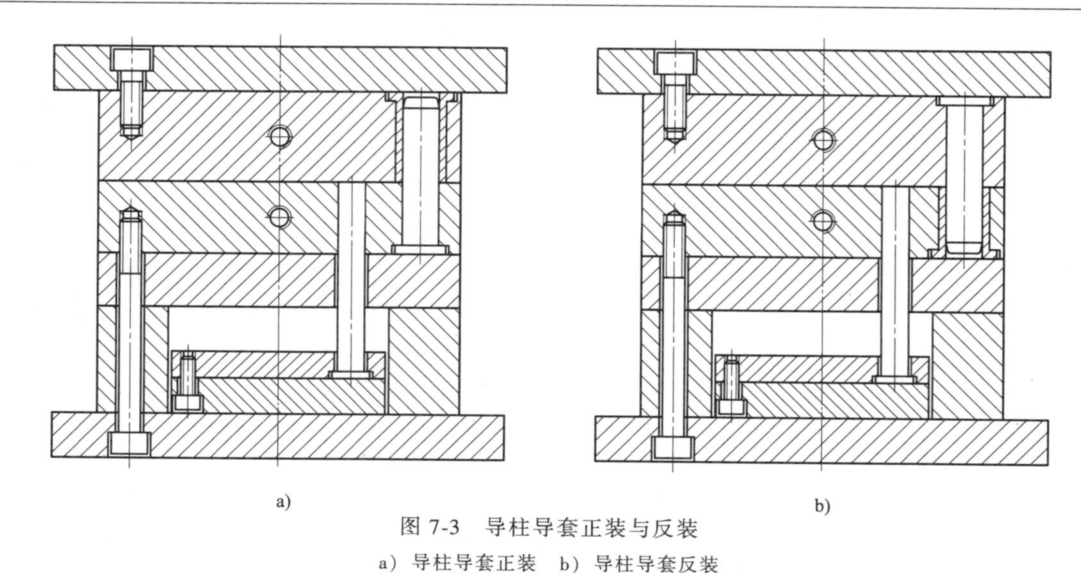

图 7-3　导柱导套正装与反装

a）导柱导套正装　b）导柱导套反装

2）根据使用要求，模架中的拉杆导柱有装在外侧或装在内侧两种形式，如图 7-4 所示。

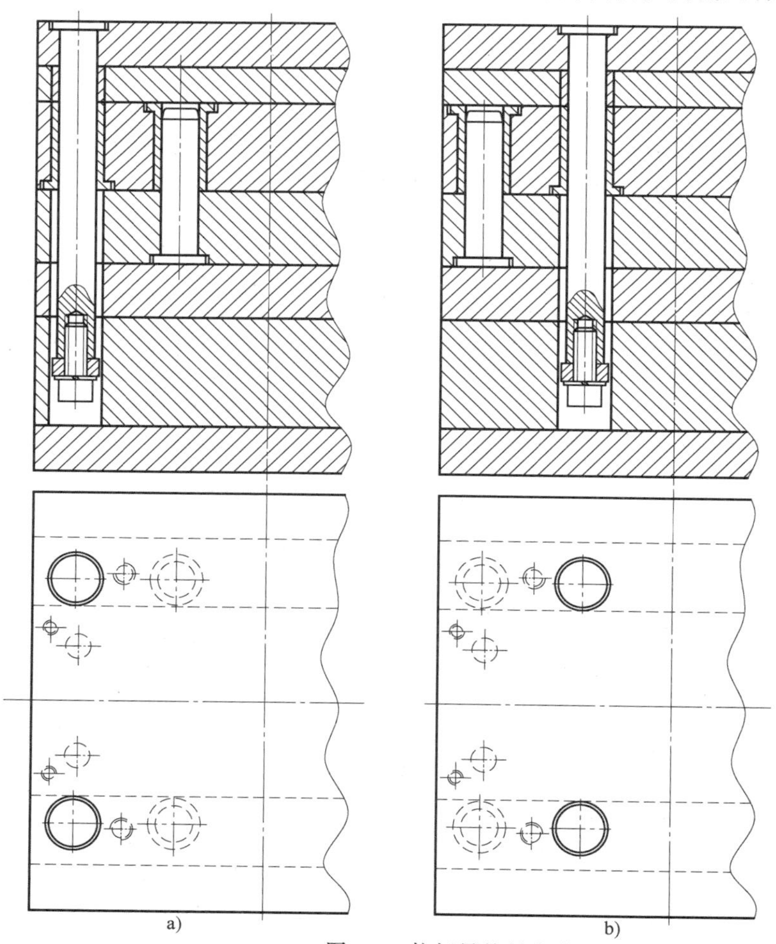

图 7-4　拉杆导柱的安装形式

a）拉杆导柱装在外侧　b）拉杆导柱装在内侧

3）根据使用要求，模架中的垫块可以增加螺钉单独固定在动模板上，如图 7-5 所示。

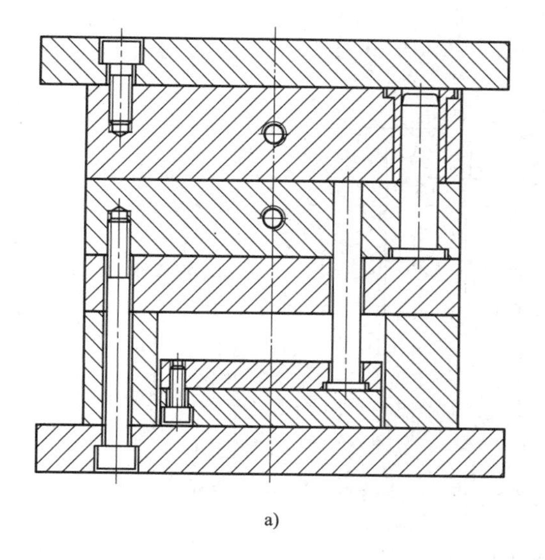

a)

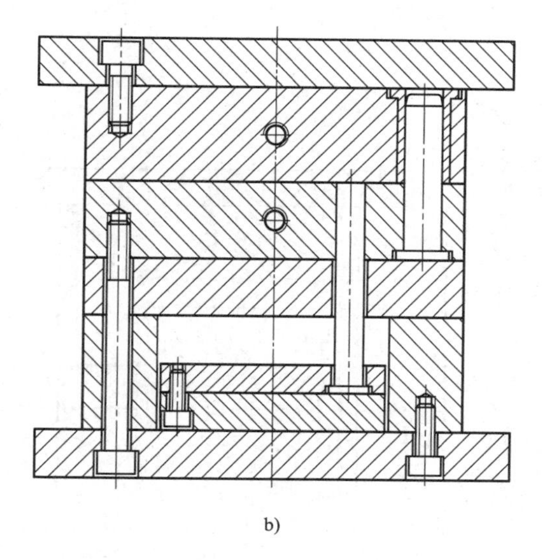

b)

图 7-5　垫块与动模板的安装形式

a）垫块与动模板无固定螺钉　b）垫块与动模板有固定螺钉

4）根据使用要求，模架的推板可以装推板导柱及限位钉，如图 7-6 所示。

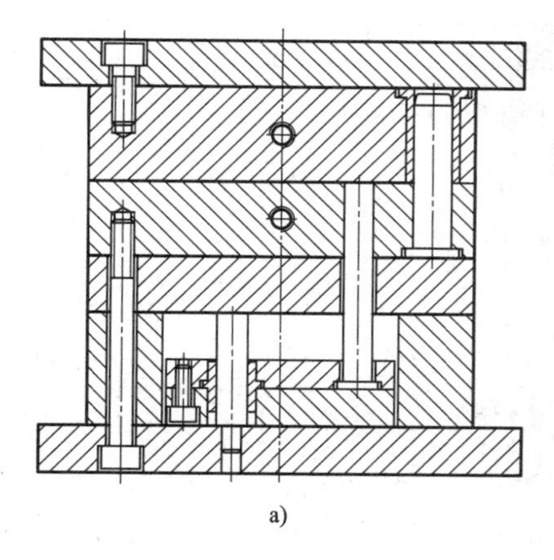

a)

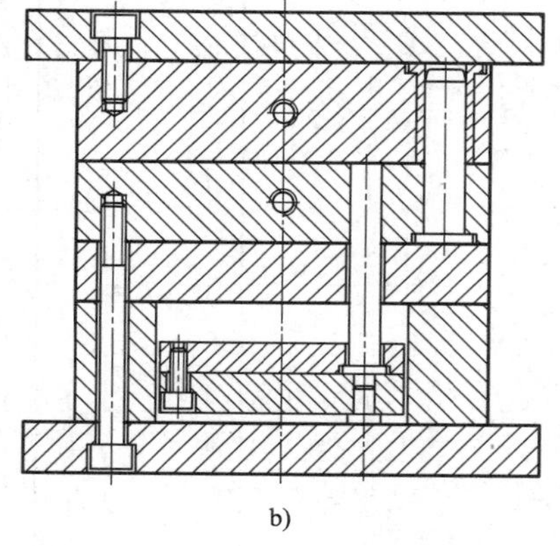

b)

图 7-6　加装推板导柱及限位钉的形式

a）加装推板导柱　b）加装限位钉

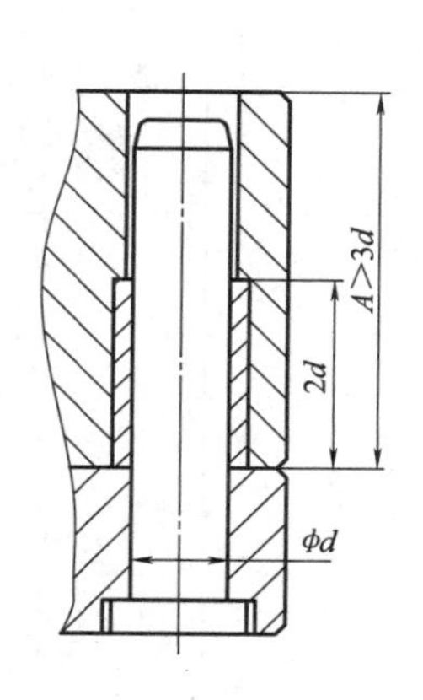

图 7-7　定模板厚度较大时的导套结构

5）根据模具使用要求，模架中的定模板厚度较大时，导套可以装配成图 7-7 所示。

5. 基本型模架组合尺寸

GB/T 12555—2006《塑料注射模模架》标准规定，组成模架的零件应符合 GB/T 4169.1～4169.23—2006《塑料注射模零件》标准的规定。标准中所称的组合尺寸为零件的外形尺寸和孔径与孔位尺寸。基本型模架尺寸组合见表 7-4。

表 7-4 基本型模架尺寸组合（摘自 GB/T 12555—2006） （单位：mm）

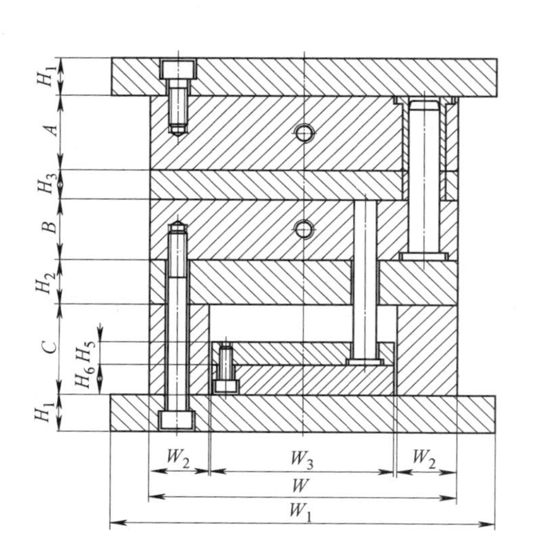

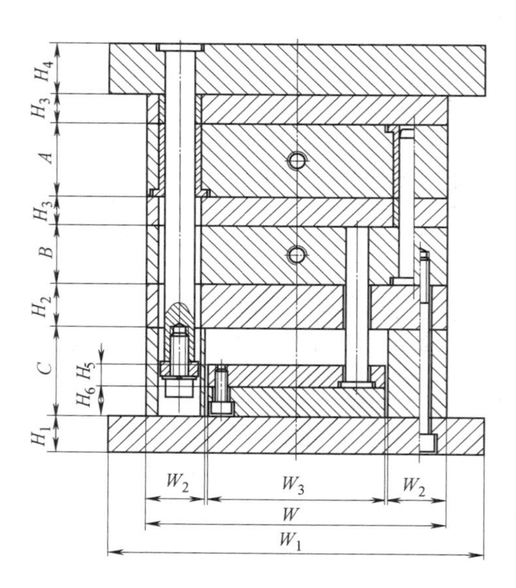

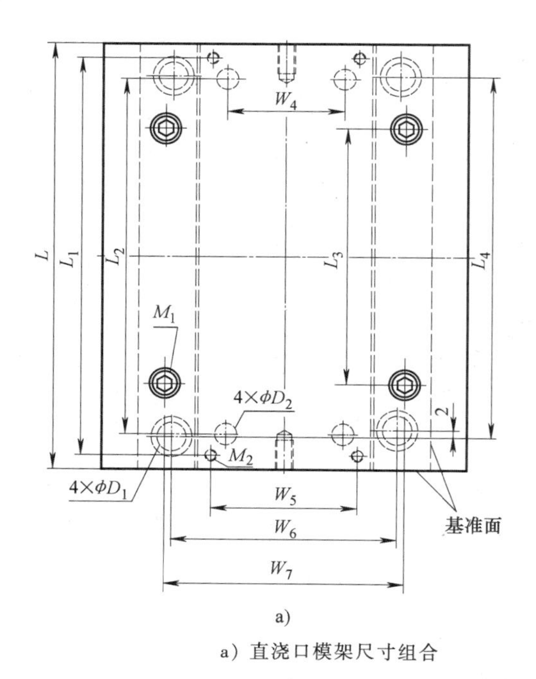

a)

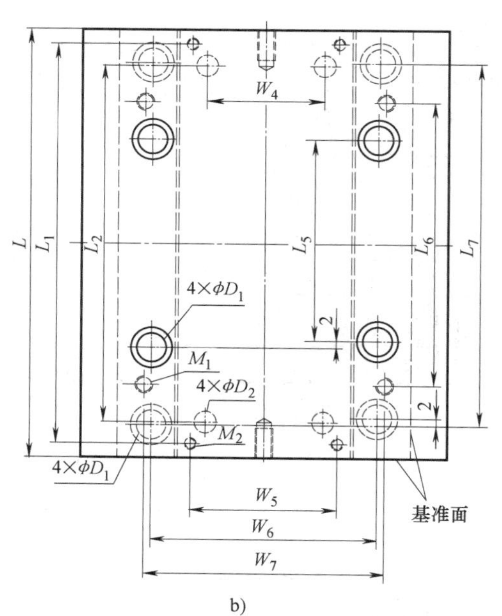

b)

a）直浇口模架尺寸组合　　b）点浇口模架尺寸组合

（续）

代号	系列										
	1515	1518	1520	1523	1525	1818	1820	1823	1825	1830	1835
W	150					180					
L	150	180	200	230	250	180	200	230	250	300	350
W_1	200					230					
W_2	28					33					
W_3	90					110					
A、B	20、25、30、35、40、45、50、60、70、80					25、30、35、40、45、50、60、70、80					
C	50、60、70					60、70、80					
H_1	20					20					
H_2	30					30					
H_3	20					20					
H_4	25					30					
H_5	13					15					
H_6	15					20					
W_4	48					68					
W_5	72					90					
W_6	114					134					
W_7	120					145					
L_1	132	162	182	212	232	160	180	210	230	280	330
L_2	114	144	164	194	214	138	158	188	208	258	308
L_3	56	86	106	136	156	64	84	114	124	174	224
L_4	114	144	164	194	214	134	154	184	204	254	304
L_5	—	52	72	102	122	—	46	76	96	146	196
L_6	—	96	116	146	166	—	98	128	148	198	248
L_7	—	144	164	194	214	—	154	184	204	254	304
D_1	16					20					
D_2	12					12					
M_1	4×M10					4×M12					6×M12
M_2	4×M6					4×M8					

代号											系
	2020	2023	2025	2030	2035	2040	2323	2325	2327	2330	2335	2340
W	200						230					
L	200	230	250	300	350	400	230	250	270	300	350	400
W_1	250						280					
W_2	38						43					
W_3	120						140					
A、B	25、30、35、40、45、50、60、70、80、90、100						25、30、35、40、45、50、60、70、80、90、100					
C	60、70、80						70、80、90					
H_1	25						25					
H_2	30						35					
H_3	20						20					
H_4	30						30					
H_5	15						15					
H_6	20						20					
W_4	84	80					106					
W_5	100						120					
W_6	154						184					
W_7	160						185					
L_1	180	210	230	280	330	380	210	230	250	280	330	380
L_2	150	180	200	250	300	350	180	200	220	250	300	350
L_3	80	110	130	180	230	280	106	126	144	174	224	274
L_4	154	184	204	254	304	354	184	204	224	254	304	354
L_5	46	76	96	146	196	246	74	94	112	142	192	242
L_6	98	128	148	198	248	298	128	148	166	196	246	296
L_7	154	184	204	254	304	354	184	204	224	254	304	354
D_1	20						20					
D_2	12	15					15					
M_1	4×M12			6×M12			4×M12		4×M14		6×M14	
M_2	4×M8						4×M8					

（续）

列

<table>
<tr><td>2525</td><td>2527</td><td>2530</td><td>2535</td><td>2540</td><td>2545</td><td>2550</td><td>2727</td><td>2730</td><td>2735</td><td>2740</td><td>2745</td><td>2750</td></tr>
<tr><td colspan="7">250</td><td colspan="6">270</td></tr>
<tr><td>250</td><td>270</td><td>300</td><td>350</td><td>400</td><td>450</td><td>500</td><td>270</td><td>300</td><td>350</td><td>400</td><td>450</td><td>500</td></tr>
<tr><td colspan="7">300</td><td colspan="6">320</td></tr>
<tr><td colspan="7">48</td><td colspan="6">53</td></tr>
<tr><td colspan="7">150</td><td colspan="6">160</td></tr>
<tr><td colspan="7">30、35、40、45、50、60、70、80、90、100、110、120</td><td colspan="6">30、35、40、45、50、60、70、80、90、100、110、120</td></tr>
<tr><td colspan="7">70、80、90</td><td colspan="6">70、80、90</td></tr>
<tr><td colspan="7">25</td><td colspan="6">25</td></tr>
<tr><td colspan="7">35</td><td colspan="6">40</td></tr>
<tr><td colspan="7">25</td><td colspan="6">25</td></tr>
<tr><td colspan="7">35</td><td colspan="6">35</td></tr>
<tr><td colspan="7">15</td><td colspan="6">15</td></tr>
<tr><td colspan="7">20</td><td colspan="6">20</td></tr>
<tr><td colspan="7">110</td><td colspan="6">114</td></tr>
<tr><td colspan="7">130</td><td colspan="6">136</td></tr>
<tr><td colspan="7">194</td><td colspan="6">214</td></tr>
<tr><td colspan="7">200</td><td colspan="6">215</td></tr>
<tr><td>230</td><td>250</td><td>280</td><td>330</td><td>380</td><td>430</td><td>480</td><td>246</td><td>276</td><td>326</td><td>376</td><td>426</td><td>476</td></tr>
<tr><td>200</td><td>220</td><td>250</td><td>298</td><td>348</td><td>398</td><td>448</td><td>210</td><td>240</td><td>290</td><td>340</td><td>390</td><td>440</td></tr>
<tr><td>108</td><td>124</td><td>154</td><td>204</td><td>254</td><td>254</td><td>354</td><td>124</td><td>154</td><td>204</td><td>254</td><td>304</td><td>354</td></tr>
<tr><td>194</td><td>214</td><td>244</td><td>294</td><td>344</td><td>394</td><td>444</td><td>214</td><td>244</td><td>294</td><td>344</td><td>394</td><td>444</td></tr>
<tr><td>70</td><td>90</td><td>120</td><td>170</td><td>220</td><td>270</td><td>320</td><td>90</td><td>120</td><td>170</td><td>220</td><td>270</td><td>320</td></tr>
<tr><td>130</td><td>150</td><td>180</td><td>230</td><td>280</td><td>330</td><td>380</td><td>150</td><td>180</td><td>230</td><td>280</td><td>330</td><td>380</td></tr>
<tr><td>194</td><td>214</td><td>244</td><td>294</td><td>344</td><td>394</td><td>444</td><td>214</td><td>244</td><td>294</td><td>344</td><td>394</td><td>444</td></tr>
<tr><td colspan="7">25</td><td colspan="6">25</td></tr>
<tr><td colspan="3">15</td><td colspan="4">20</td><td colspan="6">20</td></tr>
<tr><td colspan="3">4×M14</td><td colspan="4">6×M14</td><td colspan="3">4×M14</td><td colspan="3">6×M14</td></tr>
<tr><td colspan="7">4×M8</td><td colspan="6">4×M10</td></tr>
</table>

代号													系
	3030	3035	3040	3045	3050	3055	3060	3535	3540	3545	3550	3555	3560
W	300							350					
L	300	350	400	450	500	550	600	350	400	450	500	550	600
W_1	350							400					
W_2	58							63					
W_3	180							220					
A、B	35、40、45、50、60、70、80、90、100、110、120、130							40、45、50、60、70、80、90、100、110、120、130					
C	80、90、100							90、100、110					
H_1	25	30						30					
H_2	45							45					
H_3	30							35					
H_4	45							45			50		
H_5	20							20					
H_6	25							25					
W_4	134			128				164			152		
W_5	156							196					
W_6	234							284			274		
W_7	240							285					
L_1	276	326	376	426	476	526	576	326	376	426	476	526	576
L_2	240	290	340	390	440	490	540	290	340	390	440	490	540
L_3	138	188	238	288	338	388	438	178	224	274	308	358	408
L_4	234	284	334	384	434	484	534	284	334	384	424	474	524
L_5	98	148	198	244	294	344	394	144	194	244	268	318	368
L_6	164	214	264	312	362	412	462	212	262	312	344	394	444
L_7	234	284	334	384	434	484	534	284	334	384	424	474	524
D_1	30							30			35		
D_2	20			25				25					
M_1	4×M14	6×M14		6×M16				4×M16	6×M16				
M_2	4×M10							4×M10					

（续）

列										
4040	4045	4050	4055	4060	4070	4545	4550	4555	4560	4570
400						450				
400	450	500	550	600	700	450	500	550	600	700
450						550				
68						78				
260						290				
40、45、50、60、70、80、90、100、110、120、130、140、150						45、50、60、70、80、90、100、110、120、130、140、150、160、180				
100、110、120、130						100、110、120、130				
30	35					35				
50						60				
35						40				
50						60				
25						25				
30						30				
198						226				
234						264				
324						364				
330						370				
374	424	474	524	574	674	424	474	524	574	674
340	390	440	490	540	640	384	434	484	534	634
208	254	304	354	404	504	236	286	336	386	486
324	374	424	474	524	624	364	414	464	514	614
168	218	268	318	368	468	194	244	294	344	444
244	294	344	394	444	544	276	326	376	426	526
324	374	424	474	524	624	364	414	464	514	614
35						40				
25						30				
6×M16						6×M16				
4×M12						4×M12				

代号	系									
	5050	5055	5060	5070	5080	5555	5560	5570	5580	5590
W	500					550				
L	500	550	600	700	800	550	600	700	800	900
W_1	600					650				
W_2	88					100				
W_3	320					340				
A、B	50、60、70、80、90、100、110、120、130、140、150、160、180					70、80、90、100、110、120、130、140、150、160、180、200				
C	100、110、120、130					110、120、130、150				
H_1	35					35				
H_2	60					70				
H_3	40					40				
H_4	60					70				
H_5	25					25				
H_6	30					30				
W_4	256					270				
W_5	294					310				
W_6	414					444				
W_7	410					450				
L_1	474	524	574	674	774	520	570	670	770	870
L_2	434	484	534	634	734	480	530	630	730	830
L_3	286	336	386	486	586	300	350	450	550	650
L_4	414	464	514	614	714	444	494	594	694	794
L_5	244	294	344	444	544	220	270	370	470	570
L_6	326	376	426	526	626	332	382	482	582	682
L_7	414	464	514	614	714	444	494	594	694	794
D_1	40					50				
D_2	30					30				
M_1	6×M16				8×M16	6×M20			8×M20	
M_2	4×M12				6×M12	6×M12			8×M12	10×M12

（续）

列

<table>
<tr><td>6060</td><td>6070</td><td>6080</td><td>6090</td><td>60100</td><td>6565</td><td>6570</td><td>6580</td><td>6590</td><td>65100</td></tr>
<tr><td colspan="5">600</td><td colspan="5">650</td></tr>
<tr><td>600</td><td>700</td><td>800</td><td>900</td><td>1000</td><td>650</td><td>700</td><td>800</td><td>900</td><td>1000</td></tr>
<tr><td colspan="5">700</td><td colspan="5">750</td></tr>
<tr><td colspan="5">100</td><td colspan="5">120</td></tr>
<tr><td colspan="5">390</td><td colspan="5">400</td></tr>
<tr><td colspan="5">70、80、90、100、110、120、130、140、150、160、180、200</td><td colspan="5">70、80、90、100、110、120、130、140、150、160、180、200、220</td></tr>
<tr><td colspan="5">120、130、150、180</td><td colspan="5">120、130、150、180</td></tr>
<tr><td colspan="5">35</td><td colspan="5">35</td></tr>
<tr><td colspan="5">80</td><td colspan="5">90</td></tr>
<tr><td colspan="5">50</td><td colspan="5">60</td></tr>
<tr><td colspan="5">70</td><td colspan="5">80</td></tr>
<tr><td colspan="5">25</td><td colspan="5">25</td></tr>
<tr><td colspan="5">30</td><td colspan="5">30</td></tr>
<tr><td colspan="5">320</td><td colspan="5">330</td></tr>
<tr><td colspan="5">360</td><td colspan="5">370</td></tr>
<tr><td colspan="5">494</td><td colspan="5">544</td></tr>
<tr><td colspan="5">500</td><td colspan="5">530</td></tr>
<tr><td>570</td><td>670</td><td>770</td><td>870</td><td>970</td><td>620</td><td>670</td><td>770</td><td>870</td><td>970</td></tr>
<tr><td>530</td><td>630</td><td>730</td><td>830</td><td>930</td><td>580</td><td>630</td><td>730</td><td>830</td><td>930</td></tr>
<tr><td>350</td><td>450</td><td>550</td><td>650</td><td>750</td><td>400</td><td>450</td><td>550</td><td>650</td><td>750</td></tr>
<tr><td>494</td><td>594</td><td>694</td><td>794</td><td>894</td><td>544</td><td>594</td><td>694</td><td>794</td><td>894</td></tr>
<tr><td>270</td><td>370</td><td>470</td><td>570</td><td>670</td><td>320</td><td>370</td><td>470</td><td>570</td><td>670</td></tr>
<tr><td>382</td><td>482</td><td>582</td><td>682</td><td>782</td><td>434</td><td>482</td><td>582</td><td>682</td><td>782</td></tr>
<tr><td>494</td><td>594</td><td>694</td><td>794</td><td>894</td><td>544</td><td>594</td><td>694</td><td>794</td><td>894</td></tr>
<tr><td colspan="5">50</td><td colspan="5">50</td></tr>
<tr><td colspan="5">30</td><td colspan="5">30</td></tr>
<tr><td colspan="2">6×M20</td><td>8×M20</td><td colspan="2">10×M20</td><td>6×M20</td><td colspan="2">8×M20</td><td colspan="2">10×M20</td></tr>
<tr><td colspan="2">6×M12</td><td>8×M12</td><td colspan="2">10×M12</td><td colspan="2">6×M12</td><td>8×M12</td><td colspan="2">10×M12</td></tr>
</table>

代号									系
	7070	7080	7090	70100	70125	8080	8090	80100	80125
W	700					800			
L	700	800	900	1000	1250	800	900	1000	1250
W_1	800					900			
W_2	120					140			
W_3	450					510			
A、B	70、80、90、100、110、120、130、140、150、160、180、200、220、250					80、90、100、110、120、130、140、150、160、180、200、220、250、280、300			
C	150、180、200、250					150、180、200、250			
H_1	40					40			
H_2	100					120			
H_3	60					70			
H_4	90					100			
H_5	25					30			
H_6	30					40			
W_4	380					420			
W_5	420					470			
W_6	580					660			
W_7	580					660			
L_1	670	770	870	970	1220	760	860	960	1210
L_2	630	730	830	930	1180	710	810	910	1160
L_3	420	520	620	720	970	500	600	700	950
L_4	580	680	780	880	1130	660	760	860	1110
L_5	324	424	524	624	874	378	478	578	828
L_6	452	552	652	752	1002	516	616	716	966
L_7	580	680	780	880	1130	660	760	860	1100
D_1	60					70			
D_2	30					35			
M_1	8×M20		10×M20	12×M20	14×M20	8×M24		10×M24	12×M24
M_2	6×M12	8×M12	10×M12			8×M16	10×M16		

（续）

列

<table>
<tr><td>9090</td><td>90100</td><td>90125</td><td>90160</td><td>100100</td><td>100125</td><td>100160</td><td>125125</td><td>125160</td><td>125200</td></tr>
<tr><td colspan="4">900</td><td colspan="3">1000</td><td colspan="3">1250</td></tr>
<tr><td>900</td><td>1000</td><td>1250</td><td>1600</td><td>1000</td><td>1250</td><td>1600</td><td>1250</td><td>1600</td><td>2000</td></tr>
<tr><td colspan="4">1000</td><td colspan="3">1200</td><td colspan="3">1500</td></tr>
<tr><td colspan="4">160</td><td colspan="3">180</td><td colspan="3">220</td></tr>
<tr><td colspan="4">560</td><td colspan="3">620</td><td colspan="3">790</td></tr>
<tr><td colspan="4">90、100、110、120、130、140、150、160、180、200、220、250、280、300、350</td><td colspan="3">100、110、120、130、140、150、160、180、200、220、250、280、300、350、400</td><td colspan="3">100、110、120、130、140、150、160、180、200、220、250、280、300、350、400</td></tr>
<tr><td colspan="4">180、200、250、300</td><td colspan="3">180、200、250、300</td><td colspan="3">180、200、250、300</td></tr>
<tr><td colspan="4">50</td><td colspan="3">60</td><td colspan="3">70</td></tr>
<tr><td colspan="4">150</td><td colspan="3">160</td><td colspan="3">180</td></tr>
<tr><td colspan="4">70</td><td colspan="3">80</td><td colspan="3">80</td></tr>
<tr><td colspan="4">100</td><td colspan="3">120</td><td colspan="3">120</td></tr>
<tr><td colspan="4">30</td><td colspan="3">30、40</td><td colspan="3">40、50</td></tr>
<tr><td colspan="4">40</td><td colspan="3">40、50</td><td colspan="3">50、60</td></tr>
<tr><td colspan="4">470</td><td colspan="3">580</td><td colspan="3">750</td></tr>
<tr><td colspan="4">520</td><td colspan="3">620</td><td colspan="3">690</td></tr>
<tr><td colspan="4">760</td><td colspan="3">840</td><td colspan="3">1090</td></tr>
<tr><td colspan="4">740</td><td colspan="3">820</td><td colspan="3">1030</td></tr>
<tr><td>860</td><td>960</td><td>1210</td><td>1560</td><td>960</td><td>1210</td><td>1560</td><td>1210</td><td>1560</td><td>1960</td></tr>
<tr><td>810</td><td>910</td><td>1160</td><td>1510</td><td>900</td><td>1150</td><td>1500</td><td>1150</td><td>1500</td><td>1900</td></tr>
<tr><td>600</td><td>700</td><td>950</td><td>1300</td><td>650</td><td>900</td><td>1250</td><td>900</td><td>1250</td><td>1650</td></tr>
<tr><td>760</td><td>860</td><td>1110</td><td>1460</td><td>840</td><td>1090</td><td>1440</td><td>1090</td><td>1440</td><td>1840</td></tr>
<tr><td>478</td><td>578</td><td>828</td><td>1178</td><td>508</td><td>758</td><td>1108</td><td>758</td><td>1108</td><td>1508</td></tr>
<tr><td>616</td><td>716</td><td>966</td><td>1316</td><td>674</td><td>924</td><td>1274</td><td>924</td><td>1274</td><td>1674</td></tr>
<tr><td>760</td><td>860</td><td>1110</td><td>1460</td><td>840</td><td>1090</td><td>1440</td><td>1090</td><td>1440</td><td>1840</td></tr>
<tr><td colspan="4">70</td><td colspan="3">80</td><td colspan="3">80</td></tr>
<tr><td colspan="4">35</td><td colspan="3">40</td><td colspan="3">40</td></tr>
<tr><td>10×M24</td><td colspan="2">12×M24</td><td>14×M24</td><td colspan="2">12×M24</td><td>14×M24</td><td>12×M30</td><td>14×M30</td><td>16×M30</td></tr>
<tr><td colspan="2">10×M16</td><td colspan="2">12×M16</td><td>10×M16</td><td colspan="2">12×M16</td><td colspan="3">12×M16</td></tr>
</table>

6. 模架型号、系列、规格及标记

标记实例：

1）直浇口 A 型模架，模板 $W=400\mathrm{mm}$，$L=600\mathrm{mm}$，$A=100\mathrm{mm}$，$B=60\mathrm{mm}$，$C=120\mathrm{mm}$ 的标准模架标记为：

模架 A4060-100×60×120　GB/T 12555—2006

其相应的各结构尺寸为：$W_1=450\mathrm{mm}$，$W_2=68\mathrm{mm}$，$W_3=260\mathrm{mm}$，$W_4=198\mathrm{mm}$，$W_5=234\mathrm{mm}$，$W_6=324\mathrm{mm}$，$W_7=330\mathrm{mm}$；

$L_1=574\mathrm{mm}$，$L_2=540\mathrm{mm}$，$L_3=404\mathrm{mm}$，$L_4=524\mathrm{mm}$；

$H_1=35\mathrm{mm}$，$H_2=50\mathrm{mm}$，$H_3=35\mathrm{mm}$，$H_5=25\mathrm{mm}$，$H_6=30\mathrm{mm}$；

$D_1=35\mathrm{mm}$，$D_2=25\mathrm{mm}$，$M_1=6\times\mathrm{M}16$，$M_2=4\times\mathrm{M}12$。

2）点浇口 D 型模架，模板 $W=350\mathrm{mm}$，$L=450\mathrm{mm}$，$A=80\mathrm{mm}$，$B=90\mathrm{mm}$，$C=100\mathrm{mm}$，拉杆导柱长度 200mm 的标准模架标记为：

模架 DD3545-80×90×100-200　GB/T 12555—2006

其相应的各结构尺寸为：$W_1=400\mathrm{mm}$，$W_2=63\mathrm{mm}$，$W_3=220\mathrm{mm}$，$W_4=164\mathrm{mm}$，$W_5=196\mathrm{mm}$，$W_6=284\mathrm{mm}$，$W_7=285\mathrm{mm}$；

$L_1=426\mathrm{mm}$，$L_2=390\mathrm{mm}$，$L_5=244\mathrm{mm}$，$L_6=312\mathrm{mm}$，$L_7=384\mathrm{mm}$；

$H_1=30\mathrm{mm}$，$H_2=45\mathrm{mm}$，$H_3=35\mathrm{mm}$，$H_4=45\mathrm{mm}$，$H_5=20\mathrm{mm}$，$H_6=25\mathrm{mm}$；

$D_1=30\mathrm{mm}$，$D_2=25\mathrm{mm}$，$M_1=6\times\mathrm{M}16$，$M_2=4\times\mathrm{M}10$。

以上标记实例参数均由表 7-4 查得。

7.2　模架的选型

模具的大小主要取决于塑件的大小和结构。对于模具而言，在保证足够强度和刚度的条件下，结构以紧凑为好。对学生来说设计还没有经验，现介绍两种标准模架选型的经验方法。

1）根据塑件在分型面上投影的面积或嵌件周边尺寸，以塑件布置在推杆推出范围之内及复位杆与型腔或嵌件边缘保持一定距离为原则来确定模架大小。

塑件投影宽度

$$W' \leqslant W_3 - 10\mathrm{mm} \tag{7-1}$$

塑件投影长度

$$L' \leqslant L_2 - D_2(\text{复位杆直径}) - 30\mathrm{mm} \tag{7-2}$$

式中，常数 10mm 为推杆边缘与垫块之间的双边距离，见表 7-4；常数 30mm 为复位杆与型腔或嵌件边缘之间的双边距离，见表 7-4。

根据式（7-1）和式（7-2）可求得 W_3 和 L_2 这两个参数，再对照标准模架尺寸系列中相应参数就可以大致确定模架大小和型号了。当然在设计过程中还要考虑到冷却水道、抽芯机构和顺序分型等机构的布置，有可能所选模架还要加大。

例　有一塑件型腔平面尺寸为 200mm×300mm，决定用点浇口，塑件用推杆推出，试选择模架。

解　根据式（7-1）、式（7-2）得：

模板有效使用面积 200mm≤W_3-10mm，300mm≤L_2-D_2（复位杆直径）-30mm。可求得 W_3≥200mm+10mm=210mm，于是查表 7-4 得 W_3=220mm，因此 W=350mm，D_2=25mm。

L_2≥300mm+D_2+30mm=300mm+25mm+30mm=355mm，查表 7-4 选 L_2=390mm，因此得 L=450mm。如果不用嵌件（直接在模板上加工出型腔），则所选模架为 $W\times L$=350mm×450mm，DA 型模架（带支承板）。而工厂设计模具时绝大多数都采用嵌件结构，因此所用模架还要更大。

2）为节约模具钢材和便于热处理，根据产品的外形尺寸（平面投影面积与高度），以及产品本身结构，可以确定内模嵌（镶）件的外形尺寸，在确定了内模嵌（镶）件的尺寸后，也就确定了模架的大小。

普通塑件模具模架与嵌（镶）件大小的选择，可参考图 7-8 与表 7-5 中的数据。

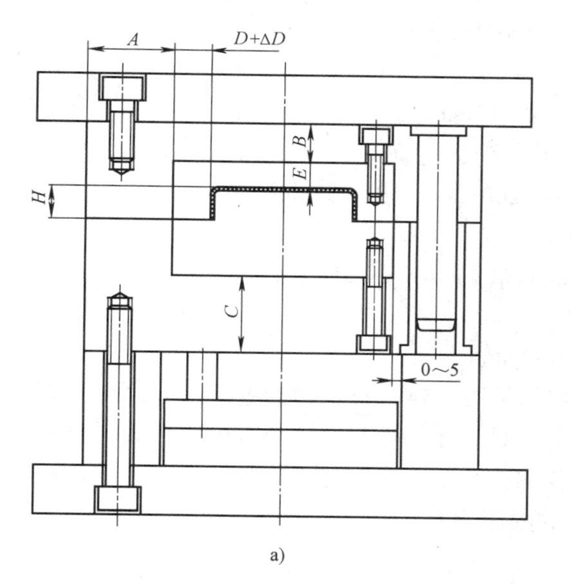

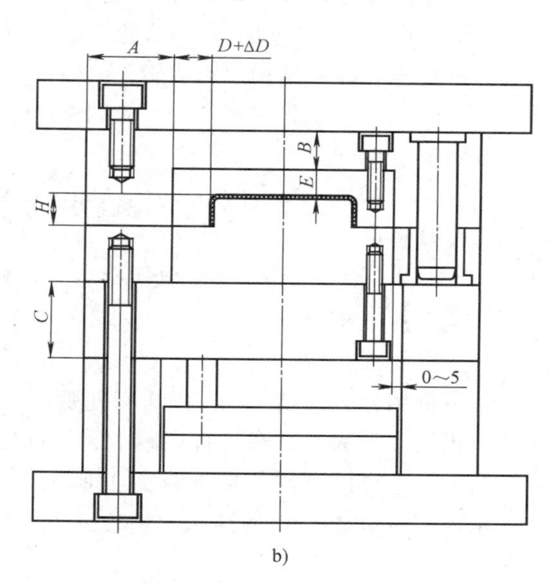

图 7-8　采用嵌（镶）件的模架结构尺寸

a）动模板 B 开不通框　b）动模板 B 开通框

表 7-5　带内模嵌（镶）件的模架结构尺寸　　（单位：mm）

产品投影面积 A/mm²	A	B	C	H	D	E
100～900	40	15	30	30	20	15
900～2500	40～45	15～20	30～35	30～35	20～24	15～20
2500～6400	45～50	20～25	35～40	35～40	24～28	20～25
6400～14400	50～55	25～30	40～50	40～50	28～32	25～30
14400～25600	55～65	30～35	50～60	50～60	32～36	30～34
25600～40000	65～75	35～40	60～75	60～70	36～40	34～38
40000～62500	75～85	40～45	75～95	70～95	40～44	38～44
62500～90000	85～95	45～52	95～115	95～115	44～48	44～50
90000～122500	95～105	52～62	115～135	115～135	48～52	50～56

（续）

产品投影面积 A/mm^2	A	B	C	H	D	E
122500~160000	105~115	62~70	135~155	135~155	52~56	56~62
160000~202500	115~120	70~78	155~175	155~175	56~60	62~68
202500~250000	120~130	78~95	175~185	175~185	60~64	68~74

注：以上数据，仅作为一般性结构塑件的模架参考，对于特殊的塑件，应注意以下几点：

1. 当产品高度过高时（产品高度 $H \geqslant D$），应适当加大“D”，加大值 $\Delta D=(H-D)/2$。
2. 有时为了冷却水道的需要，也要对嵌（镶）件的尺寸做适当调整，以达到较好的冷却效果。
3. 结构复杂需做特殊分型或顶出机构，或有侧向分型结构需做滑块时，应根据不同情况适当调整嵌（镶）件和模架的大小以及各模板的厚度，以保证模架的强度和刚度。

应用此方法计算上例塑件的模架尺寸。

解：由表 7-5 可知，该产品的投影面积 $A=200\mathrm{mm}\times300\mathrm{mm}=60000\mathrm{mm}^2$

选择不开通框结构，可查得

$$A=75\sim85\mathrm{mm},D=40\sim44\mathrm{mm}$$

则模具宽度

$$W=[(75\sim85)+(40\sim44)]\times2\mathrm{mm}+200\mathrm{mm}=430\sim458\mathrm{mm}$$

模具长度

$$L=[(75\sim85)+(40\sim44)]\times2\mathrm{mm}+300\mathrm{mm}=530\sim558\mathrm{mm}$$

选择标准模架

$$W\times L=450\mathrm{mm}\times550\mathrm{mm}$$

可见用此方法结果与 1）法有差别，主要是增加了嵌（镶）件周边的壁厚尺寸而相应地把模板尺寸增大了。在工程实践中，塑件生产批量大的中小型模具几乎全部采用带嵌件的模架结构，这样既节约了贵重的模具钢材，又便于维修，但加大了制造工作量。工程上也有不采用内模嵌（镶）件的结构，模板采用模具钢，在模板上直接加工出型腔和型芯来。

7.3 塑料注射模模架技术条件（GB/T 12556—2006）

GB/T 12556—2006《塑料注射模模架技术条件》标准规定了塑料注射模模架的要求、检验、标志包装、运输和储存，适用于塑料注射模模架。塑料注射模模架的要求见表 7-6（检验、标志包装、运输和储存在此略）。

表 7-6　塑料注射模模架的要求

标准条目编号	内　　容
3.1	组成模架的零件应符合 GB/T 4169.1~4169.23—2006 和 GB/T 4170—2006 的规定
3.2	组合后的模架表面不应有毛刺、擦伤、压痕、裂纹、锈斑
3.3	组合后的模架、导柱与导套及复位杆沿轴向移动应平稳，无卡滞现象，其紧固部分应牢固可靠
3.4	模架组装用紧固螺钉的力学性能应达到 GB/T 3098.1—2010 的 8.8 级
3.5	组合后的模架，模架的基准面应一致，并做明显的基准标记
3.6	组合后的模架在水平自重条件下，定模座板与动模座板的安装平面的平行度应符合 GB/T 1184—1996 中的 7 级的规定

（续）

标准条目编号	内　容
3.7	组合后的模架表面在水平自重条件下，其分型面的贴合间隙为： 1）模板长 400mm 以下≤0.03mm 2）模板长 400～630mm 以下≤0.04mm 3）模板长 630～1000mm 以下≤0.06mm 4）模板长 1000～2000mm 以下≤0.08mm
3.8	模架中导柱、导套的轴线对模板的垂直度应符合 GB/T 1184—1996 中的 5 级的规定
3.9	模架在闭合状态时，导柱的导向端面应凹入它所通过的最终模板孔端面，螺钉不得高于定模座板与动模座板的安装平面
3.10	模架组装后复位杆端面应平齐一致，或按顾客特殊要求制作
3.11	模架应设置吊装用螺孔，确保安全吊装

7.4 塑料注射模标准零件及技术要求

7.4.1 概述

随着模具工业及技术的发展，1984 年、1990 年制定的模具标准零件及模架标准已经跟不上时代的发展。由全国模具标准化技术委员会归口，桂林电气科学研究所、龙记集团等公司修订了 28 项塑料模国家标准，新标准已于 2007 年 4 月正式出版发行并于 2007 年 4 月 1 日起实施。新标准适应我国模具技术的发展水平和市场对模具标准的需求，并优先发展市场上急需的模具标准。其中专业零件标准有 23 个，即从 GB/T 4169.1～4169.23—2006，另外还有塑料成型模术语、注射模技术条件、注射模模架、模架技术条件及零件技术条件等 5 个标准。

7.4.2 塑料注射模标准零件及应用

1. 推杆（GB/T 4169.1—2006）

GB/T 4169.1—2006 规定了塑料注射模用推杆的尺寸规格和公差，适用于塑料注射模所用的推杆。标准同时还给出了材料指南和硬度、精度要求，并规定了推杆的标记。推杆为直杆式，它可改制成拉杆或直接用作复位杆，也可作为推管的芯杆使用等。标准推杆见表 7-7。

表 7-7 标准推杆（摘自 GB/T 4169.1—2006）　　（单位：mm）

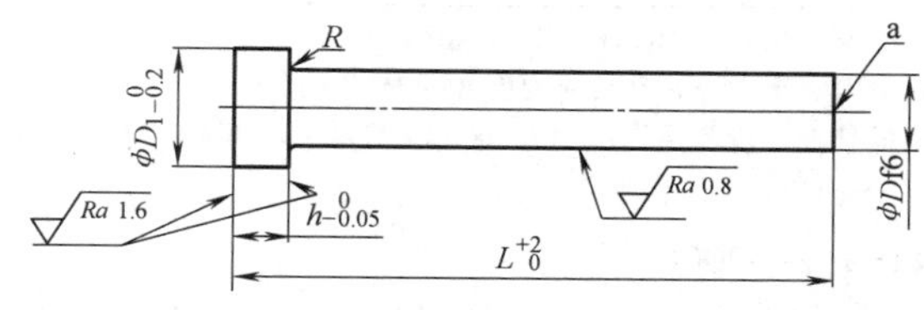

未注表面粗糙度 Ra=6.3μm

a. 端面不允许留有中心孔，棱边不允许倒钝

标记示例：

直径 D=1mm，长度 L=80mm 的推杆：推杆 1×80 GB/T 4169.1—2006

（续）

D	D_1	h	R	L
1	4	2	0.3	80～200
1.2				80～200
1.5				80～200
2				80～350
2.5	5			80～400
3	6	3	0.5	80～500
4	8			80～600
5	10			80～600
6	12	5	0.8	100～600
7				100～600
8	14			100～700
10	16			100～700
12	18	7		100～800
14				100～800
16	22			150～800
18	24	8		150～800
20	26			150～800
25	32	10	1	150～800
L尺寸	80,100,125,150,200,250,300,350,400,500,600,700,800			

注：1. 材料由制造者选定，推荐采用 4Cr5MoSiV1、3Cr2W8V。
2. 硬度 50～55HRC，其中固定端 30mm 范围内硬度 35～45HRC。
3. 淬火后表面可进行渗氮处理，渗氮层深度为 0.08～0.15mm，心部硬度 40～44HRC，表面硬度≥900HV。
4. 其余应符合 GB/T 4170—2006 的规定。

2. 直导套（GB/T 4169.2—2006）

GB/T 4169.2—2006 规定了塑料注射模用直导套的尺寸规格和公差，适用于塑料注射模所用的直导套，标准同时还给出了材料指南和硬度、精度要求，并规定了直导套的标记。

直导套若用在厚模板中，可缩短模板镗孔的深度，在浮动模板中使用较多。导套内孔的直径系列与导柱直径相同，直径范围为 $d=12\sim100$mm。长度的名义尺寸与模板厚度相同，实际尺寸比模板薄 1mm。标准直导套见表 7-8。

表 7-8　标准直导套（摘自 GB/T 4169.2—2006）　　（单位：mm）

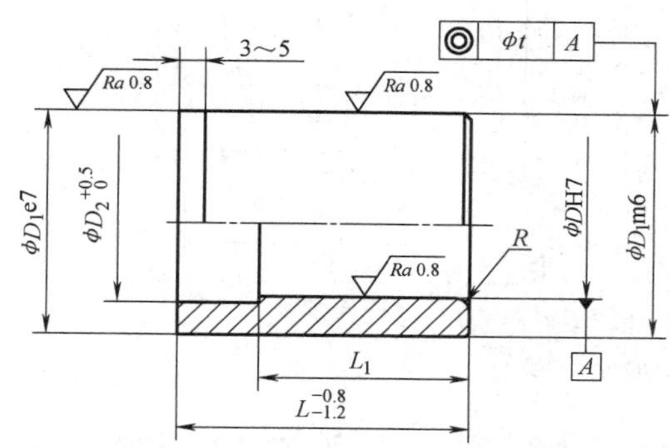

未注表面粗糙度 $Ra=3.2\mu m$；未注倒角 $C1$

标记示例：

直径 $D=12mm$，长度 $L=25mm$ 的直导套：直导套　12×25　GB/T 4169.2—2006

D	12	16	20	25	30	35	40	50	60	70	80	90	100
D_1	18	25	30	35	42	48	55	70	80	90	105	115	125
D_2	13	17	21	26	31	36	41	51	61	71	81	91	101
R	1.5~2	3~4				5~6				7~8			
$L_1$①	24	32	40	50	60	70	80	100	120	140	160	180	200
L	15	20	20	25	30	35	40	40	50	60	70	80	80
	20	25	25	30	35	40	50	50	60	70	80	100	100
	25	30	30	40	40	50	60	60	80	80	100	120	150
	30	40	40	50	50	60	80	80	100	100	120	150	200
	35	50	50	60	60	80	100	100	120	120	150	200	
	60	60	80	80	100	120	120	150	150	200			

注：1. 材料由制造者选定，推荐采用 T10A、GCr15、20Cr。

2. 硬度 52~56HRC。20Cr 渗碳 0.5~0.8mm，硬度 56~60HRC。

3. 标注的几何公差应符合 GB/T 1182—2018 的规定，t 为 6 级精度。

4. 其余应符合 GB/T 4170—2006 的规定。

① 当 $L_1>L$ 时，取 $L_1=L$。

3. 带头导套（GB/T 4169.3—2006）

GB/T 4169.3—2006 规定了塑料注射模用带头导套的尺寸规格和公差，其余同直导套。带头导套的尺寸规格见表 7-9。

表 7-9　带头导套的尺寸规格（摘自 GB/T 4169.3—2006）　　（单位：mm）

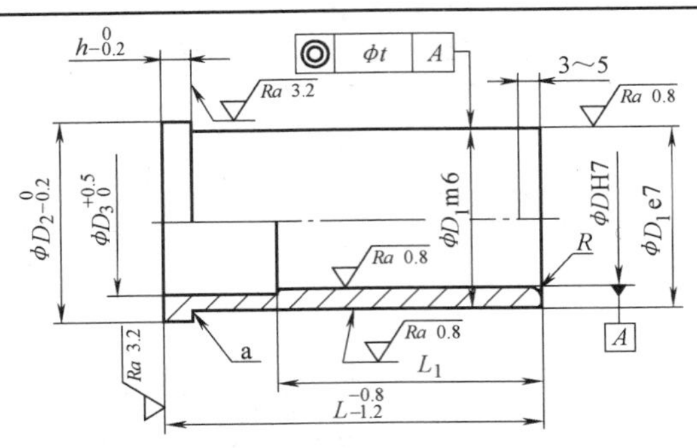

未注表面粗糙度 $Ra=6.3\mu m$；未注倒角 C1

a. 可选砂轮越程槽或 R0.5～R1mm 圆角

标记示例：

直径 D=20mm，长度 L=30mm 的带头导套：带头导套　20×30　GB/T 4169.3—2006

D	D_1	D_2	D_3	h	R	L_1 ①	L
12	18	22	13	5	1.5～2	24	20～50
16	25	30	17	6	3～4	32	20～60
20	30	35	21	8		40	20～80
25	35	40	26			50	25～100
30	42	47	31	10		60	30～120
35	48	54	36		5～6	70	35～140
40	55	61	41			80	40～160
50	70	76	51	12		100	50～200
60	80	86	61	15	7～8	120	60～200
70	90	96	71			140	70～200
80	105	111	81			160	80～200
90	115	121	91	20		180	90～200
100	125	131	101			200	100～200
L 尺寸	20,25,30,35,40,45,50,60,70,80,90,100,110,120,130,140,150,160,180,200						

注：1. 材料由制造者选定，推荐采用 T10A、GCr15、20Cr。
2. 硬度 52～56HRC。20Cr 渗碳 0.5～0.8mm，硬度 56～60HRC。
3. 标注的几何公差应符合 GB/T 1182—2018 的规定，t 为 6 级精度。
4. 其余应符合 GB/T 4170—2006 的规定。
5. 有的企业为防止导套与导柱拉毛而采用铜合金做导套，导向部分表面粗糙度 Ra 为 $0.4\mu m$——编者注。

① 当 $L_1>L$ 时，取 $L_1=L$。

4. 带头导柱（GB/T 4169.4—2006）

GB/T 4169.4—2006 规定了塑料注射模用带头导柱的规格和公差，适用于塑料注射模所用的带头导柱，可兼作推板导柱。标准同时还给出了材料指南和硬度、精度要求，并规定了带头导柱的标记。

带头导柱是常用结构，分两段。近头段为在模板中的安装段，采用 H7/m6 的配合，远头段为滑动配合部分，与导套的配合为 H7/f6。

（1）带头导柱的尺寸规格　其尺寸规格见表 7-10。

表 7-10　带头导柱的尺寸规格（摘自 GB/T 4169.4—2006）　　（单位：mm）

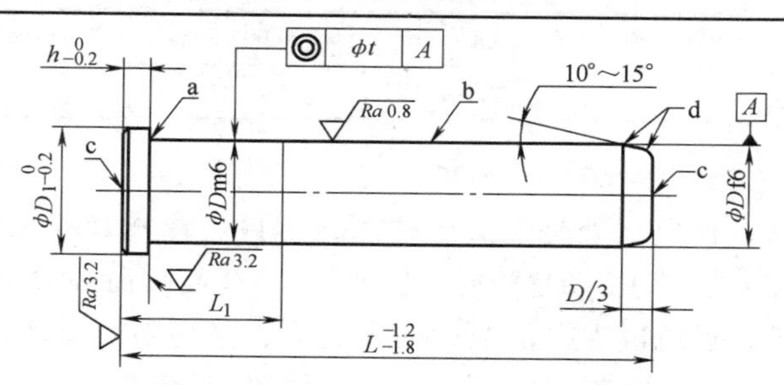

未注表面粗糙度 $Ra=6.3\mu m$；未注倒角 C1

a. 可选砂轮越程槽或 R0.5～R1mm 圆角　　b. 允许开油槽

c. 允许保留两端的中心孔　　d. 圆弧连接，R2～R5mm

标记示例：

直径 $D=20mm$，长度 $L=80mm$，与模板配合长度 $L_1=30mm$ 的带头导柱：

带头导柱　20×80×30　GB/T 4169.4—2006

D	D_1	h	L	L_1
12	17	5	50～140	20,25,30,35,40,45,50,60,70,80,100,110,120,130,140,160,180,200
16	21	6	50～160	
20	25		50～200	
25	30	8	50～250	
30	35		50～300	
35	40		70～350	
40	45	10	70～400	
50	56	12	100～500	
60	66	15	100～600	
70	76		150～700	
80	86		220～800	
90	96	20	220～800	
100	106		220～800	
L 尺寸	50,60,70,80,90,100,110,120,130,140,150,160,180,200,220,250,280,300,320,350,380,400,450,500,550,600,650,700,750,800			

注：1. 材料由制造者选定，推荐采用 T10A、GCr15、20Cr。

2. 硬度 56～60HRC。20Cr 渗碳 0.5～0.8mm，硬度 56～60HRC。

3. 标注的几何公差应符合 GB/T 1182—2018 的规定，t 为 6 级精度。

4. 其余应符合 GB/T 4170—2006 的规定。

（2）带头导柱尺寸的确定　导柱直径随模具分型面处模板外形尺寸而定，模板越大，导柱直径及导柱间的中心距也越大。除了导柱长度按模具具体结构确定外，导柱其余尺寸随导柱直径而定。表 7-11 列出了导柱直径与模板外形尺寸的关系。

表 7-11　导柱直径 D 与模板外形尺寸关系　　（单位：mm）

模板外形尺寸	≤150	>150～200	>200～250	>250～300	>300～400
导柱直径 D	≤16	16～18	18～20	20～25	25～30

（续）

模板外形尺寸	>400~500	>500~600	>600~800	>800~1000	>1000
导柱直径 D	30~35	35~40	40~50	60	≥60

5. 标准带肩导柱（GB/T 4169.5—2006）

标准要求基本同上。相异之处是带头导柱用于塑件生产批量不大的模具，可以不用导套。带肩导柱用于塑件大批量生产的精密模具，或导向精度高而必须采用导套的模具。

带肩导柱分为三段。近肩段为在模板中的安装段，采用 H7/m6 的配合，远肩段为滑动配合部分，与导套的配合为 H7/f6。带肩导柱的尺寸规格见表 7-12。

表 7-12　带肩导柱的尺寸规格（摘自 GB/T 4169.5—2006）　（单位：mm）

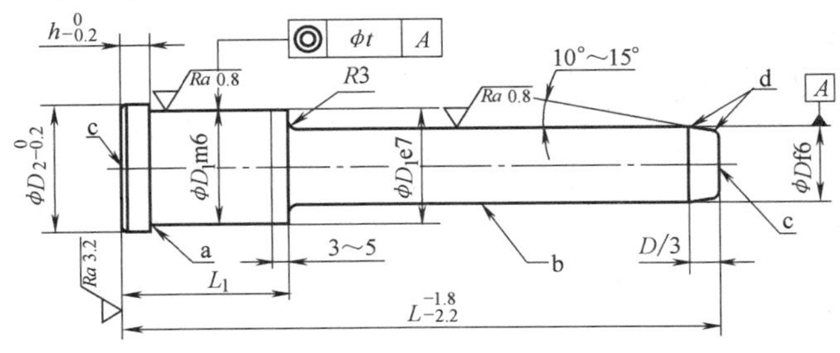

未注表面粗糙度 Ra=6.3μm；未注倒角 C1

a. 可选砂轮越程槽或 R0.5~R1mm 圆角　　b. 允许开油槽

c. 允许保留两端的中心孔　　d. 圆弧连接，R2~R5mm

标记示例：

直径 D=20mm，长度 L=80mm，与模板配合长度 L_1=30mm 的带肩导柱：

带肩导柱　20×80×30　GB/T 4169.5—2006

D	D_1	D_2	h	L	L_1
12	18	22	5	50~140	20,25,30,35,40,45,50,60,70,80,100,110,120,130,140,150,160,180,200
16	25	30	6	50~160	
20	30	35	8	50~200	
25	35	40		50~250	
30	42	47	10	50~300	
35	48	54		70~350	
40	55	61		70~400	
50	70	76	12	100~650	
60	80	86	15	100~700	
70	90	96		150~700	
80	105	111		150~700	
L 尺寸规格	50,60,70,80,90,100,110,120,130,140,150,160,180,200,220,250,280,300,320,350,380,400,450,500,550,600,650,700				

注：1. 材料由制造者选定，推荐采用 T10A、GCr15、20Cr。

2. 硬度 56~60HRC。20Cr 渗碳 0.5~0.8mm，硬度 56~60HRC。

3. 标注的几何公差应符合 GB/T 1182—2018 的规定，t 为 6 级精度。

4. 其余应符合 GB/T 4170—2006 的规定。

6. 垫块（GB/T 4169.6—2006）

GB/T 4169.6—2006 规定了塑料注射模用垫块的尺寸规格和公差，适用于塑料注射模所用的垫块。标准同时还给出了材料指南，并规定了垫块的标记。

垫块的作用主要是形成推板的推出空间和调节模具的高度。标准垫块的规格尺寸见表 7-13。

表 7-13　标准垫块的规格尺寸（摘自 GB/T 4169.6—2006）　（单位：mm）

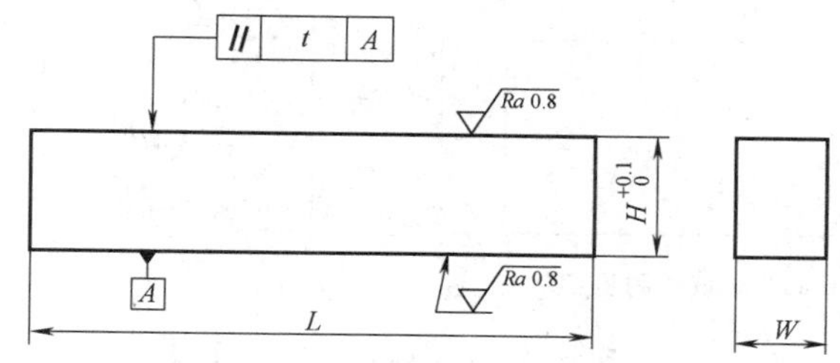

未注表面粗糙度 $Ra=6.3\mu m$；全部棱边倒角 C2

标记示例：

宽度 $W=38mm$，长度 $L=300mm$，厚度 $H=70mm$ 的垫块：垫块　38×300×70　GB/T 4169.6—2006

W	L							H
28	150	180	200	230	250			50~70
33	180	200	230	250	300	350		60~80
38	200	230	250	300	350	400		60~80
43	230	250	270	300	350	400		70~90
48	250	270	300	350	400	450	500	70~90
53	270	300	350	400	450	500		70~90
58	300	350	400	450	500	550	600	80~100
63	350	400	450	500	550	600		90~110
68	400	450	500	550	600	700		100~130
78	450	500	550	600	700			100~130
88	500	550	600	700	800			100~130
100	550	600	700	800	900	1000		110~150
120	650	700	800	900	1000	1250		120~250
140	800	900	1000	1250				150~250
160	900	1000	1250	1600				200~300
180	1000	1250	1600					200~300
220	1250	1600	2000					200~300
H 尺寸	50,60,70,80,90,100,110,120,130,150,180,200,250,300							

注：1. 材料由制造者选定，推荐采用 45 钢。

2. 标注的几何公差应符合 GB/T 1182—2018 的规定，t 为 5 级精度。

3. 其余应符合 GB/T 4170—2006 的规定。

7. 标准推板（GB/T 4169.7—2006）

GB/T 4169.7—2006 规定了塑料注射模用推板的尺寸规格和公差，适用于塑料注射模所用的推板和推杆固定板。标准同时还给出了材料指南和硬度、精度要求，并规定了推板的标记。

推板的规格尺寸见表 7-14。

表 7-14　推板的规格尺寸（摘自 GB/T 4169.7—2006）　　（单位：mm）

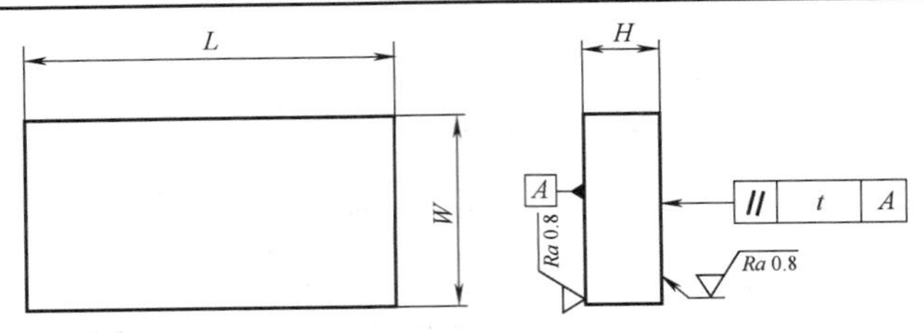

未注表面粗糙度 $Ra=6.3\mu m$；全部棱边倒角 $C2$

标记示例：

宽度 $W=150mm$，长度 $L=300mm$，厚度 $H=20mm$ 的推板：推板　150×300×20　GB/T 4169.6—2006

W	L							H
90	150	180	200	230	250			13~15
110	180	200	230	250	300	350		15~20
120	200	230	250	300	350	400		15~25
140	230	250	270	300	350	400		15~25
150	250	270	300	350	400	450	500	15~25
160	270	300	350	400	450	500		15~25
180	300	350	400	450	500	550	600	20~30
220	350	400	450	500	550	600		20~30
260	400	450	500	550	600	700		25~40
290	450	500	550	600	700			25~40
320	500	550	600	700	800			25~50
340	550	600	700	800	900			25~50
390	600	700	800	900	1000			25~50
400	650	700	800	900	1000			25~50
450	700	800	900	1000	1250			25~50
510	800	900	1000	1250				30~60
560	900	1000	1250	1600				30~60
620	1000	1250	1600					30~60
790	1250	1600	2000					30~60
H 尺寸	13,15,20,25,30,40,50,60							

注：1. 材料由制造者选定，推荐采用 45 钢。

2. 硬度 28~32HRC。

3. 标注的几何公差应符合 GB/T 1182—2018 的规定，t 为 6 级精度。

4. 其余应符合 GB/T 4170—2006 的规定。

8. 模板（GB/T 4169. 8—2006）

GB/T 4169. 8—2006 规定了塑料注射模用模板的尺寸规格和公差，适用于塑料注射模所用的定模板、动模板、推件板、推料板、支承板以及动、定模座板。标准同时还给出了材料指南和硬度、精度要求，并规定了模板的标记。

GB/T 4169. 8—2006 规定的标准 A 型模板（用于定模板、动模板、推件板、推料板、支承板）见表 7-15。

表 7-15　标准 A 型模板（摘自 GB/T 4169. 8—2006）　（单位：mm）

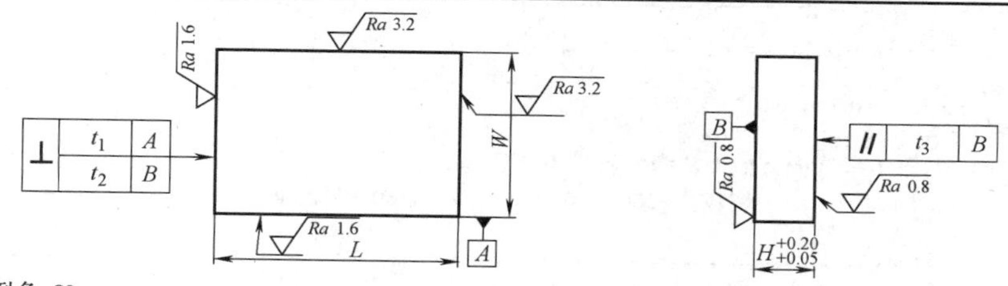

全部棱边倒角 $C2$

标记示例：

宽度 W=200mm，长度 L=300mm，厚度 H=50mm 的 A 型模板：模板　A200×300×50　GB/T 4169. 8—2006

W	L							H
150	150	180	200	230	250			20~80
180	180	200	230	250	300	350		20~80
200	200	230	250	300	350	400		20~100
230	230	250	270	300	350	400		20~100
250	250	270	300	350	400	450	500	25~120
270	270	300	350	400	450	500		25~120
300	300	350	400	450	500	550	600	30~130
350	350	400	450	500	550	600		35~130
400	400	450	500	550	600	700		35~150
450	450	500	550	600	700			40~180
500	500	550	600	700	800			40~180
550	550	600	700	800	900			40~200
600	600	700	800	900	1000			50~200
650	650	700	800	900	1000			60~220
700	700	800	900	1000	1250			60~250
800	800	900	1000	1250				70~300
900	900	1000	1250	1600				70~350
1000	1000	1250	1600					80~400
1250	1250	1600	2000					80~400
H 尺寸	20,25,30,35,40,45,50,60,70,80,90,100,110,120,130,140,150,160,180,200,220,250,280,300,350,400							

注：1. 材料由制造者选定，推荐采用 45 钢。

2. 硬度 28~32HRC。

3. 未注尺寸公差等级应符合 GB/T 1801—2009 中 js13 的规定。

4. 未注几何公差应符合 GB/T 1184—1996 的规定，t_1、t_3 为 5 级精度，t_2 为 7 级精度。

5. 其余应符合 GB/T 4170—2006 的规定。

GB/T 4169.8—2006 规定的标准 B 型模板（用于定模座板、动模座板）见表 7-16。

表 7-16　标准 B 型模板（摘自 GB/T 4169.8—2006）　　（单位：mm）

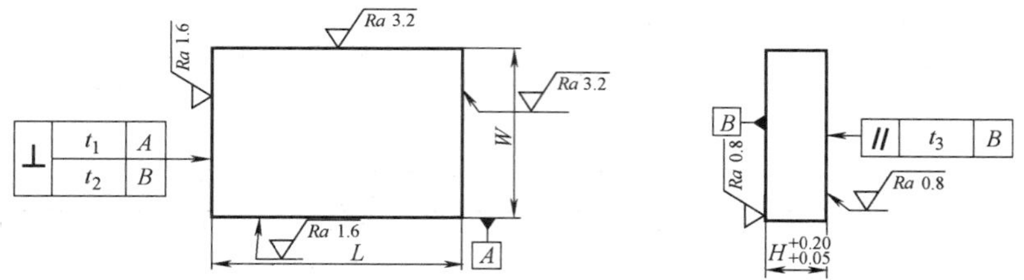

全部棱边倒角 C2

标记示例：

宽度 W=200mm，长度 L=250mm，厚度 H=25mm 的 B 型模板：

模板　B200×250×25　GB/T 4169.8—2006

W	L							H
200	150	180	200	230	250			20～25
230	180	200	230	250	300	350		20～30
250	200	230	250	300	350	400		20～30
280	230	250	270	300	350	400		25～30
300	250	270	300	350	400	450	500	25～35
320	270	300	350	400	450	500		25～40
350	300	350	400	450	500	550	600	25～45
400	350	400	450	500	550	600		30～50
450	400	450	500	550	600	700		30～50
550	450	500	550	600	700			35～60
600	500	550	600	700	800			35～60
650	550	600	700	800	900			35～70
700	600	700	800	900	1000			35～70
750	650	700	800	900	1000			35～80
800	700	800	900	1000	1250			40～90
900	800	900	1000	1250				40～100
1000	900	1000	1250	1600				50～100
1250	1000	1250	1600					60～120
1500	1250	1600	2000					70～120
H 尺寸	20,25,30,35,40,45,50,60,70,80,90,100,120							

注：1. 材料由制造者选定，推荐采用 45 钢。

2. 硬度 28～32HRC。

3. 未注尺寸公差等级应符合 GB/T 1801—2009 中 js13 的规定。

4. 未注几何公差应符合 GB/T 1184—1996 的规定，t_1 为 7 级精度，t_2 为 9 级精度，t_3 为 5 级精度。

5. 其余应符合 GB/T 4170—2006 的规定。

9. 限位钉（GB/T 4169.9—2006）

GB/T 4169.9—2006 规定了塑料注射模用限位钉的尺寸规格和公差，适用于塑料注射模所用的限位钉。标准同时还给出了材料指南和硬度、精度要求，并规定了限位钉的标记。

限位钉用于支承推出机构，并用以调节推出距离，防止推出机构复位时受异物阻碍的零件。

限位钉尺寸规格见表 7-17。

表 7-17　限位钉尺寸规格（摘自 GB/T 4169.9—2006）　（单位：mm）

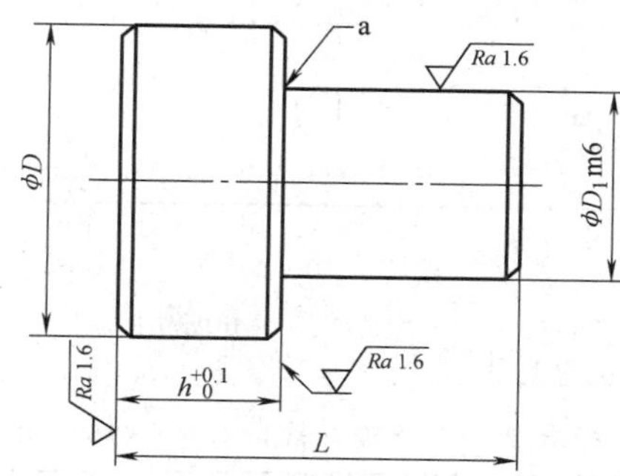

未注表面粗糙度 $Ra=6.3\mu m$；未注倒角 $C1$

a. 可选砂轮越程槽或 $R0.5\sim R1mm$ 圆角

标记示例：

直径 $D=25mm$ 的限位钉：限位钉 25　GB/T 4169.9—2006

D	D_1	h	L
16	8	5	16
25	16	10	25

注：1. 材料由制造者选定，推荐采用 45 钢。
2. 硬度 40～45HRC。
3. 其余应符合 GB/T 4170—2006 的规定。
4. 所有复位杆下面、推杆密集处和斜推杆的下面都要加限位钉，以承受模具注射时胀型力的作用——编者注。

10. 支承柱（GB/T 4169.10—2006）

GB/T 4169.10—2006 规定了塑料注射模用支承柱的尺寸规格和公差，适用于塑料注射模所用的支承柱。标准同时还给出了材料指南和硬度、精度要求，并规定了支承柱的标记。

GB/T 4169.10—2006 规定的标准 A 型支承柱见表 7-18，标准 B 型支承柱见表 7-19。

表 7-18　标准 A 型支承柱（摘自 GB/T 4169.10—2006）　（单位：mm）

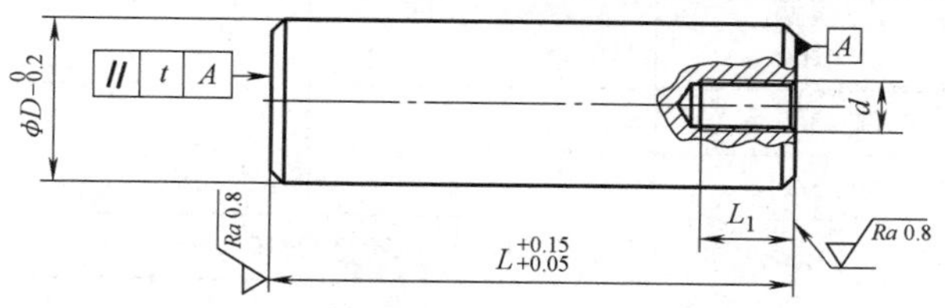

未注表面粗糙度 $Ra=6.3\mu m$；未注倒角 $C1$

标记示例：

直径 $D=30mm$，长度 $L=100mm$ 的 A 型支承柱：支承柱　A30×100　GB/T 4169.10—2006

（续）

D	L	d	L_1
25	80～120	M8	15
30	80～120		
35	80～130		
40	80～150	M10	18
50	80～250		
60	80～300	M12	20
80	80～300	M16	30
100	80～300		
L 尺寸	80,90,100,110,120,130,150,180,200,250,300		

注：1. 材料由制造者选定，推荐采用 45 钢。
2. 硬度 28～32HRC。
3. 标注的几何公差应符合 GB/T 1182—2018 的规定，t 为 6 级精度。
4. 其余应符合 GB/T 4170—2006 的规定。

表 7-19　标准 B 型支承柱（摘自 GB/T 4169. 10—2006）　（单位：mm）

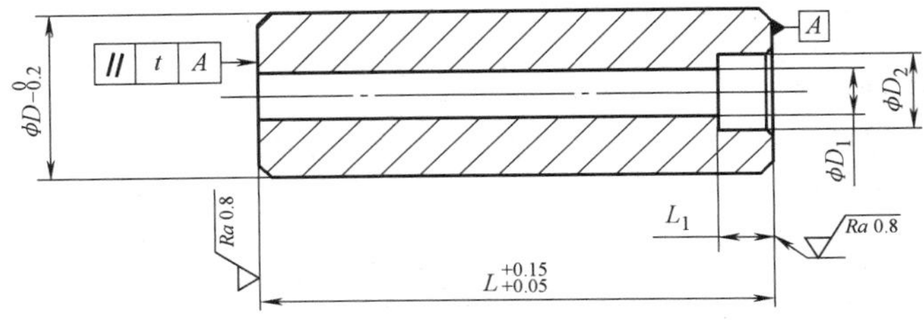

未注表面粗糙度 $Ra=6.3\mu m$；未注倒角 $C1$
标记示例：
直径 $D=30mm$，长度 $L=100mm$ 的 B 型支承柱：支承柱　B30×100　GB/T 4169. 10—2006

D	L	D_1	D_2	L_1
25	80～120	9	15	9
30	80～120			
35	80～130			
40	80～150	11	18	11
50	80～250			
60	80～300	13	20	13
80	80～300	17	26	17
100	80～300			
L 尺寸	80,90,100,110,120,130,150,180,200,250,300			

注：1. 材料由制造者选定，推荐采用 45 钢。
2. 硬度 28～32HRC。
3. 标注的几何公差应符合 GB/T 1182—2018 的规定，t 为 6 级精度。
4. 其余应符合 GB/T 4170—2006 的规定。

11. 圆形定位元件（GB/T 4169.11—2006）

GB/T 4169.11—2006 规定了塑料注射模用圆形定位元件的尺寸规格和公差，适用于塑料注射模所用的圆形定位元件。标准同时还给出了材料指南和硬度、精度要求，并规定了圆形定位元件的标记。

圆形定位元件用于动、定模之间需要精确定位的场合，对同轴度要求高的塑件，而且型腔分别设在动、定模上，或为保证塑件壁厚均匀，均需要采用该圆形定位元件进行精确定位。在模具中采用的数量视需要确定。圆形定位元件的尺寸规格见表 7-20。

对于大型模具，必须采用动、定模模板各带锥面的对合机构与导柱导套联合使用来保证精度和刚度。

表 7-20　圆形定位元件的尺寸规格（摘自 GB/T 4169.11—2006）　（单位：mm）

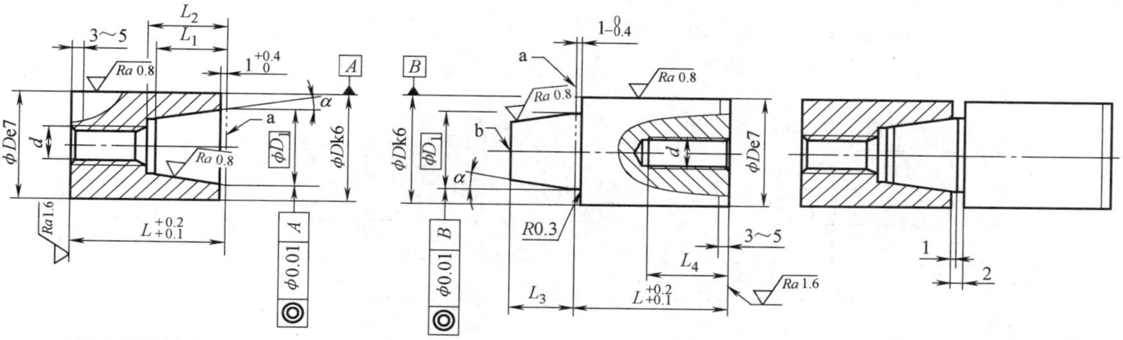

未注表面粗糙度 $Ra=6.3\mu m$；未注倒角 $C1$

a. 基准面　　b. 允许保留中心孔

标记示例：

直径 $D=16mm$ 的圆形定位元件：圆形定位元件　16　GB/T 4169.11—2006

D	D_1	d	L	L_1	L_2	L_3	L_4	α /(°)
12	6	M4	20	7	9	5	11	5
16	10	M5	25	8	10	6	11	5,10
20	13	M6	30	11	13	9	13	
25	16	M8	30	12	14	10	15	
30	20	M10	40	16	18	14	18	
35	24	M12	50	22	24	20	24	

注：1. 材料由制造者选定，推荐采用 T10A、GCr15。
2. 硬度 58～62HRC。
3. 其余应符合 GB/T 4170—2006 的规定。

12. 标准推板导套（GB/T 4169.12—2006）

GB/T 4169.12—2006 规定了塑料注射模用推板导套的尺寸规格和公差，适用于塑料注射模所用的推板导套。标准同时还给出了材料指南和硬度、精度要求，并规定了推板导套的标记。

标准推板导套的尺寸规格见表 7-21。

表 7-21　标准推板导套的尺寸规格（摘自 GB/T 4169.12—2006）　　（单位：mm）

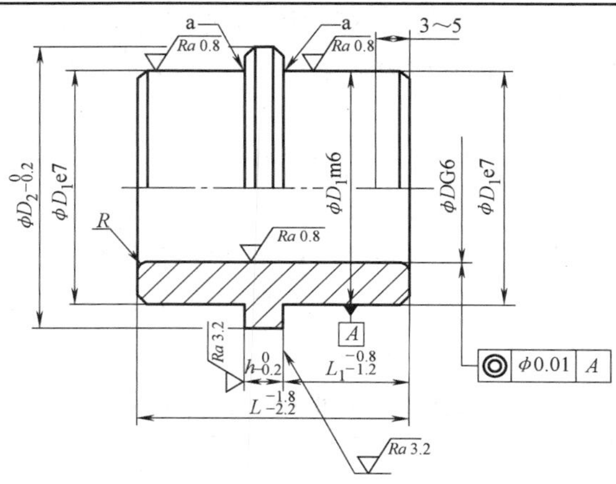

未注表面粗糙度 $Ra=6.3\mu m$；未注倒角 $C1$

a. 可选砂轮越程槽或 $R0.5\sim R1$mm 圆角

标记示例：

直径 $D=20$mm 的推板导套：推板导套　20　GB/T 4169.12—2006

D	12	16	20	25	30	35	40	50
D_1	18	25	30	35	42	48	55	70
D_2	22	30	35	40	47	54	61	76
h	4					6		
R	3~4					5~6		
L	28		35		45	55	70	90
L_1	13		15		20	25	30	40

注：1. 材料由制造者选定，推荐采用 T10A、GCr15、20Cr。

2. 硬度 52~56HRC。20Cr 渗碳 0.5~0.8mm，硬度 56~60HRC。

3. 其余应符合 GB/T 4170—2006 的规定。

13. 标准复位杆（GB/T 4169.13—2006）

GB/T 4169.13—2006 规定了塑料注射模用复位杆的尺寸规格和公差，适用于塑料注射模所用的复位杆。标准同时还给出了材料指南和硬度、精度要求，并规定了复位杆的标记。

标准复位杆的尺寸规格见表 7-22。

表 7-22　标准复位杆的尺寸规格（摘自 GB/T 4169.13—2006）　　（单位：mm）

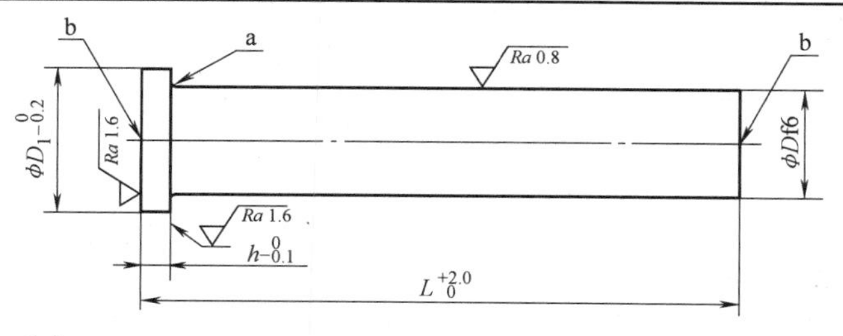

未注表面粗糙度 $Ra=6.3\mu m$

a. 可选砂轮越程槽或 $R0.5\sim R1$mm 圆角　　b. 端面允许留有中心孔

标记示例：

直径 $D=15$mm，长度 $L=200$mm 的复位杆：复位杆　15×200　GB/T 4169.13—2006

（续）

D	D_1	h	L
10	15	4	100～200
12	17		100～250
15	20		100～300
20	25		125～400
25	30	8	150～500
30	35		150～600
35	40		200～600
40	45	10	250～600
50	55		250～600
L 尺寸	100,125,150,200,250,300,350,400,500,600		

注：1. 材料由制造者选定，推荐采用 T10A、GCr15。

2. 硬度 56～60HRC。

3. 其余应符合 GB/T 4170—2006 的规定。

14. 推板导柱（GB/T 4169.14—2006）

GB/T 4169.14—2006 规定了塑料注射模用推板导柱的尺寸规格和公差，适用于塑料注射模所用的推板导柱。标准同时还给出了材料指南和硬度、精度要求，并规定了推板导柱的标记。

标准推板导柱的尺寸规格见表 7-23。

表 7-23　标准推板导柱的尺寸规格（摘自 GB/T 4169.14—2006）　（单位：mm）

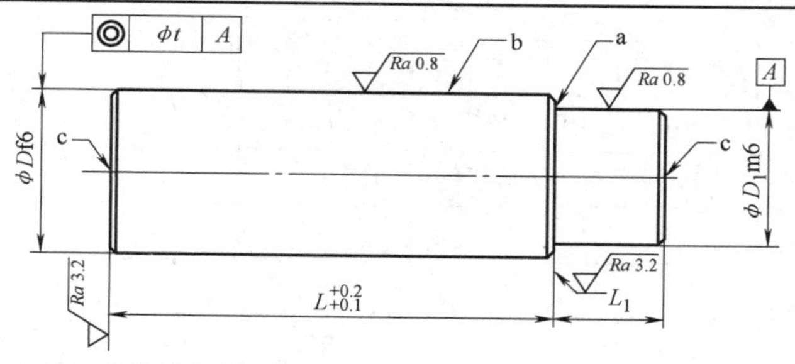

未注表面粗糙度 $Ra=6.3\mu m$；未注倒角 $C1$

a. 可选砂轮越程槽或 $R0.5\sim R1$mm 圆角　b. 允许开油槽　c. 允许保留两端中心孔

标记示例：

直径 $D=35$mm，长度 $L=150$mm 的推板导柱：推板导柱　35×150　GB/T 4169.14—2006

D	D_1	L_1	L
30	25	20	100～150
35	30	25	110～180
40	35	30	150～250
50	40	45	180～300
L 尺寸	100,110,120,130,150,180,200,250,300		

注：1. 材料由制造者选定，推荐采用 T10A、GCr15、20Cr。

2. 硬度 56～60HRC。20Cr 渗碳 0.5～0.8mm，硬度 56～60HRC。

3. 标注的几何公差应符合 GB/T 1184—1996 的规定，t 为 6 级精度。

4. 其余应符合 GB/T 4170—2006 的规定。

15. 扁推杆（GB/T 4169.15—2006）

GB/T 4169.15—2006 规定了塑料注射模用扁推杆的尺寸规格和公差，适用于塑料注射模所用的扁推杆。标准同时还给出了材料指南和硬度、精度要求，并规定了扁推杆的标记。

标准扁推杆的尺寸规格见表 7-24。

表 7-24　标准扁推杆的尺寸规格（摘自 GB/T 4169.15—2006）　　（单位：mm）

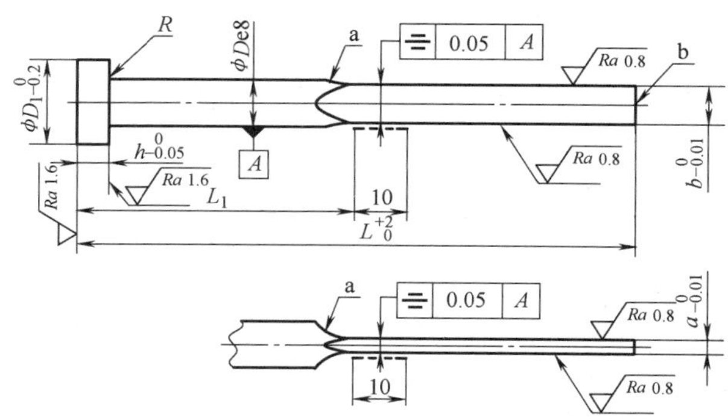

未注表面粗糙度 $Ra=6.3\mu m$

a. 圆弧半径 10mm　　b. 端面不允许留有中心孔，棱边不允许倒钝

标记示例：

厚度 $a=1.5mm$、宽度 $b=6mm$、长度 $L=160mm$ 的扁推杆：扁推杆　1.5×6×160　GB/T 4169.15—2006

D	4	5	6	8	10	12	16
D_1	8	10	12	14	16	18	22
a	1,1.2	1,1.2	1.2,1.5,1.6	1.5,1.8,2	1.5,1.8,2	1.5,1.8,2	2,2.5
b	3	4	5	6	8	10	14
h	3		5			7	
R	0.3		0.5			0.8	
L	80~200		100~250	125~250	160~300	200~300	
L 尺寸系列	80,100,125,160,200,250,300						
$L_1=L/2$							

注：1. 材料由制造者选定，推荐采用 4Cr5MoSiV1、3Cr2W8V。

2. 硬度 45~50HRC。

3. 淬火后表面可进行渗碳处理，渗碳层深度为 0.08~0.15mm，心部硬度 40~44HRC，表面硬度≥900HV。

4. 其余应符合 GB/T 4170—2006 的规定。

16. 带肩推杆（GB/T 4169.16—2006）

GB/T 4169.16—2006 规定了塑料注射模用带肩推杆的尺寸规格和公差，适用于塑料注射模所用的带肩推杆。标准同时还给出了材料指南和硬度、精度要求，并规定了带肩推杆的标记。

标准带肩推杆的尺寸规格见表 7-25。

表 7-25　标准带肩推杆的尺寸规格（摘自 GB/T 4169.16—2006）　（单位：mm）

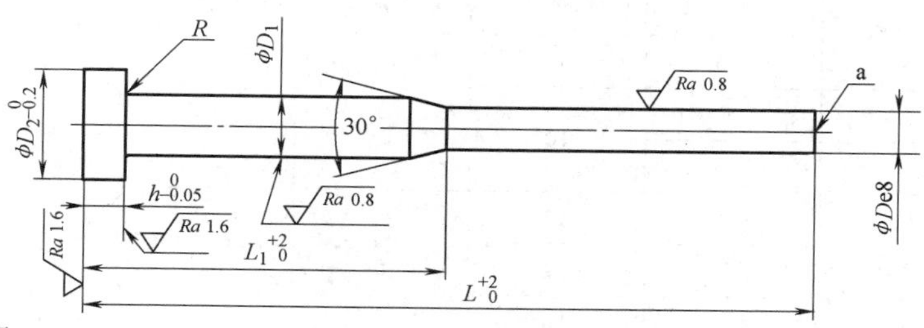

未注表面粗糙度 $Ra=6.3\mu m$

a. 端面不允许留有中心孔，棱边不允许倒钝

标记示例：

直径 $D=2mm$、长度 $L=80mm$ 的带肩推杆：带肩推杆　2×80　GB/T 4169.16—2006

D	1	1.5	2	2.5	3	3.5	4	4.5	5	6	8	10
D_1	2	3			4	8		10		12		16
D_2	4	6			8	14		16		18		22
h	2	3				5				7		
R	0.3					0.8						
L	40~200				100~250		100~300			125~350	200~350	250~400
L 尺寸系列	80,100,125,150,200,250,300,350,400											
$L_1=L/2$												

注：1. 材料由制造者选定，推荐采用 4Cr5MoSiV1、3Cr2W8V。

2. 硬度 45~50HRC。

3. 淬火后表面可进行渗碳处理，渗碳层深度为 0.08~0.15mm，心部硬度 40~44HRC，表面硬度≥900HV。

4. 其余应符合 GB/T 4170—2006 的规定。

17. 推管（GB/T 4169.17—2006）

GB/T 4169.17—2006 规定了塑料注射模用推管的尺寸规格和公差，适用于塑料注射模所用的推管。标准同时还给出了材料指南和硬度、精度要求，并规定了推管的标记。

推管的尺寸规格见表 7-26。

表 7-26　推管的尺寸规格（摘自 GB/T 4169.17—2006）　（单位：mm）

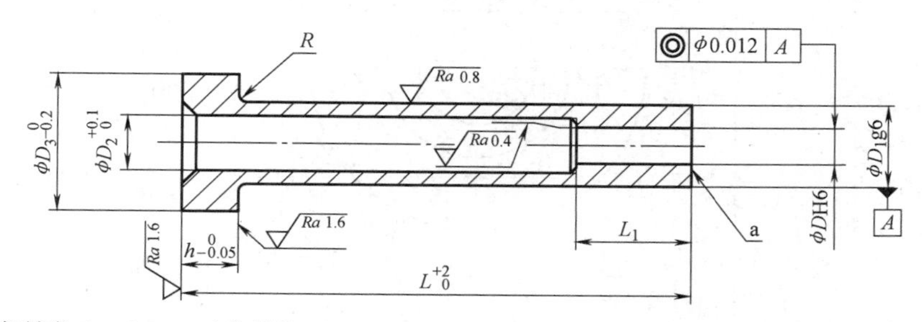

未注表面粗糙度 $Ra=6.3\mu m$；未注倒角 C1

a. 端面棱边不允许倒钝

标记示例：

直径 $D=3mm$、长度 $L=80mm$ 的推管：推管　3×80　GB/T 4169.17—2006

（续）

D	D_1	D_2	D_3	h	R	L_1	L
2	4	2.5	8	3	0.3	35	80~125
2.5	5	3	10				80~125
3	5	3.5				45	80~150
4	6	4.5	12	5	0.5		80~200
5	8	5.5	14				80~200
6	10	6.5	16				100~250
8	12	8.5	20	7	0.8		100~250
10	14	10.5	22				100~250
12	16	12.5	22				125~250
L 尺寸	80,100,125,150,175,200,250						

注：1. 材料由制造者选定，推荐采用 4Cr5MoSiV1、3Cr2W8V。
2. 硬度 45~50HRC。
3. 淬火后表面可进行渗碳处理，渗碳层深度为 0.08~0.15mm，心部硬度 40~44HRC，表面硬度≥900HV。
4. 其余应符合 GB/T 4170—2006 的规定。

18. 定位圈（GB/T 4169.18—2006）

GB/T 4169.18—2006 规定了塑料注射模用定位圈的尺寸规格和公差，适用于塑料注射模所用的定位圈。标准同时还给出了材料指南和硬度、精度要求，并规定了定位圈的标记。

标准定位圈的尺寸规格见表 7-27。

表 7-27　标准定位圈的尺寸规格（摘自 GB/T 4169.18—2006）　（单位：mm）

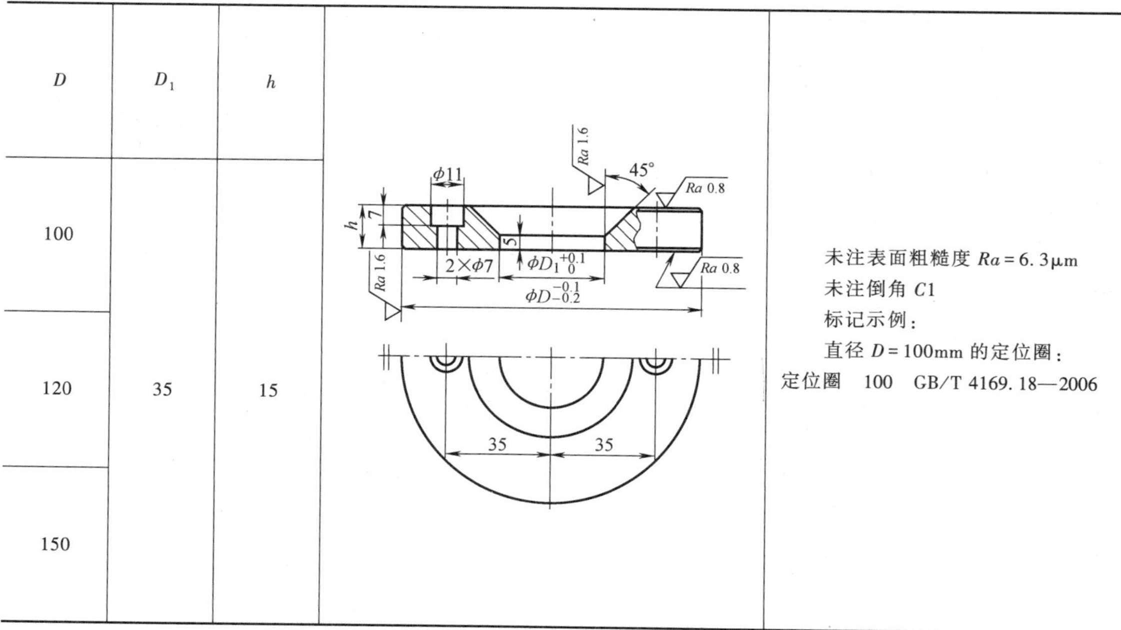

D	D_1	h
100	35	15
120		
150		

未注表面粗糙度 $Ra=6.3\mu m$
未注倒角 C1
标记示例：
直径 $D=100$mm 的定位圈：
定位圈　100　GB/T 4169.18—2006

注：1. 材料由制造者选定，推荐采用 45 钢。
2. 硬度 28~32HRC。
3. 其余应符合 GB/T 4170—2006 的规定。

19. 浇口套（GB/T 4169.19—2006）

GB/T 4169.19—2006 规定了塑料注射模用浇口套的尺寸规格和公差，适用于塑料注射模所用的浇口套。标准同时还给出了材料指南和硬度、精度要求，并规定了浇口套的标记。

浇口套尺寸规格见表 7-28。

表 7-28　浇口套尺寸规格（摘自 GB/T 4169.19—2006）　　（单位：mm）

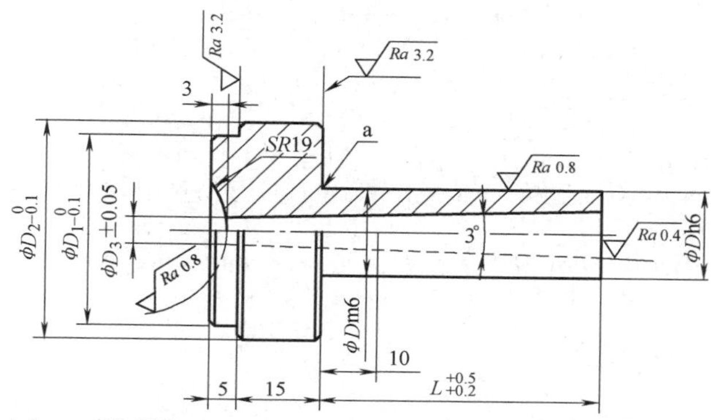

未注表面粗糙度 $Ra=6.3\mu m$；未注倒角 $C1$

a. 可选砂轮越程槽或 $R0.5 \sim R1mm$ 圆角

标记示例：

直径 $D=16mm$，长度 $L=50mm$ 的浇口套：浇口套　16×50　GB/T 4169.19—2006

D	D_1	D_2	D_3	L
12	35	40	2.8	50
16			2.8	50~80
20			3.2	50~100
25			4.2	50~100
L 尺寸系列	50,80,100			

注：1. 材料由制造者选定，推荐采用 45 钢。

2. 局部热处理，$SR19mm$ 球面硬度 38~45HRC。

3. 其余应符合 GB/T 4170—2006 的规定。

20. 拉杆导柱（GB/T 4169.20—2006）

GB/T 4169.20—2006 规定了塑料注射模用拉杆导柱的尺寸规格和公差，适用于塑料注射模所用的拉杆导柱。标准同时还给出了材料指南和硬度、精度要求，并规定了拉杆导柱的标记。

拉杆导柱的尺寸规格见表 7-29。

表 7-29　拉杆导柱的尺寸规格（摘自 GB/T 4169.20—2006）　　（单位：mm）

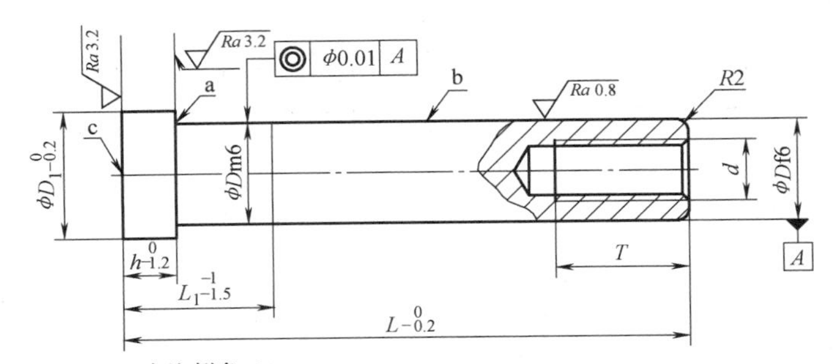

未注表面粗糙度 $Ra=6.3\mu m$；未注倒角 $C1$

a. 可选砂轮越程槽或 $R0.5\sim R1$mm 圆角　　b. 允许开油槽　　c. 允许保留两端的中心孔

标记示例：

直径 $D=20$mm，长度 $L=120$mm 的拉杆导柱：拉杆导柱　20×120　GB/T 4169.20—2006

D	D_1	h	d	T	L_1		L
16	21	8	M10	25	25		100~200
20	25	10	M12	30	30		100~250
25	30	12	M14	35	35		100~300
30	35	14	M16	40	45		130~360
35	40	16			50		160~400
40	45	18			60		200~500
50	55	20			70	80	250~600
60	66	25	M20	50	90		280~600
70	76				100		300~800
80	86		M24	60	120		340~800
90	96				140		400~800
100	106				150		400~800
L尺寸	100,110,120,130,140,150,160,170,180,190,200,210,220,230,240,250,260,270,280,290,300,320,340,360,380,400,450,500,550,600,650,700,750,800						

注：1. 材料由制造者选定，推荐采用 T10A、GCr15、20Cr。

2. 硬度 56~60HRC。20Cr 渗碳 0.5~0.8mm，硬度 56~60HRC。

3. 其余应符合 GB/T 4170—2006 的规定。

21. 矩形定位元件（GB/T 4169.21—2006）

GB/T 4169.21—2006 规定了塑料注射模用矩形定位元件的尺寸规格和公差，适用于塑料注射模所用的矩形定位元件。标准同时还给出了材料指南和硬度、精度要求，并规定了矩形定位元件的标记。

矩形定位元件尺寸规格见表 7-30。

表 7-30　矩形定位元件尺寸规格（摘自 GB/T 4169.21—2006）　（单位：mm）

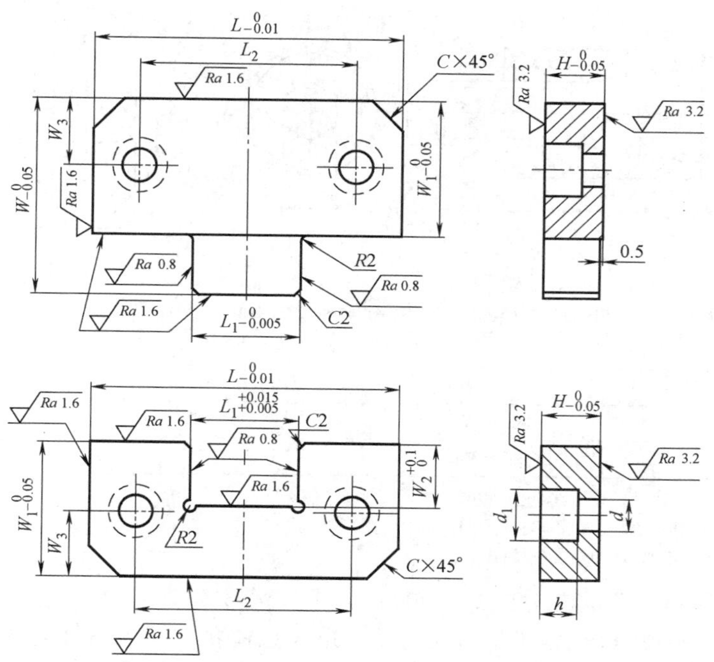

未注表面粗糙度 $Ra=6.3\mu m$；未注倒角 C1

标记示例：

长度 L=50mm 的矩形定位元件：矩形定位元件　50　GB/T 4169.21—2006

L	L_1	L_2	W	W_1	W_2	W_3	C	d	d_1	H	h
50	17	34	30	21.5	8.5	11	5	7	11	16	8
75	25	50	50	36	15	18	8	11	17.5	19	12
100	35	70	65	45	21	22	10	11	17.5	19	12
125	45	84	65	45	21	22	10	11	17.5	25	12

注：1. 材料由制造者选定，推荐采用 GCr15、9CrWMn。

2. 凸件硬度 50~54HRC，凹件硬度 56~60HRC。

3. 其余应符合 GB/T 4170—2006 的规定。

22. 圆形拉模扣（GB/T 4169.22—2006）

GB/T 4169.22—2006 规定了塑料注射模用圆形拉模扣（树脂开闭器）的尺寸规格和公差，适用于塑料注射模所用的圆形拉模扣。标准同时还给出了材料指南和硬度要求，并规定了圆形拉模扣的标记。

圆形拉模扣尺寸规格见表 7-31。

表 7-31　圆形拉模扣尺寸规格（摘自 GB/T 4169.22—2006）　　（单位：mm）

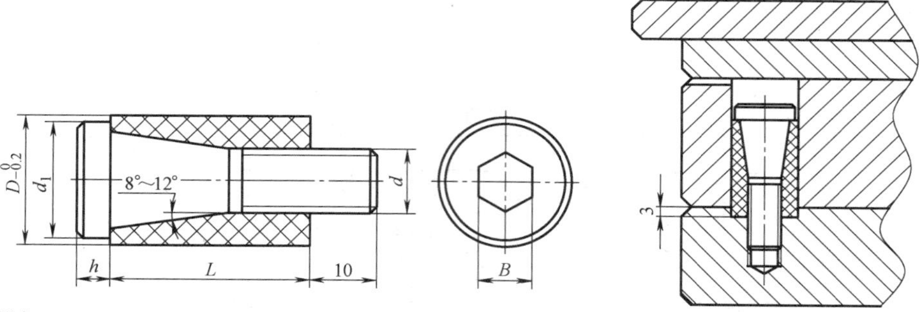

未注倒角 C1

标记示例：

直径 D=16mm 的圆形拉模扣：圆形拉模扣　16　GB/T 4169.22—2006

D	L	d	d_1	h	B
12	20	M6	10	4	5
16	25	M8	14	5	6
20	30	M10	18	5	8

注：1. 材料由制造者选定，推荐采用尼龙 66。

2. 螺钉推荐采用 45 钢，硬度 28～32HRC。

3. 其余应符合 GB/T 4170—2006 的规定。

23. 矩形拉模扣（GB/T 4169.23—2006）

GB/T 4169.23—2006 规定了塑料注射模用矩形拉模扣（弹性开闭器）的尺寸规格和公差，适用于塑料注射模所用的矩形拉模扣。标准同时还给出了材料指南和硬度要求，并规定了矩形拉模扣的标记。

矩形拉模扣尺寸规格见表 7-32。

表 7-32　矩形拉模扣尺寸规格（摘自 GB/T 4169.23—2006）　　（单位：mm）

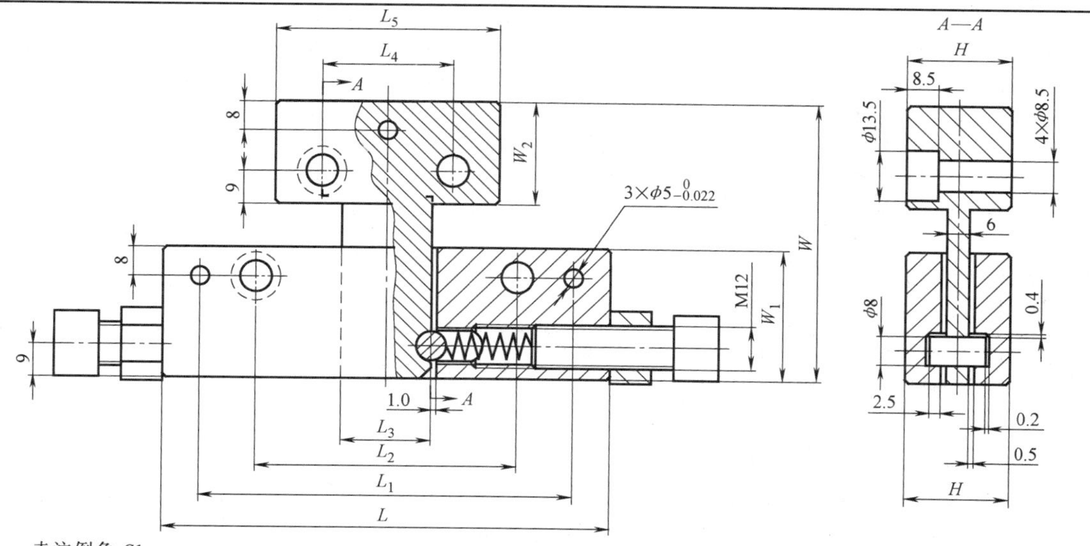

未注倒角 C1

标记示例：

宽度 W=80mm，长度 L=100mm 的矩形拉模扣：矩形拉模扣　80×100　GB/T 4169.23—2006

（续）

W	W_1	W_2	L	L_1	L_2	L_3	L_4	L_5	H
52	30	20	100	85	60	20	25	45	22
80									
66	36	28	120	100	70	24	35	60	28
110									

注：1. 材料由制造者选定，本件与插件推荐采用 45 钢，顶销推荐采用 GCr15。
2. 插件硬度 40～45HRC，顶销硬度 58～62HRC。
3. 最大使用负荷应达到：$L=100$mm 为 10kN，$L=120$mm 为 12kN。
4. 其余应符合 GB/T 4170—2006 的规定。

7.4.3 非标模具专用零件

模具设计制造中还有一些未正式形成国家标准而应用很广泛的模具专用零件，现推荐介绍如下。

1. 拉模扣（开闭器）

使用性能同矩形拉模扣，规格及推荐尺寸见表 7-33。

表 7-33　拉模扣推荐尺寸　（单位：mm）

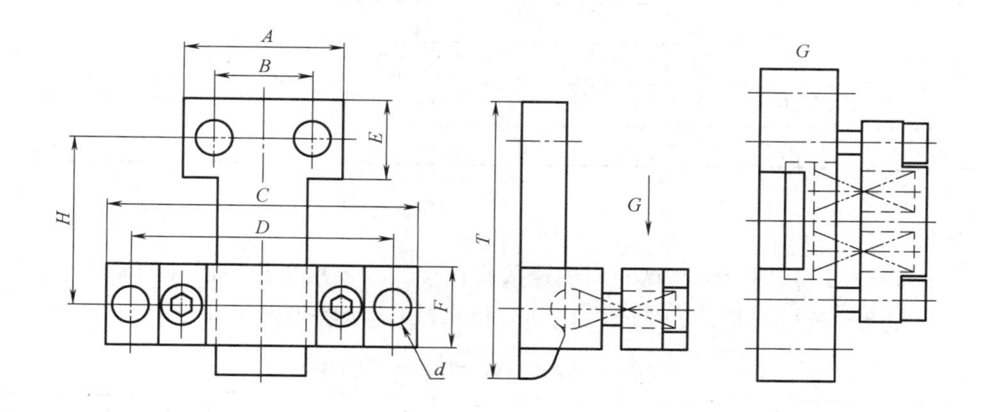

型号	A	B	C	D	E	F	H	T	d	拉模力/N
小短	38	22	76	64	20	20	25	49	M8	2500
小中	39	23	76	64	20	20	41	69	M8	2500
小长	39	24	76	64	20	20	61	89	M8	2500
大短	50	29	108	91	22	30	40	68	M10	3000
大中	50	29	108	91	22	30	57	89	M10	3000
大长	50	29	108	91	22	30	86	118	M10	3000

注：1. 材料由制造者选定，本件与插件推荐采用 45 钢，顶销推荐采用 GCr15。
2. 插件硬度 40～45HRC，顶销硬度 58～62HRC。
3. 其余应符合 GB/T 4170—2006 的规定。

2. 快速接头

在模具中做水管、气管接头，用与孔径相适应的塑料软管插入接头孔内，因孔内软橡胶密封圈的唇边与管外径能自动密封，且孔内有一圈弹性卡爪卡住以防退出。需拔出管时，用手指按压塑料柄，卡爪变形贴向孔壁，软管可轻松拔出。普通型接头有内外六方，既可装于模内又可装于模外，直角型只能用于模外安装。快速接头推荐尺寸见表 7-34。

表 7-34　快速接头推荐尺寸　（单位：mm）

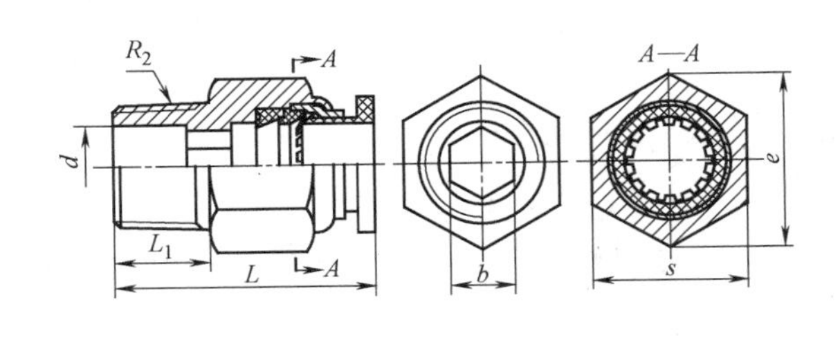

a）普通型

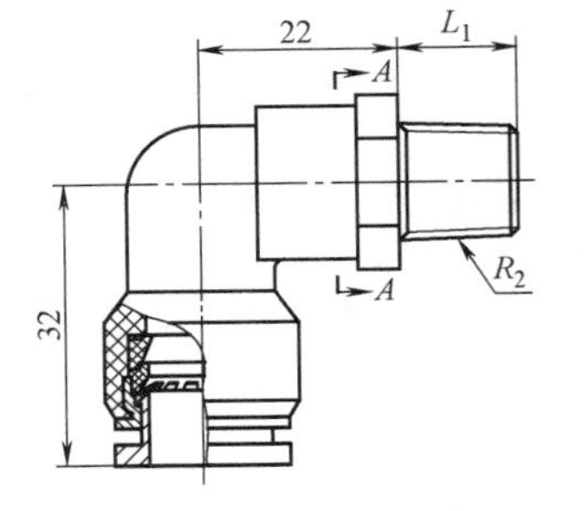

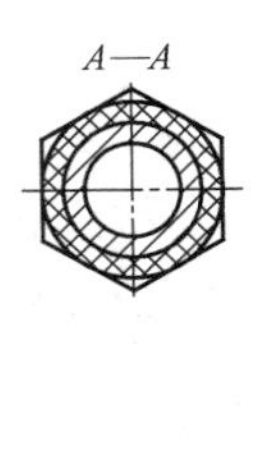

b）直角型

规格 R_2/in①	L	L_1	d	e	s
1/8	25	12	6	15	13
1/4	27	12	8	19.6	17
3/8	29	14	10	20.8	18
1/2	35	14	12	27.7	24

① 1in = 0.0254m。

3. 水嘴

水嘴用黄铜制造，用于与水嘴专用快速接头连接，主要用于出口国外的模具上。该水嘴有加长型（水嘴穿过模板拧到嵌件上，以利简化水道）。水嘴推荐尺寸见表 7-35。

表 7-35　水嘴推荐尺寸（欧美常用）

项目	参数			
R_2/in①	1/8	1/4	3/8	1/2
L/mm	34	34	36	36
L_1/mm	12	12	14	14
d/mm	6	8	10	12
e/mm	15	19.6	20.8	27.7
s/mm	13	17	18	24

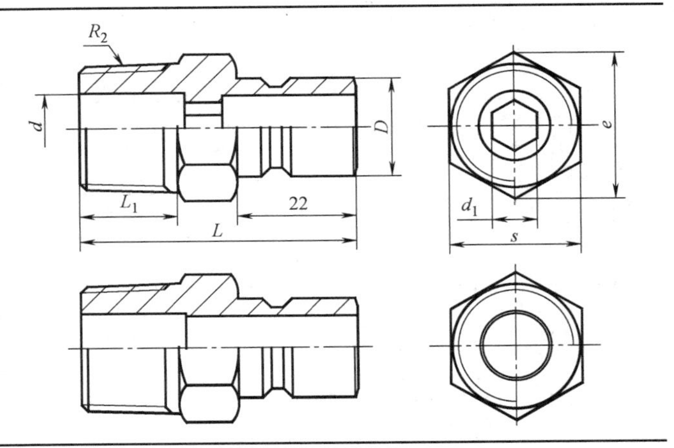

① 1in = 0.0254m。

4. 普通水嘴

普通水嘴用普通碳钢制造，表面镀锌，管子套入接头上用卡箍卡紧。加长型可直接穿过模板拧到嵌件上，有利简化水道或气道。普通水嘴推荐尺寸见表 7-36。

表 7-36　普通水嘴推荐尺寸　（单位：mm）

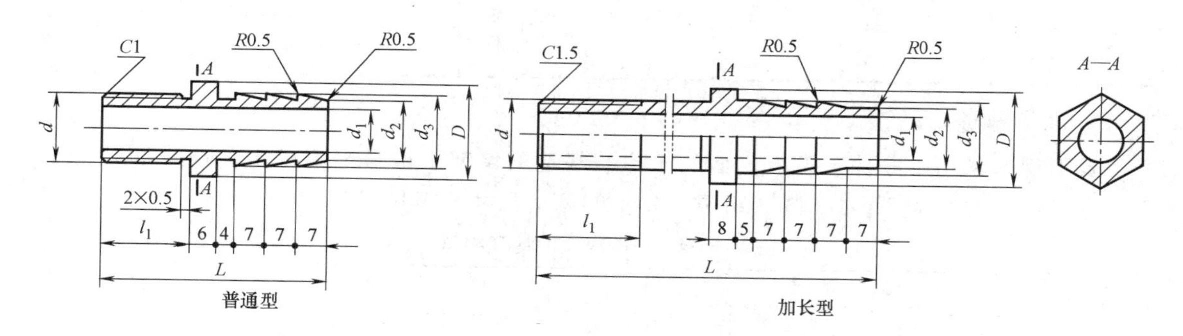

胶管直径	d	d_1	d_2	d_3	D	l_1	L
8	M8×1	ϕ4	ϕ7	ϕ9	ϕ12	12	普通，60～200
10	M10×1	ϕ6	ϕ8	ϕ11	ϕ14	14	普通，60～250
13	M12×1.25	ϕ7	ϕ11	ϕ14	ϕ18	14	普通，60～250
14	M14×1.5	ϕ9	ϕ13	ϕ16	ϕ20	16	普通，60～200
16	M16×1.5	ϕ10	ϕ14	ϕ17	ϕ22	20	普通，60～250
20	M20×1.5	ϕ14	ϕ18	ϕ21	ϕ25	20	普通，60～250
L 尺寸规格	普通，60、70、80、90、100、110、120、150、180、200、220、250						

5. 定位钢珠（波珠螺丝）

定位钢珠用于滑块在水平位置工作时的定位。定位钢珠推荐尺寸见表 7-37。

表 7-37　定位钢珠推荐尺寸　（单位：mm）

尺寸	M4×10	M5×13	M6×14	M8×16	M10×17	M12×22	M16×28
L	9.8	12.8	13.8	16	17.2	21.8	27.5
SR	2.5	3	3	4	5	7	9.5

6. 止水栓

止水栓（水柱塞）密封原理是螺钉旋入利用锥面使 O 形密封圈及弹簧圈涨开扩大而达到密封和定位的作用，主要用于嵌件四周（侧面）水道的堵塞，堵塞处的加工孔径比相应水柱塞直径大 0.1mm。如需拆卸，可把螺钉旋松，O 形密封圈及弹簧圈收缩，利用压缩空气吹出。止水栓推荐尺寸见表 7-38。

表 7-38　止水栓推荐尺寸　　（单位：mm）

D	6	8	10	12	14	16	18	20	25	30
L	8	10	10	11	13	15	17	19	24	29

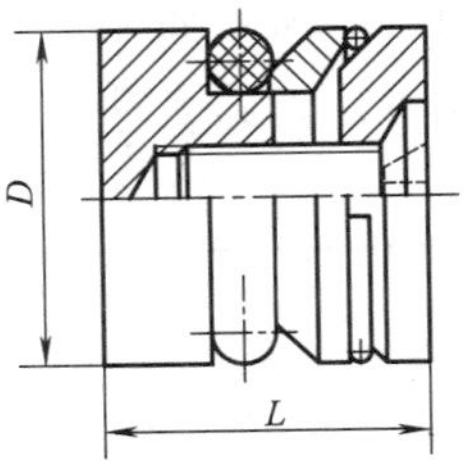

7. 锥形螺塞

锥形螺塞是用于嵌件、模板侧面的水道、气道的堵塞。锥形螺塞可用黄铜或低碳钢制造，牙型为55°密封管螺纹，密封可靠。锥形螺塞的尺寸规格见表 7-39。

表 7-39　锥形螺塞的尺寸规格

项目	参数				
R_2/in①	1/16	1/8	1/4	3/8	1/2
L/mm	10	10	12	14	16
d/mm	9.6	9.6	13.41	16.79	20
e/mm	4.58	5.72	6.86	9.15	11.43
s/mm	4	5	6	8	10
t/mm	2.5	3	4	5	6

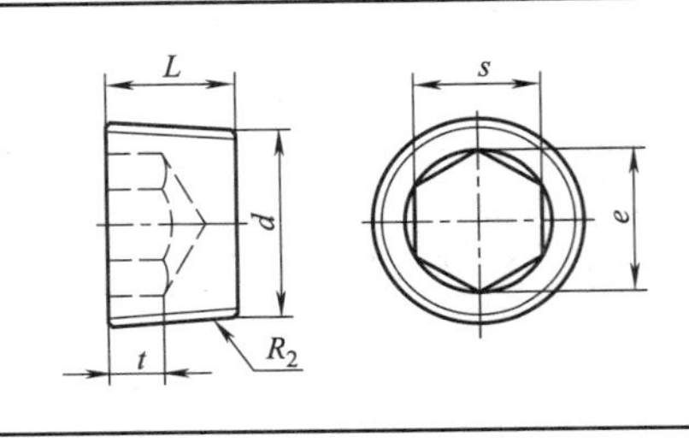

① 1in = 0.0254m。

8. 气阀（气顶）组件

气阀主要在塑件无穿孔的状态下使用，推出力均匀，不存在其他机械推出塑件的许多问题，另外缩短了模具制造周期，节约了模具材料。气阀与安装孔采用过盈配合，用铜棒或木榔头压入。气阀推荐尺寸见表 7-40。

表 7-40　气阀推荐尺寸　　（单位：mm）

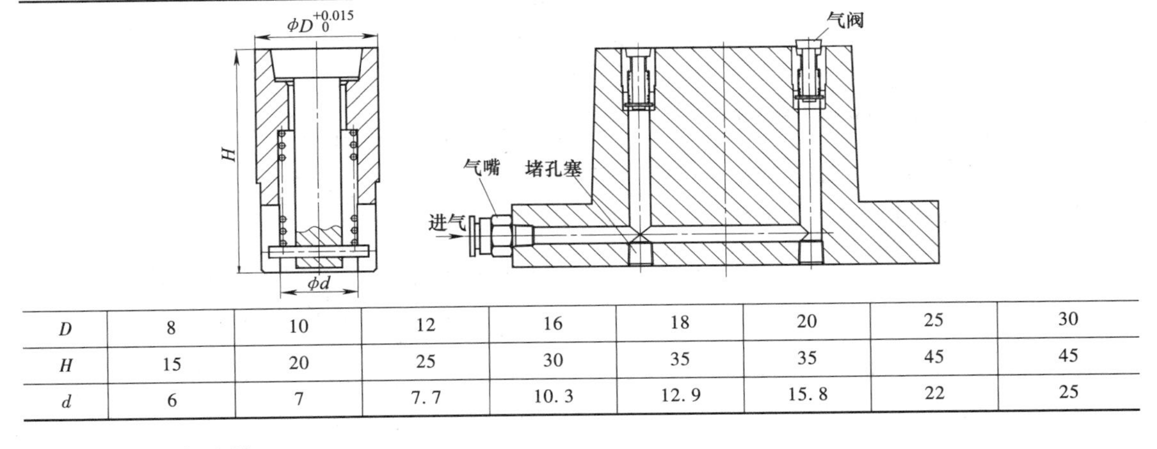

D	8	10	12	16	18	20	25	30
H	15	20	25	30	35	35	45	45
d	6	7	7.7	10.3	12.9	15.8	22	25

9. 锥面定位块

锥面定位块（导位辅助器）功用与圆形定位元件（GB/T 4169.11—2006）基本相同，都用于动、定模之间需要精确定位的场合，但锥面定位块组件的定位刚度更好，用于中大型模具。锥面定位块的推荐尺寸见表 7-41。

表 7-41　锥面定位块的推荐尺寸　（单位：mm）

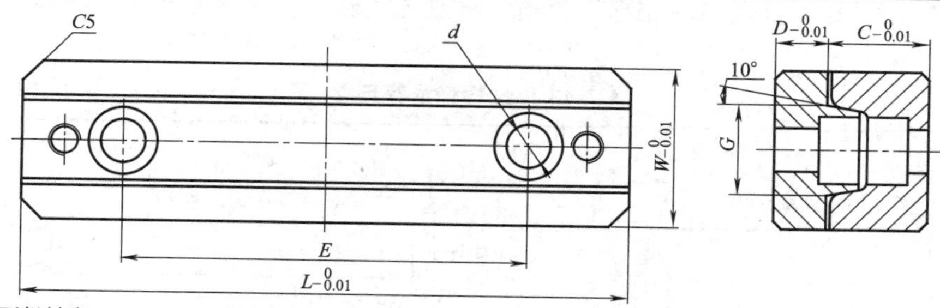

未注表面粗糙度 $Ra=0.8\mu m$；未注倒角 $C1$

标记示例：

宽度 $W=30mm$，长度 $L=100mm$ 的锥面定位块：锥面定位块　30×100

代号	W	L	E	D	C	G	d(紧固螺钉)
ZDK50	25	50	30	8	17.5	15	M5
ZDK75	30	75	50	10	22	18	M6
ZDK100	30	100	60	10	22	18	M6
ZDK125	35	125	80	13	23	22	M8
ZDK150	40	150	100	13	25	25	M10

注：1. 材料由制造者选定，推荐采用 GCr15、9CrWMn。
2. 凸件硬度 50~54HRC，凹件硬度 56~60HRC。
3. 其余应符合 GB/T 4170—2006 的规定。

10. 定距螺钉

定距螺钉主要用于点浇口模具中的推（凝）料板与定模座板的定距和其他顺序分型机构时对模板的定距。定距螺钉推荐尺寸见表 7-42。

表 7-42　定距螺钉推荐尺寸　（单位：mm）

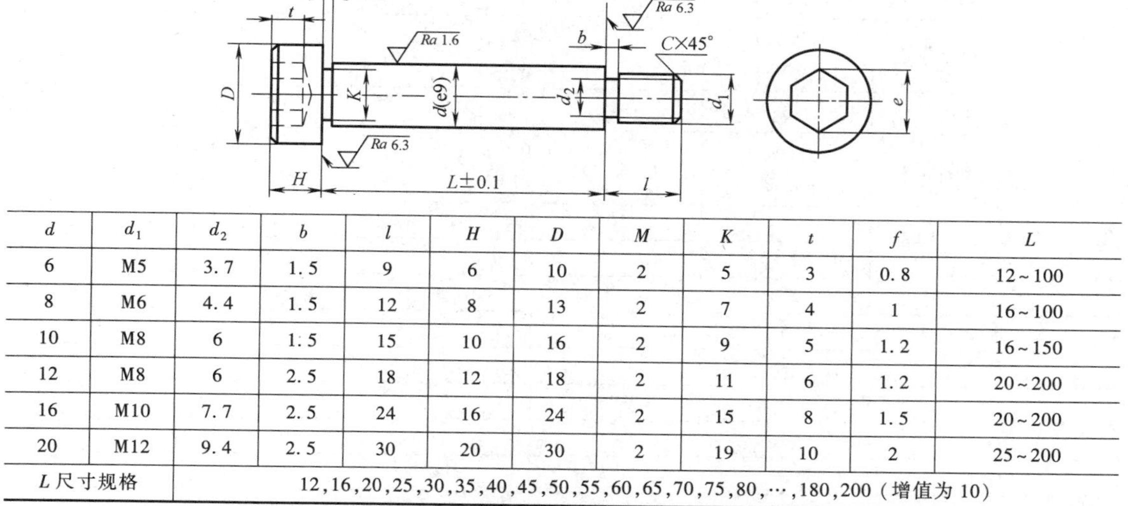

d	d_1	d_2	b	l	H	D	M	K	t	f	L
6	M5	3.7	1.5	9	6	10	2	5	3	0.8	12~100
8	M6	4.4	1.5	12	8	13	2	7	4	1	16~100
10	M8	6	1.5	15	10	16	2	9	5	1.2	16~150
12	M8	6	2.5	18	12	18	2	11	6	1.2	20~200
16	M10	7.7	2.5	24	16	24	2	15	8	1.5	20~200
20	M12	9.4	2.5	30	20	30	2	19	10	2	25~200
L 尺寸规格	12,16,20,25,30,35,40,45,50,55,60,65,70,75,80,…,180,200（增值为 10）										

注：1. 表中尺寸参数参考了模具发达地区的一些企业标准（模具配件商店的产品尺寸），开槽定距螺钉在塑料模具行业应用较少（预紧力有限），故从略。
2. 材料由制造者选定，本件与插件推荐采用 45 钢，热处理硬度 43~48HRC。
3. 其余应符合 GB/T 4170—2006 的规定。

11. 拉料杆

拉料杆功用是拉断点浇口或拉出主流道、分流道凝料。它可用圆形推杆改制。拉料杆推荐尺寸见表 7-43。

表 7-43　拉料杆推荐尺寸　（单位：mm）

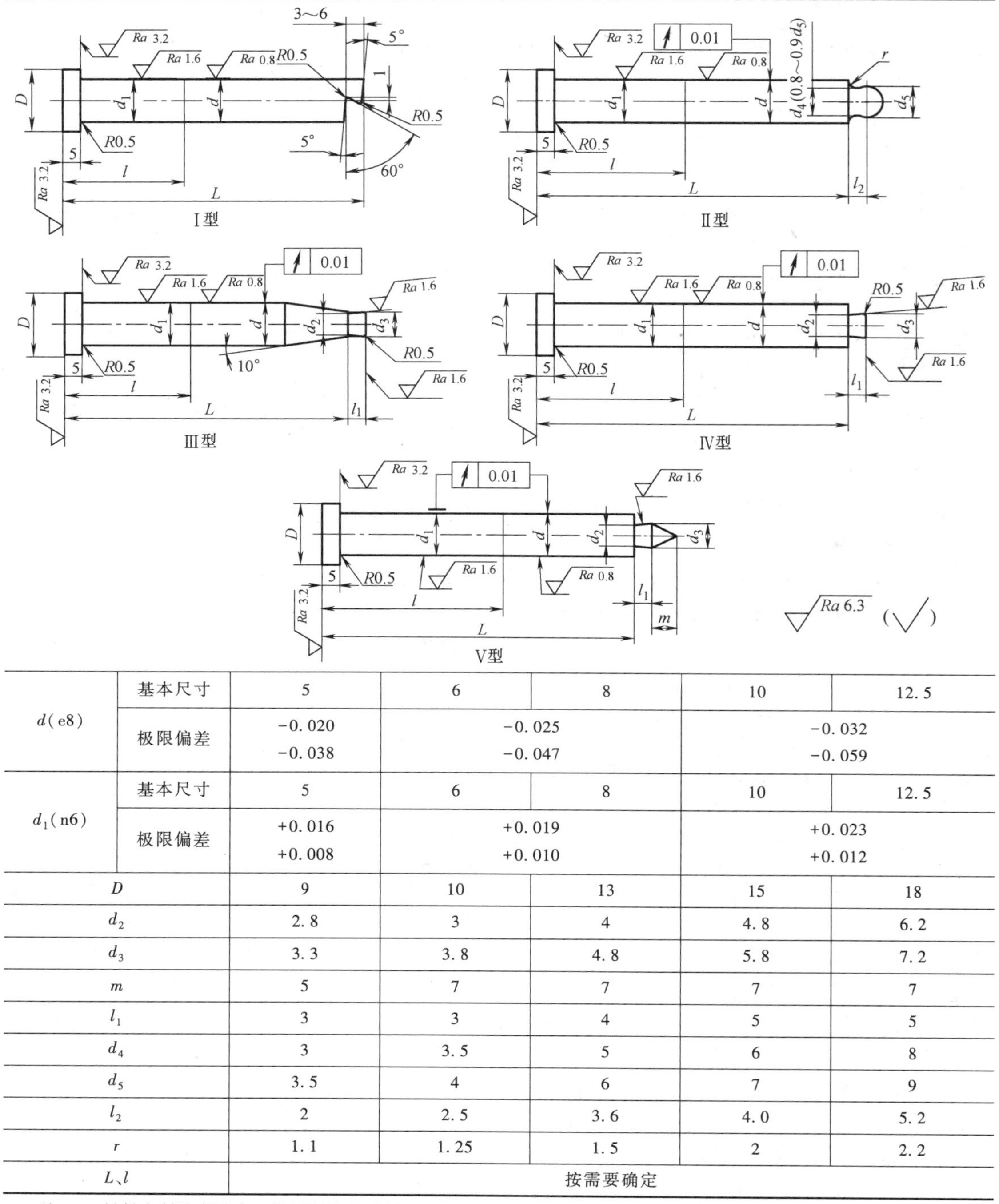

d(e8)	基本尺寸	5	6	8	10	12.5
	极限偏差	−0.020 −0.038	−0.025 −0.047		−0.032 −0.059	
d_1(n6)	基本尺寸	5	6	8	10	12.5
	极限偏差	+0.016 +0.008	+0.019 +0.010		+0.023 +0.012	
D		9	10	13	15	18
d_2		2.8	3	4	4.8	6.2
d_3		3.3	3.8	4.8	5.8	7.2
m		5	7	7	7	7
l_1		3	3	4	5	5
d_4		3	3.5	5	6	8
d_5		3.5	4	6	7	9
l_2		2	2.5	3.6	4.0	5.2
r		1.1	1.25	1.5	2	2.2
L、l		按需要确定				

注：1. 材料由制造者选定，拉料杆推荐采用 4Cr5MoSiV1、3Cr2W8V，热处理硬度 50～55HRC。

2. 其余应符合 GB/T 4170—2006 的规定。

12. 滑块

滑块是侧向型芯（小型芯）的安装和固定的基体或者是部分侧向型腔，在模板和压块构成的导滑槽中滑动，要求滑动灵活，感觉无明显间隙而又不会有卡滞现象。滑块推荐尺寸见表 7-44。

表 7-44　滑块推荐尺寸　（单位：mm）

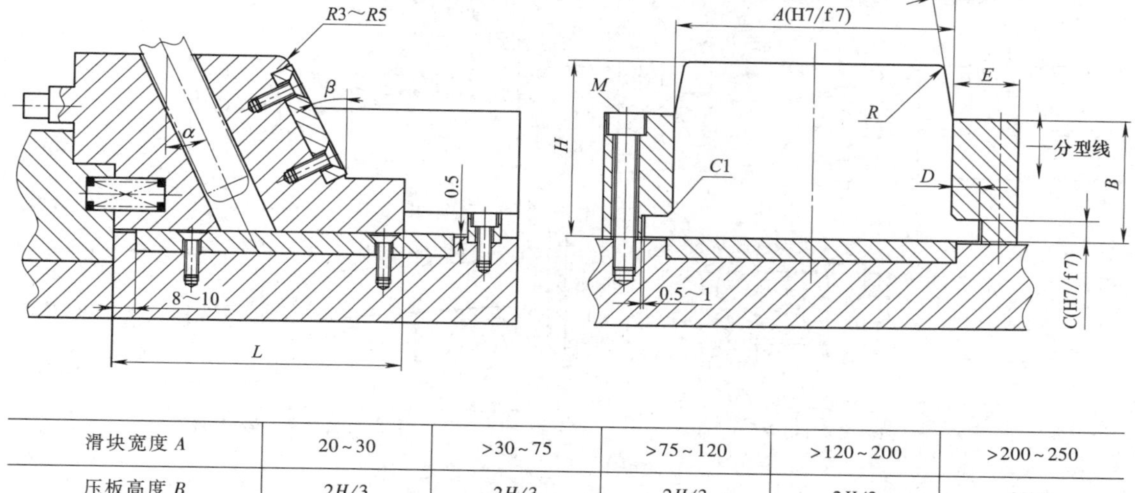

滑块宽度 A	20～30	>30～75	>75～120	>120～200	>200～250
压板高度 B	$2H/3$	$2H/3$	$2H/3$	$2H/3$	$2H/3$
滑块 T 形厚度 C	6	8	10	10	12
滑块 T 形宽度 D	6	8	10	10	12
压板宽度 E	18	20	25	25	25
压板螺钉规格 M	M6	M8	M8	M8	M10
压板螺钉数量 n	$L\leqslant100$，$n=2$；$100\leqslant L\leqslant200$，$n=3$；$L\geqslant200$，$n=4$				
耐磨板宽度和数量	宽度 $W=50\sim200$，数量 $N=1$；$W=200\sim450$，$N=2$；$W\geqslant450$，$N=3$				
滑块楔紧角 β	β=斜导柱的倾斜角度 $\alpha+2°\sim3°$				
滑块导滑长度 L	$L\geqslant1.5H$，H 根据模具结构确定				

注：1. 材料由制造者选定，本件推荐采用 T10A 钢，热处理硬度 54～58HRC。如果滑块是部分型腔应采用塑料模具钢，表面硬度应为 35～38HRC。
2. 滑块宽度 $A\geqslant90$mm 时应通冷却水，滑块宽度 $A\geqslant120$mm 时，采用两根斜导柱驱动。
3. 耐磨块上平面应比安装面高 0.5mm。
4. 其余应符合 GB/T 4170—2006 的规定。

13. 斜滑块（斜推杆）

斜滑块是成型塑件内外侧比较细小的凸凹结构和部位，它既是型腔、型芯的一小部分，又起着一根推杆的作用，推出时斜滑块斜向运动，一边抽芯脱模、一边推出塑件。为使移动灵活，斜滑块与推板连接的支座两者之间一定能做相对滑动或转动。斜滑块的推荐尺寸见表 7-45。

表 7-45　斜滑块的推荐尺寸　　（单位：mm）

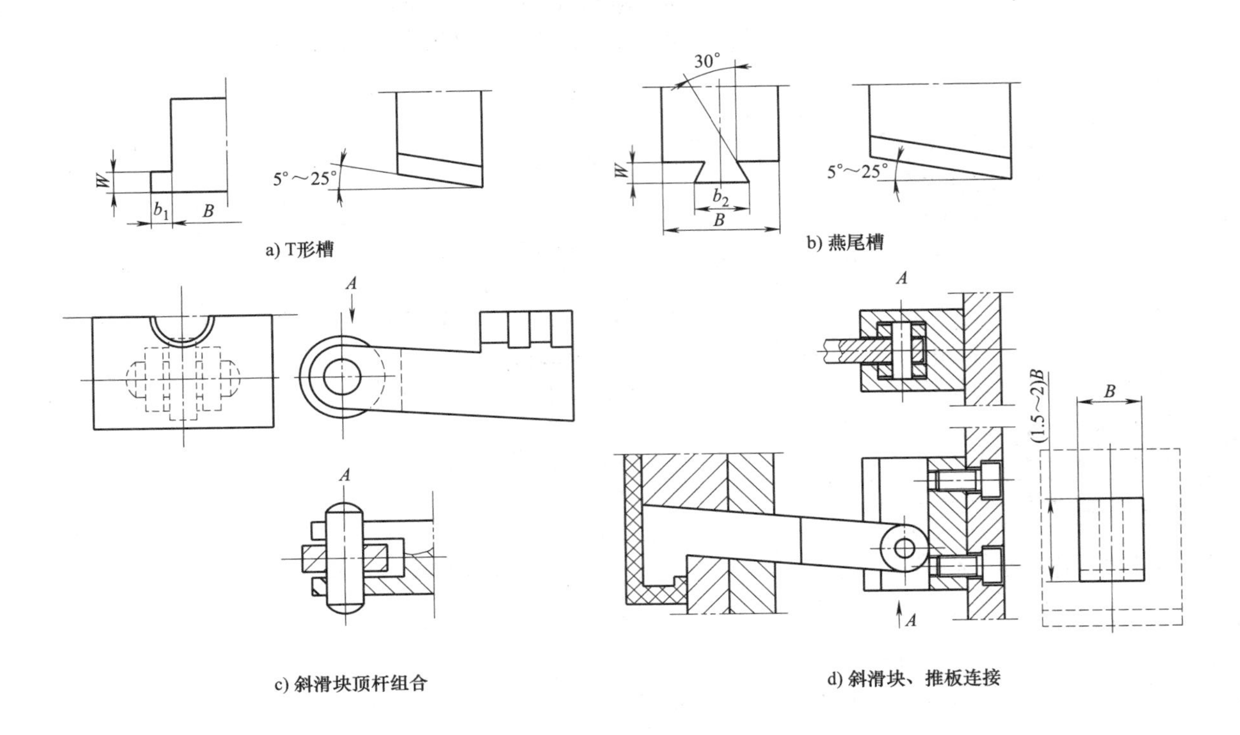

a) T形槽　b) 燕尾槽　c) 斜滑块顶杆组合　d) 斜滑块、推板连接

斜滑块（斜推杆）宽度 B	30～50	>50～80	>80～120	>120～160	>160～200
导向部位符号	导向部位参数				
W	8～10	>10～14	>14～18	>18～20	>20～22
b_1	6	8	12	14	16
b_2	20～40	>40～60	>60～100	>100～130	>130～170

注：1. 材料由制造者选定，斜滑块部分推荐采用相应的塑料模具钢，而其他结构部分可采用 45 钢，热处理硬度 54～58HRC。

2. 其余应符合 GB/T 4170—2006 的规定。

14. 新型斜推杆及滑座

新型斜推杆及滑座是近十多年来在模具厂使用的一种新型结构，斜推杆下端通过螺钉装在摇块上，而摇块通过两端的转轴装在青铜滑板上，滑板在滑座槽中导滑。这样摇块、滑板和滑座三者构成了一个转动副和一个移动副，青铜与钢构成了两个良好的摩擦副，使斜推杆在运行过程中灵活性大大提高，因此现在模具厂在大量地采用这种推杆及滑座结构。新型斜推杆及滑座的推荐尺寸见表 7-46。

表 7-46　新型斜推杆及滑座的推荐尺寸　　（单位：mm）

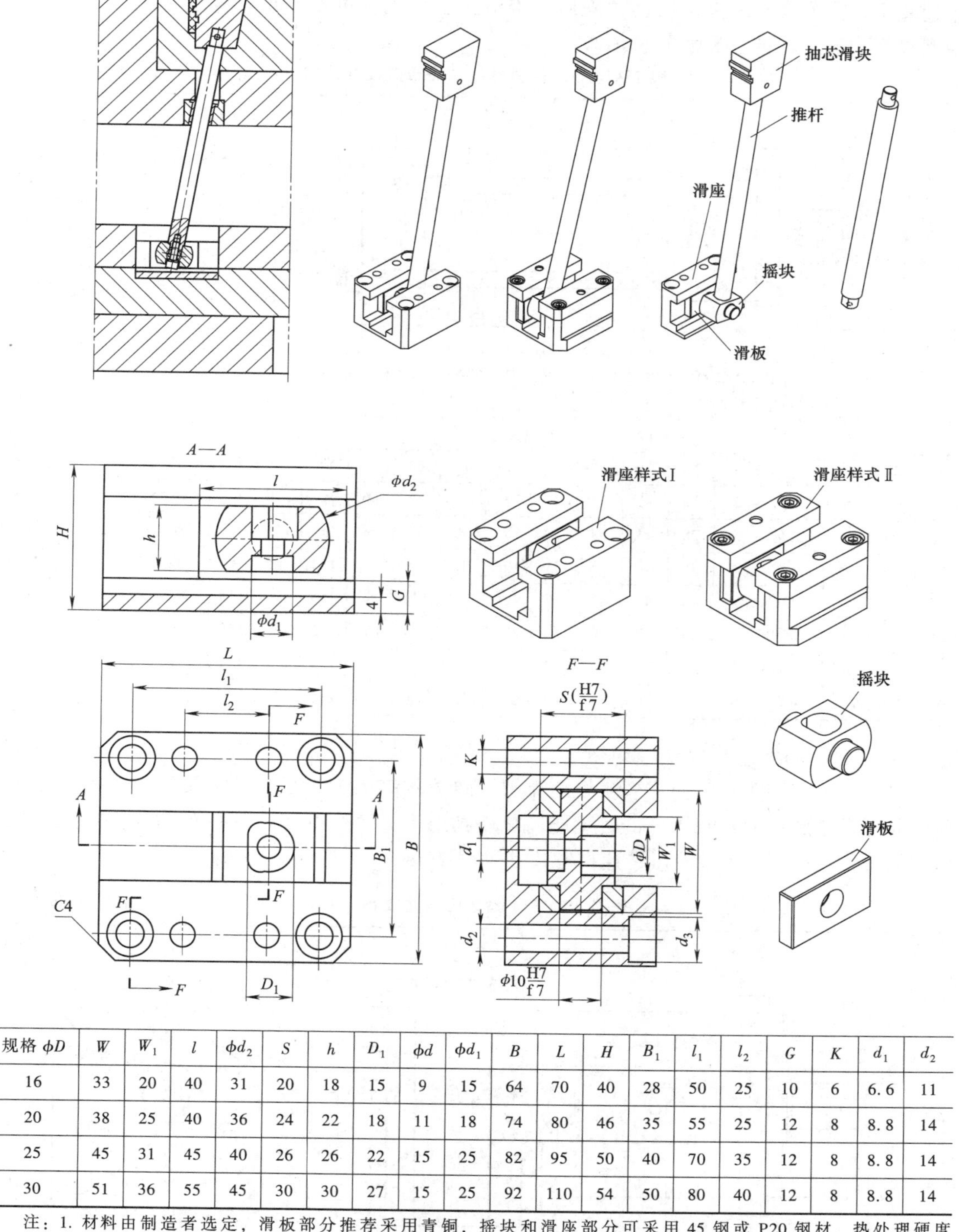

规格 ϕD	W	W_1	l	ϕd_2	S	h	D_1	ϕd	ϕd_1	B	L	H	B_1	l_1	l_2	G	K	d_1	d_2
16	33	20	40	31	20	18	15	9	15	64	70	40	28	50	25	10	6	6.6	11
20	38	25	40	36	24	22	18	11	18	74	80	46	35	55	25	12	8	8.8	14
25	45	31	45	40	26	26	22	15	25	82	95	50	40	70	35	12	8	8.8	14
30	51	36	55	45	30	30	27	15	25	92	110	54	50	80	40	12	8	8.8	14

注：1. 材料由制造者选定，滑板部分推荐采用青铜，摇块和滑座部分可采用 45 钢或 P20 钢材，热处理硬度 290~330HBW。

2. 各活动部分在装配时应灵活自如，但不应有明显的间隙，各零件制造应符合 GB/T 4170—2006 的规定。

15. 液压缸

液压缸主要用于长行程和大抽芯力的场合。采用液压缸抽芯可使模具结构简化，制造工作量减小。大型模具塑件推出也常采用自带液压缸推出，可使推出机构受力更加均匀。FA 轻型拉杆式液压缸推荐尺寸见表 7-47。

表 7-47　FA 轻型拉杆式液压缸推荐尺寸　　(单位：mm)

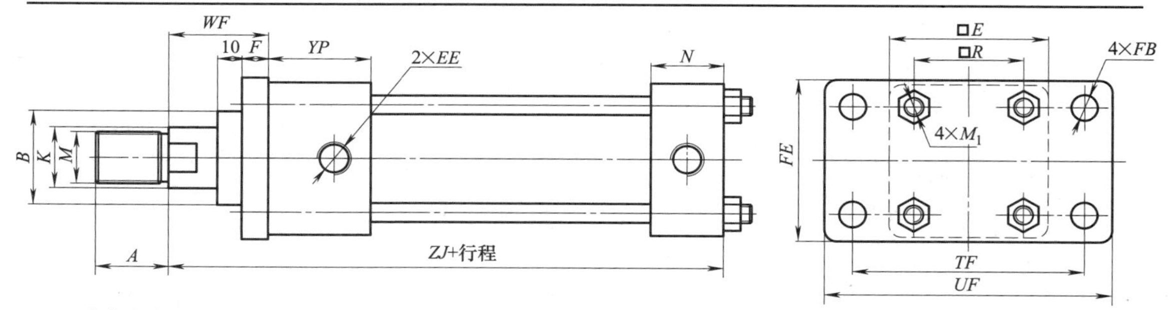

安装方式 FA，液压缸直径 80mm，B 型杆径，额定压力 7MPa，有效行程 100mm

标记示例：FA-80-B-7-100

缸径	A	B	M	K	WF	F	YP	ZJ	N	E	R	TF	UF	FE	EE	FB	M_1
32	25	34	M16×1.5	18	41	11	27	171	25	58	40	88	109	62	M14×1.5	11	M8
40	30	40	M20×1.5	22	41	11	27	171	30	65	46	95	118	69	M14×1.5	11	M8
50	35	46	M24×1.5	28	43	13	29	185	30	76	58	115	145	85	M18×1.5	14	M10
63	45	55	M30×1.5	35	50	15	31	198	31	90	65	132	165	98	M18×1.5	18	M10
80	60	65	M16×1.5	45	53	18	38	219	37	110	87	155	190	118	M22×1.5	18	M12
100	75	80	M39×1.5	55	60	20	38	232	37	135	109	190	230	150	M27×2	22	M14
125	95	95	M64×1.5	70	69	24	43	265	44	165	130	224	272	175	M27×2	26	M16
160	120	115	M80×1.5	90	86	31	43	308	55	210	170	285	345	225	M33×2	33	M20

16. 液压马达

液压马达主要用于不允许有拼合痕而螺纹圈数较多的大批量生产的带螺纹塑件的脱模。采用液压马达脱模力比较大，同时也能简化模具结构，常采用 BM 型内摆线齿轮式液压马达（也称转子马达）。BM 型液压马达推荐尺寸见表 7-48。

表 7-48　BM 型液压马达推荐尺寸　　(单位：mm)

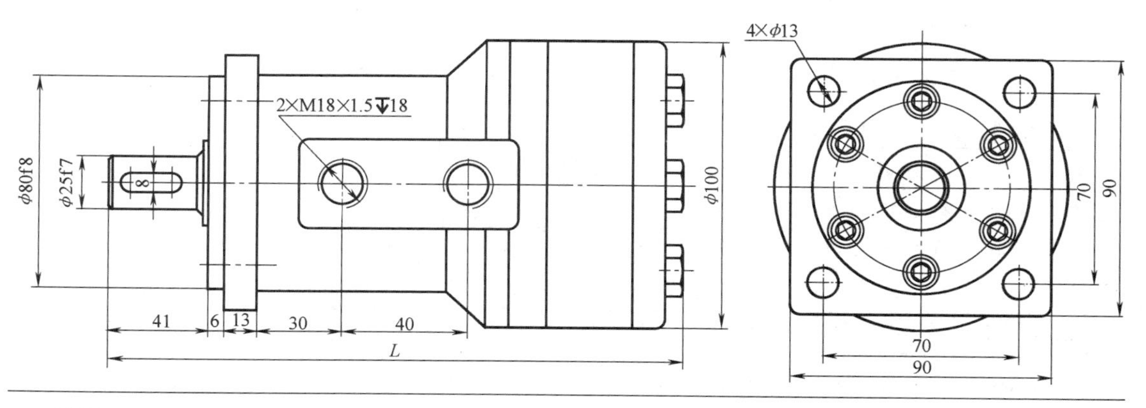

（续）

型号	排量/(mL/r)	压力/MPa		转速/(r/min)		转矩/N·m	质量/kg	L/mm
		额定	最高	额定	最高			
BM1-80	80	10	12.5	500	625	100	6.2	190
BM1-100	100			400	500	115	6.7	194
BM1-160	160			250	310	200	7.8	199

7.5 塑料注射模零件技术条件（GB/T 4170—2006）

GB/T 4170—2006《塑料注射模零件技术条件》规定了对塑料注射模零件的要求、检验、标志、包装、运输和储存，适用于 GB/T 4169.1～4169.23—2006 规定的塑料注射模零件（检验、标志、包装、运输和储存等要求在此略）（表 7-49）。

表 7-49 塑料注射模零件技术条件

标准条目编号	内容
3.1	图样中线性尺寸的一般公差应符合 GB/T 1804—2000 中 m 的规定
3.2	图样中未注几何公差应符合 GB/T 1184—1996 中 H 的规定
3.3	零件均应去毛刺
3.4	图样中螺纹的基本尺寸应符合 GB/T 196—2003 的规定，其偏差应符合 GB/T 197—2003 中 6 级的规定
3.5	图样中的砂轮越程槽的尺寸应符合 GB/T 6403.5—1986 的规定
3.6	模具零件所选用的材料应符合相应牌号的技术标准
3.7	零件经热处理后硬度应均匀，不允许有裂纹、脱碳、氧化斑点等缺陷
3.8	质量超过 25kg 的板类零件应设置吊装用螺孔
3.9	图样上未注公差角度的极限偏差应符合 GB/T 1804—2000 中 c 的规定
3.10	图样中未注尺寸的中心孔应符合 GB/T 145—2001 的规定
3.11	模板的侧向基准面上应做明显的基准标记

7.6 塑料注射模技术条件（GB/T 12554—2006）

GB/T 12554—2006《塑料注射模技术条件》标准规定了塑料注射模的要求、验收、标志、包装、运输和储存，适用于注射模的设计、制造和验收。

7.6.1 零件要求

GB/T 12554—2006《塑料注射模技术条件》标准规定了对塑料注射模的零件要求，见表 7-50。

表 7-50 塑料注射模的零件要求

标准条目编号	内容
3.1	设计塑料注射模宜选用 GB/T 12555—2006、GB/T 4169.1～4169.23—2006 规定的塑料注射模模架和塑料注射模零件
3.2	模具成型零件和浇注系统零件所选用的材料应符合相应牌号的技术标准
3.3	模具成型零件和浇注系统零件推荐材料和热处理硬度见表 7-51，允许质量和性能高于表 7-51 推荐的材料
3.4	成型对模具易腐蚀的塑料时，成型零件应采用耐腐蚀材料制作，或其成型面应采用防腐蚀措施
3.5	成型对模具易磨损的塑料时，成型零件应采用硬度不低于 50HRC，否则成型表面应做表面硬化处理，硬度应高于 600HV
3.6	模具零件的几何形状、尺寸、表面粗糙度应符合图样要求
3.7	模具零件不允许有裂纹，成型表面不允许有划痕、压伤、锈蚀等缺陷
3.8	成型部位未注公差尺寸的极限偏差应符合 GB/T 1804—2000 中 f 的规定
3.9	成型部位转接圆弧未注公差尺寸的极限偏差应符合表 7-52 的规定
3.10	成型部位未注角度和锥度公差尺寸的极限偏差应符合表 7-53 的规定。锥度公差按锥体母线长度确定，角度公差按角度短边长度确定
3.11	当成型部位未注脱模斜度时，除 3.1～3.5 的要求外，单边脱模斜度应不大于表 7-54 的规定值。当图中未注脱模斜度方向时，按减小塑件壁厚并符合脱模要求的方向制造 1）文字、符号的单边脱模斜度应为 10°～15° 2）成型部位有装饰纹时，单边脱模斜度允许大于表 7-54 的规定值 3）塑件上凸起或加强肋单边脱模斜度应大于 2° 4）塑件上有数个并列圆孔或格状栅孔时，其单边脱模斜度应大于表 7-54 的规定值 5）对于表 7-54 中所列的塑料，若填充玻璃纤维等增强材质后，其脱模斜度应增加 1°
3.12	非成型部位未注公差尺寸的极限偏差应符合 GB/T 1804—2000 中 m 的规定
3.13	成型零件表面应避免有焊接熔痕
3.14	螺钉安装孔、推杆孔、复位杆孔等未注孔距公差的极限偏差应符合 GB/T 1804—2000 中 f 的规定
3.15	模具零件图中螺纹的基本尺寸应符合 GB/T 196—2003 的规定，选用的公差与配合应符合 GB/T 197—2003 的规定
3.16	模具零件图中未注几何公差的应符合 GB/T 1184—1996 中 H 的规定
3.17	非成型零件外形棱边均应倒角或倒圆。与型芯、推杆相配合的孔在成型面和分型面的交接边缘不允许倒角或倒圆

模具成型零件和浇注系统零件推荐材料和热处理硬度见表 7-51。

表 7-51 模具成型零件和浇注系统零件推荐材料和热处理硬度

零件名称	材料	硬度 HRC	零件名称	材料	硬度 HRC
型芯、定模镶块、活动镶块、分流锥、推杆、浇口套	45Cr、40Cr	40～45	型芯、定模镶块、活动镶块、分流锥、推杆、浇口套	3Cr2Mo	预硬 35～45
	CrWMn、9Mn2V	48～52		4Cr5MoSiV1	45～55
	Cr12、Cr12MoV	52～58		30Cr13	45～55

成型部位转接圆弧未注公差尺寸的极限偏差见表 7-52。

表 7-52　成型部位转接圆弧未注公差尺寸的极限偏差　　（单位：mm）

转接圆弧半径		≤6	6~18	18~30	30~120	>120
极限偏差值	凸圆弧	0 −0.15	0 −0.20	0 −0.30	0 −0.45	0 −0.60
	凹圆弧	+0.15 0	+0.20 0	+0.30 0	+0.45 0	+0.60 0

成型部位未注角度和锥度公差尺寸的极限偏差见表 7-53。

表 7-53　成型部位未注角度和锥度公差尺寸的极限偏差

锥体母线或角度短边长度/mm	≤6	6~18	18~30	30~120	>120
极限偏差值	±1°	±30′	±20′	±10′	±5′

成型部位未注脱模斜度时的单边脱模斜度见表 7-54。

表 7-54　成型部位未注脱模斜度时的单边脱模斜度

脱模高度/mm		≤6	6~18	18~30	30~50	50~80	80~120	120~180	180~250	>250
塑料类别	自润滑性好的塑料（POM、PA 等）	1°45′	1°30′	1°15′	1°	45′	30′	20′	15′	10′
	软质塑料（PE、PP 等）	2°	1°45′	1°30′	1°15′	1°	45′	30′	20′	10′
	硬质塑料（HDPE、PMMA、ABS、PC、EP 等）	2°30′	2°15′	2°	1°45′	1°30′	1°15′	1°	45′	30′

7.6.2　装配要求

GB/T 12554—2006《塑料注射模技术条件》标准规定了对塑料注射模的装配要求，见表 7-55。

表 7-55　塑料注射模装配要求

标准条目编号	内　　容
4.1	定模座板与动模座板安装平面的平行度按 GB/T 12556—2006 中的规定
4.2	导柱、导套对模板的垂直度应符合 GB/T 12556—2006 中的规定
4.3	在合模位置，复位杆端面应与其接触面贴合，允许有不大于 0.05mm 的间隙
4.4	模具所有活动部分应保证位置准确、动作可靠，不得有歪斜和卡滞现象。要求固定的零件不得相对窜动
4.5	塑件的嵌件或机外脱模的成型零件在模具上安放位置应定位准确、安放可靠，具有防止错位措施
4.6	流道转接处应以光滑圆弧连接，镶拼处应密合，未注脱模斜度不小于 5°，表面粗糙度 Ra=0.8μm
4.7	热流道模具其浇注系统不允许有塑料渗漏现象
4.8	滑块运动应平稳，合模后滑块与楔紧块应压紧，接触面积不少于设计值的 75%，开模后定位应准确可靠
4.9	合模后分型面应紧密贴合。除排气槽除外，成型部位的固定镶件拼合间隙应小于塑料的溢料间隙。详见表 7-56 的规定
4.10	通介质的冷却或加热系统应通畅，不应有介质泄漏现象

（续）

标准条目编号	内　　容
4.11	气动或液压系统应畅通，不应有介质泄漏现象
4.12	电气系统应绝缘可靠，不允许有漏电或短路现象
4.13	模具应设吊环螺钉，确保安全吊装。起吊时模具应平稳，便于装模。吊环螺钉应符合 GB/T 825—1988 的规定
4.14	分型面上应尽可能避免有螺钉或销孔的穿孔，以免积存溢料

塑料的溢料间隙见表 7-56。

表 7-56　塑料的溢料间隙　（单位：mm）

塑料流动性	好	一般	较差
溢料间隙	<0.03	<0.05	<0.08

7.6.3　验收

GB/T 12554—2006《塑料注射模技术条件》标准规定的对塑料注射模的验收见表 7-57。

表 7-57　塑料注射模的验收

标准条目编号	内　　容
5.1	验收应包括以下内容： 1）外观检查 2）尺寸检查 3）模具材质和热处理要求检查 4）冷却或加热系统、气动或液压系统、电气系统检查 5）试模和塑件检查 6）质量稳定性检查
5.2	模具供方应按模具图和本技术条件对模具零件和整套模具进行外观与尺寸检查
5.3	模具供方应对冷却或加热系统、气动或液压系统、电气系统进行以下检查： 1）对冷却或加热系统加 0.5MPa 的压力试压，保压时间不少于 5min，不得有渗漏现象 2）对气动或液压系统按设计额定压力值的 1.2 倍试压，保压时间不少于 5min，不得有渗漏现象 3）对电气系统应先用 500V 绝缘电阻表检查其绝缘电阻，应不低于 10MΩ，然后按设计额定参数通电检查
5.4	完成 5.2 和 5.3 项目检查并确认合格后，可进行试模。试模应严格遵守如下要求： 1）试模应严格遵守注射工艺规程，按正常生产条件试模 2）试模所用材质应符合图样规定，采用代用塑料时应经用户同意 3）所用注射机及附件应符合技术要求，模具装机后应空载运行，确认模具活动部分动作灵活、稳定、准确、可靠
5.5	试模工艺稳定后，应连续提取 5～15 个模塑件进行检查。模具供方和用户确认塑件合格后，由供方开具模具合格证并随模具交付用户
5.6	模具质量稳定性检验方法为在正常生产条件下连续生产不少于 8h，或由模具供方与用户协商确定
5.7	模具用户在验收期间，应按图样和技术条件对模具主要零件的材质、热处理、表面处理情况进行检查或抽查

7.7　中小型模架-推板导柱分布位置推荐尺寸

图 7-9 所示为标准模架-推板导柱布置图。推板导柱分布位置推荐尺寸见表 7-58。

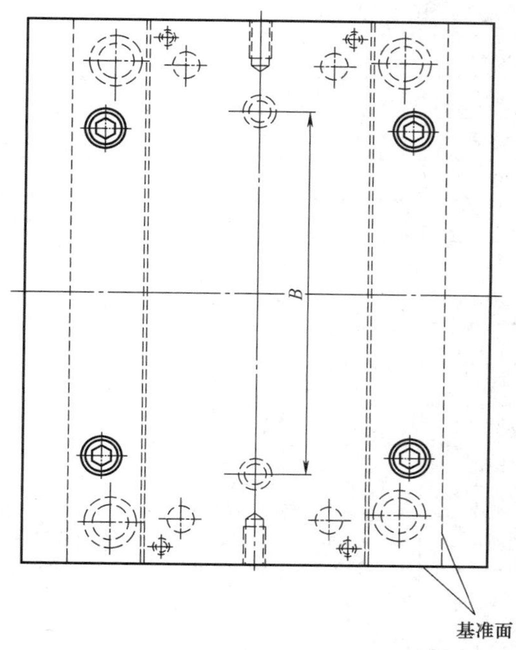

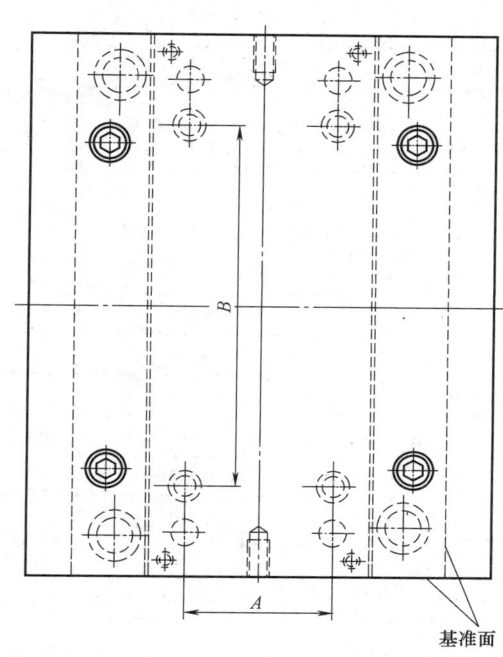

图 7-9　标准模架-推板导柱布置图

表 7-58　推板导柱分布位置推荐尺寸　（单位：mm）

型号	2 根导柱	4 根导柱		导柱直径	型号	2 根导柱	4 根导柱		导柱直径
	B	A	B			B	A	B	
1515	114				2030			194	
1518	144				2035		80	244	
1520	164				2040			344	
1523	194				2323	180			
1525	214				2325	200			
1818	138				2327	220			
1820	158			φ12	2330			194	φ16
1823	188				2335		106	244	
1825	208				2340			294	
1830		68	210		2525	200			
1835		68	260		2527	220			
2020	150				2530		110	190	
2023	180			φ16	2535		102	230	φ20
2025	200				2540			280	

（续）

型号	2 根导柱	4 根导柱		导柱直径
	B	A	B	
2545		102	330	$\phi20$
2550			380	
2727		114	172	
2730			222	
2735			272	
2740			322	
2745			372	
2750			422	

型号	4 根导柱		导柱直径
	A	B	
3030	134	172	$\phi20$
3035		192	
3040		222	
3045	128	308	$\phi25$
3050		358	
3055		408	
3060		458	
3535	164	208	
3540		258	
3545		308	
3550	152	358	
3555		408	
3560		458	

型号	4 根导柱		导柱直径
	A	B	
4040	198	252	$\phi25$
4045		302	
4050		352	
4055		402	
4060		452	
4070		552	
4545	226	286	$\phi30$
4550		336	
4555		386	
4560		436	
4570		536	
5050		336	
5055	256	386	
5060		436	
5070		536	
5080		636	
5555		380	
5570		530	
5580	270	630	
6060		430	
6070		530	
6080	320	630	
6090		730	

注：推板导柱直径应大于或等于复位杆直径，600mm×600mm 以上模架需安装 6 根或以上的导柱，导柱台肩处需加工工艺螺纹孔，便于拆卸。

第8章　参考图例

8.1　装配图实例

一副模具的理论设计完成之后，在装配图上要完全正确清楚地表达各零件的装配关系，对学生来说存在两难点：第一是模具的结构设计，即结构尺寸的确定；第二是要在比较少的视图上表达各类零件的装配关系，视图剖切位置的确定。在绘图过程中，应在老师的指导下，对视图进行反复的调整和修改。为了便于学生参考，本章编入了2张弧形盖板注射模装配图，如图8-1和图8-2所示。

这个装配图中的塑件看似外形简单，但从塑件的结构来看，主分型面不是简单的平直分型面。而是一个曲面分型面。塑件有多处侧向成型的孔位，塑件成型后，需要在定模上从两个方向进行3处侧抽芯。另外动模还要进行1处分型及抽芯，模具结构具有一定的复杂性和代表性。模具的具体动作过程请参考说明书中相关内容。装配图Ⅰ是按国家标准来绘制的；装配图Ⅱ是按工厂实际应用时绘制的（模具结构零件没有绘制剖面线，工作零件绘制了剖面线），标注也是按模具行业成组零件来标注的，供同学们选用和参考。

装配图采用了4个主要视图，主视图表达了各抽芯机构的装配关系，模具处于合模成型状态。俯视图（把塑件去掉）中心线以下是动模在分型面上的投影，主要是表达动模型芯及推杆的布置，动模冷却水道的布置，动模抽芯滑块在分型面上的位置以及锥面定位块在分型面上的布置；俯视图中心线以上是定模型腔向上的投影，即型腔在分型面上的投影。俯视图这样表达是为了节约视图，因为这副模具是一模两腔，基本是对称结构，用一个视图同时表达型芯和型腔在学校做设计是允许的，但在工厂一般不节约视图。这副模具是一副定模需要抽芯的模具，为了表达各滑块在模具上的位置，特意从定模分开时向动模方向看作了一个投影视图Ⅰ—Ⅰ，同时也表达了定模上斜导柱的安装位置。这幅图太大在本书中只能看大概模样，详图可查阅与本书配套的CAD电子版图样。电子版图样包括有本套模具的全套图样（3D为UG11.0版），另外还有一个电气盒子的图样和一个储物箱（热流道模）的图样（基于Pro/E设计），均因图幅太大而没有编入印刷文档，如果用16开的纸张打印出来因为太小而看不太清楚，所以没有编入纸质文档。本书第6章编入了3个实例，其中第一个可作课程设计参考，第二、三个比较复杂可作毕业设计的参考。

8.2　零件图实例

弧形盖板模具编入书中的零件图有动模嵌件零件图（图8-3）、定模嵌件零件图（图8-4），其余零件可查看电子文档中的AutoCAD图或3D图。储物箱仅编入了型腔、型腔嵌件和主型芯三个主要零件的零件图（图8-5~图8-7），其他可查看电子文档。塑料盖模具因为比较简单，零件图没有单独给出，但在说明书中基本表达清楚，只是技术要求和表面粗糙度没有标注而已。

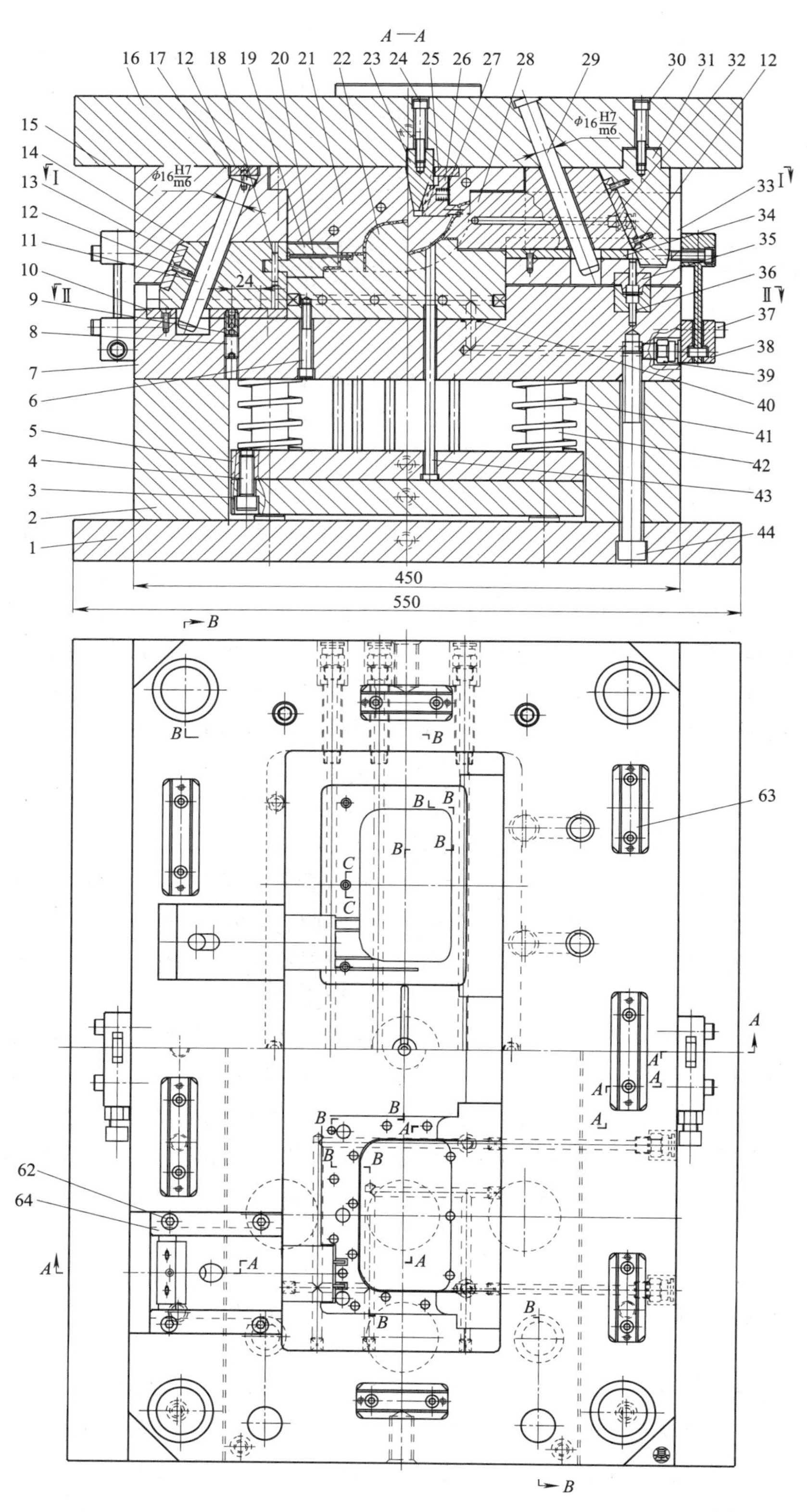
A—A
16 17 12 18 19 20 21 22 23 24 25 26 27 28 29 30 31 32 12
15
14
13
12
11
10
9
8
7
6
5
4
3
2
1
33
34
35
36
37
38
39
40
41
42
43
44
φ16 H7/m6
φ16 H7/m6
24
Ⅰ
Ⅱ
450
550
63
62
64
A
B
C

图 8-1　弧形盖板注射

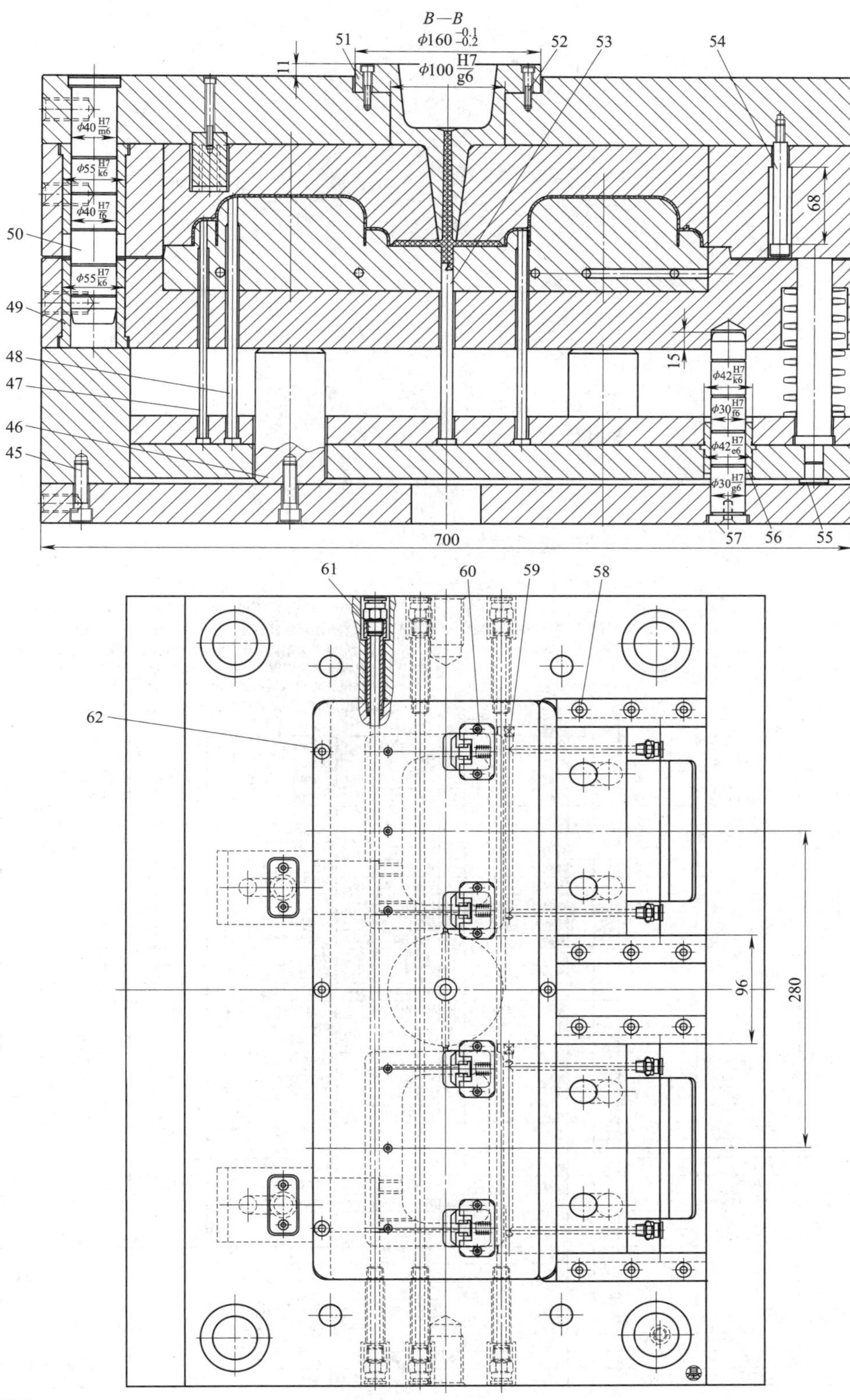
B—B
φ160 −0.1 −0.2
φ100 H7/g6
11
51
52
53
54
68
φ40 H7/m6
φ55 H7/k6
φ40 H7/f6
φ55 H7/k6
50
49
48
47
46
45
15
φ42 H7/k6
φ30 H7/f6
φ42 H7/e6
φ30 H7/g6
57
56
55
700
61
60
59
58
62
96
280

模装配图 I

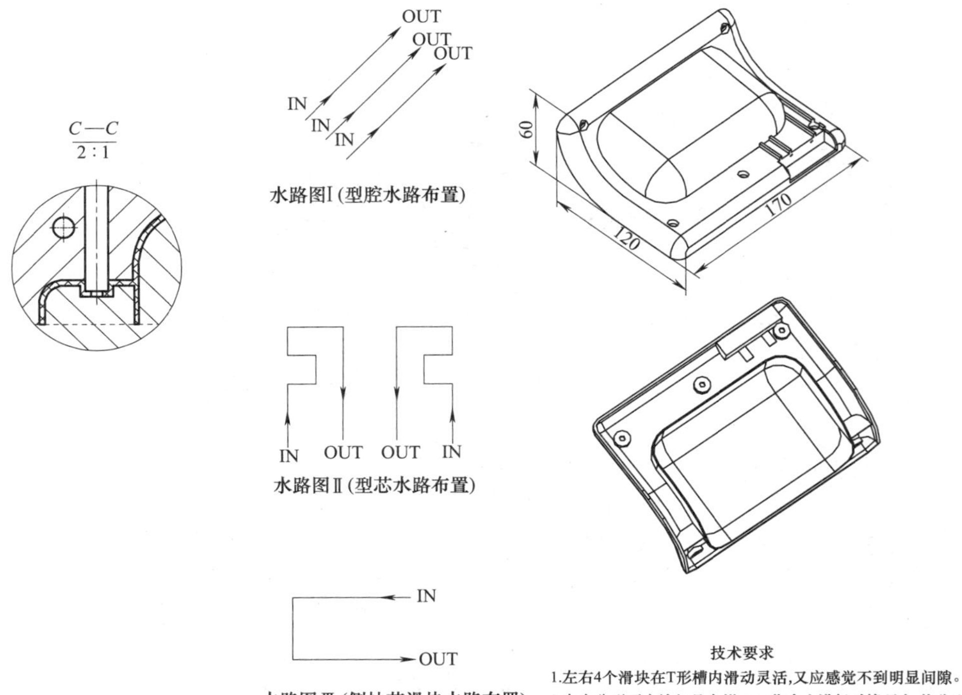

技术要求

1.左右4个滑块在T形槽内滑动灵活,又应感觉不到明显间隙。
2.左右分型面应涂红丹在钳工工作台上进行对撞研合,使分型面密合。
3.动定模主分型面应涂红丹在合模机上进行压合,然后研合分型面各处,观看楔紧块的楔紧情况有无过盈或过松现象,调整修磨使分型面密合。
4.试模注意塑料是否能充满型腔,是否有飞边,顶出机构是否正常工作,顶出后的工件是否变形,如有不妥,修模再试。

序号	代号	名称	数量	材料	单件重量	总计重量	附注
64	HXGB01-29	滑块压板Ⅱ	4	45			改制
63		锥面定位块30×75	4	GCr15			外购
62	GB/T 70.1—2008	内六角圆柱头螺钉M8×30	12	10.9级			外购
61		水嘴延伸接头1/8′×60	6	黄铜			外购
60	GB/T 70.1—2008	内六角圆柱头螺钉M4×12	8	10.9级			外购
59		锥形螺塞1/8′	16	黄铜			外购
58	GB/T 70.1—2008	内六角圆柱头螺钉M8×45	12	10.9级			外购
57	GB/T 4169.4—2006	推板导柱30×170	4	GCr15			外购
56	GB/T 4169.12—2006	推板导套30	4	T10级			外购
55	GB/T 4169.9—2006	限位钉16	4	45			外购
54	HXGB01-28	定距螺钉M12×90	4	10.9			改制JB/T 7650.6—2008
53	HXGB01-27	拉料杆8×160	1	3Cr2W8V			改制GB/T 4169.1—2006
52	GB/T 70.1—2008	内六角圆柱头螺钉M6×30	4	10.9级			外购
51	HXGB01-26	延伸式浇口套	1	45			自制
50	GB/T 4169.4—2006	带头导柱40×60×220	4	GCr15			外购
49	GB/T 4169.3—2006	带头导套40×80	8	T10A			外购
48	HXGB01-25	推杆Ⅲ8×230	6	3Cr2W8V			改制GB/T 4169.1—2006
47	HXGB01-24	推杆Ⅱ6×205	1	3Cr2W8V			改制GB/T 4169.1—2006
46	HXGB01-23	支承柱A60×120	8	45			自制GB/T 4169.10—2006
45	GB/T 70.1—2008	内六角圆柱头螺钉M12×40	6	10.9级			外购
44	GB/T 70.1—2008	内六角圆柱头螺钉M16×160	6	12.9级			外购
43	HXGB01-22	推杆Ⅰ8×205	11	3Cr2W8V			改制GB/T 4169.1—2006
42	GB/T 4169.13—2006	复位杆30×171	4	T10A			外购
41		矩形弹簧TF60×30×125	4	65Mn			外购
40	GB/T 3452.1—2005	O形密封圈12×2.65	4	耐油橡胶			外购
39		快速接头1/4′	10				外购
38	GB/T 4169.23—2006	矩形拉模扣110×120	2				外购
37	GB/T 70.1—2008	内六角圆柱头螺钉M8×40	16	10.9级			外购
36	GB/T 70.1—2008	内六角圆柱头螺钉M6×20	28	10.9级			外购
35		锥面定位块30×100	3	GCr15			外购
34		耐磨垫板Ⅱ	2	HT250			外购
33	HXGB01-21	滑块压板Ⅰ	4	45			自制
32		耐磨衬板Ⅱ	2	45			外购
31	HXGB01-20	楔紧块	2	45			自制
30	GB/T 70.1—2008	内六角圆柱头螺钉M8×50	8	10.9级			外购
29	HXGB01-19	斜导柱Ⅱ20×50×160	2	GCr15			改制GB/T 4169.4—2006
28	HXGB01-18	侧型芯滑块	2	718			自制
27	GB/T 2089—2009	压缩弹簧YA1.2×9.2×25	4	65Mn			外购
26	HXGB01-17	T形凹滑块	4	738H			自制
25	HXGB01-16	压板Ⅱ	4	45			自制
24	GB/T 70.1—2008	内六角圆柱头螺钉M6×50	4	10.9级			外购
23	HXGB01-15	T形凸滑块	4	T8A			自制
22	HXGB01-14	动模嵌件	1	738H			自制
21	HXGB01-13	定模嵌件	1	718			GB/T 4169.8—2006
20	HXGB01-12	小型芯	4	3Cr2W8V			改制GB/T 4169.1—2006
19	HXGB01-11	滑块镶件1	2	718			自制
18	GB/T 119.2—2008	圆柱销ϕ5×25	2	45			外购
17	HXGB01-10	压板Ⅰ	2	45			自制
16	HXGB01-09	定模座板B550×700×60	1	45			改制GB/T 4169.8—2006
15	HXGB01-08	定模板A450×700×100	1	45			改制GB/T 4169.8—2006
14	HXGB01-07	滑块Ⅰ	2	45			自制
13		耐磨衬板Ⅰ	2				外购
12	GB/T 70.1—2008	内六角沉头螺钉M5×16	42				外购
11	HXGB01-06	斜导柱Ⅰ16×120×50	2	GCr15			改制GB/T 4169.4—2006
10		耐磨垫板Ⅰ	2	45			外购
9		定位钢珠M12	2				外购
8		内六角平端紧定螺钉M12×30	2	45H			外购GB/T 77—2007
7	HXGB01-05	动模板A450×700×80	1	45			改制GB/T 4169.8—2006
6	HXGB01-04	内六角圆柱头螺钉M8×55	6	10.9级			外购GB/T 70.1—2008
5	HXGB01-11	推杆固定板290×700×25	1	45			改制GB/T 4169.6—2006
4	GB/T 70.1—2008	内六角圆柱头螺钉M12×35	4	10.9级			外购
3	HXGB01-03	推板290×700×30	1	45			改制GB/T 4169.7—2006
2	HXGB01-02	垫块78×700×120	2	45			改制GB/T 4169.6—2006
1	HXGB01-01	动模座板B550×700×35	1	45			改制GB/T 4169.8—2006
01	DCT45 70-100×80×120 -70点浇口无推料板型模架						GB/T 12555—2006

标记	处数	分区	更改文件号	签名	年月日	ABS			单位名称
设计			标准化			阶段标记	重量	比例	弧形盖板注射模
审核									HXGB01-00
工艺			批准						

图 8-1　弧形盖板注射模装配图Ⅰ（续）

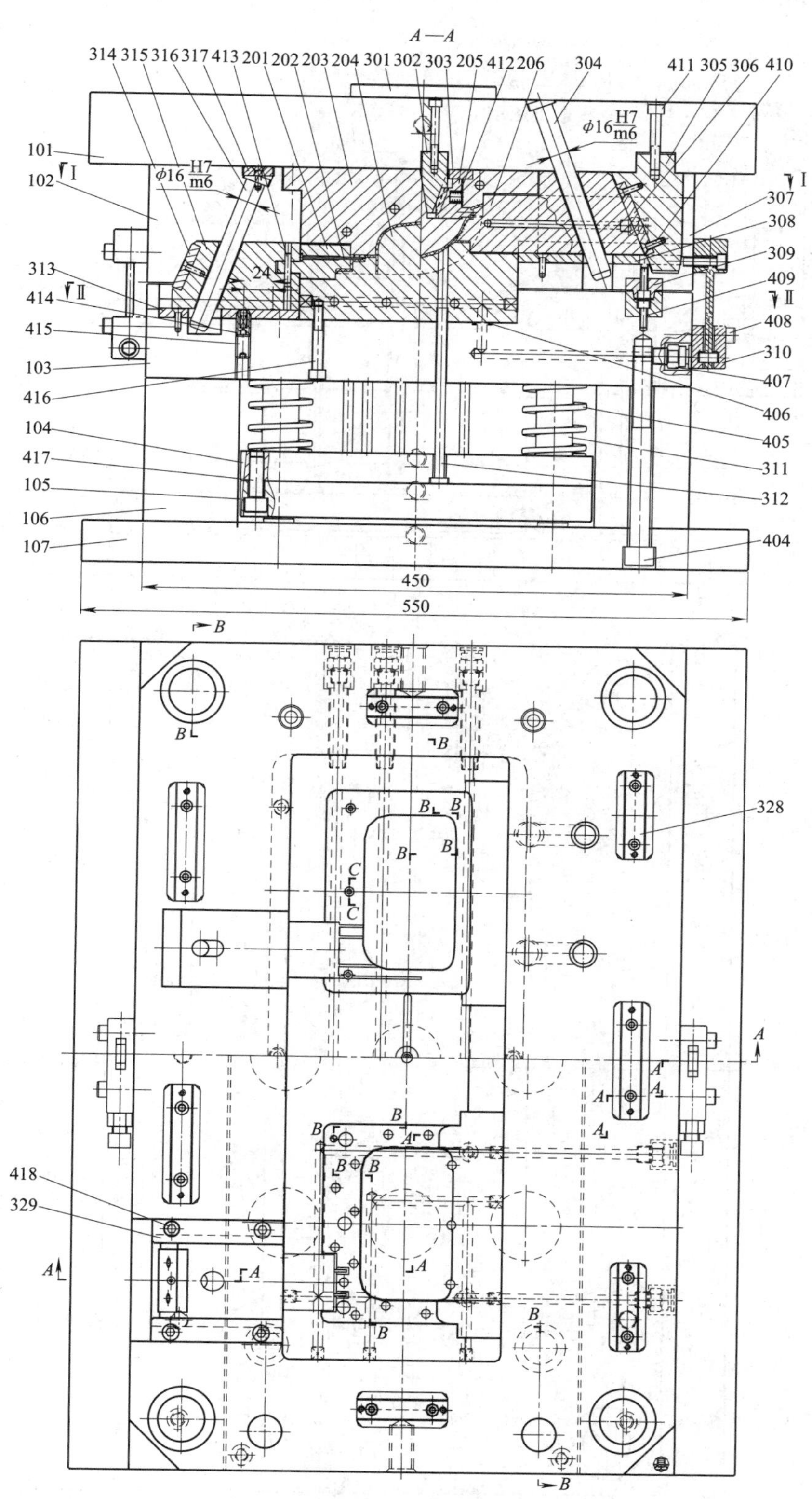

图 8-2　弧形盖板注射模装配图 Ⅱ

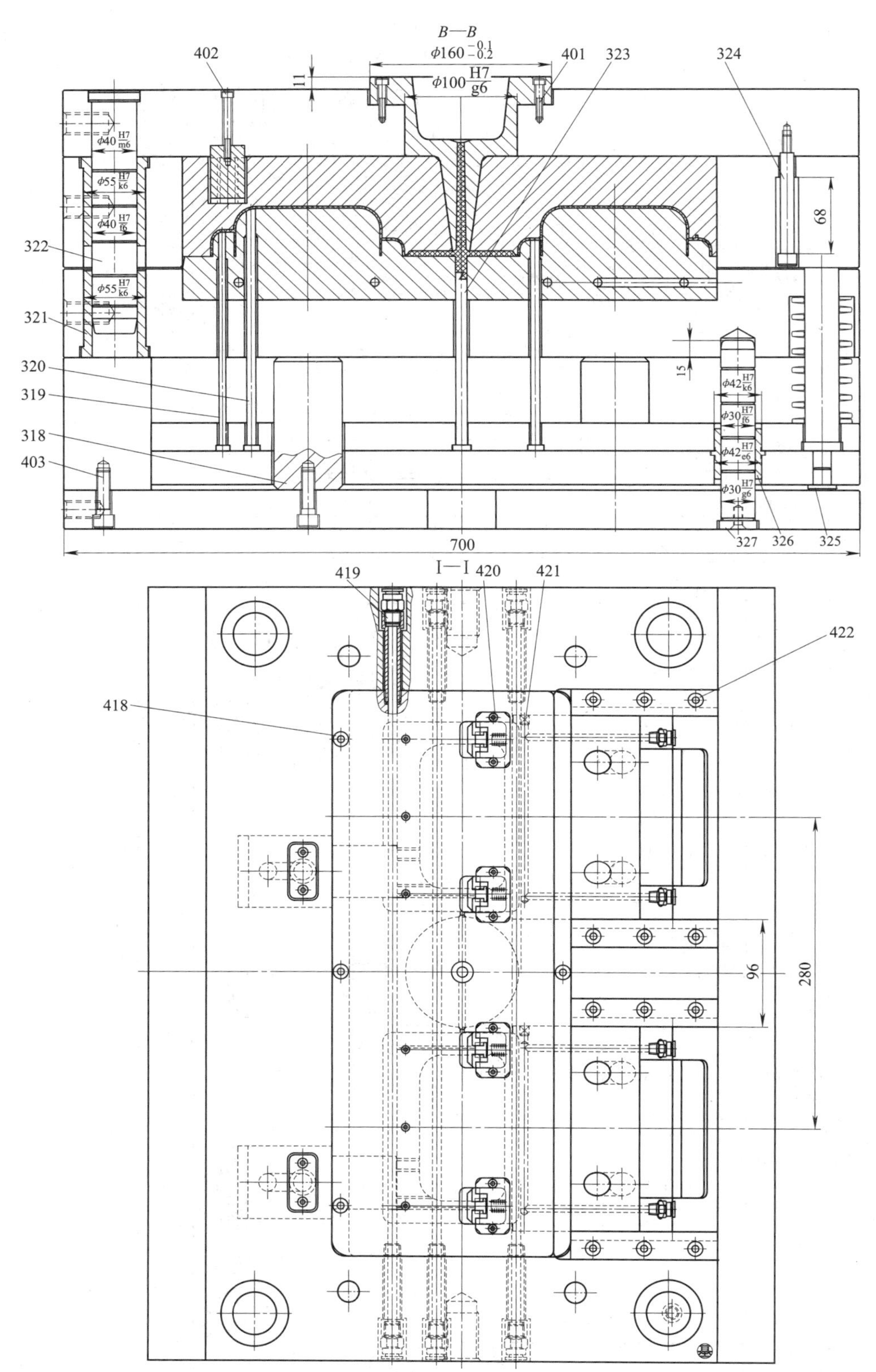
B—B
$\phi160^{-0.1}_{-0.2}$
$\phi100\frac{H7}{g6}$
11
402
401
323
324
68
$\phi40\frac{H7}{m6}$
$\phi55\frac{H7}{k6}$
$\phi40\frac{H7}{f6}$
$\phi55\frac{H7}{k6}$
322
321
320
319
318
403
15
$\phi42\frac{H7}{k6}$
$\phi30\frac{H7}{f6}$
$\phi42\frac{H7}{e6}$
$\phi30\frac{H7}{g6}$
700
327
326
325
I—I
419
420
421
422
418
96
280

图 8-2　弧形盖板注射

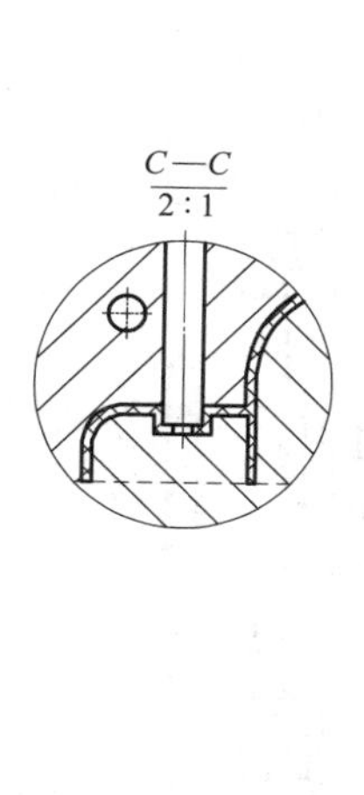

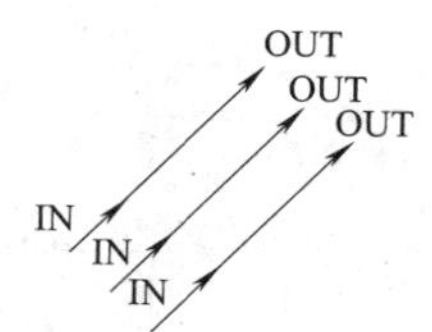

水路图Ⅰ(型腔水路布置)

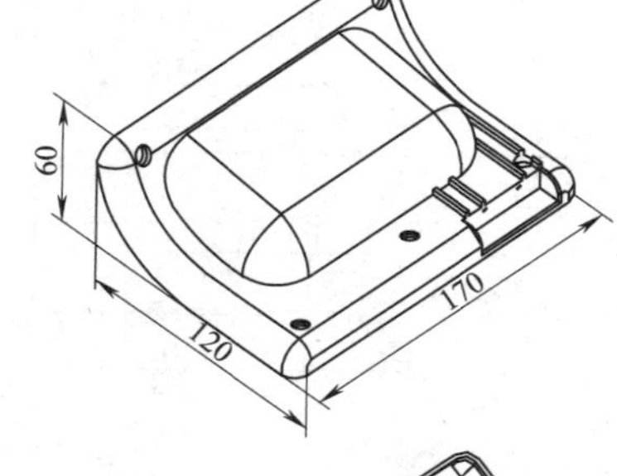

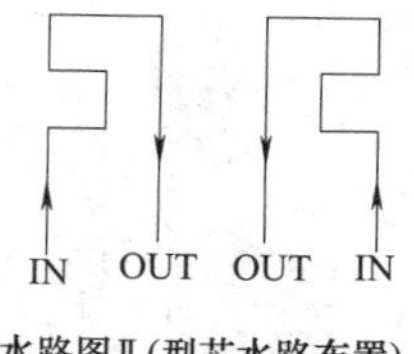

水路图Ⅱ(型芯水路布置)

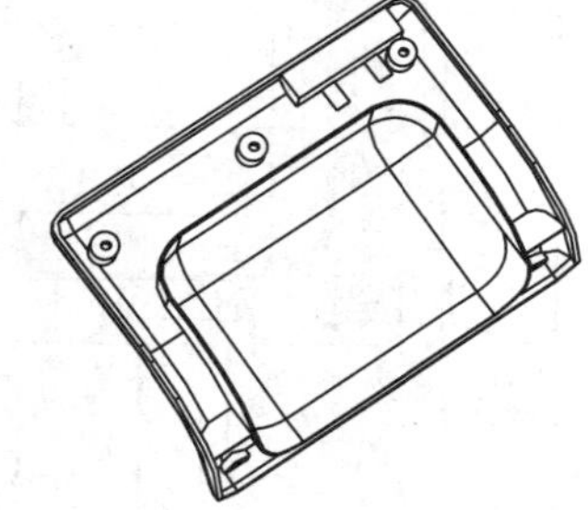

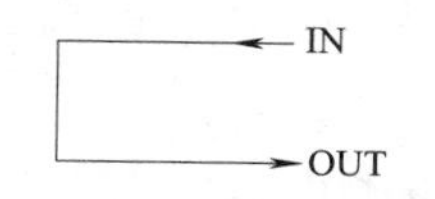

水路图Ⅲ(侧抽芯滑块水路布置)

技术要求

1.左右4个滑块在T形槽内滑动灵活,又应感觉不到明显间隙。
2.左右分型面应涂红丹在钳工工作台上进行对撞研合,使分型面密合。
3.动定模主分型面应涂红丹在合模机上进行压合,然后研合分型面各处,观看楔紧块的楔紧情况有无过盈或过松现象,调整修磨使分型面密合。
4.试模注意塑料是否能充满型腔,是否有飞边,顶出机构是否正常工作,顶出后的工件是否变形,如有不妥,修模再试。

序号	代号	名称	数量	材料	单件重量	总计重量	附注
422	GB/T 70.1—2000	内六角圆柱头螺钉M8×45	12	10.9级			外购
421		锥形螺塞1/8′	16	黄铜			外购
420	GB/T 70.1—2000	内六角圆柱头螺钉M4×12	8	10.9级			外购
419		水嘴延伸接头1/8′×60	6	黄铜			外购
418	GB/T 70.1—2000	内六角圆柱头螺钉M8×30	12	10.9级			外购
417	GB/T 70.1—2000	内六角圆柱头螺钉M12×35	4	10.9级			外购
416	GB/T 70.1—2000	内六角圆柱头螺钉M8×55	6	10.9级			外购
415	GB/T 77—2007	内六角平端紧定螺钉M12×30	2	45H			外购
414		定位钢珠M12	2				外购
413	GB/T 119.2—2000	圆柱销φ5×25	4	45			外购
412	GB/T 2089—1994	压缩弹簧YA1.2×9.2×25	4	65Mn			外购
411	GB/T 70.1—2000	内六角圆柱头螺钉M8×50	6	10.9级			外购
410	GB/T 70.1—2000	内六角沉头螺钉M5×16	32				外购
409	GB/T 70.1—2000	内六角圆柱头螺钉M6×20	28	10.9级			外购
408	GB/T 70.1—2000	内六角圆柱头螺钉M8×40	8	10.9级			外购
407		快速接头1/4′	14				外购
406	GB/T 3452.1—2005	O形密封圈12×2.65	4	耐油橡胶			外购
405		矩形弹簧 TF60×30×125	4	65Mn			外购
404	GB/T 70.1—2000	内六角圆柱头螺钉M16×160	6	12.9级			外购
403	GB/T 70.1—2000	内六角圆柱头螺钉M12×40	12	10.9级			外购
402	GB/T 70.1—2000	内六角圆柱头螺钉M6×50	4	10.9级			外购
401	GB/T 70.1—2000	内六角圆柱头螺钉M6×30	4	10.9级			外购
329	HXGB01-29	滑块压板Ⅱ	4	45			改制
328		锥面定位块30×75	4	GCr15			外购
327	GB/T 4169.4—2006	推板导柱30×170	4	GCr15			外购
326	GB/T 4169.12—2006	推板导套30	4	T10A级			外购
325	GB/T 4169.9—2006	限位钉16	4	45			外购
324	HXGB01-28	定距螺钉M12×90	4	10.9级			改制JB/T 7650.6—2008
323	HXGB01-27	拉料杆8×160	1	3Cr2W8V			改制GB/T 4169.1—2006
322	GB/T 4169.4—2006	带头导柱40×60×220	4	GCr15			外购
321	GB/T 4169.3—2006	带头导套40×80	8	T10A			外购
320	HXGB01-26	推杆Ⅲ8×230	6	3Cr2W8V			改制GB/T 4169.1—2006
319	HXGB01-25	推杆Ⅱ6×205	1	3Cr2W8V			改制GB/T 4169.1—2006
318	HXGB01-24	支承柱A60×120	8	45			自制
317	HXGB01-23	压板Ⅰ	2	45			自制
316	HXGB01-22	斜导柱Ⅰ16×120×50	2	GCr15			改制GB/T 4169.4—2006
315	HXGB01-21	滑块Ⅰ	2	45			自制
314		耐磨衬板Ⅰ	2				外购
313		耐磨垫板Ⅰ	2	45			外购
312	HXGB01-20	推杆Ⅰ8×205	11	3Cr2W8V			改制GB/T 4169.1—2006
311	GB/T 4169.13—2006	复位杆30×171	4	T10A			
310	GB/T 4169.23—2006	矩形拉模扣	2				外购
309		锥面定位块30×100	3	GCr15			外购
308		耐磨垫板Ⅱ	2	HT250			外购
307	HXGB01-19	滑块压板Ⅰ	4	45			自制
306		耐磨衬板Ⅱ	2	45			外购
305	HXGB01-18	楔紧块	2	45			自制
304	HXGB01-17	斜导柱Ⅱ20×50×160	2	GCr15			改制GB/T 4169.4—2006
303	HXGB01-16	压板Ⅱ	4	45			自制
302	HXGB01-15	T形凸滑块	4	T8A			自制
301	HXGB01-14	延伸式浇口套	1	45			自制
206	HXGB01-13	滑块Ⅰ	2	45			自制
205	HXGB01-12	T形凹滑块	4	738H			自制
204	HXGB01-11	动模嵌件	1	738H			自制
203	HXGB01-10	定模嵌件	1	718			自制
202	HXGB01-09	小型芯	4	3Cr2W8V			改制GB/T 4169.1—2006
201	HXGB01-08	滑块镶件1	2	718			自制
107	HXGB01-07	动模座板B550×700×35	1	45			改制GB/T 4169.8—2006
106	HXGB01-06	垫块78×700×120	2	45			改制GB/T 4169.6—2006
105	HXGB01-05	推板290×700×30	1	45			改制GB/T 4169.7—2006
104	HXGB01-04	推杆固定板290×700×25	1	45			改制GB/T 4169.6—2006
103	HXGB01-03	动模板A450×700×80	1	45			改制GB/T 4169.8—2006
102	HXGB01-02	定模板A450×700×100	1	45			改制GB/T 4169.8—2006
101	HXGB01-01	定模座板B550×700×60	1	45			改制GB/T 4169.8—2006
100	DCT45 70-100×80×120-70点浇口无推料板型模架						GB/T 12555—2006

标记	处数	分区	更改文件号	签名	年月日	ABS	单位名称
设计		标准化		阶段标记	重量	比例	弧形盖板注射模
审核							
工艺		批准					HXGB01-00

模装配图Ⅱ(续)

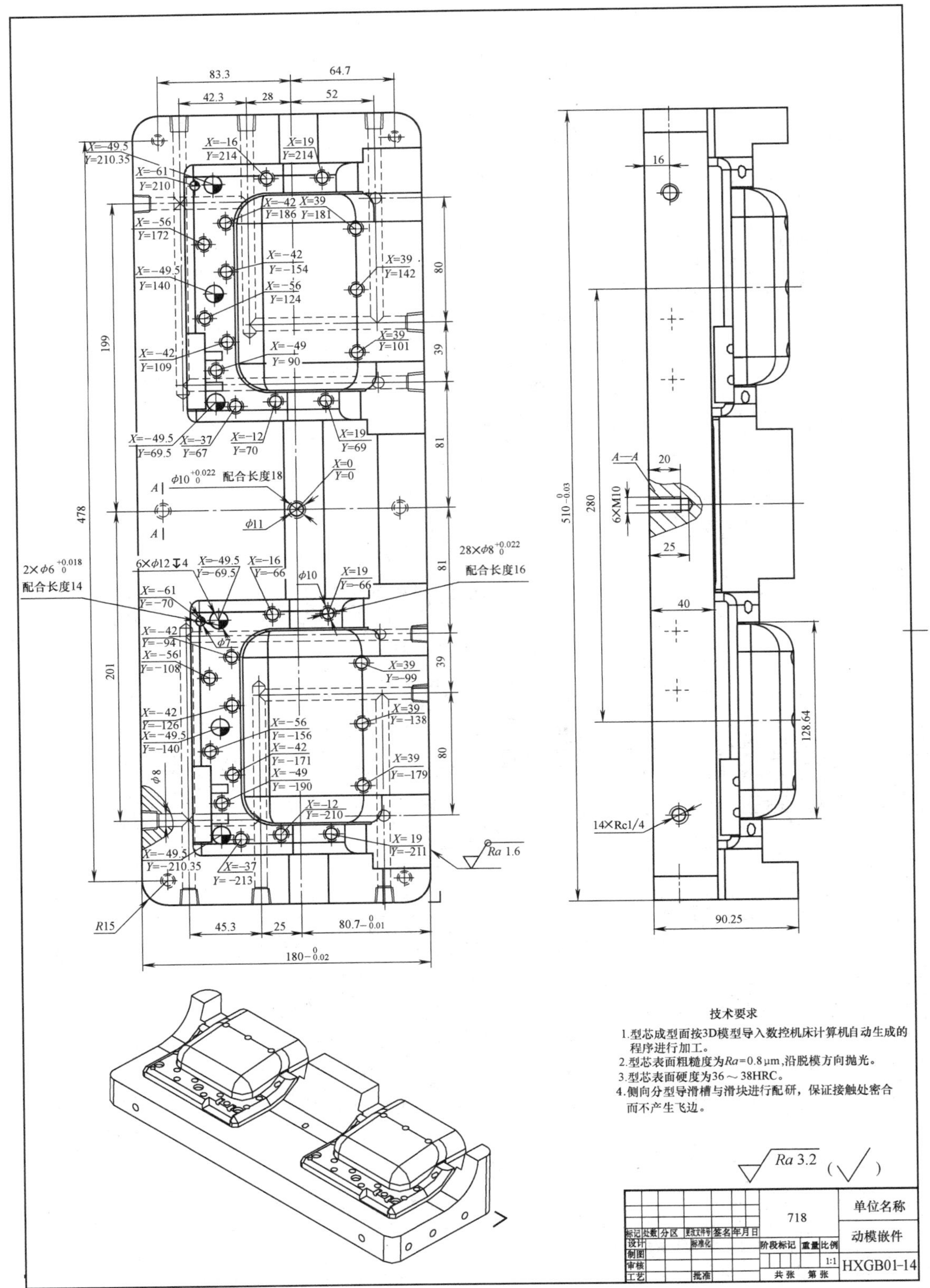
技术要求
1.型芯成型面按3D模型导入数控机床计算机自动生成的程序进行加工。
2.型芯表面粗糙度为Ra=0.8μm,沿脱模方向抛光。
3.型芯表面硬度为36～38HRC。
4.侧向分型导滑槽与滑块进行配研，保证接触处密合而不产生飞边。
718
单位名称
动模嵌件
HXGB01-14

图 8-3　动模嵌件零件图

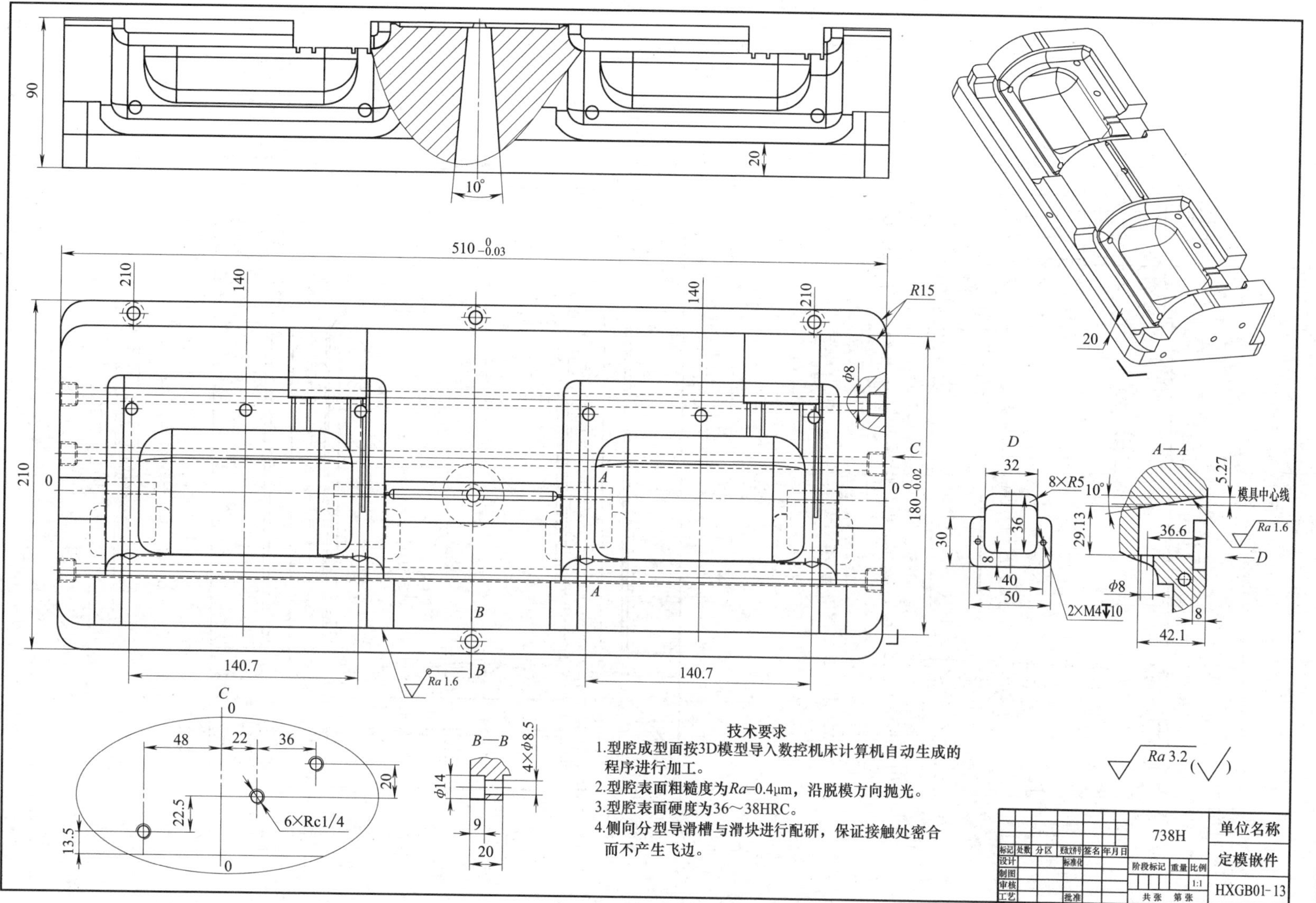
技术要求
1.型腔成型面按3D模型导入数控机床计算机自动生成的程序进行加工。
2.型腔表面粗糙度为Ra=0.4μm，沿脱模方向抛光。
3.型腔表面硬度为36～38HRC。
4.侧向分型导滑槽与滑块进行配研，保证接触处密合而不产生飞边。
单位名称
定模嵌件
738H
HXGB01-13
A—A
B—B
D
模具中心线
Ra 1.6
Ra 3.2
6×Rc1/4
8×R5
2×M4▼10
4×φ8.5

图 8-4　定模嵌件零件图

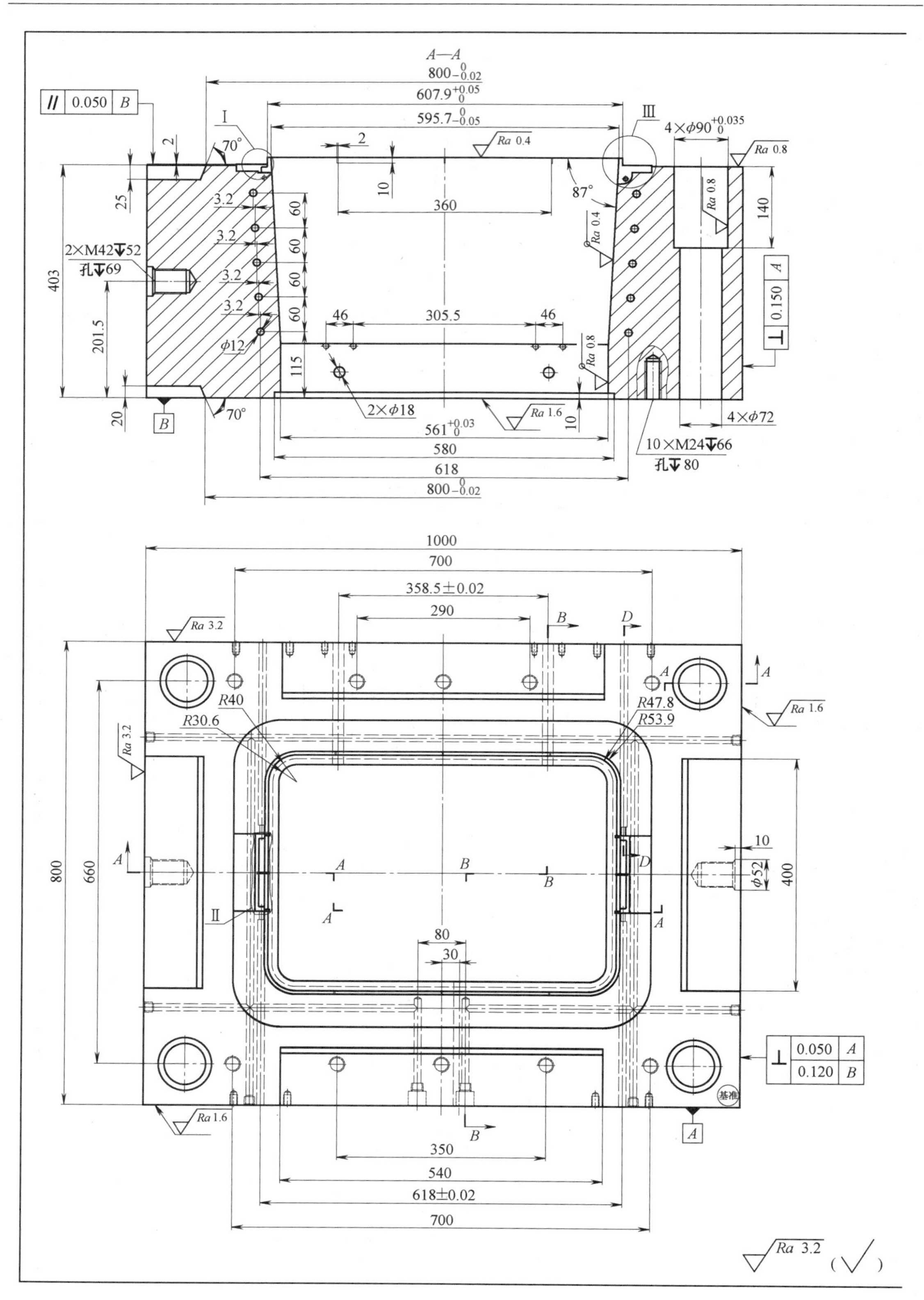

图 8-5　型腔

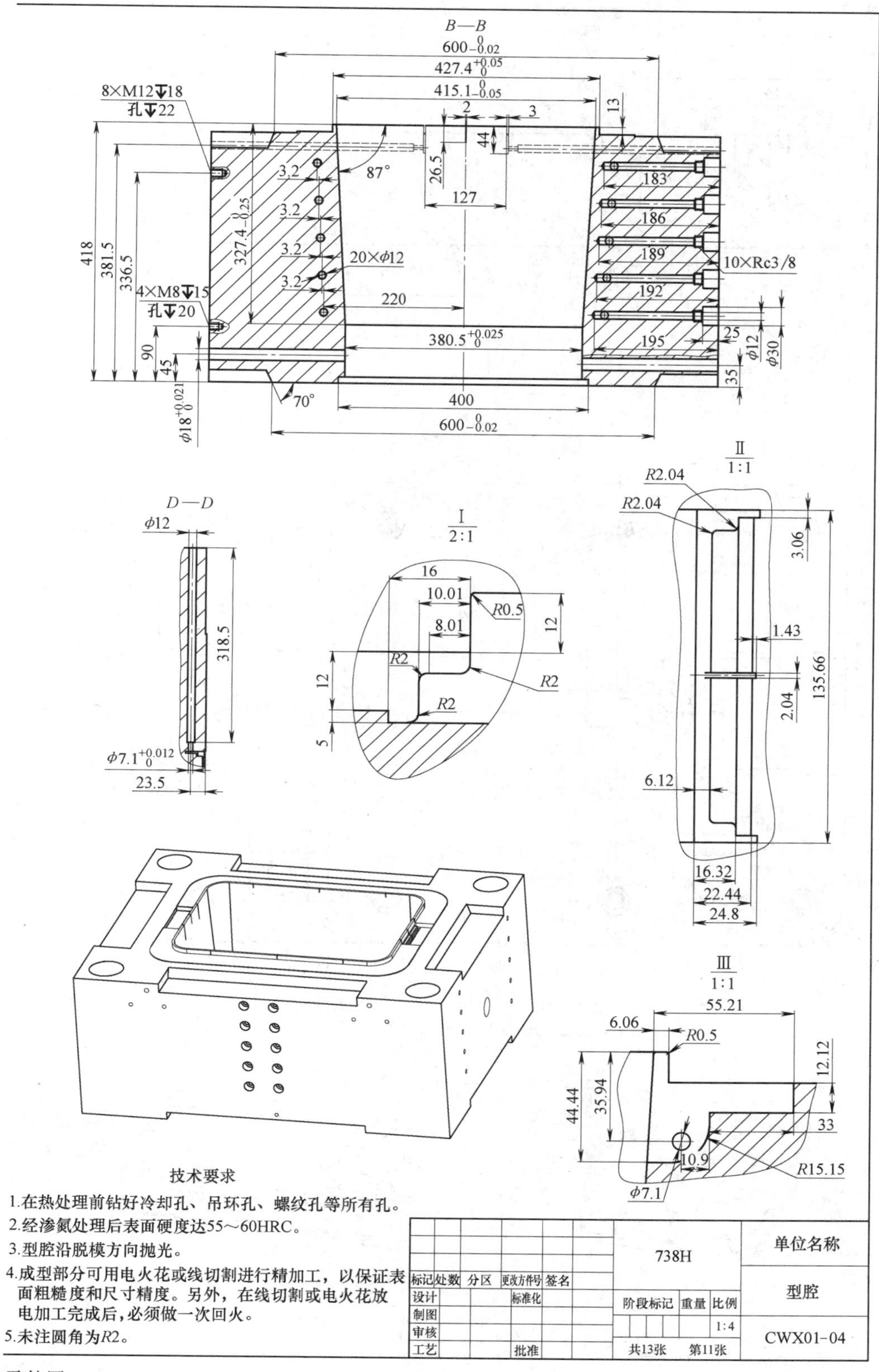
B—B
8×M12↧18
孔↧22
4×M8↧15
孔↧20
20×ϕ12
10×Rc3/8
D—D
Ⅰ
2:1
Ⅱ
1:1
Ⅲ
1:1
技术要求
1.在热处理前钻好冷却孔、吊环孔、螺纹孔等所有孔。
2.经渗氮处理后表面硬度达55～60HRC。
3.型腔沿脱模方向抛光。
4.成型部分可用电火花或线切割进行精加工，以保证表面粗糙度和尺寸精度。另外，在线切割或电火花放电加工完成后，必须做一次回火。
5.未注圆角为R2。
标记 处数 分区 更改文件号 签名
设计 标准化
制图
审核
工艺 批准
738H
阶段标记 重量 比例
1:4
共13张 第11张
单位名称
型腔
CWX01-04
零件图

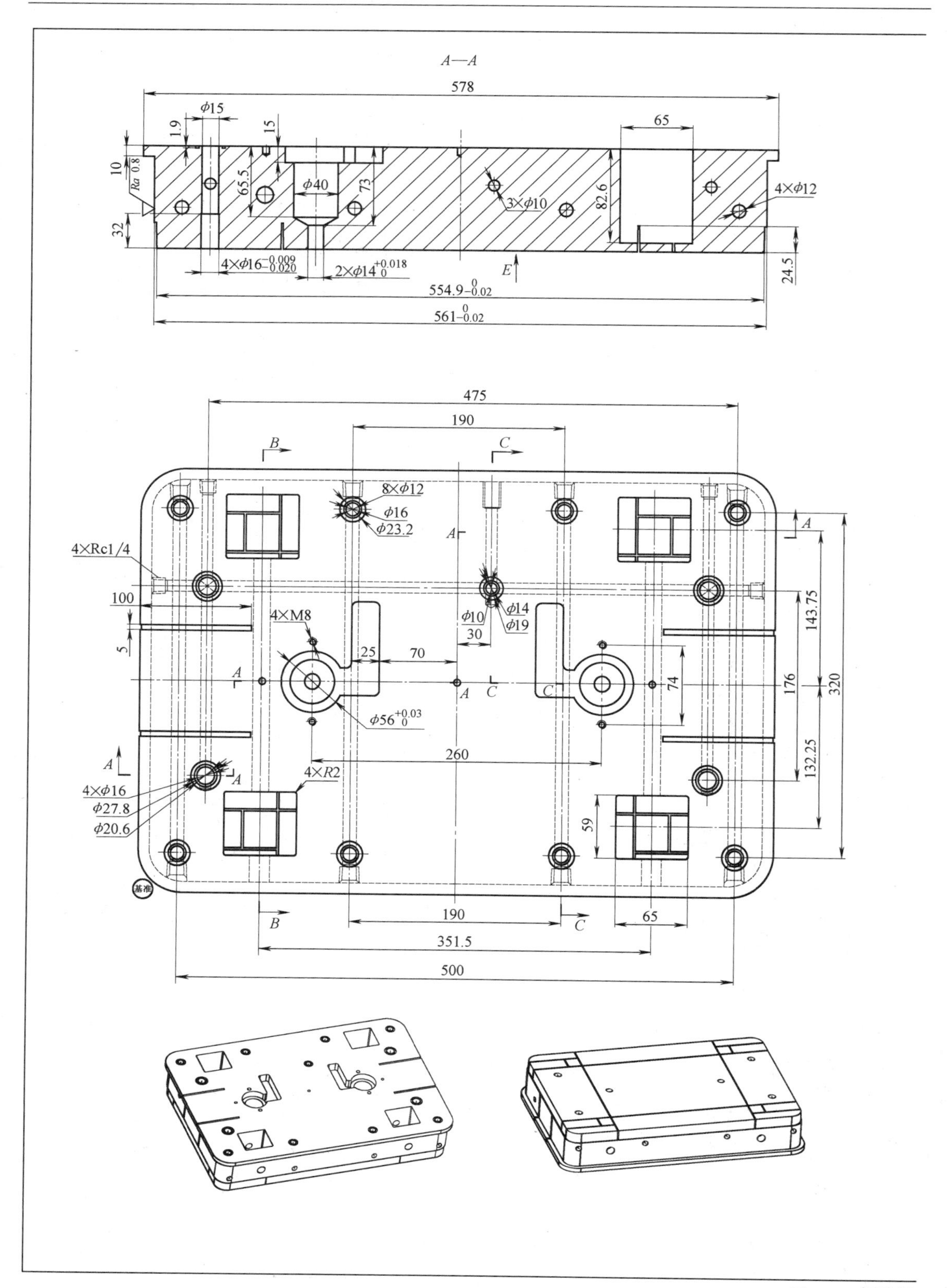
A—A
578
φ15
1.9
15
65
10
Ra 0.8
65.5
φ40
73
3×φ10
82.6
4×φ12
32
4×φ16$^{-0.009}_{-0.020}$
2×φ14$^{+0.018}_{0}$
E
24.5
554.9$^{0}_{-0.02}$
561$^{0}_{-0.02}$
475
190
B
C
8×φ12
φ16
φ23.2
A
4×Rc1/4
100
φ10
φ14
φ19
30
143.75
4×M8
5
25
70
74
176
320
φ56$^{+0.03}_{0}$
260
132.25
4×R2
4×φ16
φ27.8
φ20.6
59
基准
190
65
351.5
500

图 8-6　型腔嵌

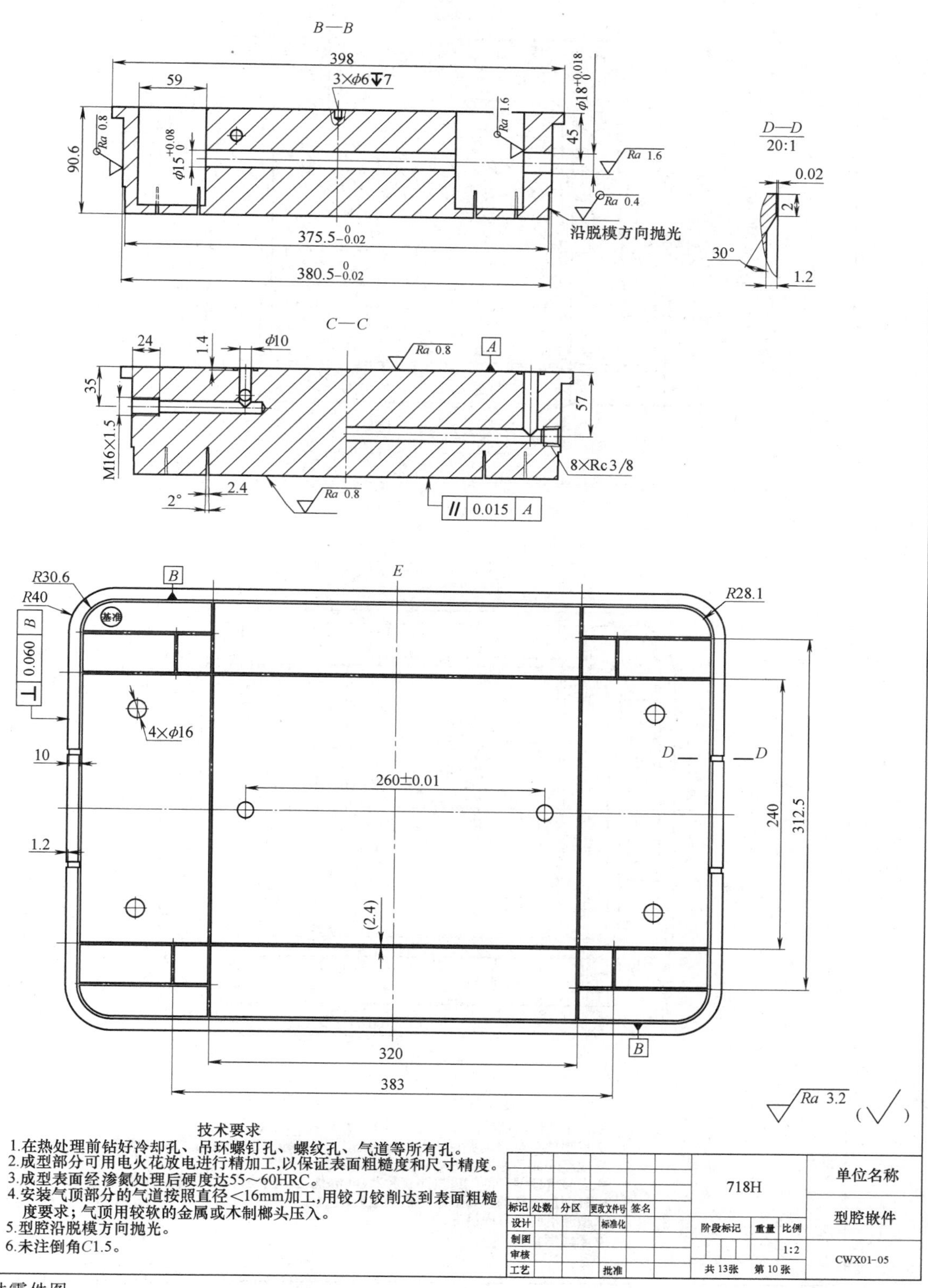
B—B
398
59
3×φ6↧7
Ra 0.8
Ra 1.6
φ18+0.018 0
90.6
φ15+0.08 0
45
Ra 1.6
Ra 0.4
沿脱模方向抛光
375.5 0 -0.02
380.5 0 -0.02
D—D
20:1
0.02
2
30°
1.2
C—C
24
1.4
φ10
Ra 0.8
A
35
57
M16×1.5
8×Rc3/8
2.4
2°
Ra 0.8
// 0.015 A
E
R30.6
R40
B
R28.1
基准
⊥ 0.060 B
4×φ16
10
D
D
260±0.01
240
312.5
1.2
(2.4)
320
383
Ra 3.2
(√)
技术要求
1.在热处理前钻好冷却孔、吊环螺钉孔、螺纹孔、气道等所有孔。
2.成型部分可用电火花放电进行精加工,以保证表面粗糙度和尺寸精度。
3.成型表面经渗氮处理后硬度达55～60HRC。
4.安装气顶部分的气道按照直径<16mm加工,用铰刀铰削达到表面粗糙度要求;气顶用较软的金属或木制榔头压入。
5.型腔沿脱模方向抛光。
6.未注倒角C1.5。
718H
单位名称
标记 处数 分区 更改文件号 签名
设计 标准化
制图
审核
工艺 批准
阶段标记 重量 比例
1:2
共 13张 第 10张
型腔嵌件
CWX01-05

件零件图

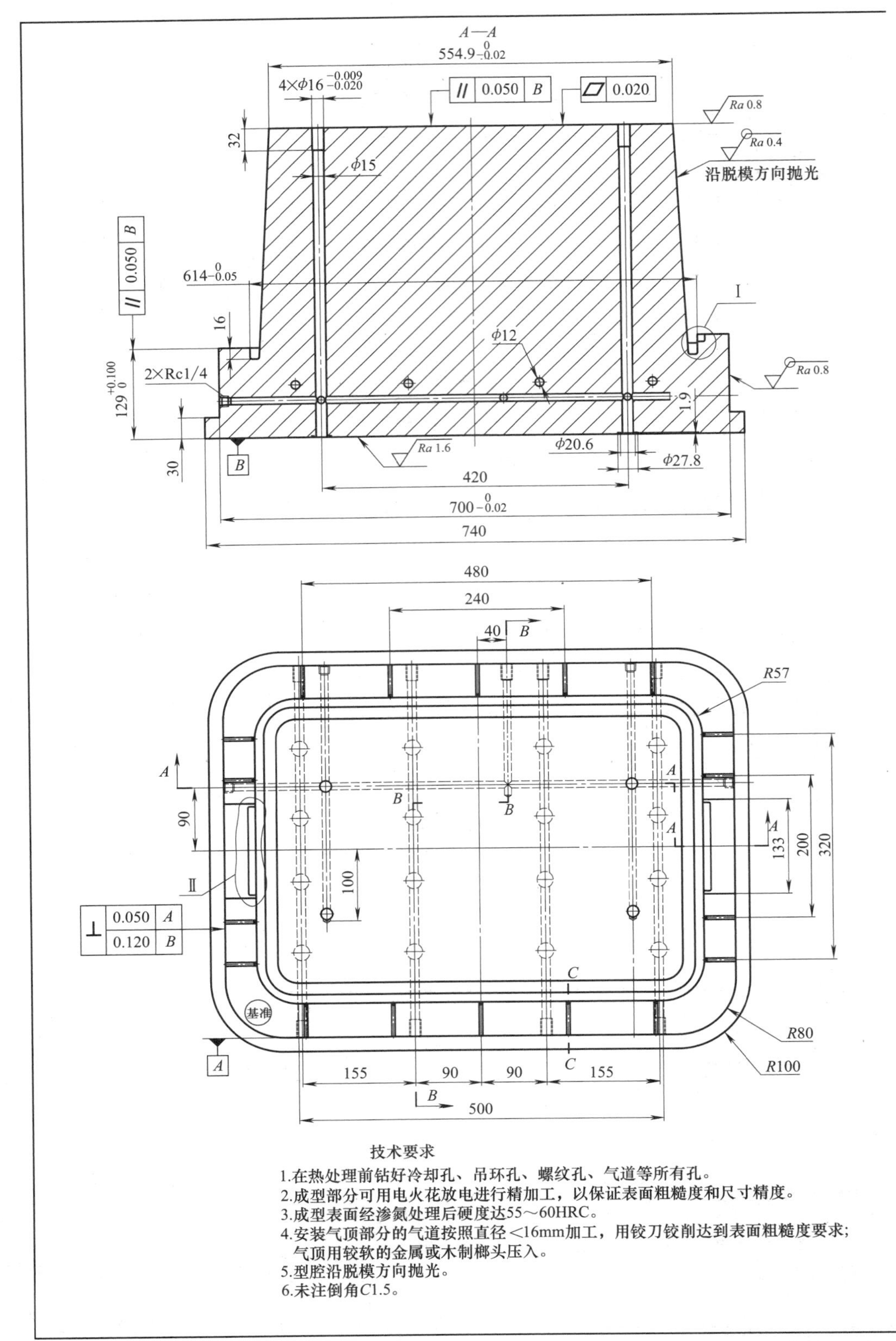
A—A
沿脱模方向抛光
I
Ⅱ
基准
技术要求
1.在热处理前钻好冷却孔、吊环孔、螺纹孔、气道等所有孔。
2.成型部分可用电火花放电进行精加工，以保证表面粗糙度和尺寸精度。
3.成型表面经渗氮处理后硬度达55～60HRC。
4.安装气顶部分的气道按照直径<16mm加工，用铰刀铰削达到表面粗糙度要求；
气顶用较软的金属或木制榔头压入。
5.型腔沿脱模方向抛光。
6.未注倒角C1.5。

图 8-7　主型

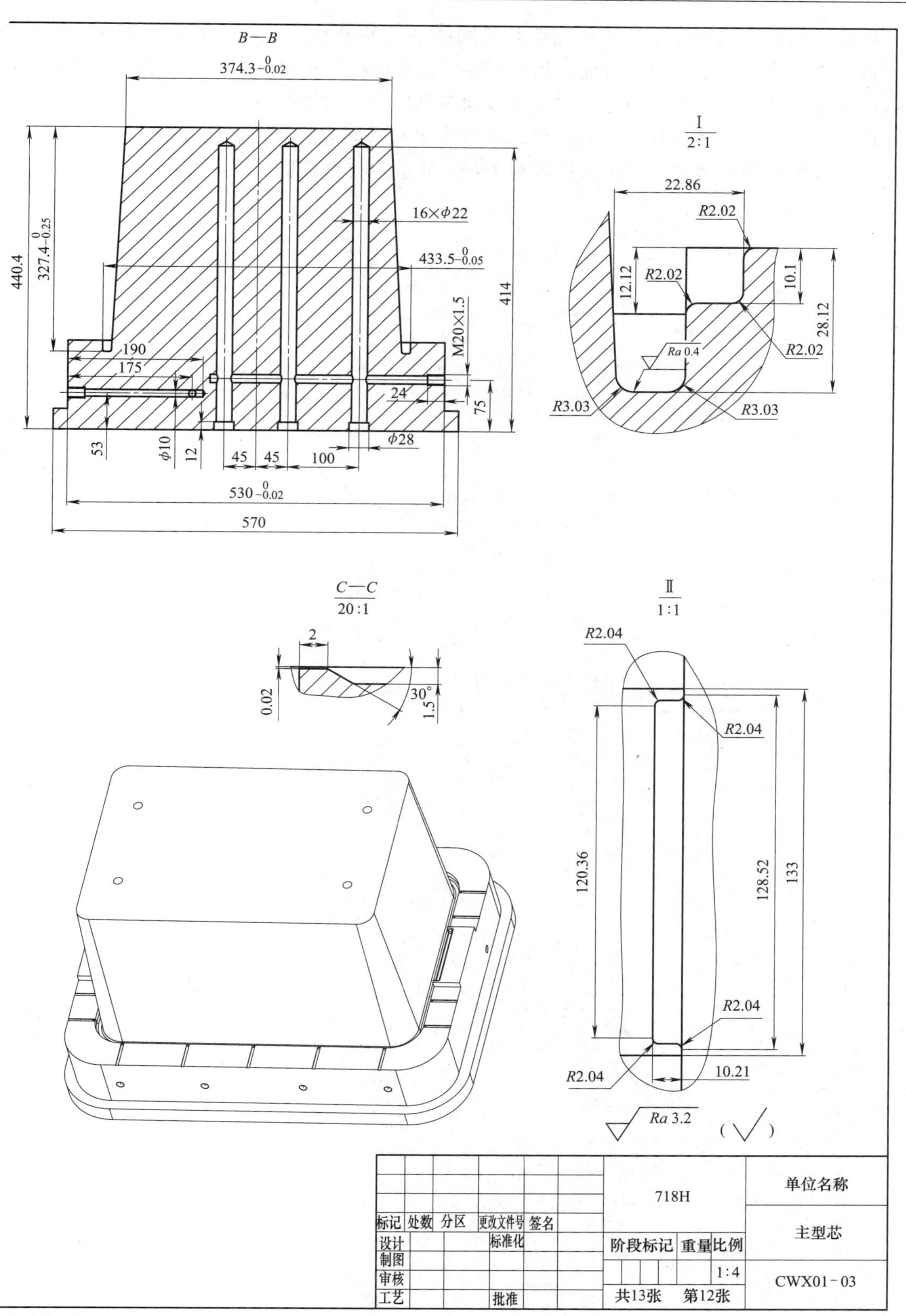
B—B
374.3 -0.02
16×φ22
433.5 -0.05
440.4
327.4 -0.25
414
M20×1.5
190
175
24
75
53
φ10
12
45
45
100
φ28
530 -0.02
570
Ⅰ
2:1
22.86
R2.02
12.12
R2.02
10.1
28.12
R2.02
Ra 0.4
R3.03
R3.03
C—C
20:1
2
0.02
30°
1.5°
Ⅱ
1:1
R2.04
R2.04
120.36
128.52
133
R2.04
R2.04
10.21
Ra 3.2
(√)
标记
处数
分区
更改文件号
签名
设计
标准化
制图
审核
工艺
批准
718H
阶段标记
重量
比例
1:4
共13张
第12张
单位名称
主型芯
CWX01-03

芯零件图

在零件图的绘制中，尤其是要注意某些细小结构的表达，必要时采用局部放大图来表示。各零件的几何公差、表面粗糙度和技术要求按零件图要求进行标注，型腔、型芯的表面粗糙度应按塑件表面质量来确定（比塑件表面粗糙度低 1~2 级）。

还应注意的一点就是具有装配关系的各零件加工基准应一致，各孔位尺寸应对应一致，尺寸标注方位应尽量做到一致，这样有利于对尺寸进行校对检查。

第3篇　塑料模具设计常用资料及设计题选

第9章　塑料模具设计及成型常用材料

9.1　模具设计常用材料

模具零件常用材料及热处理见表9-1。

表9-1　模具零件常用材料及热处理

零件类别	零件名称	材料牌号	热处理方法	硬度　HRC
模板零件	支承板、模套、浇口套、锥模套	45	淬火	43~48
	动、定模座板，动、定模板，脱浇板，固定板	45		28~32
	推件板	45		28~32
浇注系统零件	浇口套、拉料杆、分流锥	45、T10A	淬火	50~55
		Cr12MoV1(SKD11)	淬火	60~62
导向零件	导柱、推板导柱、拉杆导柱	T10A、GCr15	淬火	56~60
		20Cr	渗碳淬火	56~60
	导套、推板导套	T10A、GCr15	淬火	52~56
		20Cr	渗碳淬火	56~60
抽芯机构零件	斜导柱、滑块、斜滑块、弯销	T10A、GCr15	淬火	54~58
	楔紧块	T8A、T10A	淬火	54~58
		45		43~48
推出机构零件	推杆、推管	4Cr5MoSiV1、3Cr2W8V	淬火	45~50
	推板、推块	45	淬火	43~48
	复位杆	T10A、GCr15	淬火	56~60
	推杆固定板	45、Q235A		
定位零件	圆锥定位件	T10A、GCr15	淬火	58~62
	矩形定位元件	GCr15、9CrWMn	淬火	56~60
	定位圈	45		28~32
	定距螺钉、限位钉、限制块	45	淬火	43~48
支承零件	支承柱	45	淬火	28~32
	垫块	45、Q235A		

模具型腔、型芯等工作零件常用材料见表 9-2。

表 9-2　模具型腔、型芯等工作零件常用材料

钢种		基本特征	应用
优质碳素结构钢	20	经渗碳淬火,可获得高的表面硬度	用于冷挤法制造形状复杂的型腔模
	45	具有较高的温度,经调质处理有较好的力学性能,可进行表面淬火以提高硬度	用于制造塑料和压铸模型腔
碳素工具钢	T7A、T8A、T10A	T7A、T8A 比 T10A 有较好的韧性,经淬火后有一定的硬度,但淬透性较差,淬火变形较大	用于制造各种形状简单的模具型芯和型腔
合金结构钢	20Cr 12CrNi3	具有良好塑性、焊接性和切削性,渗碳淬火后有高硬度和耐磨性	用于制造冷挤型腔
	40Cr	调质后有良好的综合力学性能,淬透性好,淬火后有较好的疲劳强度和耐磨性	用于制造大批量压制时的塑料模型腔
低合金工具钢	9Mn2V MnCrWV CrWMn 9CrWMn	淬透性、耐磨性、淬火变形均比碳素工具钢好,CrWMn 钢为典型的低合金钢,它除易形成网状碳化物而使钢的韧性变坏外,基本具备了其低合金工具钢的独特优点。严格控制锻造和热处理工艺,则可改善钢的韧性	用于制造形状复杂的中等尺寸型腔、型芯
高合金工具钢	Cr12 Cr12MoV	有高的淬透性、耐磨性,热处理变形小,但碳化物分布不均匀而降低了强度,合理的热加工工艺可改善碳化物的不均匀性。Cr12MoV 较 Cr12 有所改善,强度和韧性都比较好	用于制造形状复杂的各种模具型腔
新型模具钢种	8Cr2MnMoVS 4Cr5MoSiVS 25CrNi3MoA	加工性能和镜面研磨性能好,8Cr2MnMoVS 和 4Cr5MoSiVS 为预硬化钢,在预硬化硬度 43~46HRC 的状态下能顺利地进行成形切削加工。25CrNi3MoA 为时效硬化钢,经调质处理至 30HRC 左右进行加工,然后经 520℃时效处理 10h,硬度即可上升到 40HRC 以上	用于有镜面要求的精密塑料模成型零件
	SM1 (55CrNiMnMoVS) SM2、5NiSCa (55CrNiMnMoVSCa)	在预硬化硬度 35~42HRC 的状态下能顺利地进行成形切削加工,抛光性能甚佳,表面粗糙度 $Ra \leqslant 0.05\mu m$,还具有一定的耐蚀能力,模具寿命可达 120 万次	用于热塑性塑料和热固性塑料模的成型零件
	PMS (10Ni3CuAlVS)	具有优良的镜面加工性能、良好的冷热加工性能和良好的图案蚀刻性能,加工表面粗糙度 $Ra \leqslant 0.05\mu m$,热处理工艺简便,变形小	用于使用温度在 300℃以下,硬度≤45HRC,有镜面、蚀刻性能要求的热塑性塑料精密模具或部分增强工程塑料模具的成型零件
	PCR (6Cr16Ni4Cu3Nb)	具有优良的耐蚀性和较高的强度,具有较好的表面抛光性能和较好的焊接修补性能,热处理工艺简便,渗透性好,热处理变形小	用于使用温度≤400℃,硬度 37~42HRC 的含氟、氯等腐蚀性气体的塑料模具和各类塑料添加阻燃剂的模具成型零件

（续）

钢种		基本特征	应用
新型模具钢种	P20(3Cr2Mo) 718H、P21 H13(4Cr5MoSiV)	在预硬化硬度36~38HRC的状态下能顺利地进行成形切削加工。P20、718H可在机械加工后进行渗碳淬火处理。P21在机械加工后，经低温时效硬度可达38~40HRC。H13也是一种广泛用于模具的高合金钢，它具有优良的耐磨性，易抛光，热处理时变形小	用于大型及复杂模具零件。高抛光度及高要求成型零件，适合PS、PE、PP、ABS与一般未添加防火阻燃剂的热塑料
	瑞典-胜百钢材 S136、S136H (420改良)	高纯度、高镜面度抛光性能好，抗锈防酸能力极佳，热处理变形小，通过适当的热处理，硬度可达到50~52HRC，并可提高抛光性，耐磨及耐蚀性	镜面模及防酸性高，可保证冷却管道不受锈蚀，适合PVC、PA、POM、PC、PMMA塑料及添加阻燃剂的塑料
	瑞典-胜百钢材 POLMAX(420改良)	通过双重熔处理(电渣重熔+真空重熔)，纯洁度高，具有极高的抛光性能，可达到光学级镜面效果，抗锈防锈能力极佳，热处理变形小	特别适用于高要求的镜面模，如注塑CD光碟、镜片之类的产品
	瑞典-胜百钢材 ELMAX	高耐磨、高耐蚀性、高抗压强度、热处理变形小	高抗酸、高耐磨、高稳定性的塑料模具钢，适合于工程塑料及添加玻纤、阻燃剂的塑料模具，高要求电子零件模

注：1. 所谓预硬钢，是指那些经机械加工、精密硬磨后不需再进行热处理即可使用的预先已进行过热处理，并具有适当硬度的钢材。

2. 热处理工序的安排一般有以下几种：

1）锻件→正火或退火→粗加工→冷挤压型腔（多次挤压时需中间退火）→加工成形→渗碳或碳氮共渗等→淬火与回火→钳工修磨抛光→镀硬铬→装配。

2）锻件→退火→粗加工→调质或高温回火→精加工→淬火与回火→钳工修磨抛光→镀铬→装配。

3）锻件→退火→粗加工→调质→精加工→钳工修磨抛光→镀铬→装配。

4）锻件→正火与高温回火→精加工→渗碳→淬火与回火→钳工修磨抛光→镀铬→装配。

模具寿命与部分钢种见表9-3。

表9-3 模具寿命与部分钢种

塑料与制品	型腔注射次数/次	适用钢种
PP、HDPE等一般塑料	10万左右	50、55正火
	20万左右	50、55调质
	30万左右	P20
	50万以上	SM1、5NiSCa、S136
工程塑料	10万左右	P20、718H
精密塑料件	20万左右	PMS、SM1、5NiSCa
玻纤增强塑料	10万左右	PMS、SM2
	20万以上	25CrNi3MoAl、H13、ELMAX
PC、PMMA、PS透明塑料		PMS、SM2、POLMAX
PVC和阻燃塑料		PCR、S136、S136H

9.2　成型常用塑料

常用塑料和树脂缩写代号见表 9-4。

表 9-4　常用塑料和树脂缩写代号（摘录）

塑料种类	缩写代号	塑料或树脂全称	
		英　　文	中　　文
热塑性塑料	ABS	acrylonitritle-butadiene-styrene copoly	丙烯腈-丁二烯-苯乙烯共聚物
	AS	acrylonitrile-styrene copolymer	丙烯腈-苯乙烯共聚物
	ASA	acrylonitrile-styrene-acrylatecopolyme	丙烯腈-苯乙烯-丙烯酸酯共聚物
	CA	cellulose acetate	乙酸纤维素(醋酸纤维素)
	CN	cellulose nitrate	硝酸纤维素
	EC	ethyl cellulose	乙基纤维素
	FEP	perfluorinated ethylene-propylene copolymer	全氟(乙烯-丙烯)共聚物(聚全氟乙丙烯)
	GRP	glassfibre reinforced plastics	玻璃纤维增强塑料
	HDPE	high density polyethylene	高密度聚乙烯
	HIPS	high impact polystyrene	高冲击强度聚苯乙烯
	LDPE	low densitypolyethylene	低密度聚乙烯
	MDPE	middle density polyethylene	中密度聚乙烯
	PA	polyamide	聚酰胺(尼龙)
	PC	polycarbonate	聚碳酸酯
	PAN	polyacrylonitrile	聚丙烯腈
	PCTEE	polycholrotrifluorcethylene	聚三氟氯乙烯
	PE	polyethylene	聚乙烯
	PEC	chlorinated polyethylene	氯化聚乙烯
	PMMA	poly（methyl methacrylate）	聚甲基丙烯酸甲酯(有机玻璃)
	POM	polyformaldehyde（polyoxymethylene）	聚甲醛
	PP	polypropylene	聚丙烯
	PPC	chlorinated polypropylene	氯化聚丙烯
	PPO	Poly（phenylene oxide）	聚苯醚(聚 2,6-二甲基苯醚)
	PS	polystyrene	聚苯乙烯
	PSF	polysulfone	聚砜
	PTFE	polytetrafluoroethylene	聚四氟乙烯
	PVC	poly（vinyl chloride）	聚氯乙烯
	PVCC	chlorinated poly（cinyl chloride）	氯化聚氯乙烯
	RP	reinforced plastics	整强塑料
	SAN	styrene-acrylonitrile copolymer	苯乙烯-丙烯腈共聚物

（续）

塑料种类	缩写代号	塑料或树脂全称	
		英　文	中　文
热固性塑料	PF	phenol-formaldehyde resin	酚醛树脂
	EP	epoxide resin	环氧树脂
	PUR	polyurethane	聚氨酯
	UP	unsaturatedpolyeter	不饱和聚酯
	MF	melamine-phenol-formaldehyde	三聚氰胺-甲醛树脂
	UF	urea-formaldehyde resin	脲甲醛树脂
	PDAP	poly (diallyl phthalate)	聚邻苯二甲酸二烯丙酯

常用塑料的性能与用途见表 9-5。

表 9-5　常用塑料的性能与用途

塑料名称	性能特点	成型特点	模具设计的注意事项	使用温度/℃	主要用途
聚乙烯（结晶型）	高密度聚乙烯（HDPE）熔点、刚性、硬度和强度较高，吸水性小，有突出的电气性能和良好的耐辐射性能 低密度聚乙烯（LDPE）质软、伸长率、冲击韧性和透明性较好	成型前可不预热；收缩大，易变形；冷却时间长，成型效率不高；塑件有浅侧凹可强制脱膜	浇注系统应尽快保证充型；需设冷却系统；采用螺杆注射机。收缩率：料流方向 2.75%；垂直料流方向 2.0% 注意防变形	<80	薄膜、管、绳、容器、电器绝缘零件、日用品等
聚丙烯（结晶型）	力学性能比聚乙烯好，化学稳定性较好 不耐磨，耐寒性差，光、氧作用下易降解	成型时收缩大，成型性能好，易变形翘曲，柔软性好，有“铰链”特性	因有“铰链”特性，注意浇口位置设计；防缩孔、变形；收缩率为 1.3%~1.7%	10~12	板、片、透明薄膜、绳、绝缘零件、汽车零件、阀门配件、日用品等
聚酰胺（结晶型）	拉伸强度、硬度、耐磨性、自润滑性突出，吸水性强；化学稳定性好，能溶于甲醛、苯酚、浓硫酸等	熔点高，成型前须预热；黏度低，流动性好，易产生溢料、飞边；熔融温度下较硬，易损模具，主流道及型腔易粘模	防止溢料，要提高结晶化温度，应注意模具温度的控制；收缩率为 1.5%~2.5%	<100（尼龙 6）	耐磨零件及传动件，如齿轮、凸轮、滑轮等；电器零件中的骨架外壳、阀类零件、单丝、薄膜、日用品等
聚甲醛（结晶型）	综合性能好，比强度、比刚度接近金属；尺寸稳定性较好 但热稳定性差，易燃烧	热稳定性差，易分解，流动性好，注射时速度要快，注射压力不宜过高，凝固速度快	浇道阻力要小；采用螺杆式注射机；注意塑化温度和模具温度的控制；收缩率<2.5%	<100	可代替钢、铜、铝、铸铁等制造多种结构零件及电子产品中的许多结构零件
聚苯乙烯（非结晶型）	透明性好，电性能好，拉伸强度高，着色性、耐水性、化学稳定性较好 但质脆，抗冲击强度差，不耐苯、汽油等有机溶剂	成型性能好，成型前可不干燥，但注射时应防止溢料，制品易产生内应力，易开裂	因流动性好，适宜用点浇口，但因热膨胀大，塑件中不宜有嵌件	-30~80	装饰制品，仪表壳、灯罩、绝缘零件、容器、泡沫塑料、日用品等

（续）

塑料名称	性能特点	成型特点	模具设计的注意事项	使用温度/℃	主要用途
ABS(非结晶型)	综合力学性能好，化学稳定性较好 但耐热性较差，吸水性较大	成型性能好，成型前要干燥，易产生熔接痕，浇口处外观不好	分流道及浇口截面要大，注意浇口的位置，防止熔接纹，在成型时的脱模斜度>2°，收缩率取>0.5%	<70	应用广泛，如电器外壳、汽车仪表盘、日用品等
有机玻璃(非结晶型)	透光率最好，电器绝缘性好，化学稳定性较好 但表面硬度不高，质脆易开裂，易溶于有机溶剂	流动性差，易产生流痕、缩孔，易分解；透明性好 成型前要干燥，注射时速度不能太高	合理设计浇注系统，便于充型，脱模斜度尽可能大；严格控制料温与模具温度，以防分解 收缩率取 0.35%	<80	透明制品，如窗玻璃、光学镜片、光盘、灯罩等
聚氯乙烯(非结晶型)	不耐强酸和碱类溶液，能溶于甲苯、松节油等，其他性能取决于配方	热稳定性差，成型温度范围窄；流动性差，腐蚀性强，塑件外观差	合理设计浇注系统，阻力要小，严格控制成型温度，即料筒、喷嘴及模具温度；模具要进行表面镀铬处理，收缩率为 0.7%	-15~55	用途广泛，如薄膜、管、板、容器、电缆、人造革、鞋类、日用品等
聚碳酸酯(非结晶型)	透光率较高，介电性能好，吸水性小，力学性能好，抗冲击、抗蠕变性突出 但耐磨性差，不耐碱、酮、酯	耐寒性好，熔融温度高，黏性大，成型前需干燥，易产生残余应力，甚至裂纹；质硬，易损模具，使用性能好	尽可能使用直接浇口，减小流动阻力，塑料要干燥；不宜采用金属嵌件，脱模斜度>2°	<130，脆化温度为-100	在机械上用作齿轮、凸轮、蜗轮、滑轮等，电机电子产品零件，光学零件等
氟化氯乙烯(氟塑料结晶型)	摩擦因数小，电绝缘性好，可耐一切酸、碱、盐及有机溶剂 但力学性能不高，刚度差	黏度大，流动性差，成型困难，应高温高压成型，易变色	浇注系统尺寸要大一些；防止成型时变色；模具要表面处理，模具材料耐蚀性要好，收缩率为 0.5%	-195~250	防腐化工领域的产品、电绝缘产品、耐热耐寒产品、自润滑制品
酚醛塑料	表面硬度高，刚性好，尺寸稳定，电绝缘性好 但质脆，冲击强度差，不耐强酸、强碱及硝酸	适宜压缩成型，成型性好，模具温度对流动性影响很大	注意模具的预热和排气	<200	根据添加剂的不同可制成各种塑料制品，用途广泛
氨基塑料	表面硬度高，电绝缘性能好；耐油、耐弱碱和有机溶剂，但不耐酸	常用于压缩与传递成型，成型前需干燥，流动性好，固化快	模具应防腐，模具预热及成型温度要适当高些，装料、合模及加工速度要快	与配方有关，最高可达 200	电绝缘零件、日用品、黏合剂、层压、泡沫制品等

常用热塑性塑料的主要技术指标见表 9-6。

表 9-6　常用热塑性塑料的主要技术指标

性能参数 \ 塑料名称		聚氯乙烯		聚乙烯		聚丙烯		聚苯乙烯		
		硬	软	高密度	低密度	纯	玻纤增强	一般型	抗冲击型	20%~30%玻纤增强
密度	$\rho/(kg\cdot dm^{-3})$	1.35~1.45	1.16~1.35	0.94~0.97	0.91~0.93	0.90~0.91	1.04~1.05	1.04~1.06	0.98~1.10	1.20~1.33
比体积	$v/(dm^3/kg)$	0.69~0.74	0.74~0.86	1.03~1.06	1.08~1.10	1.10~1.11		0.94~0.96	0.91~1.02	0.75~0.83
吸水率(24h)	$\omega_{p.c}(\%)$	0.07~0.4	0.15~0.75	<0.01	<0.01	0.01~0.83	0.05	0.03~0.05	0.1~0.3	0.05~0.07
收缩率	$S(\%)$	0.6~1.0	1.5~2.5	1.5~3.0		1.0~3.0	0.4~0.8	0.5~0.6	0.3~0.6	0.3~0.5
熔点	$t/℃$	160~212	110~160	105~137	105~125	170~176	170~180	131~165		
热变形温度	$t/℃$ 0.46/MPa	67~82		60~82		102~115	127			
热变形温度	$t/℃$ 0.185/MPa	54		48		56~67		65~96	64~92.5	82~112
拉伸屈服强度	σ_1/MPa	35.2~50	10.5~24.6	22~39	7~19	37	78~90	35~63	14~48	77~106
拉伸弹性模量	E_1/MPa	$(2.4\sim4.2)\times10^3$		$(0.84\sim0.95)\times10^3$				$(2.8\sim3.5)\times10^3$	$(1.4\sim3.1)\times10^3$	3.23×10^3
弯曲强度	σ_1/MPa	≥90		20.8~40	25	67.5	132	61~98	35~70	70~119
冲击韧度	$\alpha_n/(kJ/m^2)$ 无缺口			不断	不断	78	51			
冲击韧度	$\alpha_K/(kJ/m^2)$ 缺口	58		65.5	48	3.5~4.8	14.1	0.54~0.86	1.1~23.6	0.75~13
硬度	HBW	16.2 R110~120	邵 96(A)	2.07 邵 D60~70	邵 D41~46	8.65 R95~105	9.1	M65~80	M20~80	M65~90
体积电阻系数	$\rho_v/\Omega\cdot cm$	6.71×10^{13}	6.71×10^{13}	$10^{15}\sim10^{16}$	$>10^{16}$	$>10^{16}$		$>10^{16}$	$>10^{16}$	$10^{13}\sim10^{17}$
击穿强度	$E/(kV/mm)$	26.5	26.5	17.7~19.7	18.1~27.5	30		19.7~27.5		

（续）

性能参数 \ 塑料名称		苯乙烯共聚			苯乙烯改性聚甲基丙烯酸甲酯(372)	聚酰胺			聚甲醛	聚碳酸酯	
		AS(无填料)	ABS	20%～40%玻纤增强		尼龙 6	尼龙 66	30%玻纤增强尼龙 66		纯	20%～30%短玻纤增强
密度	$\rho/(kg/dm^3)$	1.08～1.10	1.02～1.16	1.23～1.36	1.12～1.16	1.10～1.15	1.10	1.35	1.41	1.20	1.34～1.35
比体积	$v/(dm^3/kg)$		0.86～0.98		0.86～0.98	0.87～0.91	0.91	0.74	0.71	0.83	0.74～0.75
吸水率(24h)	$\omega_{p.c}(\%)$	0.2～0.3	0.2～0.4	0.18～0.4	0.2	1.6～3.0	0.9～1.6	0.5～1.3	0.12～0.15	0.15，23℃ 50%　RH	0.09～0.15
收缩率	$S(\%)$	0.2～0.7	0.4～0.7	0.1～0.2		0.6～1.4	1.5	0.2～0.8	1.5～3.0	0.5～0.7	0.05～0.5
熔点	t/℃		130～160			210～225	250～265		180～200	225～250	235～245
热变形温度	t/℃　0.46MPa		90～108	104～121		140～176	149～176	262～265	158～174	132～141	146～149
	t/℃　0.185MPa	88～104	83～103	99～116	85～99	80～120	82～121	245～262	110～157	132～138	140～145
拉伸屈服强度	σ_b/MPa	63～84.4	50	59.8～133.6	63	70	89.5	146.5	69	72	84
拉伸弹性模量	E_1/MPa	$(2.81～3.94)\times10^3$	1.8×10^3	$(4.1～7.2)\times10^3$	3.5×10^3	2.6×10^3	$(1.25～2.88)\times10^3$	$(6.02～12.6)\times10^3$	2.5×10^3	2.3×10^3	6.5×10^3
弯曲强度	σ_w/MPa	98.5～133.6	80	112.5～189.9	113～130	96.9	126	215	104	113	134
冲击韧度	$\alpha_n/(kJ/m^2)$　无缺口		261			不断	49	76	202	不断	57.8
	$\alpha_K/(kJ/m^2)$　缺口		11		0.71～1.1	11.8	6.5	17.5	15	55.8～90	10.7
硬度　HBW		洛氏 M80～90	9.7 R121	洛氏 M65～100	M70～85	11.6 M85～114	12.2 R100～118	15.6M94	11.2M78	11.4M75	13.5
体积电阻系数	$\rho_v/\Omega\cdot cm$	$>10^{16}$	6.9×10^{16}		$>10^{14}$	1.7×10^{16}	4.2×10^{14}	5×10^{16}	1.87×10^{14}	3.06×10^{17}	10^{17}
击穿强度	$E/(kV/mm)$	15.7～19.7			15.7～17.7	>20	>15	16.4～20.2	18.6	17～22	22

第 10 章　螺纹紧固件及联接尺寸

在模具设计与制造中，紧固件大多是用内六角的形式，这样把螺钉头沉入模板中，使模具在机床上安装固定更为方便，同时也是采用强度级别比较高的螺钉，预紧力也比较大。

10.1　紧固件

紧固件相关参数见表 10-1～表 10-4。

表 10-1　内六角圆柱头螺钉（摘自 GB/T 70.1—2008）　　（单位：mm）

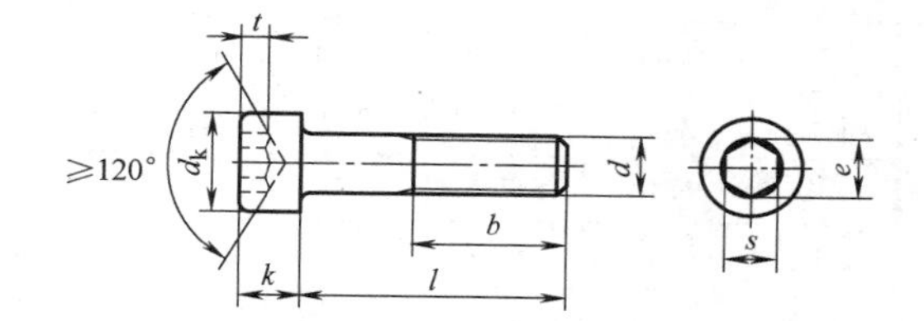

标记示例

螺纹规格 d = M8、公称长度 l = 20mm、性能等级为 8.8 级、表面氧化的内六角圆柱螺钉的标记：

螺钉　GB/70.1　M8×20

螺纹规格 d	M3	M4	M5	M6	M8	M10	M12	M14	M16	M20	M24	M30
b(参考)	18	20	22	24	28	32	36	40	44	52	60	72
d_k(max)	5.5	7	8.5	10	13	16	18	21	24	30	36	45
e	2.87	3.44	4.58	5.72	6.86	9.15	11.43	13.72	16	19.44	21.73	25.15
k(max)	3	4	5	6	8	10	12	14	16	20	24	30
s	2.5	3	4	5	6	8	10	12	14	17	19	22
t(min)	1.3	2	2.5	3	4	5	6	7	8	10	12	15.5
l 范围(公称)	5～30	6～40	8～50	10～60	12～80	16～100	20～120	25～140	25～160	30～200	40～220	40～220
制成全螺纹时 l≤	20	25	25	30	35	40	50	55	60	70	80	100
l 系列(公称)	2.5,3,4,5,6～16(2 进位),20～65(5 进位),70～160(10 进位),180～300(20 进位)											
技术条件	材料		力学性能等级		螺纹公差			产品等级	表面处理			
	35,45,合金钢		8.8,10.9,12.9		12.9 级为 5g 或 6g,其他等级为 6g			A	氧化或镀锌钝化			

注：1. 标准规定螺钉规格 M1.6～M64。

2. d 为普通粗牙螺纹规格。

3. 螺钉性能等级 8.8 级为常用级，模架用联接螺钉一般用 12.9 级或 10.9 级——编者注。

表 10-2　内六角沉头螺钉（摘自 GB/T 70.3—2008）　　　　（单位：mm）

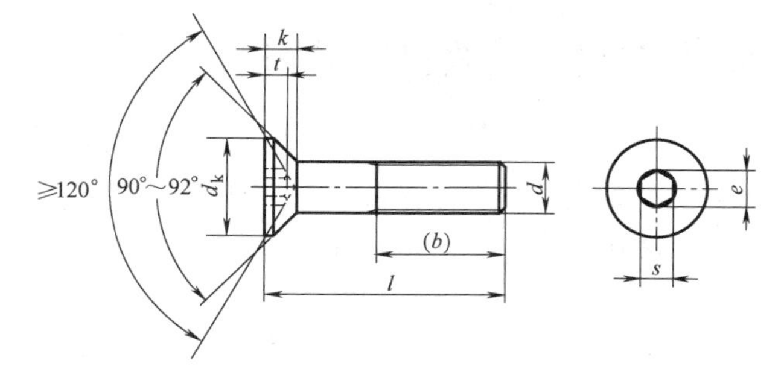

标记示例

螺纹规格 d=M8、公称长度 l=20mm、性能等级为 8.8 级、表面氧化的 A 级内六角沉头螺钉的标记：

螺钉　GB/T 70.3　M8×20

螺纹规格 d	M3	M4	M5	M6	M8	M10	M12	(M14)	M16	M20
螺距 P	0.5	0.7	0.8	1	1.25	1.5	1.75	2	2	2.5
b(参考)	18	20	22	24	28	32	36	40	44	52
d_k(max)	6.72	8.96	11.2	13.44	17.92	22.4	26.88	30.8	33.6	40.32
e	2.303	2.873	3.443	4.583	5.723	6.863	9.194	11.429	11.429	13.716
k(max)	1.86	2.48	3.1	3.72	4.96	6.2	7.44	8.4	8.8	10.16
s	2.08	2.58	3.08	4.095	5.14	6.14	8.175	10.175	10.175	12.212
t (min)	1.3	2	2.5	3	4	5	6	7	8	10
l 范围(公称)	8~30	8~40	8~50	8~60	10~80	12~100	20~100	25~100	30~100	35~100
制成全螺纹时 l≤	25	25	30	35	45	50	60	65	70	90
l 系列(公称)	8,10,12,16,20,25,30,35,40,45,50,55,60,65,70,80,90,100									

技术条件	材料	力学性能等级	螺纹公差	产品等级	表面处理
	35,45,合金钢	8.8,10.9,12.9	12.9 级为 5g 或 6g,其他等级为 6g	A	氧化或镀锌钝化

注：1. d 为普通粗牙螺纹规格。

2. 螺钉性能等级 8.8 级为常用级。在塑料模具制造中基本上是用内六角沉头螺钉，一般不用或少用十字槽和一字槽螺钉，因为十字槽和一字槽螺钉预紧力较小——编者注。

表 10-3　紧定螺钉（摘自 GB/T 77—2007、GB/T 78—2007、GB/T 79—2007）

（单位：mm）

内六角平端紧定螺钉(GB/T 77—2007)　内六角锥端紧定螺钉(GB/T 78—2007)　内六角圆柱端紧定螺钉(GB/T 79—2007)

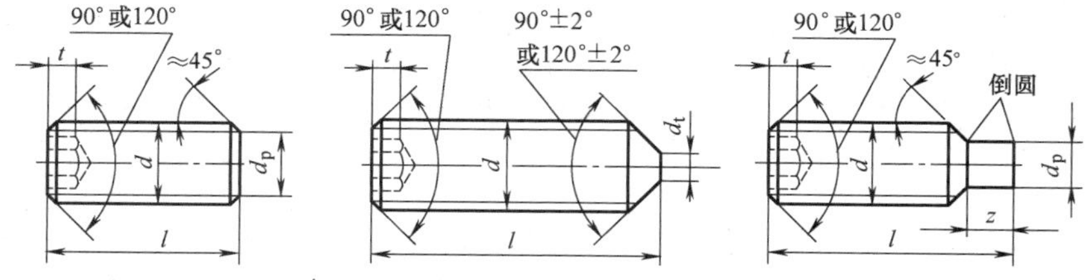

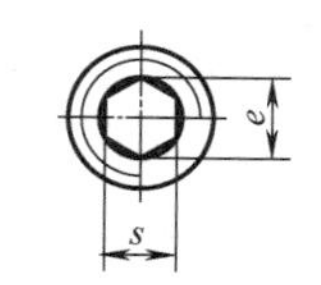

标记示例

螺纹规格 d=M5、公称长度 l=12mm、性能等级为 45H 级、表面氧化的 A 级内六角锥端紧定螺钉的标记：

螺钉　GB/T 78　M5×12

相同规格的另外两种螺钉的标记分别为：螺钉　GB/T77　M5×12；

螺钉　GB/T 79　M5×12

（续）

螺纹规格 d	螺距 P	d_p (max)	d_t (max)	e(max)	s	t	z (max)		长度 l		
							短圆柱	长圆柱	GB/T 77—2007	GB/T 78—2007	GB/T 79—2007
M3	0.5	2	0.75	1.73	1.5	2	1	1.75	2~16	3~16	4~16
M4	0.7	2.5	1	2.3	2	2.5	1.25	2.25	2.5~20	4~20	5~20
M5	0.8	3.5	1.25	2.87	2.5	3	1.5	2.75	3~25	5~25	6~25
M6	1	4	1.5	3.44	3	3.5	1.75	3.25	4~30	6~30	8~30
M8	1.25	5.5	2	4.58	4	5	2.25	4.3	5~40	8~40	8~40
M10	1.5	7	2.5	5.72	5	6	2.75	5.3	6~50	10~50	10~50
M12	1.75	8.5	3	6.86	6	8	3.25	6.3	8~60	12~60	12~60
M16	2.0	12	4	9.15	8	10	4.3	8.36	10~60	16~60	16~60
l 系列	2,3,4,5,6,8,10,12,16,20,25,30,35,40,45,50,60										

技术要求	材料	力学性能等级	螺纹公差	产品等级	表面处理
	钢	45H	45H 级为 5g、6g 其他等级 6g	A	氧化或镀锌钝化

表 10-4　十字槽盘头螺钉与十字槽沉头螺钉（摘自 GB/T 818—2016、GB/T 819.1—2016）

（单位：mm）

GB/T 818—2016

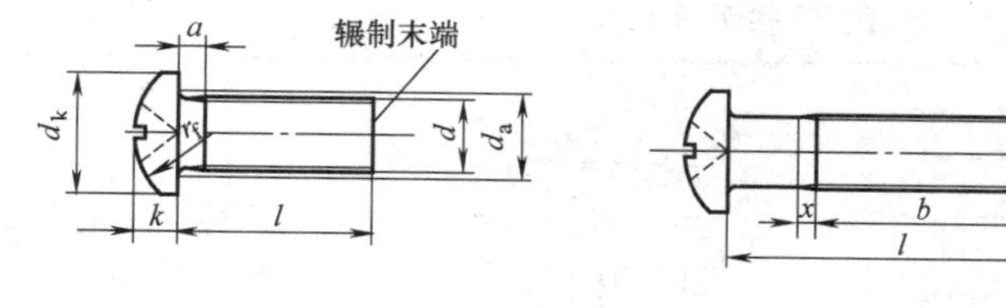

十字槽

H型

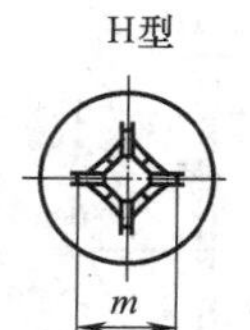

Z型

GB/T 819.1—2016

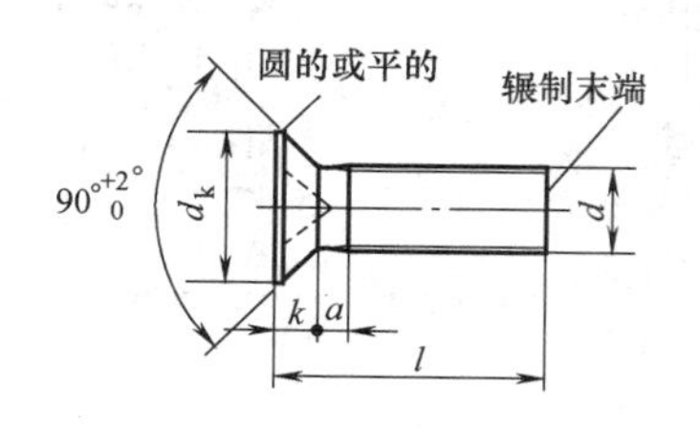

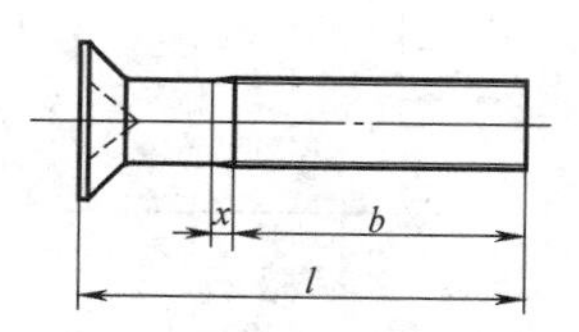

标记示例

螺纹规格 d=M5、公称长度 l=20mm、性能等级为 4.8 级、H 型十字槽、表面不经处理的 A 级十字槽盘头螺钉的标记：

螺钉 GB/T 818—2016-M5×20

螺纹规格 d=M5、公称长度 l=20mm、性能等级为 4.8 级、Z 型十字槽、表面不经处理的 A 级十字槽沉头螺钉的标记：

螺钉 GB/T 819.1—2016-M5×20

（续）

螺纹规格 d	螺距 P	a（max）	b（min）	GB/T 819.1—2016						GB/T 818—2016							l 范围
				d_k（max）	k（min）	十字槽插入深度 H 型 m 参考	十字槽插入深度 H 型 max	十字槽插入深度 Z 型 m 参考	十字槽插入深度 Z 型 max	d_k（max）	k（min）	r_f ≈	十字槽插入深度 H 型 m 参考	十字槽插入深度 H 型 max	十字槽插入深度 Z 型 m 参考	十字槽插入深度 Z 型 max	
M3	0.5	1	25	5.5	1.65	3.2	2.1	3	2.01	5.6	2.4	5	3	1.8	2.8	1.75	4~30
M4	0.7	1.4	38	8.4	2.7	4.6	2.6	4.4	2.51	8	3.1	6.5	4.4	2.4	4.3	2.34	5~40
M5	0.8	1.6	38	9.3	2.7	5.2	3.2	4.9	3.05	9.5	3.7	8	4.9	2.9	4.7	2.74	6~45
M6	1	2	38	11.3	3.3	6.8	3.5	6.6	3.45	12	4.6	10	6.9	3.6	6.7	3.46	8~60
M8	1.25	2.5	38	15.8	4.65	8.9	4.6	8.8	4.6	16	6	13	9	4.6	8.8	4.5	10~60
M10	1.5	3	38	18.3	5	10	5.7	9.8	5.64	20	7.5	16	10.1	5.8	9.9	5.69	12~60
制成全螺纹时的 l 长度				当 d=M3 时 l≤30，当 d≥M4 时 l≤45						当 d=M3 时 l≤25，当 d≥M4 时 l≤40							
l 系列	4,5,6,8,10,12,(14),16,20,25,30,35,40,45,50,(55),60																

技术要求	材料	力学性能等级	螺纹公差	产品等级
	Q235、15、35、45	4.8	6g	A

注：1. 括号内的规格尽可能不用。
　　2. 编者对本标准做了适当简化。

10.2　螺钉（螺栓）安装和联接尺寸

螺钉、螺栓沉头孔尺寸见表 10-5。

表 10-5　螺钉、螺栓沉头孔尺寸　（单位：mm）

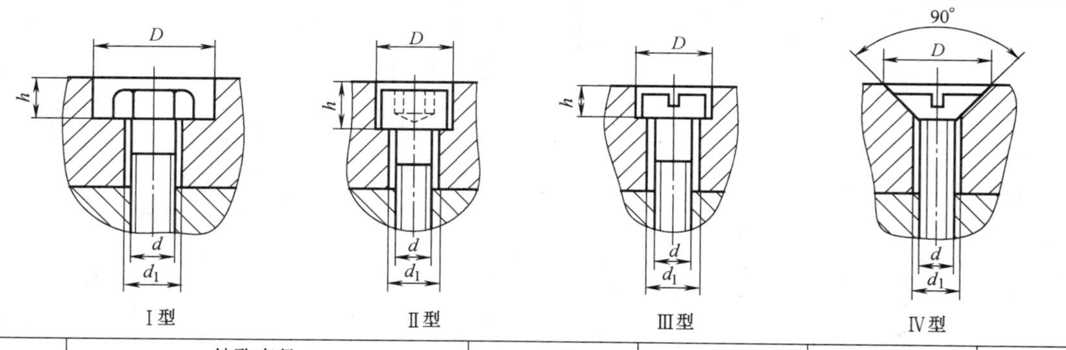

d	钻孔直径 d_1 精装配用	钻孔直径 d_1 普通装配用	钻孔直径 d_1 粗装配用	Ⅰ型 D	Ⅰ型 h	Ⅱ型 D	Ⅱ型 h	Ⅲ型 D	Ⅲ型 h	Ⅳ型 D
M3	3.2	3.6						6	3	7
M4	4.3	4.8						8	3.5	9.5
M5	5.5	6				10	5.5	9.5	4	11
M6	6.5	7		24	5	12	6.5	11	4.5	13
M8	8.5	9		28	6.5	15	8.5	13.5	6.5	17

（续）

d	钻孔直径 d_1			Ⅰ型		Ⅱ型		Ⅲ型		Ⅳ型
	精装配用	普通装配用	粗装配用	D	h	D	h	D	h	D
M10	10.5	11	12	30	8	18	10.5	16	8	21
M12	12.5	13	14	34	9	20	13	20	10	25
M14	14.5	15	16	37	10	23	15			
M16	16.5	17	18	41	12	26	17			
M18	19	20	21	46	14	30	19.5			
M20	21	22	23	49	15	33	21.5			
M22	23	24	25	55.5	16	36	23.5			
M24	25	26	27	60	17	39	25.5			

螺钉联接尺寸见表 10-6。

表 10-6　螺钉联接尺寸　　（单位：mm）

简　　图	螺纹直径	旋进长度 l				螺纹孔外加深度 l_1	光孔外加深度 l_2	螺钉增加螺纹长度 l_3
		最小值		应用值				
		铸铁	钢	铸铁	钢			
	M3	3.5	2	6	4.5	1.5	1.5	2
	M4	4.5	2.5	8	6	2	2	1.5
	M5	5	3	10	7.5	2.5	2.5	2.5
	M6	6	3.5	12	9	3	3	3.5
	M8	8	4.5	16	12	4	4	4
	M10	10	5.5	20	15	5	5	4.5
	M12	12	7	24	18	6	6	5.5
	M14	14	9	28	21	8	8	6
	M16	16	10	32	24	8	8	6
	M20	20	13	40	30	10	10	7
	M24	24	15	48	36	12	12	8

注：一般情况下不采用最小旋进长度，塑料模螺钉旋入深度，工厂应用值 $l=2d$，钻孔深度到锥顶 $\approx 3d$。

第 11 章　公差配合、几何公差和表面粗糙度

11.1　公差与配合（摘自 GB/T 1800.2—2009）

1. 基本偏差系列及配合种类

GB/T 1800.2—2009 规定了孔和轴常用公差带的极限偏差数值，其数值是按 GB/T 1800.1—2009 中的标准公差和基本数值表计算得到的。它包括孔的上极限偏差 ES 和轴的上极限偏差 es、孔的下极限偏差 EI 和轴的下极限偏差 ei 的数值，如图 11-1 所示。

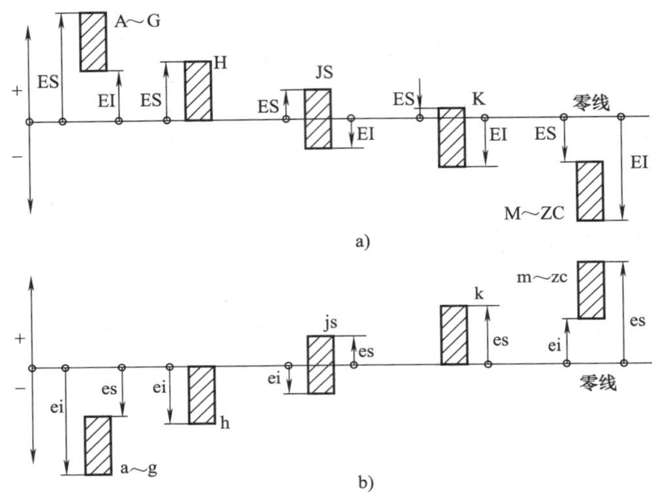

图 11-1　上极限偏差和下极限偏差

a）孔　b）轴

2. 标准公差值及轴和孔的极限偏差值

标准公差分为 20 个等级，即 IT01、IT0、IT1、…、IT18。表 11-1 列出了常用标准公差值。

表 11-1　标准公差值（GB/T 1800.1—2009 部分节选）

公称尺寸 /mm	公差等级/μm											
	IT4	IT5	IT6	IT7	IT8	IT9	IT10	IT11	IT12	IT13	IT14	IT15
≤3	3	4	6	10	14	25	40	60	100	140	250	400
3~6	4	5	8	12	18	30	48	75	120	180	300	480
6~10	4	6	9	15	22	36	58	90	150	220	360	580
10~18	5	8	11	18	27	43	70	110	180	270	430	700
18~30	6	9	13	21	33	52	84	130	210	330	520	840
30~50	7	11	16	25	39	62	100	160	250	390	620	1000
50~80	8	13	19	30	46	74	120	190	300	460	740	1200
80~120	10	15	22	35	54	87	140	220	350	540	870	1400
120~180	12	18	25	40	63	100	160	250	400	630	1000	1600
180~250	14	20	29	46	72	115	185	290	460	720	1150	1850
250~315	16	23	32	52	81	130	210	320	520	810	1300	2100
315~400	18	25	36	57	89	140	230	360	570	890	1400	2300
400~500	20	27	40	63	97	155	250	400	630	970	1500	2500

轴的极限偏差值见表 11-2。

表 11-2　轴的极限偏差值（节选 GB/T 1801—2009）　　　（单位：μm）

公差带	等级	公称尺寸/mm									
		0~3	>3~6	>6~10	>10~18	>18~30	>30~50	>50~80	>80~120	>120~180	>180~250
e	6	-14 -20	-20 -28	-25 -34	-32 -43	-40 -53	-50 -66	-60 -79	-72 -94	-85 -110	-100 -129
	7	-14 -24	-20 -32	-25 -40	-32 -50	-40 -61	-50 -75	-60 -90	-72 -107	-85 -125	-100 -146
	8	-14 -28	-20 -38	-25 -47	-32 -59	-40 -73	-50 -89	-60 -106	-72 -126	-85 -148	-100 -172
	9	-14 -39	-20 -50	-25 -61	-32 -75	-40 -92	-50 -112	-60 -134	-72 -159	-85 -185	-100 -215
f	6	-6 -12	-10 -18	-13 -22	-16 -27	-20 -33	-25 -41	-30 -49	-36 -58	-43 -68	-50 -79
	▼7	-6 -16	-10 -22	-13 -28	-16 -34	-20 -41	-25 -50	-30 -60	-36 -71	-43 -83	-50 -96
	8	-6 -20	-10 -28	-13 -35	-16 -43	-20 -53	-25 -64	-30 -76	-36 -90	-43 -106	-50 -122
	9	-6 -31	-10 -40	-13 -49	-16 -59	-20 -72	-25 -87	-30 -104	-36 -123	-43 -143	-50 -165
g	5	-2 -6	-4 -9	-5 -11	-6 -14	-7 -16	-9 -20	-10 -23	-12 -27	-14 -32	-15 -35
	▼6	-2 -8	-4 -12	-5 -14	-6 -17	-7 -20	-9 -25	-10 -29	-12 -34	-14 -39	-15 -44
	7	-2 -12	-4 -16	-5 -20	-6 -24	-7 -28	-9 -34	-10 -40	-12 -47	-14 -54	-15 -61
	8	-2 -16	-4 -22	-5 -27	-6 -33	-7 -40	-9 -48	-10 -56	-12 -66	-14 -77	-15 -87
h	5	0 -4	0 -5	0 -6	0 -8	0 -9	0 -11	0 -13	0 -15	0 -18	0 -20
	▼6	0 -6	0 -8	0 -9	0 -11	0 -13	0 -16	0 -19	0 -22	0 -25	0 -29
	▼7	0 -10	0 -12	0 -15	0 -18	0 -21	0 -25	0 -30	0 -35	0 -40	0 -46
	8	0 -14	0 -18	0 -22	0 -27	0 -33	0 -39	0 -46	0 -54	0 -63	0 -72
	▼9	0 -25	0 -30	0 -36	0 -43	0 -52	0 -62	0 -74	0 -87	0 -100	0 -115
	10	0 -40	0 -48	0 -58	0 -70	0 -84	0 -100	0 -120	0 -140	0 -160	0 -185
j	5	—	+3 -2	+4 -2	+5 -3	+5 -4	+6 -5	+6 -7	+6 -9	+7 -11	+7 -13

（续）

公差带	等级	公称尺寸/mm									
		0~3	>3~6	>6~10	>10~18	>18~30	>30~50	>50~80	>80~120	>120~180	>180~250
j	6	+4 -2	+6 -2	+7 -2	+8 -3	+9 -4	+11 -5	+12 -7	+13 -9	+14 -11	+16 -13
	7	+6 -4	+8 -4	+10 -5	+12 -6	+13 -8	+15 -10	+18 -12	+20 -15	+22 -18	+25 -21
js	5	±2	±2.5	±3+	±4	±4.5	±5.5	±6.5	±7.5	±9	±10
	6	±3	±4	±4.5	±5.5	±6.5	±8	±9.5	±11	±12.5	±14.5
	7	±5	±6	±7	±9	±10	±12	±15	±17	±20	±23
k	5	+4 0	+6 +1	+7 +1	+9 +1	+11 +2	+13 +2	+15 +2	+18 +3	+21 +3	+24 +4
	▼6	+6 0	+9 +1	+10 +1	+12 +1	+15 +2	+18 +2	+21 +2	+25 +3	+28 +3	+33 +4
	7	+10 0	+13 +1	+16 +1	+19 +1	+23 +2	+27 +2	+32 +2	+38 +3	+43 +3	+50 +4
m	5	+6 +2	+9 +4	+12 +6	+15 +7	+17 +8	+20 +9	+24 +11	+28 +13	+33 +15	+37 +17
	▼6	+8 +2	+12 +4	+15 +6	+18 +7	+21 +8	+25 +9	+30 +11	+35 +13	+40 +15	+46 +17
	7	+12 +2	+16 +4	+21 +6	+25 +7	+29 +8	+34 +9	+41 +11	+48 +13	+55 +15	+63 +17
n	5	+8 +4	+13 +8	+16 +10	+20 +12	+24 +15	+28 +17	+33 +20	+38 +23	+45 +27	+51 +31
	▼6	+10 +4	+16 +8	+19 +10	+23 +12	+28 +15+	+33 +17	+39 +20	+45 +23	+52 +27	+60 +31
	7	+14 +4	+20 +8	+25 +10	+30 +12	+36 +15	+42 +17	+50 +20	+58 +23	+67 +27	+77 +31

注：标注▼者为优先公差等级，应优先选用。

孔的极限偏差值见表 11-3。

表 11-3　孔的极限偏差值（节选 GB/T 1801—2009）　　（单位：μm）

公差带	等级	公称尺寸/ mm									
		0~3	>3~6	>6~10	>10~18	>18~30	>30~50	>50~80	>80~120	>120~180	>180~250
F	6	+12 +6	+18 +10	+22 +13	+27 +16	+33 +20	+41 +25	+49 +30	+58 +36	+68 +43	+79 +50
	7	+16 +6	+22 +10	+28 +13	+34 +16	+41 +20	+50 +25	+60 +30	+71 +36	+83 +43	+96 +50
	▼8	+20 +6	+28 +10	+35 +13	+43 +16	+53 +20	+64 +25	+76 +30	+90 +36	+106 +43	+122 +50
	9	+31 +6	+40 +10	+49 +13	+59 +16	+72 +20	+87 +25	+104 +30	+123 +36	+143 +43	+165 +50
G	6	+8 +2	+12 +4	+14 +5	+17 +6	+20 +7	+25 +9	+29 +10	+34 +12	+39 +14	+44 +15

（续）

公差带	等级	公称尺寸/ mm									
		0～3	>3～6	>6～10	>10～18	>18～30	>30～50	>50～80	>80～120	>120～180	>180～250
G	▼7	+12 +2	+16 +4	+20 +5	+24 +6	+28 +7	+34 +9	+40 +10	+47 +12	+54 +14	+61 +15
	8	+16 +2	+22 +4	+27 +5	+33 +6	+40 +7	+48 +9	+56 +10	+66 +12	+77 +14	+87 +15
H	6	+6 0	+8 0	+9 0	+11 0	+13 0	+16 0	+19 0	+22 0	+25 0	+29 0
	▼7	+10 0	+12 0	+15 0	+18 0	+21 0	+25 0	+30 0	+35 0	+40 0	+46 0
	▼8	+14 0	+18 0	+22 0	+27 0	+33 0	+39 0	+46 0	+54 0	+63 0	+72 0
	▼9	+25 0	+30 0	+36 0	+43 0	+52 0	+62 0	+74 0	+87 0	+100 0	+115 0
	10	+40 0	+48 0	+58 0	+70 0	+84 0	+100 0	+120 0	+140 0	+160 0	+185 0
	▼11	+60 0	+75 0	+90 0	+110 0	+130 0	+160 0	+190 0	+220 0	+250 0	+290 0
J	7	+4 -6	—	+8 -7	+10 -8	+12 -9	+14 -11	+18 -12	+22 -13	+26 -14	+30 -16
	8	+6 -8	+10 -8	+12 -10	+15 -12	+20 -13	+24 -15	+28 -18	+34 -20	+41 -22	+47 -25
JS	6	±3	±4	±4.5	±5.5	±6.5	±8	±9.5	±11	±12.5	±14.5
	7	±5	±6	±7	±9	±10	±12	±15	±17	±20	±23
	8	±7	±9	±11	±13	±16	±19	±23	±27	±31	±36
K	6	0 -6	+2 -6	+2 -7	+2 -9	+2 -11	+3 -13	+4 -15	+4 -18	+4 -21	+5 -24
	▼7	0 -10	+3 -9	+5 -10	+6 -12	+6 -15	+7 -18	+9 -21	+10 -25	+12 -28	+13 -33
	8	0 -14	+5 -13	+6 -16	+8 -19	+10 -23	+12 -27	+14 -32	+16 -38	+20 -43	+22 -50
N	6	-4 -10	-5 -13	-7 -16	-9 -20	-11 -24	-12 -28	-14 -33	-16 -38	-20 -45	-22 -51
	▼7	-4 -14	-4 -16	-4 -19	-5 -23	-7 -28	-8 -33	-9 -39	-10 -45	-12 -52	-14 -60
	8	-4 -18	-2 -20	-3 -25	-3 -30	-3 -36	-3 -42	-4 -50	-4 -58	-4 -67	-5 -77

注：标注▼者为优先公差等级，应优先选用。

3. 公差与配合的使用

（1）公差等级的选用　在满足使用要求的前提下，应尽可能选用较低的等级，以降低加工成本，见表 11-4。当公差等级高于或等于 IT8 时，推荐选择孔的公差等级比轴低一级；低于 IT8 时，推荐孔、轴选择同级公差。

（2）基准制的选用　一般情况下，优先选用基孔制，这样可避免定值刀具、量具规格的不必要繁杂；与标准件配合时，通常依标准件定，如与滚动轴承配合的轴应选用基孔制，与滚动轴承外圈配合的孔应选用基轴制。

（3）配合的选用　应尽可能选用优先配合（孔、轴均为优先公差等级结合而成的配合）和常用配合。表 11-5 列出了常用和优先的基孔制配合特性及应用举例，供选择基孔制配合时参考。表 11-5 也适用于基轴制配合，但需将表中轴的基本偏差代号改为同名孔的基本偏差代号（如轴的基本偏差 d、e 改为孔的基本偏差 D、E），因而也可供选择基轴制配合时参考。

表 11-4　公差等级与常用加工方法的关系

加工方法	公差等级(IT)													
	01~3	4	5	6	7	8	9	10	11	12	13	14	15	16
研磨	○	○	○											
珩磨		○	○	○	○									
圆磨、平磨			○	○	○	○								
拉削			○	○	○	○								
铰孔				○	○	○	○	○						
车、镗					○	○	○	○	○					
铣						○	○	○	○					
刨、插								○	○					
钻孔								○	○	○	○			
冲压								○	○	○	○	○		
砂型制造、气割												○	○	○
锻造											○	○		

表 11-5　常用和优先的基孔制配合特性及应用举例

基孔制配合特性	轴的基本偏差	使用特性	应用举例
配合间隙较大	e	适用于要求有明显间隙，易于转动的配合	H7/e8 用于拉料杆与推件板的配合，H7/ e7 用于复位杆与模板孔的配合
配合间隙中等	f	适用于 IT6 ~ IT8 级的一般转动的配合	H7/f7 用于导柱与导套孔、推管与模板孔的配合，H8/f8 用于嵌件、活动镶件与模板定位孔、推杆与模板孔、滑块与导滑槽的配合，H9/f9 用于定位圈与主流道衬套的配合
配合间隙较小	g	适用于相对运动速度不高或不回转的精密定位配合	H8/g7 用于柴油机挺杆与气缸体的配合，H7/g6 用于矩形花键定心直径、可换钻套与钻模板的配合

（续）

基孔制配合特性	轴的基本偏差	使用特性	应用举例
配合间隙很小	h	适用于常拆卸或在调整时需移动或转动的联接处，或对同轴度有一定要求的孔轴配合	H7/h6、H8/h7 用于离合器与轴的配合、滑移齿轮与轴的配合，H8/h8 用于一般齿轮和轴、减速器中轴承盖和座孔、剖分式滑动轴承壳和轴瓦的配合
过盈概率<25%	j js	适用于频繁拆卸、同轴度要求较高的配合	H8/js7 用于减速器中齿轮和轴的配合
过盈概率<55%	k	适用于不大的冲击载荷处，同轴度高、常拆卸处	H7/k6 用于导柱、导套与模板定位孔的配合，一般齿轮、链轮与轴的配合
过盈概率<65%	m	适用于紧密配合和不经常拆卸的配合	H7/m6 用于小型芯、斜导柱与模板定位孔的配合，主流道衬套与模板孔的配合，齿轮、链轮孔与轴的配合

11.2　几何公差（摘自 GB/T 1182—2018）

常用几何公差符号见表 11-6。

表 11-6　常用几何公差符号

分类	形状公差				位置公差								其他符号	
项目					定向			定位			跳动			
	直线度	平面度	圆度	圆柱度	平行度	垂直度	倾斜度	同轴度	对称度	位置度	圆跳动	全跳动	最大实体状态	理论正确尺寸
符号	—	▱	○	⌭	//	⊥	∠	◎	⌯	⌖	↗	⌰	Ⓜ	50

平行度、垂直度和倾斜度公差见表 11-7。

表 11-7　平行度、垂直度和倾斜度公差　（单位：μm）

主参数 L、$d(D)$ 图例

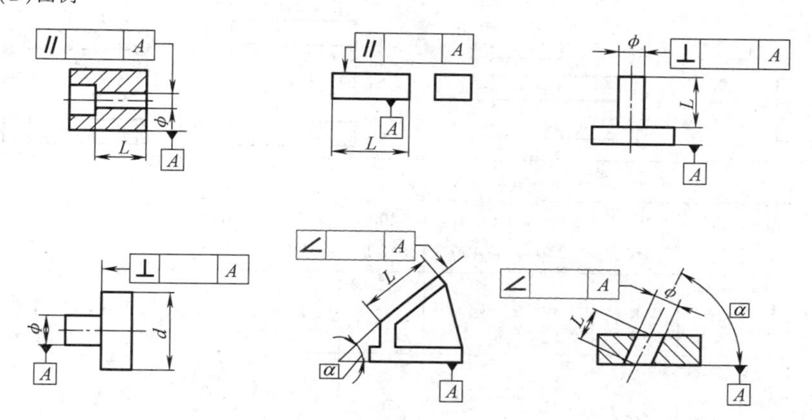

（续）

公差等级	主参数 L、$d(D)$/mm											应用举例	
	≤10	>10~16	>16~25	>25~40	>40~63	>63~100	>100~160	>160~250	>250~400	>400~630	>630~1000	平行度	垂直度和倾斜度
4	3	4	5	6	8	10	12	15	20	25	30	用于Ⅰ精度小型模具的定模座板的上平面对动模座板的下平面，用于模板工作面对基准面，用于重要轴承孔对基准面的要求	用于Ⅰ精度模板（厚度≤200）导柱孔对基准面
5	5	6	8	10	12	15	20	25	30	40	50		用于Ⅱ精度模板（厚度≤200）导柱孔对基准面
6	8	10	12	15	20	25	30	40	50	60	80	推板工作面与基准面，旋转型腔或型芯的轴孔中心线，用于Ⅱ精度模具（周界>400~900）动、定模座之间的两平面	用于Ⅲ精度模板（厚度≤200）导柱孔对基准面，模板侧面与侧面基准面
7	12	15	20	25	30	40	50	60	80	100	120		低精度主要基准面和工作面
8	20	25	30	40	50	60	80	100	120	150	200	用于Ⅲ精度模具（周界>400~900）动、定模座之间的两平面	用于一般导轨，普通传动箱体中的轴肩
9	30	40	50	60	80	100	120	150	200	250	300	用于低精度零件、重型机械滚动轴承端盖	用于花键轴肩端面减速器箱体平面等

注：1. 主参数 L、d（D）是被测要素的长度或直径。

2. 应用举例仅供参考。

直线度和平面度公差见表 11-8。

表 11-8　直线度和平面度公差　（单位：μm）

主参数 L 图例

公差等级	主参数 L/mm										应用举例
	>16~25	>25~40	>40~63	>63~100	>100~160	>160~250	>250~400	>400~630	>630~1000	>1000~1600	
5	3	4	5	6	8	10	12	15	20	25	用于斜导柱外表面的直线度。1级平面，普通机床导轨面，柴油机进、排气门导杆，机体结合面
6	5	6	8	10	12	15	20	25	30	40	

（续）

公差等级	主参数 L/mm										应用举例
	>16～25	>25～40	>40～63	>63～100	>100～160	>160～250	>250～400	>400～630	>630～1000	>1000～1600	
7	8	10	12	15	20	25	30	40	50	60	用于 2 级平面，机床传动箱体的结合面，减速器箱体的结合面
8	12	15	20	25	30	40	50	60	80	100	
9	20	25	30	40	50	60	80	100	120	150	用于 3 级平面，法兰的连接面，辅助机构及手动机械的支承面
10	30	40	50	60	80	100	120	150	200	250	

注：1. 主参数 L 指被测要素的长度。
　　2. 应用举例仅供参考。

圆度和圆柱度公差见表 11-9。

表 11-9　圆度和圆柱度公差　（单位：μm）

主参数 $d(D)$ 图例

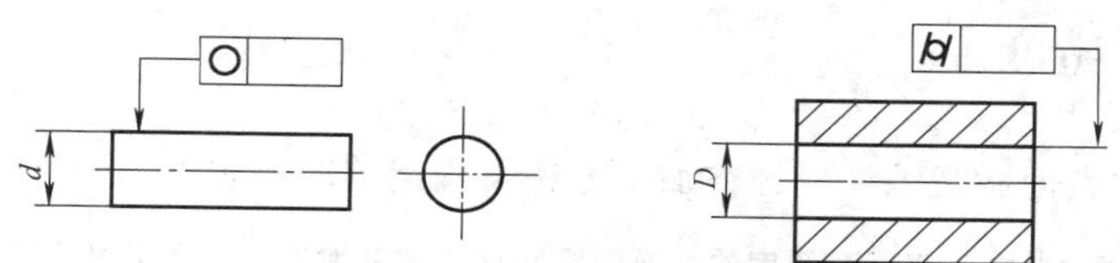

公差等级	主参数 d(D)/mm										应用举例
	>6～10	>10～18	>18～30	>30～50	>50～80	>80～120	>120～180	>180～250	>250～315	>315～400	
5	1.5	2	2.5	2.5	3	4	5	7	8	9	用于装 E、G 级精度滚动轴承的配合面，通用减速器轴颈，一般机床主轴及箱孔
6	2.5	3	4	4	5	6	8	10	12	13	
7	4	5	6	7	8	10	12	14	16	18	用于千斤顶或压力液压缸活塞，水泵及一般减速器轴颈，液压传动系统的分配机构
8	6	8	9	11	13	15	18	20	23	25	
9	9	11	13	16	19	22	25	29	32	36	用于通用机械杠杆与拉杆同套筒销，起重机的滑动轴承轴颈
10	15	18	21	25	30	35	40	46	52	57	

注：1. 主参数 $d(D)$ 为被测轴（孔）的直径。
　　2. 应用举例仅供参考。

同轴度、对称度、圆跳动和全跳动公差见表 11-10。

表 11-10　同轴度、对称度、圆跳动和全跳动公差　（单位：μm）

主参数 $d(D)$、B、L 图例

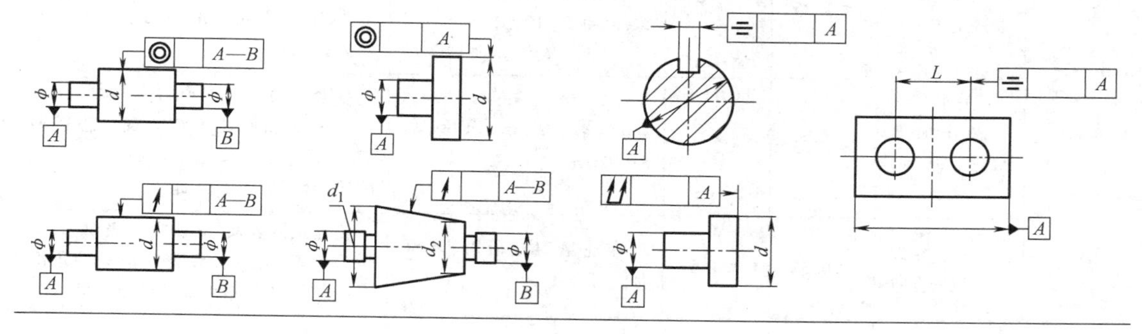

（续）

公差等级	主参数 $d(D)$、B、L/mm								应用举例
	>3～6	>6～10	>10～18	>18～30	>30～50	>50～120	>120～250	>250～500	
5	3	4	5	6	8	10	12	15	用于导柱、导套、圆锥标准定位件同轴度。机床轴颈、高精度滚动轴承外圈、一般精度轴承内圈、6～7 级精度齿轮轴的配合面
6	5	6	8	10	12	15	20	25	
7	8	10	12	15	20	25	30	40	用于圆凸模、齿轮轴、凸轮轴、G 级精度滚动轴承内圈、8～9 级精度齿轮轴的配合面
8	12	15	20	25	30	40	50	60	
9	25	30	40	50	60	80	100	120	用于 9 级精度以下齿轮轴、自行车中轴、摩托车活塞的配合面
10	50	60	80	100	120	150	200	250	

注：1. 主参数 $d(D)$、B、L 为被测要素的直径、宽度及间距。
2. 应用举例仅供参考。

11.3　表面粗糙度

表面粗糙度的表面微观特征、经济加工方法及应用范围见表 11-11。

表 11-11　表面粗糙度的表面微观特征、经济加工方法及应用范围

表面微观特征		Ra/μm	Rz/μm	经济加工方法	应用范围
粗糙表面	微见刀痕	≤20	≤80	粗车、刨、立铣、平铣、钻	毛坯经粗加工后的表面，焊接前的焊缝表面，螺栓和螺钉孔的表面
半光表面	可见加工痕迹	≤10	≤40	车、镗、刨、钻、平铣、立铣、锉、粗铰、粗磨、铣齿	比较精确的粗加工表面，如车端面、倒角，不重要零件的非配合表面
	微见加工痕迹	≤5	≤20	车、镗、刨、铣、刮 1～2 点/cm²、拉、磨、锉、滚压、铣齿	不重要零件的非结合面，如轴、盖的端面、倒角，齿轮及带轮的侧面，平键及键槽的上下面，花键非定心表面，轴或孔的退刀槽
	看不清加工痕迹	≤2.5	≤10	车、镗、刨、铣、拉、磨、铰、滚压、铣齿、刮 1～2 点/cm²	普通零件的结合面，如各模板的侧面或与其他零件联接但不形成配合的表面，齿轮的非工作面，键与键槽的工作面，轴与毡圈的摩擦面
光表面	可辨加工痕迹的方向	≤1.25	≤6.3	车、镗、拉、磨、立铣、铰、滚压、刮 3～10 点/cm²	各传动零件、镶件、嵌件推杆的工作面，普通型芯工作面。普通精度齿轮的齿面，与低精度滚动轴承相配合的箱体孔
	微辨加工痕迹的方向	≤0.63	≤3.2	铰、磨、镗、拉、滚压、刮 3～10/cm²	导套、导柱、主流道衬套、拉料杆等工作表面和安装固定表面。普通型腔、型芯表面。模板工作面。与齿轮、蜗轮、套筒等的配合面
	不可辨加工痕迹的方向	≤0.32	≤1.6	布轮磨、磨、研磨、超级加工	主流道内表面，导柱滑动表面，大多数型腔表面，与 C 级精度滚动轴承配合的轴颈，5 级精度齿轮的工作面

（续）

表面微观特征		Ra/μm	Rz/μm	经济加工方法	应用范围
极光表面	暗光泽面	≤0.16	≤0.8	精磨、研磨、普通抛光	塑件表面质量要求高的模具型腔表面，透明塑件的型腔和型芯表面 仪器导轨表面，要求密封的液压传动的工作面，柱塞的外表面，气缸的内表面 滚动轴承工作面，精密量具表面，极重要零件的摩擦表面
	亮光泽面	≤0.08	≤0.4	超精磨、精抛光、镜面磨削	
	镜状光泽面	≤0.04	≤0.2		
	镜面	≤0.01	≤0.05	镜面磨削、超精研	高精度量仪、量块的工作表面，光学仪器中的金属镜面

注：1. 模具抛光包括一般抛光和镜面抛光。一般抛光的表面粗糙度为 0.2～0.4μm，镜面抛光的表面粗糙度要达到 0.1～0.2μm。镜面抛光常用于成型透明塑件的模具型腔和型芯的加工。

2. 抛光作业程序为：车削加工、铣削加工→油石研磨（粗→细 46#→80#→120#→150#→220#→320#→400#）→砂纸研磨(220#→280#→320#→400#→600#→800#→1000#→1200#→1500#)→钻石膏精加工（15μm→9μm→3μm→1μm→0.5μm）。

第 12 章　弹簧及聚氨酯弹性体

12.1　普通圆柱螺旋压缩弹簧

普通圆柱螺旋压缩弹簧尺寸及参数（两端圈并紧磨平或制扁）见表 12-1。

表 12-1　普通圆柱螺旋压缩弹簧尺寸及参数（两端圈并紧磨平或制扁）（摘自 GB/T 2089—2009）

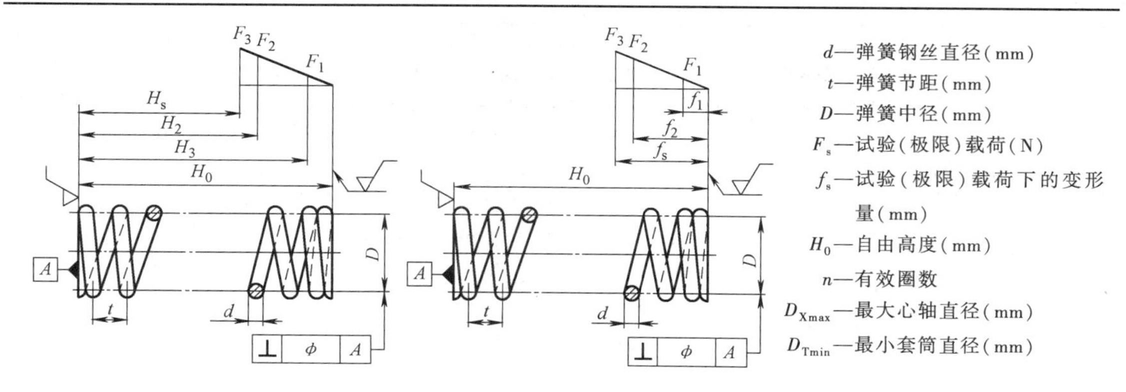

标注示例：$d=2$mm，$D=25$mm，$H_0=125$mm（精度 3 级、两端圈并紧磨平、右旋）的圆柱螺旋压缩弹簧：YA2×25×125 GB/T 2089

d	D	t	F_s	n	f_s	D_{Xmax}	D_{Tmin}
0.8	4	1.48	43.1	3.0~14.5	0.68n	2.6	5.4
	5	1.87	34.5	2.5~14.5	1.07n	3.6	6.4
	6	2.34	28.7		1.53n	4.2	7.8
	8	3.53	21.6		2.73n	6.2	9.8
	9	4.25	19.2		3.45n	7.2	10.8
	10	5.07	17.2	2.5~12.5	4.28n	8.2	11.8
1	5	1.83	65.4	2.5~14.5	0.83n	3.4	6.6
	6	2.20	54.5		1.19n	4	8
	8	3.12	40.9		2.12n	6	10
	10	4.31	32.7		3.31n	8	12
	12	6.78	27.3		4.77n	9	15
	14	7.49	23.4	2.5~12.5	6.50n	11	17
1.2	6	2.16	91.5	2.5~12.5	0.965n	3.8	8.2
	8	2.92	68.6		1.71n	5.8	10.2
	10	4.42	54.9		3.22n	7.8	12.2
	12	5.06	45.7		3.85n	8.8	15.2
1.2	14	6.46	39.2	2.5~12.5	5.25n	10.8	17.2
	16	8.06	34.3		6.86n	12.8	19.2
1.4	7	2.53	124	2.5~12.5	1.13n	4.6	9.4
	8	2.87	109		1.47n	5.6	10.4
	10	3.70	87.1		2.30n	7.6	12.4
	12	4.71	72.6		3.31n	8.6	15.4
	16	7.28	54.5		5.88n	12.6	19.4
	20	10.6	43.6		9.20n	15.6	24.4
1.6	8	2.85	158	2.5~12.5	1.25n	5.4	10.6
	10	3.55	126		1.95n	7.4	12.6
	12	4.41	105		2.81n	8.4	15.6
	16	6.59	78.8		5.00n	12.4	19.6
	20	9.40	63.1		7.80n	15.4	23.6
	22	11.0	57.3		9.43n	17.4	26.6
1.8	9	3.16	193	2.5~14.5	1.36n	6.2	11.8
	10	3.48	174		1.68n	7.2	12.8

（续）

d	D	t	F_s	n	f_s	D_{Xmax}	D_{Tmin}
1.8	12	4.22	145	2.5~14.5	2.42n	8.2	15.8
	16	6.09	109		4.29n	12.2	19.8
	20	8.52	87.0		6.72n	15.2	24.8
	25	12.3	69.6		10.5n	20.2	29.8
2	10	3.64	231	2.5~14.5	1.74n	7	13
	12	4.11	192		2.05n	8	16
	16	5.74	144		3.75n	12	20
	20	7.85	115		5.85n	15	25
	25	11.0	92.4		9.15n	20	30
	28	13.5	82.5		11.5n	23	33
2.5	12	4.72	360	2.5~14.5	1.63n	7.5	16.5
	16	5.40	273		2.90n	11.5	20.5
	20	7.02	218		4.52n	14.5	25.5
	25	9.57	174		7.08n	19.5	30.5
	28	11.4	156		8.88n	22.5	33.5
	30	12.7	145		10.2n	24.5	35.5
	32	14.1	136		11.6n	25.5	38.5
3	16	5.43	696	2.5~14.5	1.92n	10.5	21.5
	18	5.94	619		2.44n	12.5	23.5
	20	6.51	557		3.01n	13.5	26.5
	22	7.14	506		3.64n	15.5	28.5
	25	8.20	446		4.72n	18.5	31.5
	28	9.39	398		5.88n	21.5	34.5
	30	10.3	371		6.76n	23.5	36.5
	32	11.2	348		7.72n	24.5	39.5
	35	12.7	318		9.20n	27.5	42.5
	38	14.4	293		10.9n	30.5	45.5
	40	15.5	279		12.0n	32.5	47.5
3.5	16	5.43	696	2.5~14.5	1.92n	10.5	21.5
	18	5.94	619		2.44n	12.5	23.5
	20	6.51	557		3.01n	13.5	26.5
	22	7.14	506		3.64n	15.5	28.5
	25	8.20	446		4.72n	18.5	31.5
	28	9.39	398		5.88n	21.5	34.5
	30	10.3	371		6.76n	23.5	36.5
	32	11.2	348		7.72n	24.5	39.5

d	D	t	F_s	n	f_s	D_{Xmax}	D_{Tmin}
3.5	35	12.7	318	2.5~14.5	9.20n	27.5	42.5
	38	14.4	293		10.9n	30.5	45.5
	40	15.5	279		12.0n	32.5	42.5
4.0	20	6.63	831	2.5~14.5	2.63n	13	27
	22	7.18	756		3.18n	15	29
	25	8.11	665		4.12n	18	32
	28	9.16	594		5.16n	21	35
	30	9.92	554		5.92n	23	37
	32	10.7	520		6.72n	24	40
	35	12.1	475		8.08n	27	43
	38	13.5	438		9.52n	30	46
	40	14.5	416		10.5n	32	48
	45	17.3	370		13.3n	37	53
	50	20.5	333		16.4n	42	58
4.5	22	7.33	1076	2.5~14.5	2.83n	14.5	29.5
	25	8.16	947		3.67n	17.5	32.5
	28	9.08	846		4.60n	20.5	35.5
	30	9.76	789		5.28n	22.5	37.5
	32	10.5	740		6.00n	23.5	40.5
	35	11.7	677		7.16n	26.5	43.5
	38	13.1	623		8.42n	29.5	46.5
	40	13.9	592		9.36n	31.5	48.5
	45	16.4	526		11.8n	36.5	53.5
	50	19.1	474		14.6n	41.5	58.5
	55	22.2	431		17.7n	45.5	64.5
5.0	25	8.29	1299	2.5~14.5	3.29n	17	33
	28	9.12	1160		4.12n	20	36
	30	9.74	1083		4.73n	22	38
	32	10.4	1015		5.40n	23	41
	35	11.5	928		6.44n	26	44
	38	12.6	855		7.60n	29	47
	40	13.4	812		8.44n	31	49
	45	15.7	722		10.7n	36	54
	50	18.2	650		13.2n	41	59
	55	20.9	591		15.9n	145	65
	60	24.0	541		19.0n	50	70

注：1. 有效圈数系列为：2.5，3，3.5，4，4.5，5.5，6.5，7.5，8.5，9.5，10.5，12.5，14.5。

2. 自由高度 H_0 的计算式：$H_0=(n+2)d+f_s$。H_0 计算值按下列尺寸圆整（mm）：4~20（增量 1），22~32（增量 2），35，38，40，42，45，48，50，52，55，58，60~120（增量 5），130~200（增量 10），220~400（增量 20）。

3. 标准中的节距为近似值，不作为主要技术参数。

12.2　强力弹簧

强力弹簧由异形（多是由矩形和扁圆形）截面钢丝绕制而成，与圆截面钢丝弹簧相比，异形截面弹簧具有体积小、变形量大（13%～14%）、承载能力强（约高出 45%）的特点，因此习惯称为强力弹簧。

弹簧选取后，若弹簧高度 h_0 与中径 D_m 之比（即 h_0/D_m）>2.6 时，要合理设计安装窝座或心轴，或两者并用。与弹簧接触的窝座的底部要加工平整，不能带有锥度，弹簧安装在平底孔且无心轴时，孔的深度至少要相当于弹簧的两圈；安装时若有心轴，则心轴长度必须大于弹簧高度。每件强力弹簧都涂有颜色，既起保护作用，又便于识别和维修更换，需要注意的是不同国家色标规定不同。我国标准采用扁圆形截面的强力弹簧，而日本等国的弹簧都是采用矩形截面弹簧，且规格很多，江浙和广东沿海等模具企业几乎全部使用矩形截面弹簧。表 12-2 为我国扁圆形截面强力弹簧的尺寸规格及技术参数，在设计时可作为选用参考。弹簧材料可用 50CrV 或 65Mn 钢丝绕制而成，热处理硬度为 42～48HRC。

强力弹簧的尺寸规格及技术参数见表 12-2。

表 12-2　强力弹簧的尺寸规格及技术参数　（单位：mm）

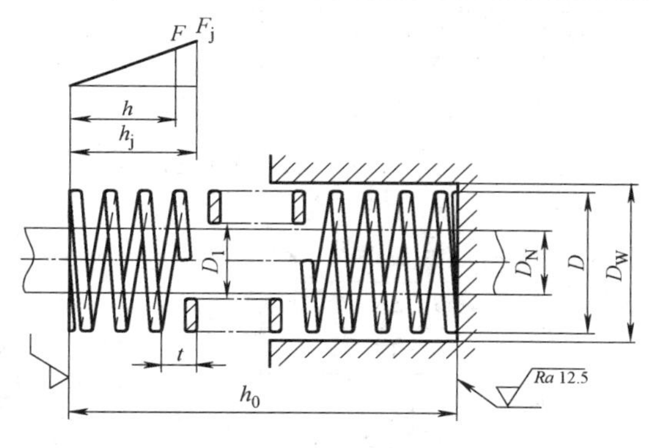

标记示例：
D_W = 40mm，h_0 = 80mm 的强力弹簧：
ϕ40×80

组别	安装尺寸		弹簧几何尺寸			（压缩）变形量 h_j 及负荷 F_j/N					
						规定值		参考值			
	窝座	心轴	外径	内径	自由高度	50 万次		100 万次		≤10 万次	
	D_W	D_N	D	D_1	h_0	h_j	F_j	h_j	F_j	h_j	F_j
A	10	5.2	9.0	5.2	30,40	7.5,10.0	100	6.0,8.0	90	11.1,14.8	150
					50,63	12.5,15.8		10.0,12.6		18.5,23.3	
B	13	7	12	7	30,40	7.5,10.0	180	6.0,8.0	160	11.1,14.8	280
					50,63	12.5,15.8		10.0,12.6		18.5,23.3	
C	16	8.7	15	8.8	40,50	10.0,12.5	320	8.0,10	250	14.8,18.5	480
					63,80	15.8,20.0		12.6,16.0		23.3,29.6	
D	20	10	19	10	40,50,63	10,12.5,5.8	540	8.0,10.0,12.6	440	14.8,18.5,23.3	800
					80,100	20.0,25.0		16.0,20.0		29.6,37.0	

（续）

组别	安装尺寸		弹簧几何尺寸			（压缩）变形量 h_j 及负荷 F_j/N					
						规定值		参考值			
	窝座	心轴	外径	内径	自由高度	50 万次		100 万次		≤10 万次	
	D_W	D_N	D	D_1	h_0	h_j	F_j	h_j	F_j	h_j	F_j
E	25	12.5	24	12.6	40,50,63	10,2.5,15.8	840	8.0,10.0,12.6	650	14.8,18.5,23.3	1250
					80,100	20.0,25.0		16.0,20.0		29.6,37.0	
F	32	16	30.5	17.5	40,50,63	10,12.5,15.8	1920	8.0,10.0,12.6	1540	14.8,18.5,23.3	2850
					80,100	20.0,25.0		16.0,20.0		29.6,37.0	
					125,150	31.3,37.5		25.0,30.0		46.3,55.5	
G	40	21	38.5	22.5	50,63,80	12.5,15.8,20	2450	10,12.6,16	1970	18.5,23.3,29.6	3500
					100,150	25,37.5		20,30		37.0,55.5	
					200,250	50,62.5		40,50		74,92.5	
H	50	26	48.5	27.5	63,80,100	15.8,20,25	3450	12.6,16,20	2760	23.3,29.6,37	4900
					150,200	37.5,50		30,40		55.5,74.0	
					250,300	62.5,75		50,60		92.5,111	
I	60	31	58.5	32.5	80,100,150	20,25,37.5	4350	16,20,30	3500	29.6,37.0,55.5	6200
					200,250,300	50,62.5,75		40,50,60		74,92.5,111	

注：1. 选用方法与圆柱螺旋弹簧相同。

2. 同一行参数中标注相同个数的数字，其数值一一对应。

3. 弹簧自由长度的计算：弹簧自由长度应根据压缩比及所需压缩量来确定，$L_{自由}=(E+P)/S$，式中，E 为推板行程，E=塑件推出的最小距离+(15~20)mm；P 为预压缩量，一般取 10~15mm，根据复位时的阻力来确定，阻力小则预应力小，通常也按模架大小来选取，模架≤300mm 时，预压缩量为 5mm，>300mm 时，压缩量为 10~15mm；S 为压缩比，一般取 30%~40%，根据模具寿命（可参考上表）来确定。

4. 复位弹簧的最小长度 L_{min} 必须满足藏入动模 B 板或支承板深 15~20mm，若计算长度小于最小长度 L_{min}，则以最小长度为准；若计算长度大于 L_{min}，则以计算长度为准，再取标准长度。

12.3　聚氨酯弹性体

聚氨酯弹性体是一种优良的弹性元件材料，其特点是弹性大、硬度高、耐磨、耐冲击、强度高。常将其制成带孔或不带孔的圆柱状或块状，在冲模中作为弹性元件用于卸料、压料、顶件等，也称为聚氨酯橡胶弹簧。聚氨酯弹性体的寿命比一般橡胶高得多，可达 20 万次以上。相同尺寸、相同硬度时，其允许的承载能力比一般橡胶大 6~8 倍，因承载能力高，安装调整非常方便和使用安全，所以在冲模中使用非常普遍。许多厂家以圆柱形实心棒料、空心棒料或成型的弹性体的形式供应市场，极大地方便了模具设计者的选用。聚氨酯弹性体的尺寸规格见表 12-3。

聚氨酯弹性体压缩量与工作负荷的关系见表 12-4。

表 12-3　聚氨酯弹性体的尺寸规格　　（单位：mm）

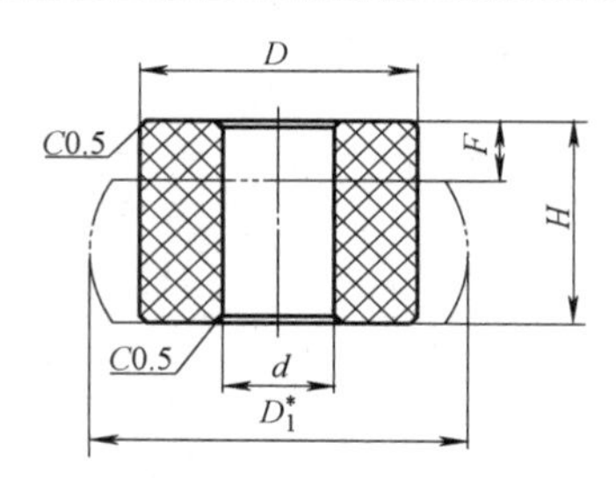

D	d	H	D_1^* ①	D	d	H	D_1^* ①
16	6.5	12	21	32	10.5	16,20,25	42
20	8.5		26	45	12.5	20,25,30,40	58
25		12,16,20	33	60	16.5	20,25,32,40,50	78

注：1. 聚氨酯弹性体的内孔配用卸料螺钉，卸料螺钉（光杆）直径比内孔内径小 0.5mm（如弹性体 d = 10.5mm 的内孔配用光杆直径为 10mm 的卸料螺钉）即可。

2. H 的尺寸可作为参考尺寸，生产者可根据空心或实心棒料加工成各种所需高度尺寸。

① D_1^* 为参考尺寸（F = 0.3H 时的直径）。

表 12-4　聚氨酯弹性体压缩量与工作负荷的关系

压缩量 F/mm	聚氨酯弹性体直径 D/mm									
	16	20	25	32	45			60		
	工作负荷/N									
0.1H	170	300	450	700	1720	1680	1630	2980	2880	2700
0.2H	400	620	1020	1720	3720	3680	3580	7260	6520	6050
0.3H	690	1080	1840	2940	6520	6200	6000	12710	11730	10800
0.35H	880	1390	2360	3800	8360	7930	7680	16290	15040	13830

注：表中数值按聚氨酯弹性体邵氏硬度 A80±5 确定，其他硬度聚氨酯弹性体的工作负荷用修正系数乘以表中数值。修正系数的值如下：

邵氏硬度 A：	75	76	77	78	79	80	81	82	83	84	85
修正系数：	0.843	0.873	0.903	0.934	0.996	1.000	1.035	1.074	1.116	1.212	1.270

第 13 章　注射成型机及注射成型工艺参数

13.1　注射成型机及技术参数

部分国产塑料注射成型机型号及技术参数见表 13-1。

表 13-1　部分国产塑料注射成型机型号及技术参数

项目	XS-Z-30	XS-Z-60	XS-ZY-125	XS-ZY-250	XZY-300	XS-ZY-500	XS-ZY-1000	XZY-2000	XZY-3000	XS-ZY-4000
理论注射容积/cm^3	30	60	104 106 125	250	320	500	1000	2000	3000	4000
螺杆直径/mm	28	38	30 45 42	50	60	65	85	110	120	130
注射压力/MPa	119	122	150	130	175	104	121	90	90 115	106
注射行程/mm	130	170	160	160	150	200	260	280	340	370
注射时间/s	0.7	1.2	1.8	2	2.5	2.7	3	4	3.8	6
塑化能力/(g/s)	4	5.6	16.8	18.9	19	28	65	75	80	100
注射方式	柱塞式	柱塞式	螺杆式	螺杆式	螺杆式	螺杆式	螺杆式	螺杆式	螺杆式	螺杆式
合模力/N	2.5×10^5	5×10^5	9×10^5	18×10^5	15×10^5	35×10^5	45×10^5	60×10^5	63×10^5	100×10^5
最大成型面积/cm^2	90	130	360	500	650	1000	1800	2600	2520	3800
移模行程/mm	160	180	300	500	340	500	700	750	1120	1100
最大模具厚度/mm	180	200	300	350	355	450	700	890	960 680 400	1000
最小模具厚度/mm	60	70	200	200	285	300	300	500		700
模板尺寸/mm	250×280	300×440		598×520	620×520	700×850		1100×1180	1350×1250	
拉杆空间/mm	235	190×300	260×360	448×370	400×300	500×440	650×550	760×700	900×800	1050×950
合模方式	液压-机械	液压-机械	液压-机械	增压式	液压-机械	液压-机械	两次动作液压	液压-机械	充压式	两次动作液压
推出形式/mm	两侧推出(170)	中心推出	两侧推出(230)	中心及两侧推出	中心及两侧推出	中心及两侧推出(530)	中心及两侧推出(350)	中心及两侧推出	中心及两侧推出	中心及两侧推出(1200)
电动机功率/kW	5.5	11	11	18.5	17	22	40 5.5 5.5	40 40	45 55	17 17
喷嘴球半径/mm	12	12	12	18	18	18	18	20	25	25
喷嘴口直径/mm	4	4	4	4	5	7.5	7.5	7.5	8	10
定位孔直径/mm	63.5	55	100	125	150	150	150	200	250	300

注：现在注射机型号很多，做设计选注射机时最好上网查一下，能得到当前最新的信息。

部分 Se 系列伺服驱动节能注射机技术参数见表 13-2。

表 13-2　部分 Se 系列伺服驱动节能注射机技术参数

项目	TTⅠ-90Se			TTⅠ-130Se			TTⅠ-160Se			TTⅠ-190Se			TTⅠ-260Se			TTⅠ-320Se		
螺杆直径/mm	30	35	40	35	40	45	40	45	50	45	50	55	50	55	60	55	60	65
理论注射量/cm^3	114	155	202	177	231	293	260	329	406	366	452	546	497	601	715	656	780	916
注射压力/MPa	247	181	139	236	181	143	230	181	147	223	181	149	218	180	151	212	179	152
注射速率/(cm^3/s)	72	99	129	89	116	147	117	148	183	142	175	212	211	255	304	248	295	346
塑化能力/(kg/h)	32.9	44.8	60.9	43.6	57	80.8	66.9	91.2	120.7	62.2	82.3	106.2	104.2	134.5	185.1	123.9	170.5	202.8
注射行程/mm	161			184			207			230			253			276		
锁模力/N	882000			1274000			1568000			1862000			254800			3136000		
模板最大间距/mm	680			820			906			1000			1105			1250		
锁模行程/mm	320			410			446			490			525			590		
拉杆间距/mm	360×360			410×410			460×460			510×510			580×580			660×660		
最大模具厚度/mm	360			410			460			510			580			660		
最小模具厚度/mm	150			150			150			175			200			250		
最小模具尺寸/mm	250×250			280×280			320×320			350×350			400×400			460×460		
推出行程/mm	85			100			130			140			160			180		
推杆数	1			5			5			5			9			13		
推出力/N	24500			36260			36260			44100			59780			59780		
喷嘴球面半径/mm	10			10			10			10			15			15		
喷嘴口直径/mm	3			3.3			3.3			3.5			4			4		
定位孔直径/mm	100			120			120			150			150			180		

160Se 注射机模具安装参数示意图如图 13-1 所示。

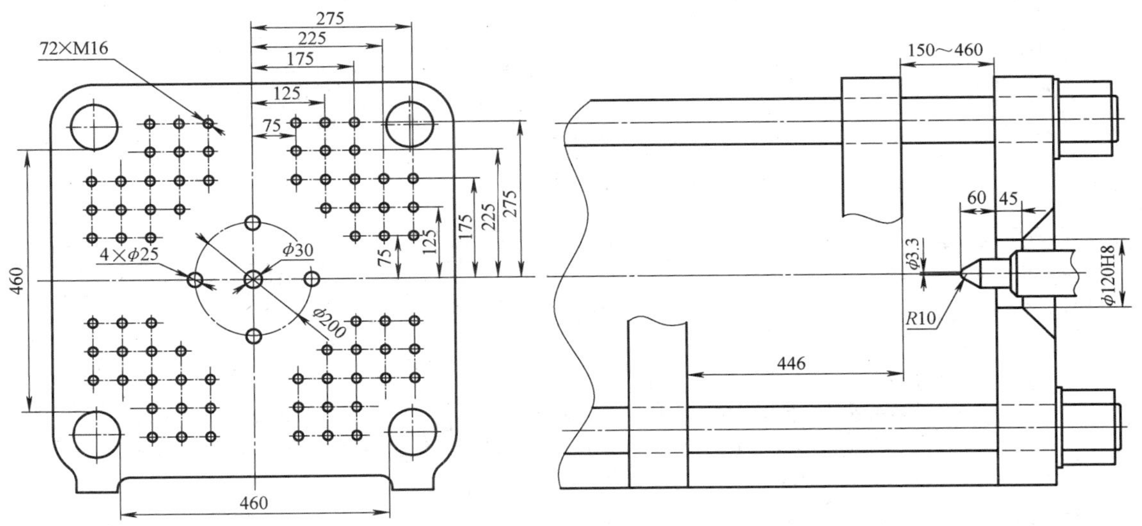

图 13-1　160Se 注射机模具安装参数示意图

13.2　常用塑料注射成型工艺参数

常用热塑性塑料注射成型的工艺参数见表 13-3。

表 13-3　常用热塑性塑料注射成型的工艺参数

塑料名称		硬聚氯乙烯	低压聚乙烯	聚丙烯		ABS		聚苯乙烯		聚甲醛(共聚)	氯化聚醚
				纯	20%~40% 玻纤增强	通用级	20%~40% 玻纤增强	纯	20%~40% 玻纤增强		
注射机类型		螺杆式	柱塞式	螺杆式		螺杆式		柱塞式		螺杆式	螺杆式
预热和干燥	温度 t/℃ 时间/h	70~90 4~6	70~80 1~2	80~100 1~2		80~85 2~3		60~75 5		80~100 3~5	100~105 1.0
料筒温度 t/℃	后段 中段 前段	160~170 165~180 170~190	140~160 170~200	160~180 180~200 200~220	成型温度 230~290	150~170 165~180 180~200	成型温度 260~290	140~160 170~190	成型温度 260~280	160~170 170~180 180~190	170~180 185~200 210~240
喷嘴温度 t/℃						170~180				170~180	180~190
模具温度 t/℃		30~60	60~70(低压) 35~55(高压)	80~90		50~80	75	32~65		90~120①	80~110①
注射压力 p/MPa		80~130	60~100	70~100	70~140	60~100	106~281	60~110	56~160	80~130	80~120
成型时间 τ/s	注射时间 高压时间 冷却时间 总周期	15~60 0~5 15~60 40~130	15~60 0~3 15~60 40~140	20~60 0~3 20~90 50~160		20~90 0~5 20~120 50~220		15~45 0~3 15~60 40~120		20~90 0~5 20~60 50~160	15~60 0~5 20~60 40~130
螺杆转速 N/(r/min)		28		48		30		48		28	28
后处理	方法 温度 t/℃ 时间 τ/h					红外线灯、 鼓风机烘箱 70 2~4		红外线灯、 鼓风机烘箱 70 2~4		红外线灯、 鼓风机烘箱 140~150 4	
说明						AS 的成型条件与上相似		丁苯橡胶改性的聚苯乙烯的成型条件与上相似		均聚的成型条件与上相似	

（续）

塑料名称		聚碳酸酯		聚砜	聚芳砜	聚苯醚	聚酰胺			聚酰亚胺	改性聚甲基丙烯酸甲酯(372)
		纯	30%玻纤增强				尼龙 6	尼龙 66	20%～40%玻纤增强尼龙		
注射机类型		螺杆式		螺杆式	螺杆式	螺杆式	螺杆式	螺杆式	螺杆式	螺杆式	柱塞式
预热和干燥	温度 t/℃ 时间/h	110～120 8～12		120～140 >4	200 6～8	130 4	100～110 12～16	100～110 12～16		130 4	70～80 4
塑筒温度 t/℃	后段 中段 前段	210～240 230～280 240～285	成型温度 210～310	250～270 280～300 310～330	310～370 345～385 385～420	230～240 250～280 260～290	220～300	245～350	成型温度 230～280	240～270～ 260～290 260～315	160～180
喷嘴温度 t/℃		240～250		290～310	380～410	250～280				290～300	210～240
模具温度 t/℃		90～110①	90～110①	130～150①	230～260①	110～150①	70	110～120		130～150①	40～60
注射压力 p/MPa		80～130	80～130	80～200	150～200	80～220	70～176	80～130	70～120	80～200	80～130
成型时间 τ/s	注射时间 高压时间 冷却时间 总周期	20～90 0～5 20～90 40～190		30～90 0～5 30～60 60～160	15～20 0～5 10～20	30～90 0～5 30～60 70～160				30～60 0～5 20～90 60～160	20～60 0～5 20～90 50～150
螺杆转速 n/(r/min)		28		28		28				28	
后处理	方法 温度 t/℃ 时间 τ/h	红外线灯、鼓风机烘箱		红外线灯、鼓风机烘箱、甘油 110～130 4～8		红外线灯、甘油 150 1～4	油、水、盐水 90～100 4			红外线灯、鼓风机烘箱 150 4	红外线灯、鼓风机烘箱 70 4
说明						无增塑剂类	①预热和干燥均采用鼓风机烘箱 ②凡在潮湿环境下使用的应进行调湿处理，在 100～120℃水中加热 2～18h				

第 14 章　设计要求与题目

14.1　任务与要求

1）给定塑件零件图一张，按模具设计要求将塑件有关尺寸公差进行转换。

2）完成模具装配图一张，用手工或 CAD 绘制成 A0～A1 图幅，按制图标准绘制。

3）完成模具零件图 3～7 张：①定模座板；②定模板；③动模座板；④动模板（或型芯固定板）；⑤动模支承板；⑥动模镶件（即凸模）；⑦定模镶件（凹模）；⑧推杆固定板；⑨推杆（或推管、脱模板）。动、定模镶件是工作零件必选件，其他是动模板、定模板和推杆固定板等零件，可根据图纸量的要求按顺序选用。

图纸幅面装配图用 A0，零件图用 A3 或 A4 均可，用手工或 CAD 绘图，要求在零件图上标明零件的材料、数量、图号、尺寸公差和几何公差值、热处理及其他技术要求等。

4）编写设计说明书（不少于 15～25 页），并将此任务书及任务图放于首页。

14.2　设计时间及进程安排

1. 设计时间为 2 周

第 1 周：设计方案论证与确定，完成有关计算、设备选择，完成设计说明书草稿及装配图草图。

第 2 周：完成模具装配图绘制，完成模具零件草图的绘制，并进一步修正装配图，完成说明书正稿的誊写（15～20 页），完成模具零件图 2～3 张。

2. 设计时间为 3 周

第 1 周：设计方案论证与确定，完成有关计算、设备选择，完成设计说明书草稿。

第 2 周：完成模具装配图的绘制，完成零件草图的绘制。

第 3 周：完成 5～7 张模具零件图的绘制，并进一步修正装配图，完成说明书正稿的誊写（20～25 页）。

14.3　主要参考资料

1）《塑料模具设计指导》。

2）塑料模具设计理论教材。

3）塑料模具设计方面的各种手册。

4）机械设计、机械制图方面的各种教材和手册。

14.4　设计题目

根据塑件的不同特点，特提供 30 个题目（图 14-1～图 14-30）作为课程设计的参考题目，难易搭配供老师选用。其中有些复杂的（带有侧向分型和抽芯的）可作为毕业设计题目使用。

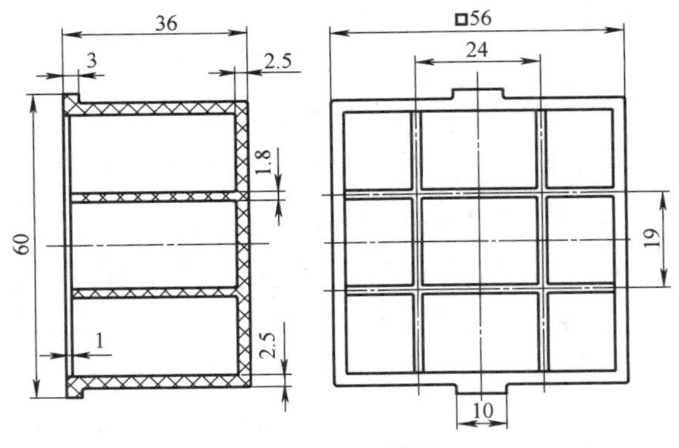

图 14-1　塑料盒（材料 HDPE）

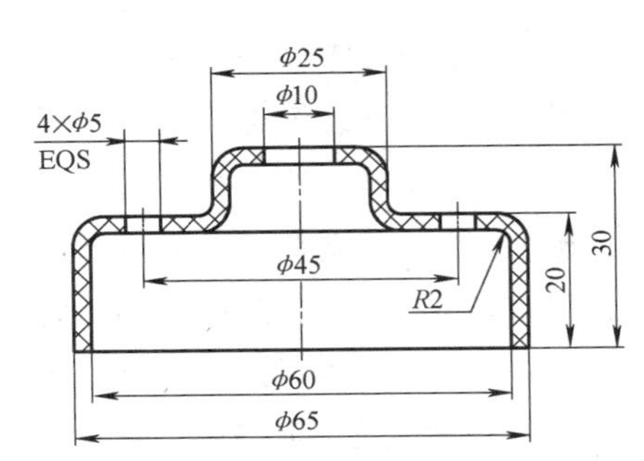

图 14-2　台阶端盖（ABS；精度 MT3 级）

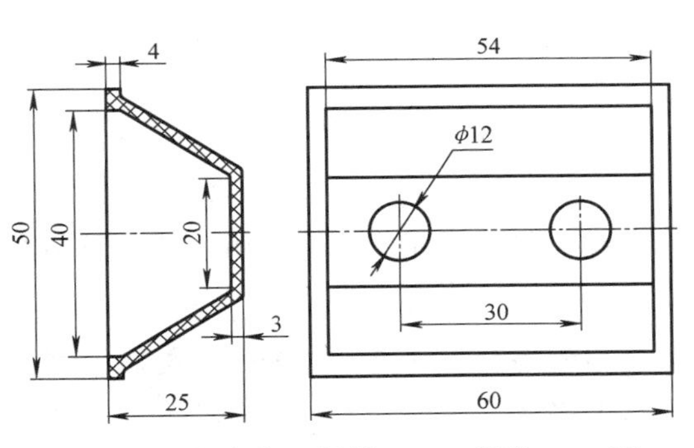

图 14-3　塑料壳体（材料 ABS；精度 MT2 级）

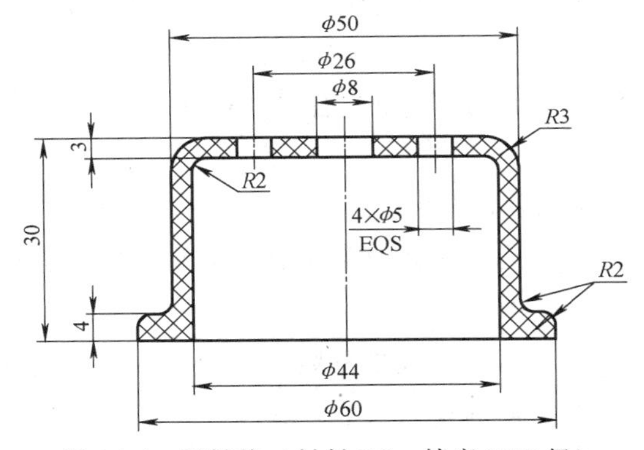

图 14-4　塑料盖（材料 PC；精度 MT2 级）

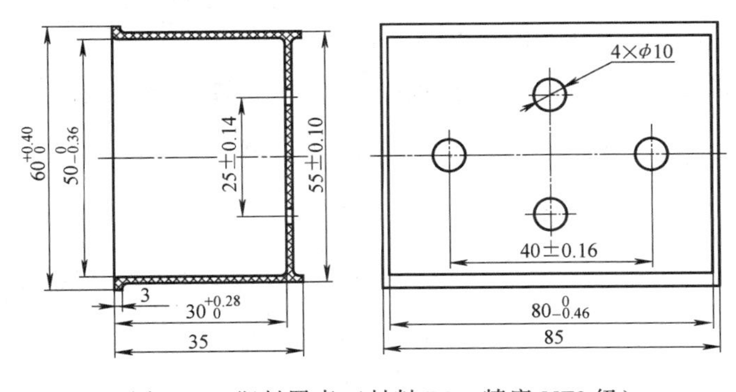

图 14-5　塑料罩壳（材料 PP；精度 MT3 级）

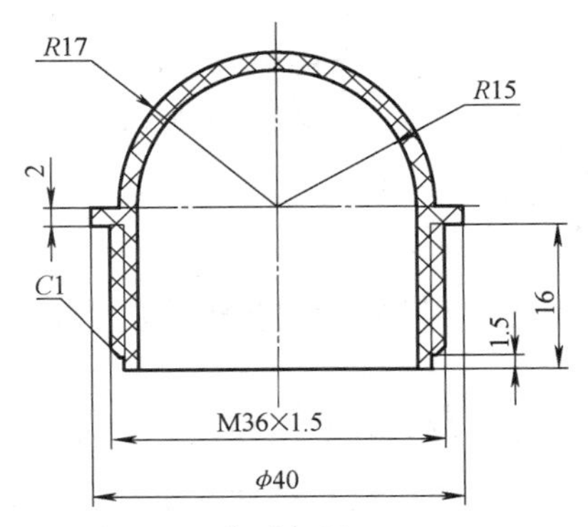

图 14-6　指示灯罩（PMMA；精度 MT3 级）

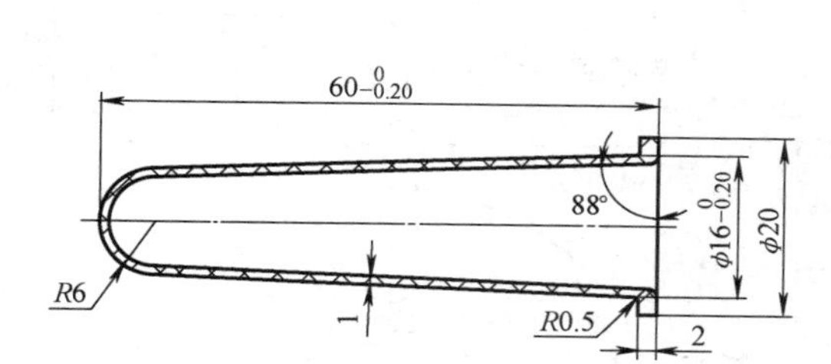

图 14-7　锥形帽（材料 PS；精度 MT3 级）

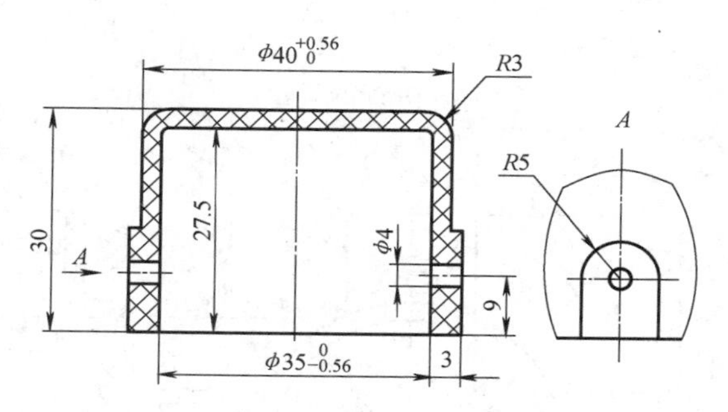

图 14-8　带侧孔塑料盖（材料 PE；精度 MT5 级）

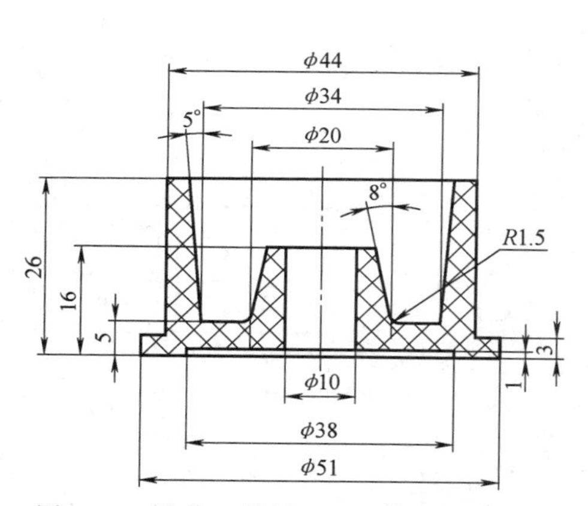

图 14-9　透盖（材料 PPS；精度 MT3 级）

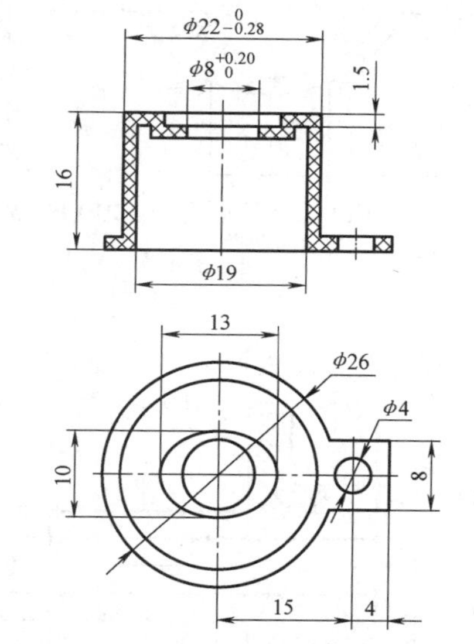

图 14-10　异形透盖（材料 PPO；精度 MT2 级）

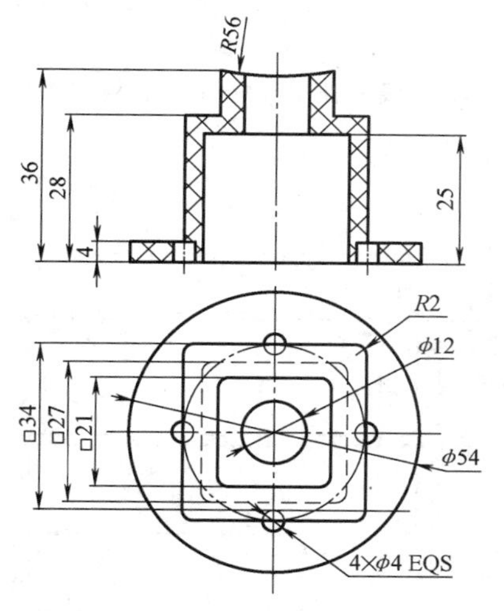

图 14-11　支承座（ABS；MT3 级）

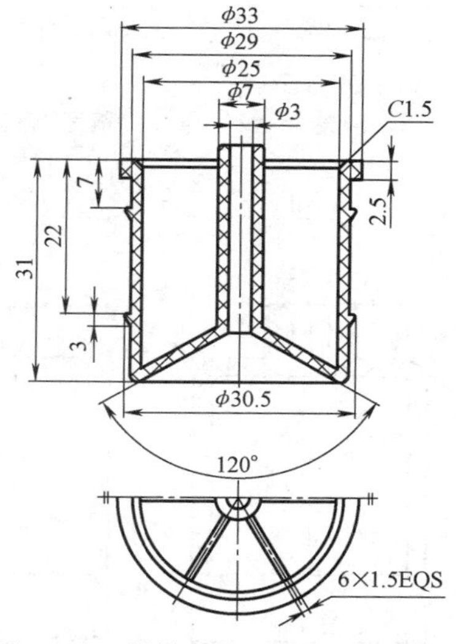

图 14-12　倒钩圆筒（PA6；MT3 级）

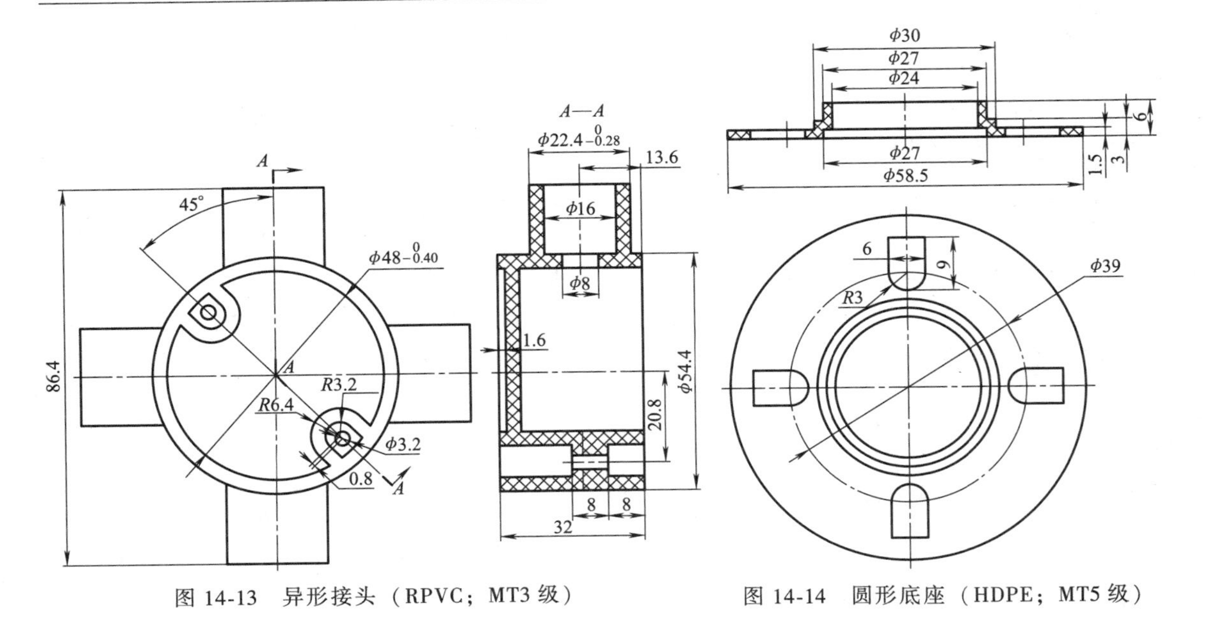

图 14-13　异形接头（RPVC；MT3 级）　　图 14-14　圆形底座（HDPE；MT5 级）

图 14-15　滑轮（材料 PA66；精度 MT3 级）

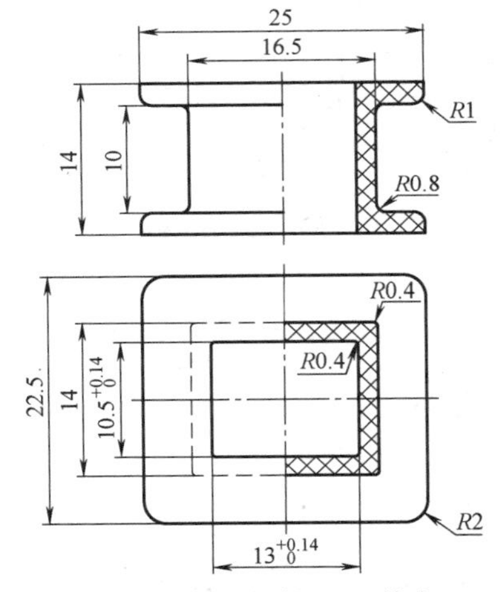

图 14-16　线圈骨架（材料 PS；精度 MT2 级）

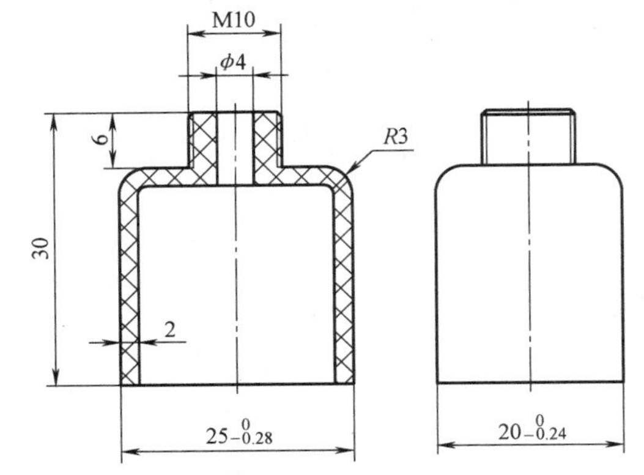

图 14-17　圆管接头（材料 PP；精度 MT3 级）

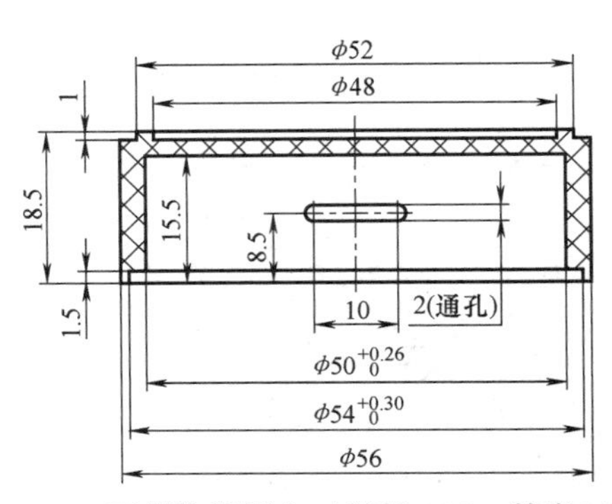

图 14-18　两侧孔浅圆盒（材料 ABS；精度 MT2）

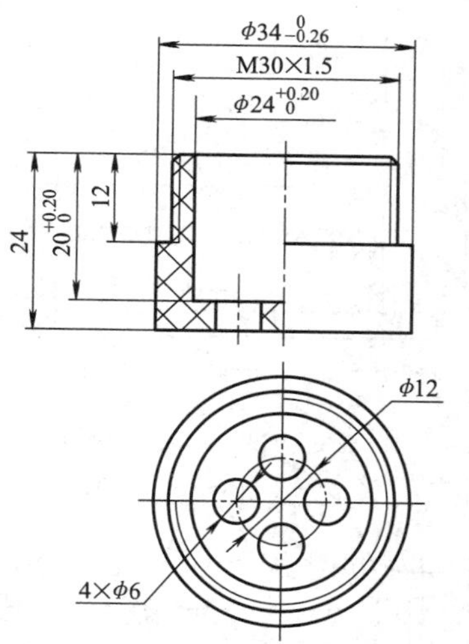

图 14-19　螺纹连接座（材料 POM；精度 MT2 级）

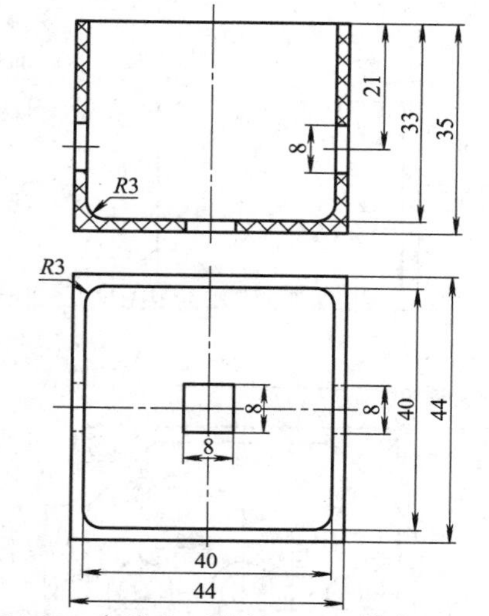

图 14-20　方形盒（材料 ABS；精度 MT2 级）

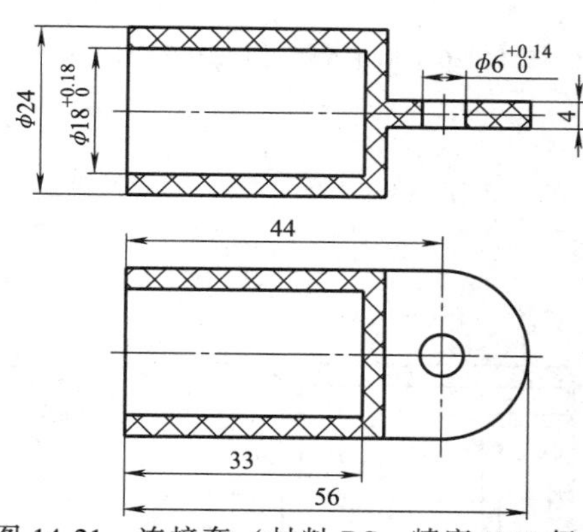

图 14-21　连接套（材料 PC；精度 MT2 级）

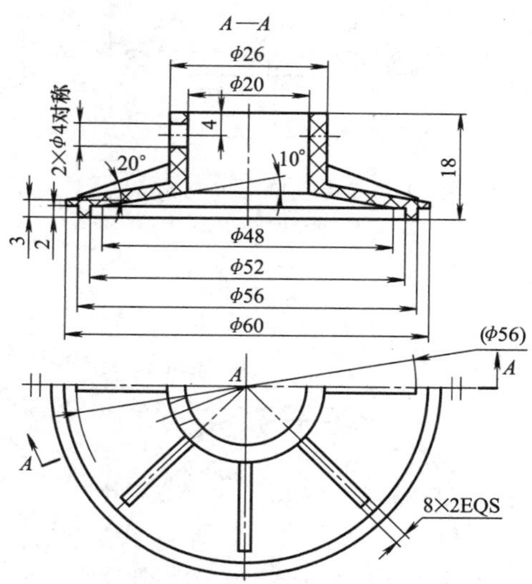

图 14-22　支座（材料 PA6；精度 MT3 级）

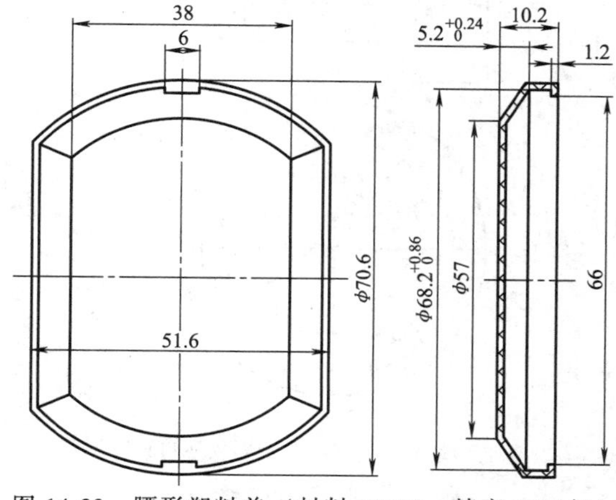

图 14-23　腰形塑料盖（材料 HDPE；精度 MT5 级）

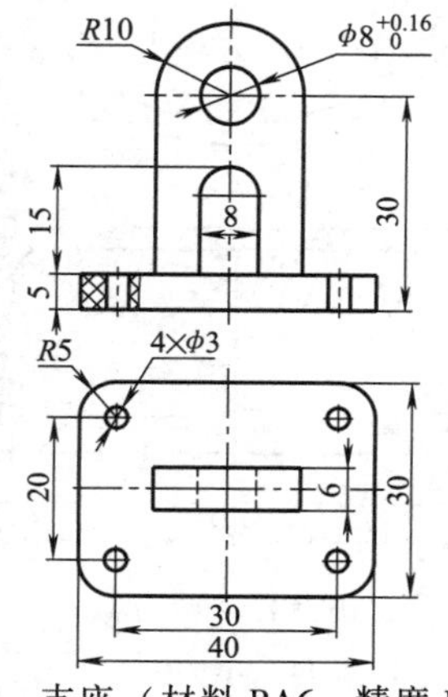

图 14-24　支座（材料 PA6；精度 MT3 级）

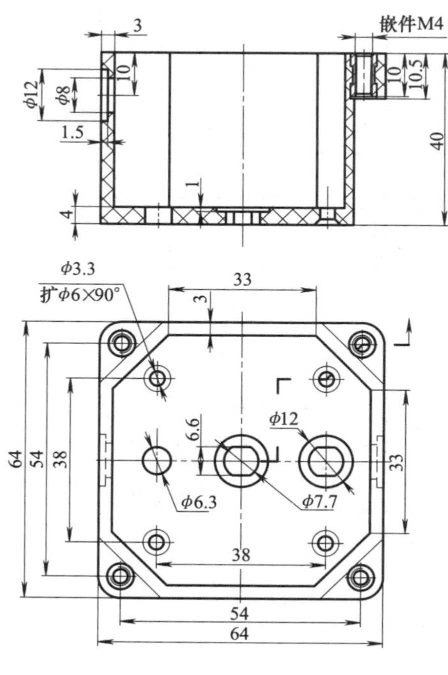

图 14-25　电气罩壳（材料 PS；精度 MT2 级）

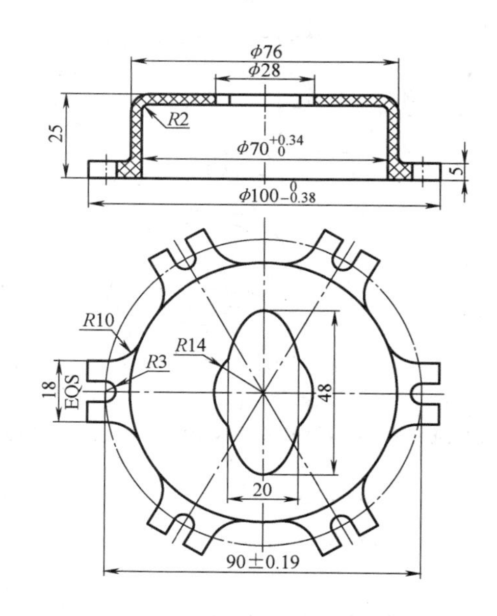

图 14-26　爪形塑料盖（材料 HIPS；精度 MT2 级）

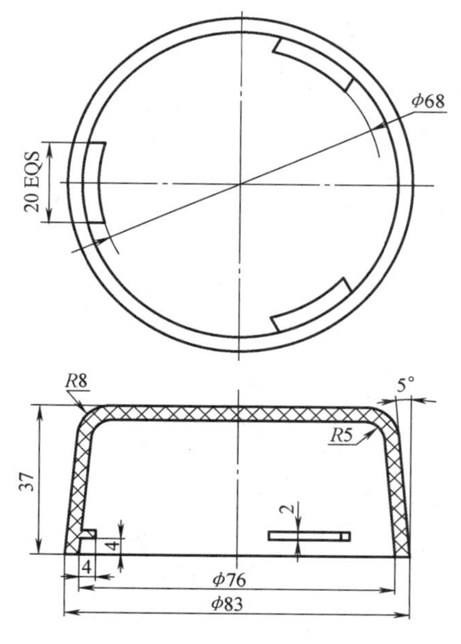

图 14-27　内凸锥形罩（材料 PA6；精度 MT3 级）

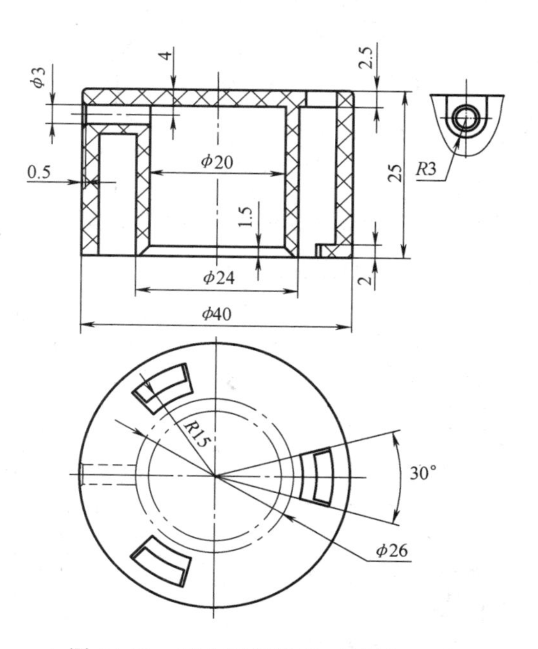

图 14-28　同心圆环罩壳（材料 PA6；精度 MT3 级）

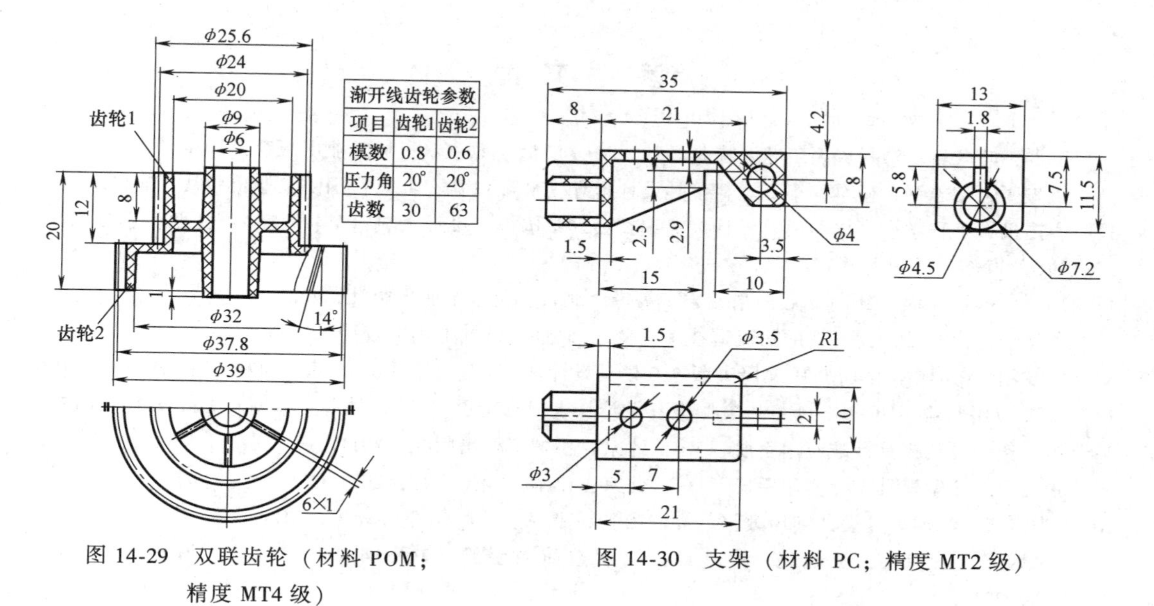

渐开线齿轮参数		
项目	齿轮1	齿轮2
模数	0.8	0.6
压力角	20°	20°
齿数	30	63

图 14-29　双联齿轮（材料 POM；精度 MT4 级）

图 14-30　支架（材料 PC；精度 MT2 级）

参考文献

[1] 王群，叶久新. 塑料成型工艺及模具设计［M］. 2版. 北京：机械工业出版社，2018.
[2] 伍先明，陈志钢，杨军，等. 塑料模具设计指导［M］. 3版. 北京：国防工业出版社，2012.
[3] 中国机械工程学会，中国模具设计大典编委会. 中国模具设计大典［M］. 南昌：江西科学技术出版社，2003.
[4] 瑞斯. 模具工程［M］. 2版. 朱元吉，等译. 北京：化学工业出版社，2005.
[5] 王建华，徐佩弦. 注射模的热流道技术［M］. 北京：机械工业出版社，2006.
[6] 詹友刚. Pro/ENGINEER中文野火版5.0模具设计教程［M］. 3版. 北京：机械工业出版社，2013.
[7] CAX应用联盟. UG NX 11.0中文版模具设计从入门到精通［M］. 北京：清华大学出版社，2017.
[8] 杨占尧. 最新模具标准应用手册［M］. 北京：机械工业出版社，2011.
[9] 张维合. 注塑模具设计实用手册［M］. 北京：化学工业出版社，2011.
[10] 张维合. 注塑模具设计实用教程［M］. 2版. 北京：化学工业出版社，2011.
[11] 冯炳尧，王南根，王晓晓. 模具设计与制造简明手册［M］. 4版. 上海：上海科学技术出版社，2015.
[12] 李德群，唐志玉. 中国模具工程大典：第3卷［M］. 北京：电子工业出版社，2007.
[13] 欧阳志喜，张海臣. 塑料齿轮注射模具设计与制造［M］. 北京：化学工业出版社，2016.
[14] 屈华昌，吴梦陵. 塑料成型工艺与模具设计［M］. 北京：高等教育出版社，2018.
[15] 何铭新，钱可强，徐祖茂. 机械制图［M］. 7版. 北京：高等教育出版社，2016.
[16] 成大先. 机械设计手册：第2卷［M］. 6版. 北京：化学工业出版社，2016.
[17] 机械设计手册编委会. 机械设计手册：第2卷［M］. 3版. 北京：机械工业出版社，2008.
[18] 徐佩弦. 塑料制品与模具设计［M］. 北京：中国轻工业出版社，2006.
[19] 陈宏钧. 实用机械加工工艺手册［M］. 4版. 北京：机械工业出版社，2016.
[20] 沈言锦，林章辉. 塑料模课程设计与毕业设计指导［M］. 长沙：湖南大学出版社，2008.
[21] 宋满仓，黄银国，等. 注塑模具设计与制造实战［M］. 2版. 北京：机械工业出版社，2007.
[22] 李海梅. 注塑成型及模具设计实用技术［M］. 2版. 北京：化学工业出版社，2009.
[23] 洪慎章. 实用注塑成型及模具设计［M］. 2版. 北京：机械工业出版社，2014.
[24] 奚永生，鲍明飞，刘晓明. 大型注塑模具设计［M］. 北京：中国轻工业出版社，1996.
[25] 许鹤峰，陈言秋. 注塑模具设计要点与图例［M］. 北京：化学工业出版社，1999.
[26] 成大先. 机械设计手册：第5卷［M］. 6版. 北京：化学工业出版社，2016.